高职高专模具设计与制造专业系列教材

模具设计与制造

（第4版）

赵　华　主　编
漆　军　吴卫萍　副主编
李大成　主　审

電子工業出版社
Publishing House of Electronics Industry
北京 · BEIJING

内 容 简 介

本书以模具设计与制造的基础知识为主线，突出行业的针对性与实用性特点。本书按技能培养模块划分，主要包括冲压模具的设计和应用、塑料模具的设计和应用、模具主要零件的加工与模具装配调试等重点内容，针对生产企业的需求，还简单介绍了挤出模具、压缩模等其他模具的结构特点、应用意义等，以拓展模具知识，适应不同生产要求。

本书既可作为高等职业教育机电类非模具专业教材，也可供模具技术人员参考及模具知识培训教材使用。

图书在版编目（CIP）数据

模具设计与制造/赵华主编. —4 版. —北京：电子工业出版社，2022.7
ISBN 978 - 7 - 121 - 37707 - 5

Ⅰ.①模… Ⅱ.①赵… Ⅲ.①模具—设计—高等职业教育—教材②模具—制造—高等职业教育—教材
Ⅳ.①TG76

中国版本图书馆 CIP 数据核字（2019）第 237643 号

责任编辑：贺志洪　　　　文字编辑：李　然
印　　刷：北京七彩京通数码快印有限公司
装　　订：北京七彩京通数码快印有限公司
出版发行：电子工业出版社
　　　　　北京市海淀区万寿路 173 信箱　邮编 100036
开　　本：787×1092　1/16　印张：19.75　字数：505.6 千字
版　　次：2009 年 9 月第 1 版
　　　　　2022 年 7 月第 4 版
印　　次：2024 年 12 月第 6 次印刷
定　　价：58.00 元

凡所购买电子工业出版社图书有缺损问题，请向购买书店调换。若书店售缺，请与本社发行部联系，联系及邮购电话：（010）88254888，88258888。

质量投诉请发邮件至 zlts@phei. com. cn，盗版侵权举报请发邮件至 dbqq@phei. com. cn。

本书咨询联系方式：（010）88254609 或 hzh@phei. com. cn。

第 4 版前言

本书被列为“十三五”职业教育国家规划教材。在编写过程中，编者遵从新时代中国特色高等职业教育的内涵要求，从高等职业教育的实际出发，以发展素质教育、服务国家与区域经济社会发展的人才培养为目的，在理论上以“必需、够用”为主，加强职业的针对性和技术的实用性，突出人才的创新素质和创新能力培养，着重介绍了冲压模具和塑料模具的结构及制造等。另外，本书还对模具的装配、保养与维护做了简单介绍。

本书从模具设计的实用角度出发，以模具加工的实际生产为基础，以掌握模具设计基础知识为目标。在介绍模具设计、模具零件的加工和选用、模具装配精度的选择及模具的日常维护等基本知识的基础上，重点介绍了生产应用较多的冷冲压模具和塑料成形模具的设计与典型零件加工工艺。全书系统性、综合性强。书中精选的典型示例，均经过实践检验，具有很高的可信度。

本书是高等职业教育机电类专业的通用教材，适合高职高专机械类和非机械类专业使用，也可供企业或培训机构用于拓展专业知识、提高择业转岗能力。本书按冲压工艺、塑料成形、模具制造三大块组织编写材料，内容较丰富、全面。使用本书时，各学校可按自己的实际情况适当取舍。参与编写本书的人员包括具有丰富模具设计、制造经验的工程技术人员和长期从事高等职业教育的一线教师。

本书由广东松山职业技术学院的赵华教授主编并对全书进行了统稿，由佛山职业技术学院的李大成教授主审，并提出了许多宝贵的修改意见。其中，绪论及模块五～模块七由赵华编写；模块一、模块九由广东机电职业技术学院的漆军编写；模块二由广东松山职业技术学院的田学锋编写；模块三、模块四由广东职业技术学院的吴卫萍编写；模块八由鹤壁职业技术学院的刘洁编写；模块十、模块十二由深圳市卫国教育有限公司的郑振华编写；模块十一、模块十三由广东松山职业技术学院的赵天明编写。

本书在编写过程中，得到了广东松山职业技术学院领导的关心和大力支持，同时也得到了从事模具专业教学部分老师的大力帮助，并提出了一些建设性意见，在此一并致谢。本书的电子课件及部分参考资料（如常用材料及热处理要求、一些注射机成形的工艺参数等）可到华信教育资源网（www.hxedu.com.cn）下载。

由于编者水平有限，加上技术发展迅速，本书难免有不足之处，望读者提出宝贵意见。

编　者

第4版前言

编　者

目　　录

绪　论

1. 模具工业在国民经济中的地位

模具是工业产品生产应用较广的重要工艺装备，也是国民经济各部门发展的重要基础之一。模具因其加工效率高、互换性好且节省原材料而得到广泛的应用。

随着机械工业(尤其是汽车行业)、电子工业、航空工业、仪器仪表工业和日常用品工业的发展，模具成形制件的需求越来越多，质量要求也越来越高。模具技术能促进工业产品的发展和质量的提高，并能获得很高的经济效益。模具是“效益放大器”——用模具生产的产品，其价值往往是模具价值的几十倍甚至上百倍。美国工业界认为“模具工业是美国工业的基石”；而在日本，模具被誉为“进入富裕社会的原动力”；在德国，模具则被冠以“金属加工业之王”的称号；在罗马尼亚，则将其视为“黄金”。因此，模具技术已成为衡量一个国家产品制造水平的重要标志之一。

模具工业在我国已经成为国民经济发展的重要基础工业之一。国民经济的支柱产业如机械、电子、汽车、石油化工和建筑业等都要求模具工业的发展与之相适应，都需要大量模具，特别是汽车、电机、电器和通信等产品中60%～80%的零部件都要依靠模具成形。

经过多年努力，我国的模具工业已初具规模，并取得了相当的成就。目前我国已制定模具技术国家标准50多项，包括300多个标准号。在模具CAD/CAM/CAE技术、模具的电加工和数控加工技术、快速成形与快速制模技术、3D打印技术及新型模具材料等方面都有显著进步。在精度方面，塑件的尺寸精度可达IT6和IT7，型面的表面粗糙度值 Ra 可达0.05～0.025μm，并且模具的使用寿命超过100万次。我国现已拥有模具企业1.8万家，仅浙江省的宁波和黄岩地区，从事模具制造的集体企业和私营企业就多达数千家，成为国内知名的“模具之乡”和最具发展活力的地区之一。

2. 模具技术的发展趋势

虽然我国模具工业在过去十余年中取得了令人瞩目的成就，但在许多方面与工业发达国家相比仍有较大的差距。例如，精密加工设备在模具加工设备中的比重仍较低，CAD/CAM/CAE技术的普及率不高，以及许多先进的模具技术应用不够广泛等，致使相当一部分大型、精密、复杂和寿命长的模具仍依赖进口。

未来我国模具技术的发展趋势可以归纳如下：

(1) 全面推广应用CAD/CAM/CAE技术。模具CAD/CAM/CAE技术的出现与应用是模具技术发展的一个重要里程碑。

(2) 提高模具标准化水平和模具标准件的使用率。模具标准化水平在某种意义上也体现了一个国家模具工业发展的水平。当前我国模具标准化程度正在不断提高，据估计我国模具标准件使用率已达到30%左右。而工业发达国家一般为80%左右。

(3) 发展优质模具材料并采用先进表面处理技术。模具材料的选用及热处理在模具设计与制造中是一个涉及模具加工工艺、模具寿命、制件成形质量和成本的重要问题。

(4) 模具制造技术的高效化、快速化。随着模具制造技术的发展，许多新的加工技术、加工设备不断出现，模具制造手段越来越丰富，也越来越先进。对于形状复杂的曲面制件，为了缩短研制周期，采用快速成形制造技术（RPM）——一种综合运用计算机辅助设计、数控技术、激光技术和材料科学发展成果的技术，快速自动完成复杂的三维实体（模型）制造。采用这种技术制造模具，所需时间仅为传统加工方法的1/3，而成本也只是传统加工方法的1/4左右。

(5) 快速测量与逆向工程技术的应用。在模具产品的开发设计与制造过程中，往往需要把实物样件通过一定的三维数据采集方法，将实物原型转化为CAD造型，这种由实物样件获取产品数学模型的相关技术，称为逆向工程或反求工程技术。对于具有复杂曲面零件的模具设计，通过这种技术可以快速、正确地把复杂的实物复制出来，也可通过实物制造模具再进行复制。

(6) 模具的复杂化、精密化和大型化。为适应各种工业产品的使用要求，模具技术正向着复杂化、精密化和大型化方向发展。大型模具成形表面的加工向计算机控制和高精密加工方向发展，数控加工中心、数控电火花成形设备及数控连续轨迹坐标磨床的推广使用，是提高模具制造技术水平的关键之一。

3. 模具的分类

(1) 按模具所加工材料的再结晶温度可分为冷变形模具、热变形模具和温变形模具。

① 冷变形模具。变形在再结晶温度以下进行，产生加工硬化，使塑料变形抗力增大、模具承受载荷的能力增加。它可以分为冷冲压、冷挤、冷镦和冷拔模4类。用冷变形模具加工制品的精度、表面质量、生产率及力学性能均较高，材料利用率也高。

② 热变形模具。变形在再结晶温度以上进行，加工硬化和再结晶软化两种过程同时进行，使塑性变形抗力较小、模具承载相应较低。但加工温度高，受高温的影响较大。它主要分为热锻、热镦、热挤和热冲模。

③ 温变形模具。变形介于冷、热变形之间，既比冷变形模具温度高，从而降低了塑性变形抗力，减小了模具的承载，又低于再结晶温度，使制品保留了加工硬化，具有较高的力学性能。

(2) 按模具的用途可分为锻造模具、冲压模具、挤压模具、拉拔模具、压铸模具、塑料模具、橡胶模具、陶瓷模具、玻璃模具及其他模具等。

模具设计与制造是一门综合性、实践性、灵活性均较强的机电类专业通用课程。本课程的特点是包含面广、内容丰富且综合性强。因此，在学习时，要善于将已学过的“模具材料及热处理”“互换性与技术测量”和“机械制造工程”等知识同本课程的知识结合起来，并加以合理的运用。本课程同生产实际密切相关，其理论源于生产实际，是长期生产实践的总结。因此，学习本课程时必须注意结合生产实际情况。只有通过实践教学环节（模具实训、课程设计及模具加工参观实习）的配合，深入生产实际有了感性认识，才能掌握本课程的知识，合理地进行模具设计并正确地制定模具制造工艺，从而系统掌握模具技术。

模块一　冲压工艺及常用设备

冲压加工是塑性加工的基本方法之一，主要用于加工板料零件，因而也称为板料冲压。冲压加工的应用范围十分广泛，不仅可以加工金属板料，也可以加工非金属板料。在生产中应用较多的冲压加工，主要是金属板料的冲压加工。由于冲压加工通常是在室温下进行的，故又称为冷冲压。

课题一　冲压工艺的基础知识

【知识目标】

1. 了解冲压加工的特点及应用。
2. 了解冲压技术的发展方向。
3. 熟悉冲压加工工序的特征。

【知识学习】

一、冲压的概念及加工特点与应用

1. 冲压的概念

冲压是通过模具对毛坯施加压力，使之产生塑性变形或分离，从而获得一定尺寸、形状和性能的工件的加工方法。

2. 冲压加工的特点

冲压加工不需要加热，也不用切削，它是一种节能省材的加工方法。由于很多冲压制件所用的毛坯是冶金厂大量生产的轧制钢板和钢带，故原材料来源广且价格低。另外，利用冲压加工容易获得质量好且稳定的冲压制品。冲压加工具有以下特点：

(1) 能得到其他加工方法不易得到的形状复杂、精度一致的制件。

(2) 操作简便，生产效率高，适合批量生产，易于实现机械化和自动化。

(3) 冲压加工的材料利用率高，模具寿命较长，并且生产成本低。

(4) 冲压制品的尺寸稳定、精度高且互换性好。

但是，冲压加工也有其局限性。一方面，在冲压加工过程中会产生振动和噪声；另一方面，冲压加工所使用的模具往往具有专一性，有时一个复杂零件需要数套模具才能加工完成，且模具精度高，导致模具制造费用较高，只有在大批量生产时，冲压加工的优越性才能得到充分体现。

3. 冲压加工的应用

冲压加工在汽车、电机、电器、国防工业及日常生活用品等行业得到了广泛应用。例如在飞机、汽车、仪器仪表、电机、电器、通信工具及计算机的生产中，冲压件占有相当高的比例。

二、冲压加工工序

冲压加工工序可以分为分离工序和成形工序两大类。

分离工序是将冲压件沿一定的轮廓线与板料分离。其特点是沿一定边界的材料被破坏而使板料的一部分与另一部分相互分开，如落料、冲孔及切边等，见表1-1。

成形工序是在板料不被破坏的条件下，使局部材料产生塑性变形而形成所需形状与尺寸的工件。其特点是通过塑性变形得到所需的零件，如弯曲、拉深等，见表1-2。

表1-1　分离工序

工序名称	工序简图	工序特征	模具简图
落料	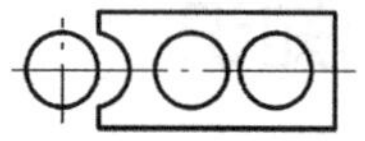	用落料模沿封闭轮廓冲裁板料或条料，冲掉部分是制件	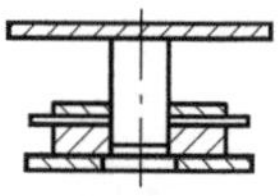
冲孔	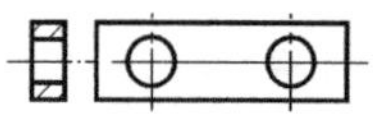	用冲孔模沿封闭轮廓冲裁工件或毛坯，冲掉部分是废料	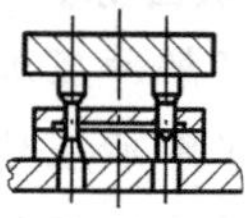
切口	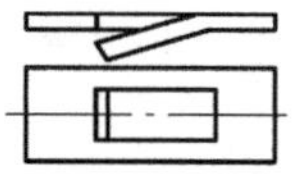	用切口模将部分材料切开，但并不使它完全分离，切开部分的材料发生弯曲	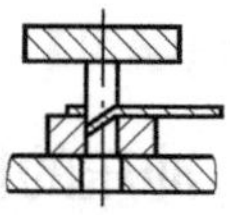
切边	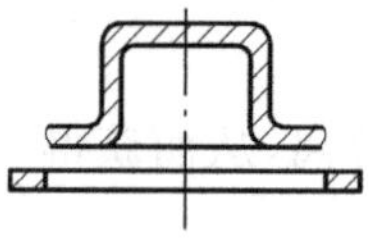	用切边模将坯件边缘的多余材料冲切下来	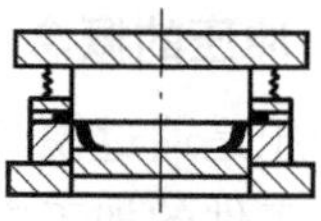
剖切	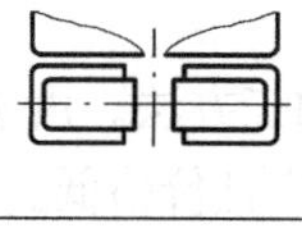	用剖切模将坯件弯曲件或拉深件剖成两部分或几部分	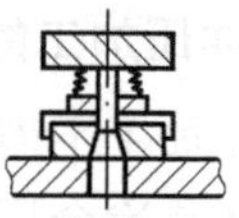
整修	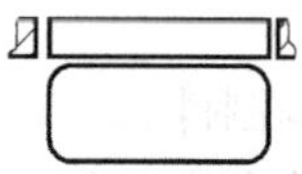	用整修模去掉坯件外缘或内孔的余量，得到光滑的断面和精确的尺寸	

表1-2　成形工序

工序名称	工序简图	工序特征	模具简图
弯曲	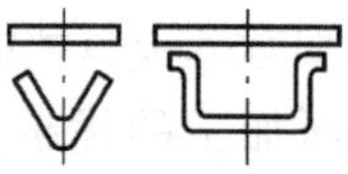	用弯曲模将平板毛坯（或丝料、杆件毛坯）压弯成一定尺寸和角度，或将已弯件做进一步弯曲	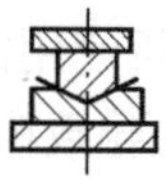
卷边	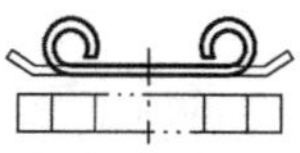	用卷边模将条料端部按一定半径卷成圆形	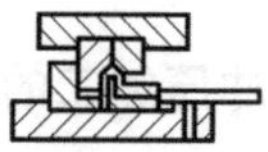
拉深	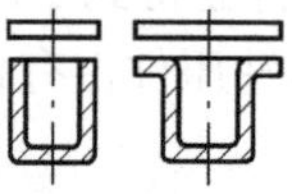	用拉深模将平板毛坯拉深成空心件，或使空心毛坯进一步变形	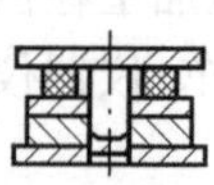

续表

工序名称	工序简图	工 序 特 征	模具简图
变薄拉深	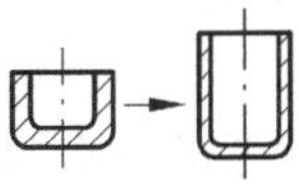	用变薄拉深模减小空心毛坯的直径与壁厚，得到底厚大于壁厚的空心制件	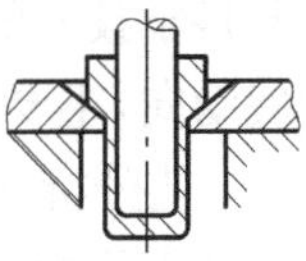
起伏成形	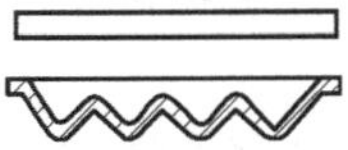	用成形模使平板毛坯或制件产生局部拉深变形，得到起伏不平的制件	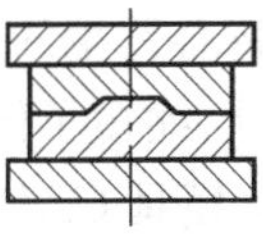
翻边	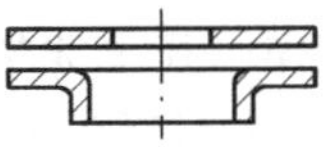	用翻边模在有孔或无孔的板件或空心件上，翻出直径更大且成一定角度的直壁	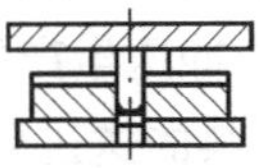
胀形	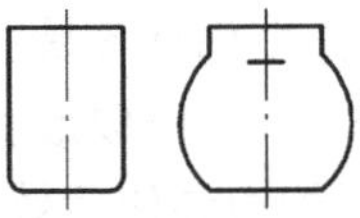	从空心件内部施加径向压力，使局部直径胀大	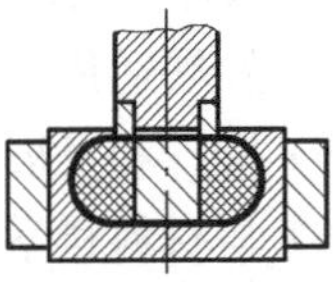
缩口	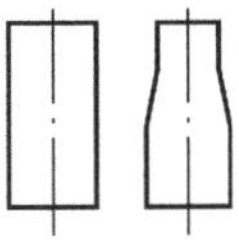	从空心件外部施加压力，使局部直径缩小	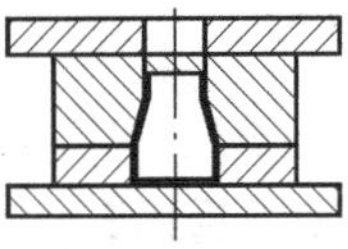
整形（立体）	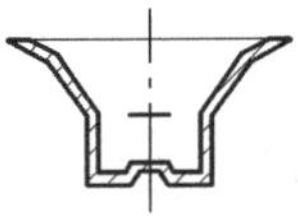	用整形模将弯件或拉深件不准确的位置压成准确形状	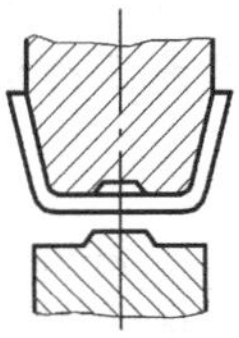
整形（校平）	表面有平面度要求 	将零件不平的表面压平	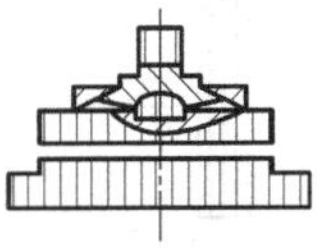
压印		用压印模使材料局部转移，得到凸凹不平的浮雕花纹或标记	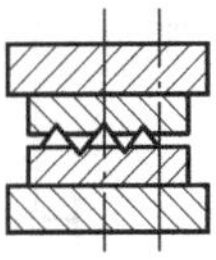
冷挤压	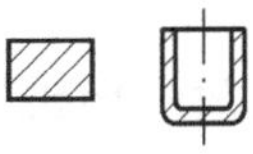	用冷挤模使金属沿凸、凹模间隙流动，从而使厚毛坯转变为薄壁空心件或横截面小的制品	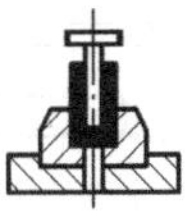
顶镦	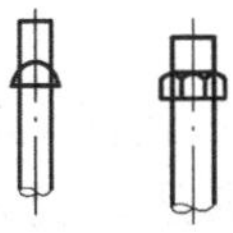	用顶镦模使金属体积重新分布及转移，得到头部比（坯件）杆部粗大的制件	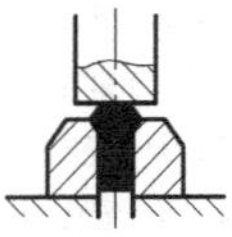

三、冲压技术的发展方向

随着科学技术的不断进步和工业生产的迅速发展，冲压技术的发展日新月异。冲压技术最新发展动向，主要包括以下方面：

（1）工艺分析计算的现代化。冲压技术通过与现代数学、计算机技术“联姻”，对复杂曲面零件进行计算机模拟和有限元分析，从而实现预测某一工艺方案对零件成形的可能性及成形过程中将会发生的问题，以供设计人员进行修改和选择。这种方法将传统的经验设计上升到优化设计，缩短了模具设计与制造周期，节省了多次试模费用。

（2）模具CAD/CAM/CAE的研究与应用，将极大提高模具制造效率、提高模具的质量，使模具设计与制造技术实现CAD/CAM/CAE一体化。

（3）冲压生产的自动化。高速自动冲床和多工位精密级进模已在工业生产中逐步推广应用，从板料的送进到冲压加工、最后检验可由计算机全程控制，极大减轻了工人的劳动强度，提高了生产率。目前已逐渐向无人化生产形成的柔性冲压加工中心发展。

（4）发展适用于小批量生产的各种简易模具、经济模具和标准化且容易变换的模具系统。

（5）推广和发展冲压新工艺和新模具，如精密冲裁、液压拉深、电磁成形和超塑成形等。

（6）与材料科学相结合，不断改进板料性能，以提高其成形能力和使用效果。

课题二　冲压常用设备

【知识目标】

1. 了解冲压常用设备的基本组成。
2. 熟悉压力机主要技术参数，掌握压力机的基本选择方法。

【知识学习】

冲压设备的种类有很多，其分类方法也有很多。冲压生产中常按驱动滑块力的种类分为机械压力机和液压压力机，下面分别对其进行介绍。

一、曲柄压力机的结构与工作原理

曲柄压力机是冲压生产中应用最广泛的一种机械压力机。图1-1所示为JB23-63曲柄压力机的工作原理。电动机1通过传动带、齿轮带动曲轴7旋转，曲轴7通过连杆9带动滑块10沿导轨做上下往复直线运动，从而带动模具实施冲压，模具安装在滑块10与工作台14之间。

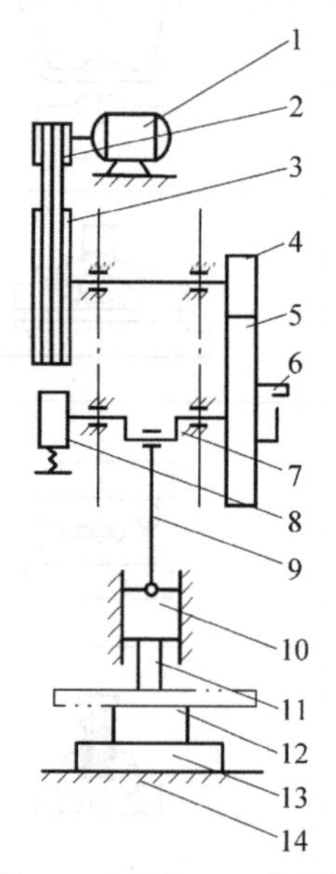

1—电动机；2—小带轮；3—大带轮；4—小齿轮；5—大齿轮；6—离合器；7—曲轴；8—制动器；9—连杆；10—滑块；11—上模；12—下模；13—垫板；14—工作台

图1-1　JB23-63曲柄压力机的工作原理

曲柄压力机构组成包括工作机构、传动系统、操作系统、支撑部件和辅助系统等。

1. 工作机构

工作机构主要有曲轴7、连杆9和滑块10组成。其作用是将电动机主轴的旋转运动变为滑块的往复运动。滑块底平面中心设有模具安装孔，大型压力机滑块底面还设有 T 形槽，用于安装和压紧模具。另外，滑块中还设有退料（或退件）装置，用于在滑块回程时将工件或废料从模具中退出。

2. 传动系统

传动系统由电动机 1、传动带、飞轮及齿轮等组成。其作用是将电动机的运动和能量按照一定的要求传给曲柄滑块机构。

3. 操作系统

操作系统包括空气分配系统、离合器 6、制动器 8 及电气控制箱等。

4. 支撑部件

支撑部件包括机身、工作台 14 及拉紧螺栓等。

此外，压力机还包括气路和润滑等辅助系统，以及安全保护、气垫、顶料等附属装置。

二、曲柄压力机的型号

曲柄压力机的型号用汉语拼音字母、英文字母和数字表示。例如 JB23－63 型号的表示方法如下：

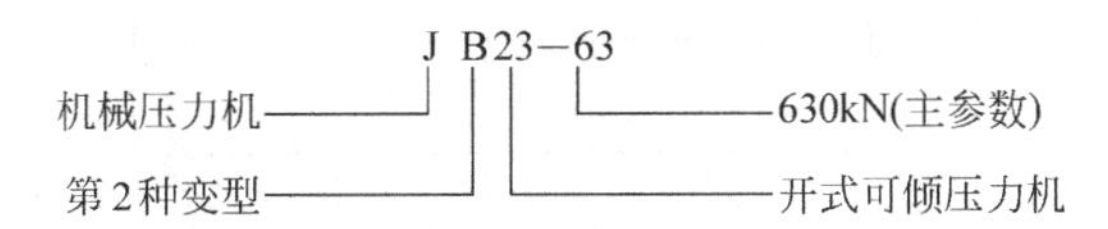

现将型号的具体表示意义叙述如下：

第 1 个字母为类的代号，如“J”代表机械压力机。

第 2 个字母代表同一型号产品的变型顺序号，凡主参数与基本型号相同，但其他某些次要参数与基本型号不同的称为变型，如“B”代表第 2 种变型产品。

第 3、4 个数字为列、组代号，如“2”代表双柱压力机，“3”代表可倾机身。

横线后的数字代表主参数，一般用压力机的公称压力作为主参数，单位用“tf（吨力）”表示，但应转换为“kN（千牛）”，故需要将此数字乘以 10。例如“63”代表 63tf，乘以 10 即为 630kN。

三、曲柄压力机的技术参数

(1) 公称压力。它指当滑块运动到距下止点前一特定距离（公称压力行程）或曲柄旋转到下止点前某一角度（公称压力角）时，滑块上允许的最大工作压力。

(2) 滑块行程 S。它指滑块从上止点运动到下止点所走过的距离。滑块行程长，可以生产较高的零件。

(3) 滑块行程次数 n。它指滑块空载时，每分钟上下往复的次数。滑块行程次数越多，生存效率越高。

(4) 装模高度 H_1 和装模高度调节量 ΔH_1。压力机装模高度（GB 8845—1988 中称为闭合高度）指压力机滑块处于下止点位置时，滑块下表面到工作垫板上表面的距离。当装模高度调节装置将滑块调整到最上位置时（即连杆调整到最短时），装模高度达到最大值称为最大装模高度。模具的闭合高度应小于压力机的最大装模高度。装模高度调节装置所能调节的最大距离，称为装模高度调节量。

(5) 工作台尺寸和滑块底面尺寸。它们共同指压力机工作空间的平面尺寸，工作台板（垫板）的上平面，用“左右×前后”的尺寸形式表示，如图1-2中的$L\times B$；滑块下平面，也用“左右×前后”的尺寸形式表示，如图1-2中的$a\times b$。注意，开式压力机所用模具的上模外形尺寸不宜大于滑块下平面尺寸。

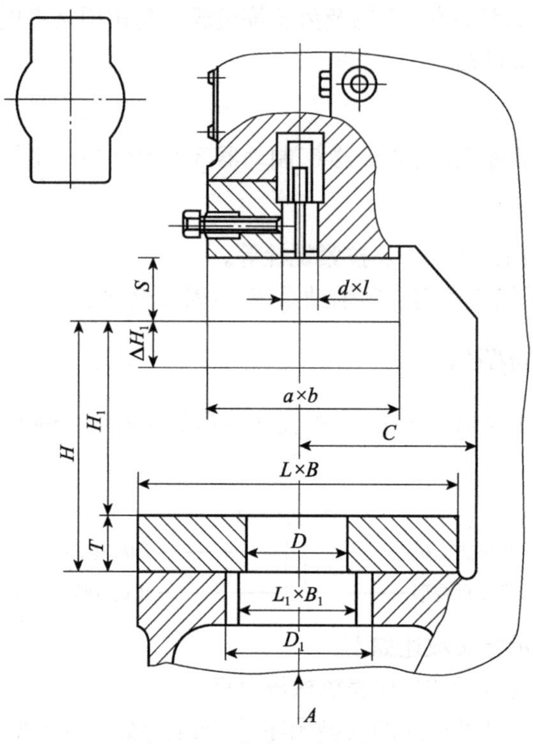

图1-2　工作台尺寸示意图

(6) 工作台孔尺寸。工作台孔尺寸包括$L_1\times B_1$（左右×前后）和D_1（直径），如图1-2所示。工作台孔主要用于向下出料或安装顶出装置的空间。

(7) 立柱间距A和喉深C。立柱间距指双柱式压力机立柱内侧面之间的距离。喉深是开式压力机特有的参数，表示滑块中心线至机身的前后方向的距离。喉深直接限制加工件的尺寸，也与压力机机身的刚度有关。

(8) 模柄孔尺寸。模柄孔尺寸$d\times l$代表“直径×孔深”，冲模模柄尺寸应与模柄孔尺寸相适应。开式可倾压力机的主要参数见表1-3。

表1-3　开式可倾压力机的主要参数

公称压力/kN			63	160	400	630	1000	1600	2000	2500	3150
达到公称压力时滑块与下止点的距离/mm			3.5	5	7	8	10	12	12	13	13
滑块行程/mm			50	70	100	120	140	160	160	200	200
滑块行程次数(次/min)			160	115	80	70	60	40	40	30	30
最大封闭高度/mm	固定式和可倾式		170	220	300	360	400	450	450	500	500
	活动台位置	最低		300	400	460	500				
		最高		156	200	220	260				

续表

封闭高度调节量/mm		40	60	80	90	110	130	130	150	150
滑块中心到床身的距离/mm		110	160	220	260	320	380	380	425	425
工作台尺寸/mm	左右	315	450	630	710	900	1120	1120	1250	1250
	前后	200	300	420	480	600	710	710	800	800
工作台孔尺寸/mm	左右	150	220	300	340	420	530	530	650	650
	前后	70	110	150	180	230	300	300	350	350
	直径	110	160	200	230	300	400	400	460	460
立柱间距/mm		150	220	300	340	420	530	530	650	650
模柄孔尺寸(直径×孔深)/(mm×mm)		ϕ30×50	ϕ50×70		ϕ60×75		ϕ70×80		T形槽	
工作台板厚度/mm		40	60	80	90	110	130	130	150	150
倾角(可倾式工作台压力机)/(°)		30	30	30	30	25	25			

四、液压压力机简介

液压压力机(以下简称液压机)具有工作平稳、压力大、操作空间大及设备结构简单等特点。在冲压加工中广泛应用于拉深、成形等工序,也可用于塑料制品的加工。

1. 液压机的结构及工作过程

液压机是根据帕斯卡原理制成的,它利用液体压力来传递能量,其结构如图1-3所示。工作时,模具安装于活动横梁4和下梁6之间,主缸3带动活动横梁4对模具加压;工作结束时,主缸3复位,打开模具。需要时,顶出缸7可将工件顶出。

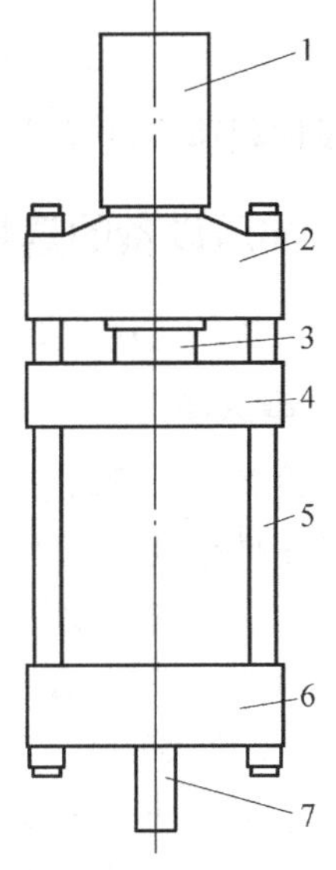

1—充液管;2—上梁;3—主缸;4—活动横梁;5—立柱;6—下梁;7—顶出缸

图1-3　液压机结构

2. 液压机型号的表示方法

液压机的型号表示方法与曲柄压力机的型号表示方法类似,具体如下:

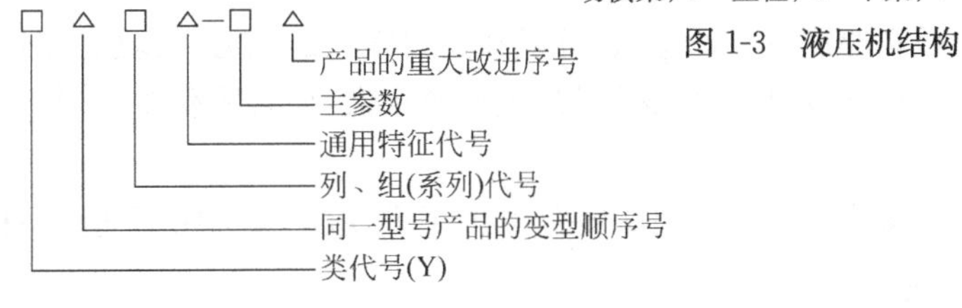

例如YA32－315型号的意义是:

第1个字母为类代号,如“Y”表示液压机。

第2个字母代表同一型号产品的变形顺序号。

第3、4个数字为列、组(系列)代号,如“32”表示四柱液压机。

横线后的数字代表主参数,如“315”表示公称压力为3150kN。

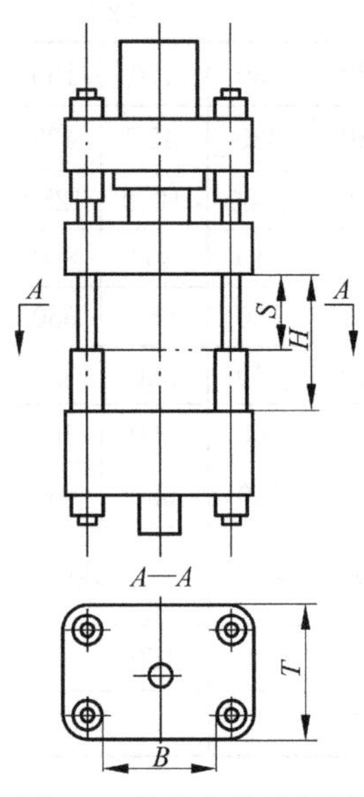

图 1-4　基本参数示意图

3. 液压机的技术参数

现以三梁四柱式液压机为例，介绍液压机的基本参数。

(1) 公称压力。它指液压机名义上能产生的最大压力，在数值上等于工作液体压力和工作柱塞总工作面积的乘积。该参数反映了液压机的主要工作能力。

(2) 最大净空距(开口高度)。它指活动横梁停止在上限位置时，从工作台上表面到活动横梁下表面的距离，如图 1-4 中的 H。该参数反映了液压机高度方向上工作空间的大小。

(3) 最大行程。它指活动横梁能够移动的最大距离，如图 1-4 中的 S。

(4) 工作台尺寸。它指工作台面上可以利用的有效尺寸(长×宽)，如图 1-4 中的 B 与 T。

(5) 回程力。它等于工作液体压力和工作柱塞回程时有效工作面积的乘积，或由单独设置的回程缸来提供。

(6) 活动横梁运动速度(滑块速度)。它可分为工作行程速度、空行程速度及回程速度。其中，工作行程速度由工艺要求确定，空行程速度及回程速度可以设置得高一些，以提高生产率。

五、冲压设备的选用

冲压设备的选用主要包括压力机的类型选择和压力机的规格选用。

1. 类型选择

冲压设备的类型较多，其刚度、精度、用途各不相同，应根据冲压工艺的性质、生产批量、模具大小及制件精度等正确选用。

对于中小型的冲裁件、弯曲件或浅拉深件的加工，主要应采用开式机械压力机。虽然开式机械压力机的刚性差，会降低模具的寿命或冲裁件的表面质量，但是其操作方便，容易安装附加装置，因而开式机械压力机成为当前中小型冲压零件的主要加工设备。

对于大中型冲压件的加工多采用闭式结构的机械压力机。在大型拉深件的生产中，应尽量选用双动拉深压力机，该压力机能使所用的模具结构简单，调整方便。

在小批量生产中，尤其是大型厚板冲压件的加工多采用液压机。液压机没有固定的行程，不会因为板料厚度变化而超载，并且在需要很大的施力行程加工时，与机械压力机相比具有明显的优点。但是，液压机的速度慢、生产效率低，而且零件的尺寸精度有时会受到操作因素的影响而不稳定。

在大批量生产或形状复杂零件的加工中，应尽量选用高速压力机或多工位自动压力机。

2. 规格选用

选用压力机的规格时应遵循以下原则：

① 压力机的公称压力必须大于冲压工序所需压力。当冲压行程较长时，还应注意在全部工作行程中，压力机许用应力曲线应高于冲压变形应力曲线。

② 压力机滑块行程应满足制件在高度上能获得所需尺寸，并在冲压工序完成后能顺利地从模具中取出。对于拉深件，行程应大于制件高度的两倍以上。

③ 压力机的行程次数应满足生产率和材料变形速度的需要。

④ 压力机的闭合高度、工作台尺寸、滑块尺寸及模柄孔尺寸等都应满足模具的正确安装要求。对于曲柄压力机，模具的闭合高度与压力机闭合高度之间有具体要求，即

$$H_{max}-5mm \geqslant H \geqslant H_{min}+10mm$$

式中，H——模具的闭合高度(mm)；

H_{max}——压力机的最大装模高度(mm)；

H_{min}——压力机的最小装模高度(mm)。

工作台尺寸一般应大于模具下模座 50～70mm，以便安装；垫板孔径应大于制件或废料的投影尺寸，以便漏料。

练习与思考

1. 什么是冷冲压？试述冷冲压加工的特点。
2. 简述冷冲压的加工工序及其特征。
3. 机械压力机型号 JA23－40 中各字母及数字代表的含义是什么？
4. 何谓曲柄压力机的公称压力？压力机的封模高度与冲模的闭合高度之间存在何种关系？

模块二　冲裁工艺与冲裁模

课题一　冲裁变形过程分析

【知识目标】

1. 了解冲裁变形机理，熟悉冲裁件断面的基本组成。

2. 熟悉冲裁间隙与冲裁件断面质量、冲裁件尺寸精度、冲裁工艺力及冲裁模寿命之间的关系。

【技能目标】

1. 针对冲裁件结构能够合理选择冲裁间隙。

2. 具备合理设计冲裁模结构尺寸的能力。

【知识学习】

冲裁是利用模具使板料产生分离的一种冲压工序。它包括落料、冲孔、切口及切边等多种分离工序。但一般来说，冲裁主要指落料和冲孔工序。在冲压工艺中，冲裁的用途最为广泛，它既可以直接冲出具有所需形状的成品工件，又可以为其他成形工序，如拉深、弯曲及成形等制备毛坯。

一、冲裁变形过程

冲裁变形过程大致可分为以下 3 个阶段，如图 2-1 所示。

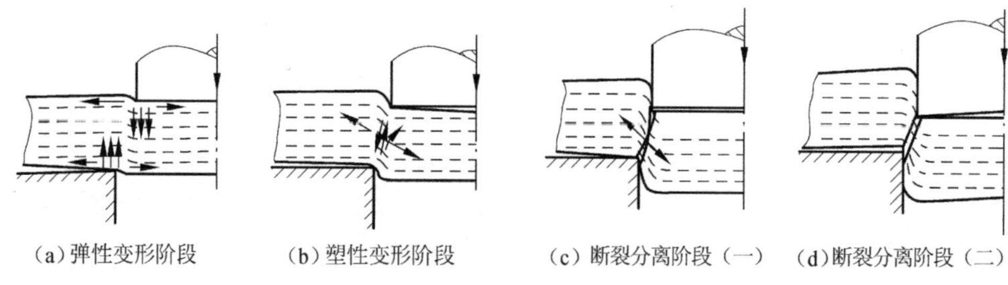

(a)弹性变形阶段　(b)塑性变形阶段　(c)断裂分离阶段（一）　(d)断裂分离阶段（二）

图 2-1　冲裁变形过程

1. 弹性变形阶段

如图 2-1(a)所示，当凸模接触板料并下压时，在凸模、凹模的压力作用下，板料开始产生弹性压缩、弯曲和拉伸等复杂变形。凸模稍微挤入板料，板料底面相应部分材料也被挤入凹模洞口内。此时，凸模下面的板料略有拱弯(锅底形)，而凹模上的板料则略有上翘。间隙越大，拱弯和上翘越严重。在这一阶段，当凸模卸裁后，板料立即恢复原状。随着凸模下压，刃口附近板料所受的应力逐渐增大，直至达到弹性极限，弹性变形阶段结束。

2. 塑性变形阶段

当凸模继续下压，板料内的应力达到屈服极限时，冲裁过程进入塑性变形阶段，如图 2-1(b)

所示。随着凸模不断下压，材料的塑性变形程度增加，变形区材料硬化加剧，变形抗力不断上升，冲裁力相应增大，直到凸模和凹模刃口附近的应力达到抗拉强度时，塑性变形阶段结束。

3. 断裂分离阶段

凸模继续下压，当板料内的应力达到抗拉强度时，板料上凸模、凹模刃口接触的部位将产生微裂纹，如图 2-1(c)所示。随着凸模继续下压，已产生的微裂纹沿最大剪应力方向不断向板料内部扩展，直到上、下裂纹重合，板料即被切断分离，如图 2-1(d)所示。切断会在断面上形成一个粗糙的区域，凸模继续下行使冲落部分全部挤入凹模洞口，冲裁变形过程就此结束。

二、冲裁件断面特征

1. 冲裁件断面的组成

由于冲裁过程中板料变形和切断分离的特点，冲裁件的断面具有明显的区域性特征，正常的断面特征如图 2-2 所示，它由圆角带、光亮带、断裂带和毛刺(图中未标出)4 个特征区组成。

(1) 圆角带。圆角带是在冲裁过程中刃口压入材料时，刃口附近的材料因被拉入模具而变形所产生的结果。它是由塑性弯曲、拉伸造成的，塑性好的材料，其圆角带较宽。

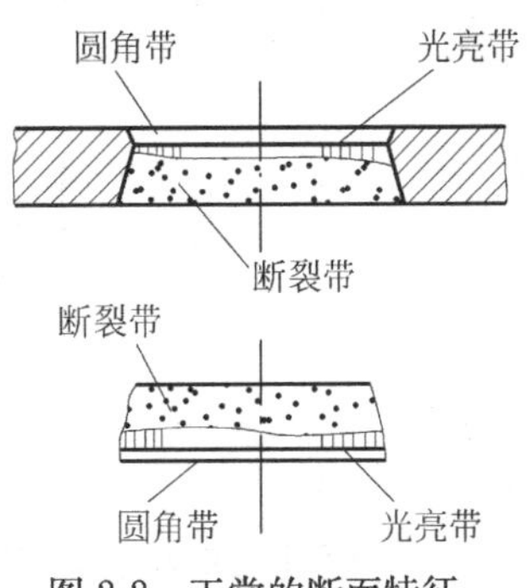

图 2-2　正常的断面特征

(2) 光亮带。该区域形成于塑性变形阶段，它是在刃口切入金属板料后，板料与模具侧面挤压而形成的光亮垂直的断面。光亮带是断面上精度最高、表面粗糙度值最小的部分，通常占整个断面的 1/3～1/2。塑性好的材料，其光亮带所占的比例较大。

(3) 断裂带。该区域是在断裂分离阶段形成的。由于刃口处产生的微裂纹在拉应力的作用下不断扩展，故而形成一个撕裂面。断裂带表面粗糙，带有斜度。塑性差的材料因撕裂倾向严重，故其断裂带所占比例较大。

(4) 毛刺。在塑性变形阶段后期，当凸模和凹模的刃口切入被加工的板料达到一定深度时，刃口正面材料被压缩，微裂纹的起点不是在正凸模、凹模的端面，而是在模具侧面距刃口很近的位置。在拉应力的作用下，微裂纹延长，材料被撕裂而产生高于板面的毛刺。

2. 影响冲裁件断面质量的因素

在上述 4 个特征区中，光亮带的断面质量最佳。各区在整个断面上所占的比例，随材料的性能、厚度、冲裁间隙、刃口状态及摩擦等条件的不同而变化。

1) 材料性能对断面质量的影响

对于塑性较好的材料，冲裁时微裂纹出现得较晚，因而材料被剪切的深度较大，光亮带所占比例也大，并且圆角带较宽、断裂带较窄。而塑性差的材料，其光亮带所占比例不大，圆角带较窄，而有斜度的粗糙断裂带所占的比例较大。

2) 冲裁间隙对断面质量的影响

冲裁间隙不仅影响上、下裂纹的汇合，也影响变形应力的性质和大小。当间隙过小时，上、下裂纹延伸时互不重合，如图 2-3(a)所示。两裂纹之间的材料，随着冲裁的进行将被二次剪切，并在断面上形成第二光亮带，该光亮带中部有残留的断裂带(夹层)。另外，小的间隙还会使拉应力减小、挤压力增大，从而使材料塑性得到充分发挥，抑制并推迟裂纹的产生。因此，增加光亮带宽度，圆角、毛刺、斜度、翘曲及拱弯等缺陷均会减少，可以提高制件质量。

当间隙过大时，上、下裂纹延伸时仍然互不重合，如图 2-3(b)所示。剪切过程中的拉应力增大，材料的弯曲和拉伸变形也增大，容易产生微裂纹，使塑性变形较早结束。因此，光亮带变窄，将会使圆角带、断裂带增宽，导致毛刺增多，加重拱弯、翘曲，同时使拉裂产生的斜度增大，甚至有时断面会出现两个斜度，使冲裁件质量下降。

当间隙合适时，上、下裂纹延伸后能汇成一条线，如图 2-3(c)所示。尽管断面也有斜度，但零件比较平直，圆角、毛刺、斜度均不大，可以得到较好的综合断面质量。

当冲裁间隙不均匀时，冲裁件会出现一部分间隙过大，另一部分间隙过小的情况，也会影响冲裁件的断面质量。因此，要求模具制造和安装时必须保证间隙均匀。

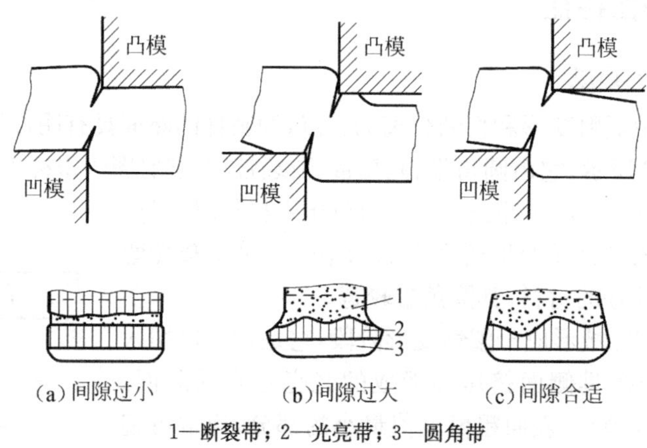

(a) 间隙过小　(b) 间隙过大　(c) 间隙合适

1—断裂带；2—光亮带；3—圆角带

图 2-3　冲裁间隙对冲裁件断面质量的影响

3) 模具刃口状态对断面质量的影响

模具刃口状态对冲裁过程中的应力状态有较大影响。当模具刃口磨损成圆角时，弯曲与挤压作用突出，冲裁件的圆角和光亮带增大，但也使冲裁件的毛刺增多。凸模钝，则落料件上的毛刺增多；凹模钝，则冲孔件上的毛刺增多。

三、冲裁件尺寸精度和表面粗糙度

(1) 金属冲裁件内、外形的经济加工精度不高于 IT11，见表 2-1。一般落料加工精度尽量低于 IT10，冲孔加工精度尽量低于 IT9。一般冲裁件断面的近似表面粗糙度值件见表 2-2。

表 2-1　金属冲裁件内、外形的经济加工精度

<table>
<tr><th rowspan="2">材料厚度 t/mm</th><th colspan="5">基本尺寸/mm</th></tr>
<tr><th><3</th><th>3～6</th><th>>6～10</th><th>>10～18</th><th>>18</th></tr>
<tr><td>≤1</td><td colspan="3">IT12、IT13</td><td colspan="2">IT11</td></tr>
<tr><td>>1～2</td><td>IT14</td><td colspan="3">IT12、IT13</td><td>IT11</td></tr>
<tr><td>>2～3</td><td colspan="3">IT14</td><td colspan="2">IT12、IT13</td></tr>
<tr><td>>3～5</td><td colspan="3">IT14</td><td colspan="2">IT12、IT13</td></tr>
</table>

表 2-2　一般冲裁件断面的近似表面粗糙度值

材料厚度 t/mm	≤1	>1～2	>2～3	>3～4	>4～5
断面表面粗糙度 $Ra/\mu m$	3.2	6.3	12.5	25	50

(2) 非金属冲裁件内、外形的经济加工精度为IT14和IT15。

(3) 冲裁尺寸标注应符合冲压工艺要求。例如图2-4所示的冲裁件,若采用图2-4(a)所示的尺寸标注方法,则两孔中心距会随模具的磨损而增大,显然不合理;而若改为图2-4(b)所示的尺寸标注方法,则两孔中心距 S_2 与模具磨损无关。

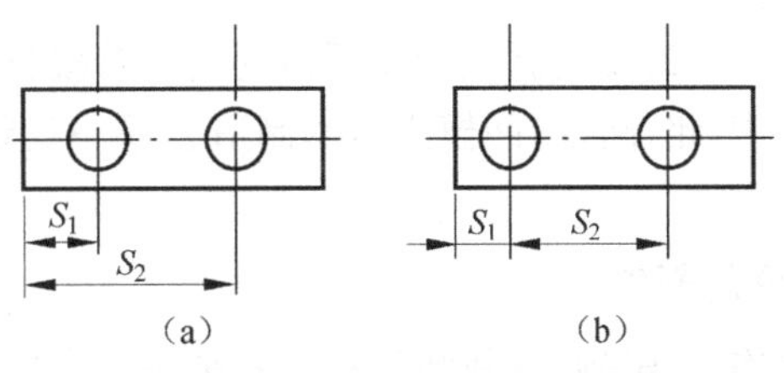

图 2-4　冲裁件尺寸标注

课题二　冲裁模刃口尺寸及冲裁件的结构工艺性

【知识目标】

1. 熟悉冲裁间隙对冲裁过程的影响。
2. 掌握冲裁模刃口尺寸计算的基本方法。

【技能目标】

1. 掌握冲裁件的凸凹模刃口尺寸计算。
2. 熟练设计给定冲裁件的结构。

【知识学习】

一、冲裁间隙

冲裁间隙指冲裁模具的凸模与凹模刃口之间的间隙。凸模与凹模之间单侧的间隙称为单面间隙,用 $Z/2$ 表示;两侧间隙之和称为双面间隙,用 Z 表示,如图2-5所示。

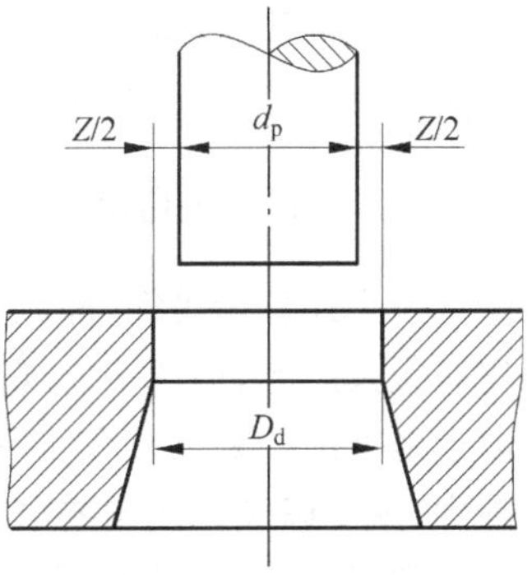

由上述分析可知,凸模与凹模之间的间隙,对冲裁件断面质量具有重要的影响。此外,冲裁间隙还会影响模具寿命、卸料力、推件力、冲裁力和冲裁件的尺寸精度。因此,冲裁间隙是冲裁模具设计中一个非常重要的工艺参数。

图 2-5　冲裁间隙

1. 冲裁间隙对冲裁件尺寸精度的影响

冲裁件的尺寸精度指冲裁件的实际尺寸与设计的理想尺寸之间的差值。差值越小,精度越高。总的差值包括两方面,一是冲裁件相对于凸模或凹模尺寸的偏差;二是模具本身的制造偏差。

1) 冲裁件相对于凸模或凹模尺寸的偏差

该偏差主要是在制件从凹模中被推出(落料件)或从凸模上卸下(冲孔件)时,由于材料受到挤压、拉伸等作用而产生回弹所造成的。偏差值可能是正的，也可能是负的。影响这个值的因素有冲裁间隙、材料性质及工件的形状与尺寸等，主要因素是冲裁间隙。

当冲裁间隙过大时，材料所受拉伸作用增大。冲裁结束后，因材料的弹性恢复，使冲裁件向实体方向收缩，从而使落料件尺寸小于凹模尺寸，冲孔尺寸（孔径）大于凸模尺寸（直径）。当冲裁间隙过小时，材料受模具挤压的作用增大。冲裁结束后，因材料的弹性恢复，使落料件尺寸增大，冲孔尺寸（孔径）减小。尺寸变化量的大小与材料性质、厚度等因素有关。例如，软钢的弹性变形量较小，冲裁后其弹性恢复也较小；硬钢的弹性恢复则较大。

2）模具本身的制造偏差

上述因素的影响，是在一定的模具制造精度下讨论的。若模具刃口制造精度低，则冲裁件的制造精度无法得到保证。因此，凸模、凹模刃口的制造公差一定要按工件尺寸的精度要求来决定。

2. 冲裁间隙对模具寿命的影响

模具寿命受各种因素的综合影响，冲裁间隙是主要影响因素之一。在冲裁过程中，凸模与冲孔件孔的内侧面、凹模与落料件的外侧面之间均有摩擦。间隙越小，摩擦越严重。因此，过小的冲裁间隙对模具寿命非常不利。

较大的冲裁间隙可使模具与材料之间的摩擦减小，且在一定程度上降低间隙分布不均所带来的不利影响，提高模具寿命。

3. 冲裁间隙对冲裁工艺力的影响

随着冲裁间隙的增大，材料所受的拉应力增大，材料更容易发生断裂分离，因此冲裁力减小。通常冲裁力的降低并不十分显著。试验结果表明，当单面间隙介于材料厚度的5%～20%时，冲裁力的降低不超过10%。因此，在正常情况下，冲裁间隙对冲裁力的影响不是很大。

冲裁间隙对卸料力、推件力的影响比较显著。当冲裁间隙增大后，从凸模上卸下零件和从凹模中推出零件都比较省力。当单边间隙达到材料厚度的15%～25%时，卸料力几乎为零。但间隙过大，易引起毛刺增多，反而又使卸料力和推件力迅速增加。

二、间隙值的确定

由上述分析可知，冲裁间隙对冲裁件断面质量、冲裁件尺寸精度、冲裁工艺力及模具寿命均有很大影响，但影响的规律各不相同。因此，并不存在一个绝对合理的间隙值，能同时满足以上各方面的要求。在实际生产中，通常选择一个合适的间隙范围。只要冲裁间隙在这个范围内，就可以满足使用要求。这个范围的最小值称为最小合理间隙（Z_{min}），最大值称为最大合理间隙（Z_{max}）。考虑到模具使用中的磨损，设计和制造新模具时应选择最小合理间隙。确定合理间隙值的方法有两种：理论确定法和经验确定法。

1. 理论确定法

理论确定法的主要依据是保证上、下裂纹重合，且正好交于一条直线上，以获得良好的断面质量。图2-6所示为冲裁过程中产生裂纹的瞬时状态，根据图中的几何关系可求得双面间隙Z的值，即

$$Z=2(t-h_0)\tan\beta=2t(1-h_0/t)\tan\beta \tag{2-1}$$

式中，Z——双面间隙（mm）；

t——板料厚度(mm)；

h_0——产生裂纹时凸模压入材料的深度(mm)；

h_0/t——产生裂纹时凸模压入材料的相对深度；

β——剪裂纹与垂线间的夹角(°)。

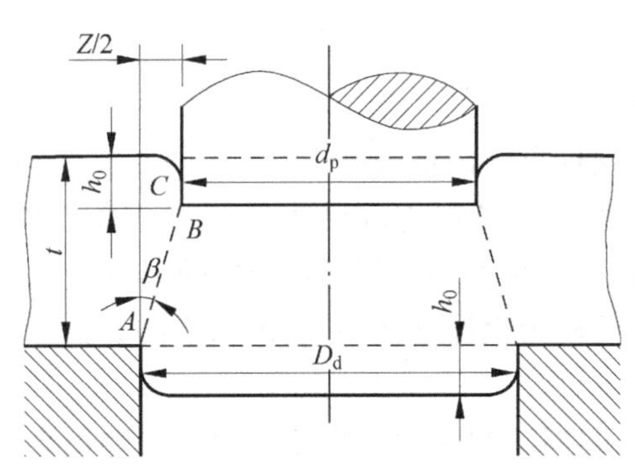

图 2-6　冲裁过程中产生裂纹的瞬时状态

不同材料的 h_0/t 与 β 值见表 2-3。

表 2-3　不同材料的 h_0/t 与 β 值

材　料	h_0/t				β/(°)
	t<1mm	1mm≤t<2mm	2mm≤t<4mm	t≥4mm	
软钢	0.70～0.75	0.65～0.70	0.55～0.65	0.40～0.50	5～6
中硬钢	0.60～0.65	0.55～0.65	0.48～0.55	0.35～0.45	4～5
硬钢	0.47～0.50	0.45～0.47	0.38～0.44	0.25～0.35	4

2. 经验确定法

根据近年来的研究与实践，对于尺寸精度、断面垂直度要求较高的制件，应选用较小间隙值；对于尺寸精度、断面垂直度要求不太高的制件，应以降低冲裁工艺力、提高模具寿命为主，可以选用较大的间隙值。此外，还可采用经验公式计算合理双面间隙 Z，即

$$Z = mt \tag{2-2}$$

式中，m——系数。

系数 m 与材料性质和板料厚度 t 有关，具体选用数值参见表 2-4。

表 2-4　冲裁模合理双面间隙 Z

材料种类	板料厚度 t/mm				
	0.1～0.4	>0.4～1.2	>1.2～2.5	>2.5～4	>4～6
软钢、黄铜	(1%～2%)t	(7%～10%)t	(9%～12%)t	(12%～14%)t	(15%～18%)t
硬钢	(1%～5%)t	(10%～17%)t	(18%～25%)t	(25%～27%)t	(27%～29%)t
磷青铜	(1%～4%)t	(8%～12%)t	(11%～14%)t	(14%～17%)t	(18%～20%)t
铝及铝合金(软)	(1%～3%)t	(8%～12%)t	(11%～12%)t	(11%～12%)t	(11%～12%)t
铝及铝合金(硬)	(1%～3%)t	(10%～14%)t	(13%～14%)t	(13%～14%)t	(13%～14%)t

注：1. 当冲裁件的断面质量要求较高时，可将表中的数值减小 1/3。

2. 圆柱形型孔凹模取表中偏大的数值，锥形型孔凹模取表中偏小的数值。

3. 小孔冲裁时，可将表中数值适当减小。

三、凸模与凹模刃口尺寸的计算

凸模与凹模刃口尺寸精度是影响冲裁件尺寸精度的重要因素。凸模、凹模的合理间隙也要靠刃口尺寸及其公差来保证。因此，在设计冲裁模时，正确计算与确定凸模与凹模的刃口尺寸及其公差是十分重要的。

1. 刃口尺寸计算原则

根据冲裁工艺的特点，在计算并确定凸模、凹模的刃口尺寸及其公差时，应遵循以下原则：

（1）参照冲孔和落料的特点。落料件的尺寸决定于凹模尺寸，因而落料模应以凹模为设计基准，先确定凹模的刃口尺寸，再按间隙值确定凸模的刃口尺寸。冲孔时孔径的尺寸决定于凸模尺寸，因而冲孔模应以凸模为设计基准，先确定凸模的刃口尺寸，再按间隙值确定凹模的刃口尺寸。

（2）考虑凸模与凹模的磨损。冲裁过程中凸模刃口的磨损会使冲孔尺寸减小，凹模刃口的磨损会使落料尺寸增大。为了保证冲裁件的尺寸精度、提高模具寿命，在设计落料模时，凹模刃口的基本尺寸应取落料件尺寸公差范围内的较小尺寸；在设计冲孔模时，凸模刃口的基本尺寸应取工件尺寸公差范围内的较大尺寸，以保证凸模、凹模磨损到一定程度后仍能加工出合格的工件。不论落料还是冲孔，凸模、凹模间隙都应选取合理间隙范围内的最小值。

（3）刃口制造精度与工件精度的关系。凸模、凹模刃口尺寸精度的选择，应以能保证工件的精度要求为前提，保证合理的凸模、凹模间隙值，提高模具的使用寿命。模具刃口制造精度与冲裁件精度的关系见表2-5。一般情况下，也可按工件公差的1/4～1/3选取。对于圆形凸模、凹模，由于其制造容易，精度易保证，制造制度可按IT7～IT6来选取。

表2-5　模具刃口制造精度与冲裁件精度的关系

模具刃口制造精度	板料厚度 t/mm											
	0.5	0.8	1.0	1.5	2	3	4	5	6	8	10	12
IT6～IT7	IT8	IT8	IT9	IT10	IT10	—	—	—	—	—	—	—
IT7～IT8	—	IT9	IT10	IT10	IT12	IT12	IT12	—	—	—	—	—
IT9	—	—	—	IT12	IT12	IT12	IT12	IT12	IT14	IT14	IT14	IT14

2. 刃口尺寸计算方法

根据凸模与凹模加工工艺方法的不同，两者刃口尺寸的计算方法和制造公差的标注方式也不同。刃口尺寸的计算方法分为凸模与凹模单独加工和凸模与凹模配合加工两种。

（1）凸模与凹模单独加工。这种加工方法适用于圆形或矩形等规则形状刃口的制造。在加工模具时，将凸模和凹模分别按图纸加工至要求尺寸，并在图样上标注凸模和凹模的刃口尺寸和制造公差。为了保证间隙值，相关尺寸应满足下列关系式：

$$T_p + T_d \leqslant Z_{max} - Z_{min} \tag{2-3}$$

或取

$$T_p = 0.4(Z_{max} - Z_{min}) \tag{2-4}$$

$$T_d = 0.6(Z_{max} - Z_{min}) \tag{2-5}$$

在进行落料与冲孔时，冲模刃口尺寸的确定如图2-7所示。图中各参量的含义如下：

D_d——落料凹模刃口的基本尺寸(mm)；

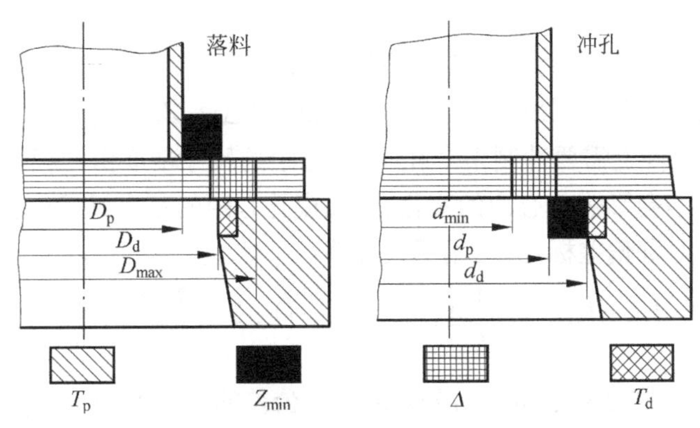

图 2-7　冲模刃口尺寸的确定

D_p——落料凸模刃口的基本尺寸(mm)；

d_d——冲孔凹模刃口的基本尺寸(mm)；

d_p——冲孔凸模刃口的基本尺寸(mm)；

D_{max}——落料件的最大极限尺寸(mm)；

d_{min}——冲孔孔径的最小极限尺寸(mm)；

Δ——工件公差；

Z_{min}——最小合理间隙(mm)；

Z_{max}——最大合理间隙(mm,图中未标出)；

T_d——凹模刃口制造公差(mm)；

T_p——凸模刃口制造公差(mm)；

K——系数。

为了避免多数冲裁件尺寸都偏向极限尺寸，应使冲裁件的实际尺寸尽量接近冲裁件公差带的中间尺寸。K 值在 0.5～1.0 之间，它与冲裁件的精度有关，可从表 2-6 中选取。

表 2-6　K 的取值

板料厚度 t/mm	非圆形			圆形	
	1	0.75	0.5	0.75	0.5
	工件公差 Δ/mm				
≤1	<0.16	0.17～0.35	≥0.36	<0.16	≥0.16
>1～2	<0.20	0.21～0.41	≥0.42	<0.20	≥0.20
>2～4	<0.24	0.25～0.49	≥0.50	<0.24	≥0.24
>4	<0.30	0.31～0.59	≥0.60	<0.30	≥0.30

① 冲孔。根据凸模、凹模刃口尺寸的计算原则，冲孔时应首先确定凸模刃口尺寸，使凸模基本尺寸接近或等于工件孔的最大极限尺寸，再按最小合理间隙 Z_{min} 增大凹模尺寸。凸模制造偏差取负值，凹模制造偏差取正值。设工件孔的尺寸为 $d_0^{+\Delta}$，则冲孔凸模、凹模的刃口尺寸分别为

凸模刃口尺寸：
$$d_p=(d+K\Delta)_{-T_p}^{0} \tag{2-6}$$

凹模刃口尺寸：
$$d_d=(d_p+Z_{min})_0^{+T_d}=(d+K\Delta+Z_{min})_0^{+T_d} \tag{2-7}$$

② 落料。根据凸模、凹模刃口尺寸的计算原则，落料时应首先确定凹模刃口尺寸，使凹模基本尺寸接近或等于落料件的最小极限尺寸，再按最小合理间隙 Z_{min} 减小凸模尺寸。凹模制造偏差取正值，凸模制造偏差取负值。设落料件的尺寸为 $D_{-\Delta}^{0}$，则落料凹模、凸模的刃口尺寸

分别为

凹模刃口尺寸：$$D_d=(D-K\Delta)_0^{+T_d} \tag{2-8}$$

凸模刃口尺寸：$$D_p=(D_d-Z_{min})_{-T_p}^{0}=(D-K\Delta-Z_{min})_{-T_p}^{0} \tag{2-9}$$

③ 孔心距。当工件上需要冲制多个孔时，孔心距的尺寸精度由凹模孔心距保证。由于凸模、凹模的刃口磨损不会影响孔心距的变化，故凹模孔心距的基本尺寸取在工件孔心距公差带的中点处，并按双向对称偏差标注，可用下式计算：

$$L_d=\left(L_{min}+\frac{1}{2}\Delta\right)\pm\frac{1}{2}T_d=\left(L_{min}+\frac{1}{2}\Delta\right)\pm\frac{1}{8}\Delta \tag{2-10}$$

式中，L_d——凹模孔心距的尺寸(mm)，公差取工件公差的1/4，即 $T_d=\frac{1}{4}\Delta$；

L_{min}——工件孔心距的最小极限尺寸(mm)；

Δ——工件孔心距公差(mm)。

(2) 凸模与凹模配合加工。为了保证凸模、凹模之间一定的合理间隙，必须满足关系式 $T_p+T_d\leqslant Z_{max}-Z_{min}$，若 Z_{max} 与 Z_{min} 的差值很小，则凸模、凹模刃口尺寸的公差值更小，将给凸模、凹模的制造带来困难。对于这种情况必须采用配合加工。配合加工是先按设计尺寸制造一个基准件，再根据基准件的实际尺寸，按要求的间隙加工另外一个零件。落料时应以凹模为基准件，根据凹模的实际尺寸，按最小合理间隙配置凸模。冲孔时应以凸模为基准件配置凹模。因此，采用配合加工时，只需在作为基准件模具的工作图上标注尺寸和制造公差，而在另一个配做的模具工作图上只需标注有关的基本尺寸，并注明配做应留的间隙值。配合加工方法易于保证很小的间隙值，因此在制造时可以放大基准件的公差，T_p 与 T_d 不再受间隙值的限制，工艺比较简单，制造容易，目前在工厂中得到广泛应用。

对于形状复杂、尺寸较多的冲裁件，应根据凸模、凹模磨损后尺寸的变化规律进行具体分析并分别计算。

① 冲孔。图2-8(a)所示为工件孔的尺寸图，图2-8(b)所示为冲孔凸模尺寸图。加工冲孔模具时，应以凸模为基准件配做凹模。从图中所示的凸模可以看出，由于凸模的磨损而引起的工件尺寸变化分为3种情况，因而凸模刃口尺寸也应分3种情况进行计算。

a. 凸模磨损后尺寸减小。图中属于这一类的尺寸有 A_{1p}、A_{2p}、A_{3p} 和 A_{4p}，应按冲孔凸模尺寸计算公式(2-11)进行计算，即

$$A_p=(A+K\Delta)_{-T_p}^{0} \tag{2-11}$$

b. 凸模磨损后尺寸增大。图中属于这一类的尺寸有 B_{1p}、B_{2p} 和 B_{3p}，它们在冲孔凸模上相当于落料凹模尺寸，故应按落料凹模尺寸计算公式(2-12)进行计算，即

$$B_p=(B-K\Delta)_0^{+T_p} \tag{2-12}$$

c. 凸模磨损后尺寸没有变化。图中属于这一类的尺寸有 C_{1p}、C_{2p}、C_{3p} 和 C_{4p}，根据工件尺寸的标注形式，又可分为3种类型计算刃口尺寸。

第一种：工件尺寸为正偏差标注，如 $C_0^{+\Delta}$，其计算公式为

$$C_p=(C+0.5\Delta)\pm\frac{T_p}{2} \tag{2-13}$$

第二种：工件尺寸为负偏差标注，如 $C_{-\Delta}^{0}$，其计算公式为

$$C_p=(C-0.5\Delta)\pm\frac{T_p}{2} \tag{2-14}$$

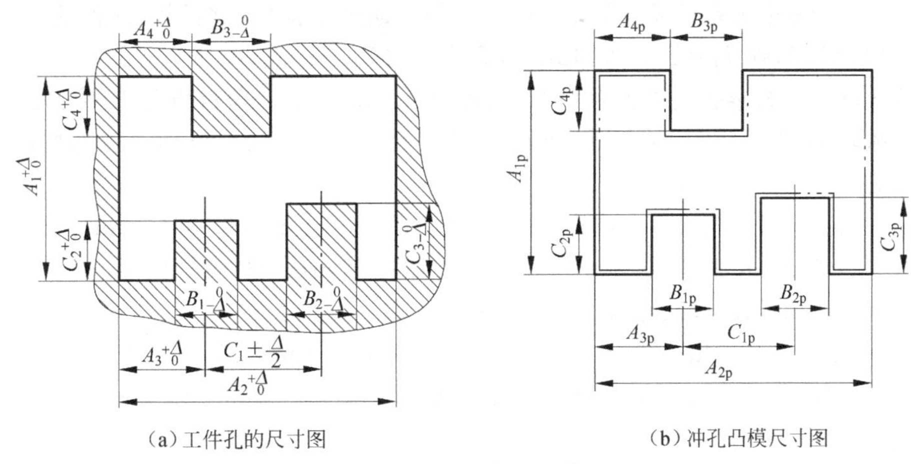

图 2-8　冲孔工件和凸模

第三种:工件尺寸为对称偏差标注,如 $C\pm\frac{\Delta}{2}$,其计算公式为

$$C_p=C\pm\frac{T_p}{2} \tag{2-15}$$

式中,A_p、B_p、C_p——凸模刃口尺寸(mm);

A、B、C——工件孔的基本尺寸(mm)。

冲孔凹模刃口尺寸应根据凸模的实际尺寸及最小合理间隙 Z_{min} 配做。同时,需要在图样的技术要求中注明:“凹模尺寸按凸模实际尺寸配做,保证双面间隙 $Z_{min}\sim Z_{max}$。”除了注明上述内容,还应注明相应的图号。

② 落料。落料模应以凹模为基准件配做凸模。凹模刃口尺寸计算情况与冲孔相似,可参照前文中的有关计算公式自行分析。但必须在配做的凸模图样的技术要求中注明:“凸模尺寸按凹模实际尺寸配做,保证双面间隙 $Z_{min}\sim Z_{max}$。”除了注明上述内容,还应注明相应的图号。

下面介绍一种工厂中实用的落料模刃口尺寸及公差的计算方法(以凹模为基准件,参见图 2-12)。

a. 凹模磨损后会增大的尺寸 A_j。图 2-12 中的 a、b、c 即为此类尺寸,其计算公式为

$$A_j=(A_{max}-K\Delta)^{+0.25\Delta}_{0} \tag{2-16}$$

b. 凹模磨损后会减小的尺寸 B_j。图 2-12 中的 d 即为此类尺寸,其计算公式为

$$B_j=(B_{min}+K\Delta)^{0}_{-0.25\Delta} \tag{2-17}$$

c. 凹模磨损后不发生变化的尺寸 C_j。图 2-12 中的 e 即为此类尺寸,其计算公式为

$$C_j=(C_{min}+0.5\Delta)\pm0.125\Delta \tag{2-18}$$

【技能训练】

1. 如图 2-9 所示的工件,其材料为 Q235 钢,板料厚度 $t=2$mm,由冲孔和落料两道工序冲制而成。试分别确定凸模、凹模的刃口尺寸及其公差。

解:从表 2-4 中可查出间隙范围为(9%～12%)t,则 $Z_{min}=0.18$mm,$Z_{max}=0.24$mm,$Z_{max}-Z_{min}=0.06$mm。

从表 2-6 中查出尺寸 $\phi6$mm 对应的 $K=0.75$,尺寸 36mm 对应的 $K=1.0$。

ϕ6mm 孔的标准公差等级为 IT10，因尺寸较小，通过查表 2-5 将凸模、凹模的制造标准公差等级均取为 IT7，则 $T_p = T_d = 0.012$mm，$T_p + T_d < Z_{max} - Z_{min}$。

尺寸 36mm 的标准公差等级为 IT10，公差值 $\Delta = 0.10$mm。落料凸模、凹模的制造公差按 Δ 的 1/4 选取，则 $T_p = T_d = \Delta/4 = 0.025$mm，$T_p + T_d < Z_{max} - Z_{min}$。则冲孔工序的凸模、凹模尺寸分别为

$$d_p = (d + K\Delta)^{0}_{-T_p} = (6 + 0.75 \times 0.048)^{0}_{-0.012}\text{mm} = 6.036^{0}_{-0.012}\text{mm}$$

$$d_d = (d_p + Z_{min})^{+T_d}_{0} = (6.036 + 0.18)^{+0.012}_{0}\text{mm} = 6.216^{+0.012}_{0}\text{mm}$$

落料工序的凹模、凸模尺寸为

$$D_d = (D - K\Delta)^{+T_d}_{0} = (36 - 1.0 \times 0.10)^{+0.025}_{0}\text{mm} = 35.90^{+0.025}_{0}\text{mm}$$

$$D_p = (D_d - Z_{min})^{0}_{-T_p} = (35.90 - 0.18)^{0}_{-0.025}\text{mm} = 35.72^{0}_{-0.025}\text{mm}$$

凹模孔心距尺寸为

$$L_d = \left(L_{min} + \frac{1}{2}\Delta\right) \pm \frac{1}{8}\Delta = 18 \pm 0.015\text{mm}$$

2. 如图 2-10 所示的零件，其材料为 Q235 钢，板料厚度 $t = 0.6$mm，由冲孔和落料两道工序冲制而成。试分别确定凸模、凹模的刃口尺寸及其公差。

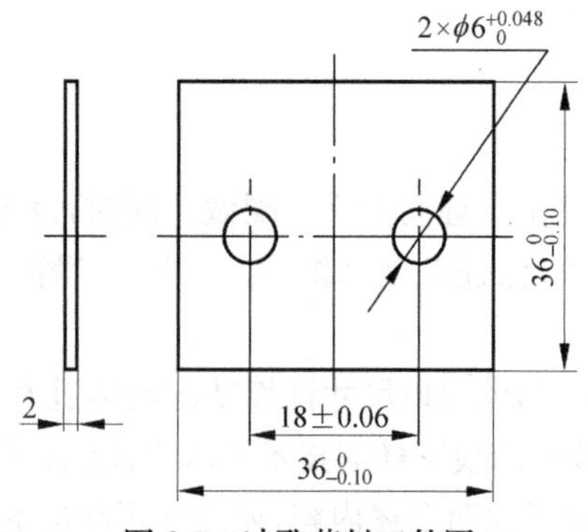

图 2-9　冲孔落料工件图

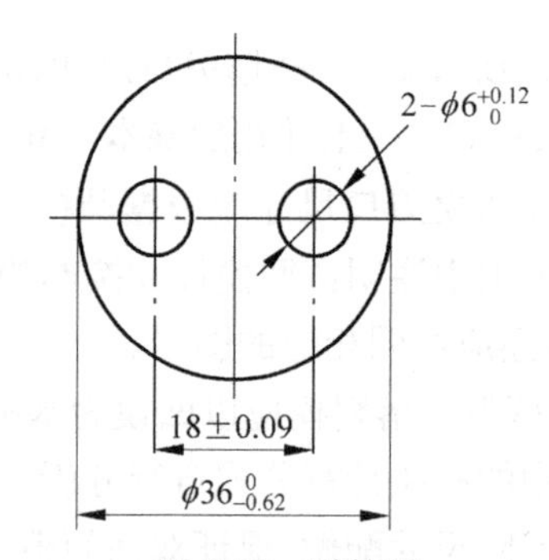

图 2-10　零件图

解：由图 2-10 可知，该零件属于无特殊要求的一般冲孔、落料件。尺寸 ϕ36mm 由落料获得，孔 2×ϕ6mm、孔心距尺寸 18mm 由冲孔同时获得。材料属于软钢，通过查表 2-4 可知，间隙范围为(7%～10%)t，则 $Z_{min} = 0.04$mm(0.042mm 近似为 0.04mm)，$Z_{max} = 0.06$mm，$Z_{max} - Z_{min} = 0.02$mm。

从表 2-6 中查出尺寸 ϕ6mm 对应的 $K = 0.75$，尺寸 ϕ36mm 对应的 $K = 0.5$。

由式(2-4)和式(2-5)可得

$T_p = 0.4(Z_{max} - Z_{min}) = 0.008$mm；

$T_d = 0.6(Z_{max} - Z_{min}) = 0.012$mm；

故满足 $T_p + T_d \leqslant Z_{max} - Z_{min} = 0.02$mm。

冲孔工序的凸模、凹模尺寸分别为

$$d_p = (d + K\Delta)^{0}_{-T_p} = (6 + 0.75 \times 0.12)^{0}_{-0.008}\text{mm} = 6.09^{0}_{-0.008}\text{mm}$$

$$d_d = (d_p + Z_{min})^{+T_d}_{0} = (6.09 + 0.04)^{+0.012}_{0}\text{mm} = 6.13^{+0.012}_{0}\text{mm}$$

落料工序的凹模、凸模尺寸分别为

$$D_d = (D - K\Delta)^{+T_d}_{0} = (36 - 0.5 \times 0.62)^{+0.025}_{0}\text{mm} = 35.69^{+0.025}_{0}\text{mm}$$

$$D_p=(D_d-Z_{min})^{0}_{-T_p}=(35.69-0.04)^{0}_{-0.025}\text{mm}=35.65^{0}_{-0.025}\text{mm}$$

凹模孔心距尺寸为

$$L_d=\left(L_{min}+\frac{1}{2}\Delta\right)\pm\frac{1}{8}\Delta=18\pm0.023\text{mm}$$

3. 零件如图 2-11 所示。$a=80^{0}_{-0.42}$mm，$b=40^{0}_{-0.34}$mm，$c=35^{0}_{-0.34}$mm，$d=22\pm0.14$mm，$e=15^{0}_{-0.12}$mm，厚度 $t=1$mm，材料为 Q215 钢。试计算冲裁件的凸模、凹模刃口尺寸及制造公差。

解：由图样可知，该冲裁件属于落料件，应将凹模作为设计和制造的基准件。设计时，只需计算凹模刃口尺寸及制造公差，凸模刃口尺寸及公差可在凹模实际尺寸的基础上按间隙配做。

从表 2-4 中可以查出间隙范围为(7%～10%)t，则 $Z_{min}=0.07$mm，$Z_{max}=0.10$mm，$Z_{max}-Z_{min}=0.03$mm。

通过查表 2-6 可知，尺寸 80mm 对应的 $K=0.5$；尺寸 15mm 对应的 $K=1$；其余尺寸均选 $K=0.75$。

通过计算得到凹模的实际尺寸为

$$a_{凹}=(80-0.5\times0.42)^{+0.25\times0.42}_{0}=79.79^{+0.105}_{0}\text{mm}$$

$$b_{凹}=(40-0.75\times0.34)^{+0.25\times0.34}_{0}=39.75^{+0.085}_{0}\text{mm}$$

$$c_{凹}=(35-0.75\times0.34)^{+0.25\times0.34}_{0}=34.75^{+0.085}_{0}\text{mm}$$

$$d_{凹}=(22-0.14+0.75\times0.28)^{0}_{-0.25\times0.28}=22.07^{0}_{-0.070}\text{mm}$$

$$e_{凹}=(15-0.12+0.5\times0.12)\pm\frac{1}{8}\times0.12=14.94\pm0.015\text{mm}$$

凸模的基本尺寸与凹模相同，分别是 79.79mm、39.75mm、34.75mm、22.07mm、14.94mm，不必标注公差，但要注明按 0.07～0.10mm 的双面间隙与凹模配做。落料凸、凹模的尺寸如图 2-12 所示。

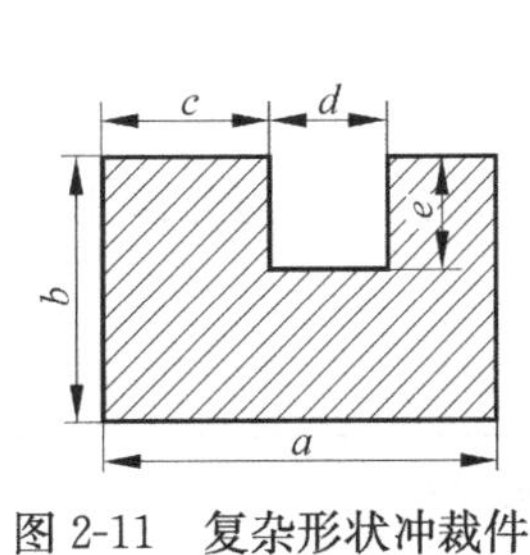

图 2-11　复杂形状冲裁件的尺寸分类

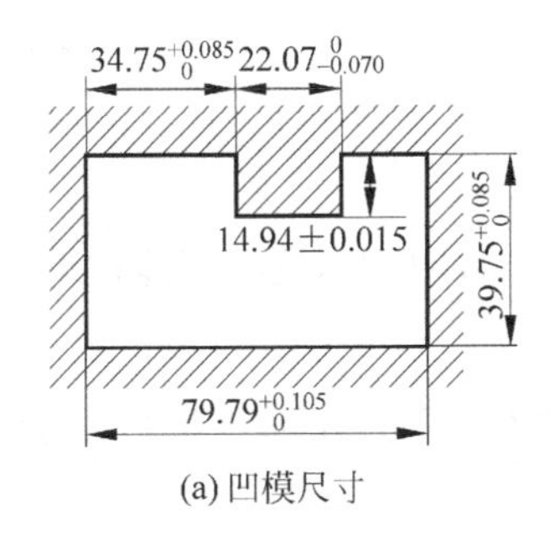

(a) 凹模尺寸

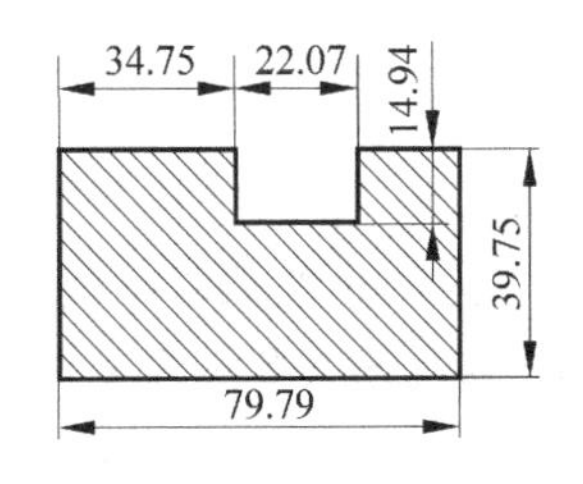

(b) 凸模尺寸(按凹模实际尺寸配做，保证双面间隙为0.07～0.10mm)

图 2-12　落料凸、凹模的尺寸

四、冲裁件的工艺性

冲裁件的工艺性指冲裁件对冲压工艺的适应性。良好的冲裁工艺性可使材料消耗少、工序数量少、模具结构简单且使用寿命长，以及产品质量稳定。

(1) 冲裁件的形状设计应尽量简单、对称，同时应减少排样废料，如图 2-13 所示。

(2) 冲裁件的外形或内孔应避免尖角，各直线或曲线的连接处应有适当的圆角转接，转接圆角半径的最小值 r_{min} 见表 2-7。

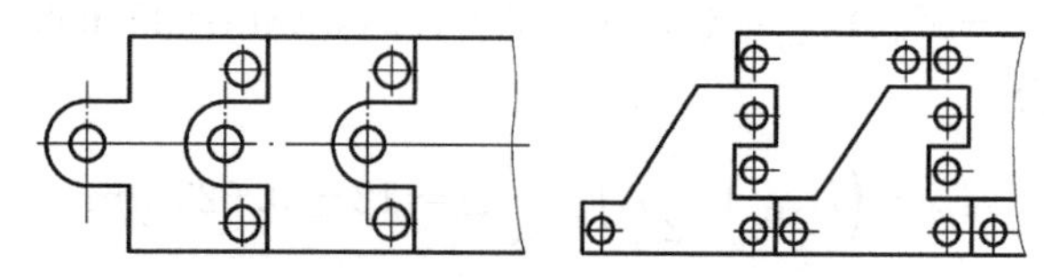

图 2-13　冲裁件形状与材料应用

表 2-7　转接圆角半径的最小值 r_{min}（材料厚度 t）

项　　目	转接圆角/(°)			
	外转接圆角		内转接圆角	
	$\alpha \geqslant 90$	$\alpha < 90$	$\alpha \geqslant 90$	$\alpha < 90$
高碳钢、合金钢	$0.45t$	$0.70t$	$0.50t$	$0.90t$
低碳钢	$0.30t$	$0.50t$	$0.35t$	$0.60t$
黄铜、铝	$0.24t$	$0.35t$	$0.20t$	$0.45t$

（3）冲裁件的凸起和凹槽宽度不应小于板料厚度 t 的两倍，即 $a > 2t$，如图 2-14(a)所示。冲裁件上孔与孔、孔与边缘的距离 b、b_1 不应过小，一般 $b \geqslant 1.5t$，$b_1 \geqslant t$，如图 2-14(b)、(c)所示。

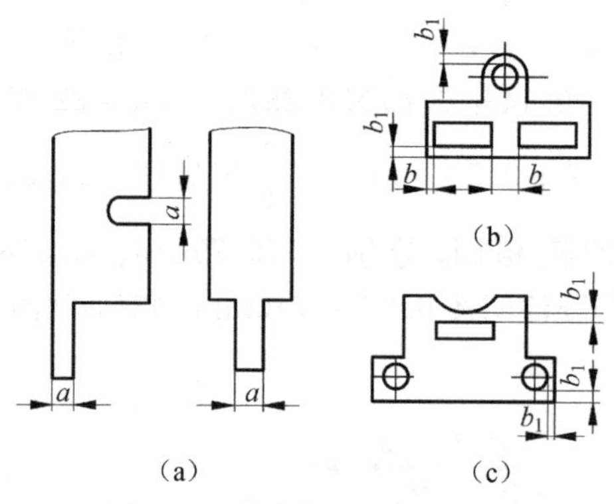

图 2-14　冲裁件特定尺寸要求

（4）为防止冲裁时凸模折断或弯曲，冲孔时，孔径不能过小。冲孔最小直径与孔的形状厚度有关，参见表 2-8 和表 2-9。

表 2-8　一般冲孔模可冲压的最小孔径（材料厚度 t）

材　　料	孔径 d	长方孔宽度 b		
钢 $\tau > 700$MPa	$d \geqslant 1.5t$	$b \geqslant 1.35t$	$b \geqslant 1.1t$	$b \geqslant 1.2t$
钢 $\tau = 400 \sim 700$MPa	$d \geqslant 1.3t$	$b \geqslant 1.2t$	$b \geqslant 0.9t$	$b \geqslant 1.0t$
钢 $\tau < 400$MPa	$d \geqslant 1.0t$	$b \geqslant 0.9t$	$b \geqslant 0.7t$	$b \geqslant 0.8t$
黄铜、纯铜	$d \geqslant 0.9t$	$b \geqslant 0.8t$	$b \geqslant 0.6t$	$b \geqslant 0.7t$
铝、锌	$d \geqslant 0.8t$	$b \geqslant 0.7t$	$b \geqslant 0.5t$	$b \geqslant 0.6t$
纸胶板、布胶板	$d \geqslant 0.7t$	$b \geqslant 0.7t$	$b \geqslant 0.4t$	$b \geqslant 0\ 5t$
硬纸	$d \geqslant 0.6t$	$b \geqslant 0\ 5t$	$b \geqslant 0.3t$	$b \geqslant 0.4t$

表 2-9　带保护套可冲压的最小孔径(材料厚度 t)

材　　料	高碳钢	低碳钢、黄铜	铝、锌
孔径 d	$0.5t$	$0.35t$	$0.3t$
长方孔宽度 b	$0.45t$	$0.3t$	$0.28t$

课题三　冲裁力及排样

【知识目标】

1. 熟练计算冲裁工艺力。

2. 熟悉排样设计的原则;了解常见排样方式的分类。

【技能目标】

能够合理进行冲裁件的排样。

【知识学习】

一、冲裁力的计算

冲裁力是选择冲压设备、校核模具强度的重要依据。

平刃口冲裁模的冲裁力可按下式计算:

$$F = kLt\tau_b \tag{2-19}$$

式中,F——冲裁力(N);

k——系数;

L——冲裁件周边长度(mm);

t——板料厚度(mm);

τ_b——材料抗剪强度(MPa)。

系数 k 是考虑到实际生产中各种因素对冲裁力的影响,如模具刃口磨损钝化、凸模与凹模的间隙不均匀,以及板料力学性能和厚度波动等因素。根据经验,一般取 $k=1.3$。

抗剪强度 τ 的数值,取决于材料的种类和状态,可在有关手册中查取。为便于计算,可取抗剪强度 τ 等于该材料强度极限 σ_b 的 80%,即 $\tau_b=0.8\sigma_b$,$\sigma_b=1.3\tau_b$。

为使计算简便,也可按下式估算冲裁力:

$$F = Lt\sigma_b \tag{2-20}$$

其他刃口形状冲裁力的计算公式可参阅相关设计手册。

二、影响冲裁力的因素

在设计冲裁模和确定冲裁工艺参数时,应考虑如何降低冲裁力。这是因为较小的冲裁力可以选择较小吨位的冲压设备。如果所需冲裁力受到现有设备吨位的限制,则必须采取措施减小冲裁力。

1. 冲裁间隙对冲裁力的影响

冲裁间隙对冲裁力具有很大的影响。如前所述,冲裁间隙增大可以减小冲裁力,冲裁间隙减小则使冲裁力增加,而合理的冲裁间隙可使最大剪切力减小。因此,在保证冲裁件质量的前提下,为降低冲裁力、减少模具的磨损,一般倾向于选取较大的冲裁间隙。

2. 温度对冲裁力的影响

当材料的抗拉强度很高或材料较厚时，可以对材料进行加热冲裁。金属材料加热后，其抗剪强度显著降低。温度越高，抗剪强度越小，所需的冲裁力也越小。

3. 凸模结构对冲裁力的影响

在多凸模冲裁中，可将凸模按阶梯布置，如图2-15所示。冲裁时，各凸模冲裁力的最大值不应同时出现，以降低总的冲裁力。

4. 模具刃口对冲裁力的影响

图2-16所示是将模具刃口做成与水平面倾斜成一定角度。冲裁时其刃口不是全部同时切入材料，而是如同剪板机一样沿斜刃口方向逐步分离材料，从而减小剪切面积，以减小冲裁力。由于凸模、凹模为斜刃口，冲裁时将加大工件的弯曲。为了得到平整的工件，落料时，应将凸模做成平刃口、凹模做成斜刃口。冲孔时，将凸模做成斜刃口、凹模做成平刃口。设计斜刃口时，应力求将斜刃对称布置，以避免冲裁时模具承受侧向力而发生偏移。

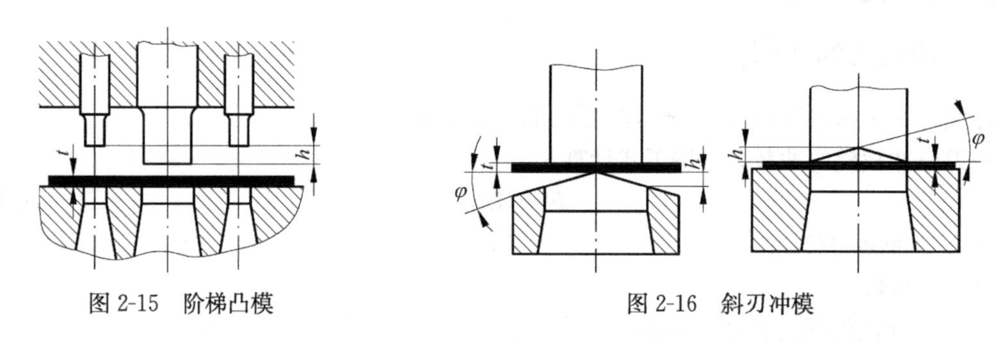

图2-15　阶梯凸模　　　　图2-16　斜刃冲模

斜刃口的冲裁力可用下列简化公式计算：

$$F_x = KF \qquad (2\text{-}21)$$

式中，F_x——斜刃口的冲裁力(N)；

F——平刃口的冲裁力(N)；

K——减力系数，可按表2-10选取。

表2-10　减力系数 K 的取值

板料厚度 t/mm	斜刃高度 h	斜刃倾角 φ/(°)	减力系统 K
＜3	$2t$	＜5	0.2～0.4
3～10	t	＜8	0.4～0.6

斜刃口模具虽然能够显著地减小冲裁力，但增大了模具制造与修模的困难，刃口也易磨损，故仅用于大型工件及厚板冲裁。

三、冲裁过程其他工艺力的计算

在设计冲裁模时，还需计算的工艺力主要有卸料力、推件力和顶件力，一般可用经验公式估算。

1. 卸料力

从凸模上将工件或废料取下来所需的力，称为卸料力。其计算公式为

$$F_1 = K_1 F \quad (2\text{-}22)$$

2. 推件力

从凹模内将工件或废料顺着冲裁方向推出的力，称为推件力。其计算公式为

$$F_2 = nK_2 F \quad (2\text{-}23)$$

3. 顶件力

从凹模内将工件或废料逆着冲裁方向顶出的力，称为推件力。其计算公式为

$$F_3 = K_3 F \quad (2\text{-}24)$$

式中，F——冲裁力(N)；

F_1、F_2、F_3——卸料力、推件力、顶件力(N)；

n——同时梗塞在凹模内的工件(或废料)数，$n=h/t$，其中 h 为凹模型口高度(mm)；

K_1、K_2、K_3——卸料力、推件力、顶件力系数，可从表 2-11 中查得。

表 2-11　卸料力、推件力、顶件力系数

材　料		卸料力系数 K_1	推件力系数 K_2	顶件力系数 K_3
钢厚 t/mm	≤0.1	0.065～0.075	0.1	0.14
	>0.1～0.5	0.045～0.055	0.063	0.08
	>0.5～2.5	0.04～0.05	0.055	0.06
	>2.5～6.5	0.03～0.04	0.045	0.05
	>6.5	0.02～0.03	0.025	0.03
铝、铝合金		0.025～0.08	0.03～0.07	
紫铜、黄铜		0.02～0.06	0.03～0.09	

4. 压力机公称压力的选取

冲裁时，压力机的公称压力必须大于或等于冲裁时各工艺力之和 $F_{P总}$。

采用弹性卸料装置和上出料方式的总冲裁力为

$$F_Z = F + F_1 + F_3 \quad (2\text{-}25)$$

采用刚性卸料装置和下出料方式的总冲裁力为

$$F_Z = F + F_2 \quad (2\text{-}26)$$

采用弹性卸料装置和下出料方式的总冲裁力为

$$F_Z = F + F_1 + F_2 \quad (2\text{-}27)$$

四、冲压件的排样设计

1. 排样设计原则

一般冲裁件的排样应遵循以下原则：

(1) 提高材料的利用率。冲裁件生产批量大、生产效率高，材料费用一般会占总成本的60%以上，因而材料利用率是衡量排样经济性的一项重要指标。

(2) 改善操作性。冲裁件排样应使工人操作方便、安全、劳动强度低，在冲裁过程中应尽量减少条料的翻动次数，并应选用条料宽度及进距小的排样方式。

(3) 使模具结构简单合理、使用寿命长。

(4) 保证冲裁件质量。

2. 排样的分类及常见方式

按照材料的利用程度，排样可分为有废料排样、少废料排祥和无废料排样 3 种，如图 2-17 所示。废料是指冲裁中除零件以外的其他板料，包括工艺废料和结构废料。

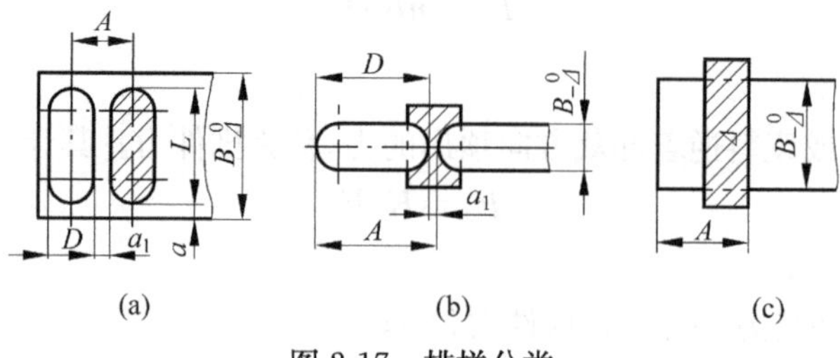

图 2-17 排样分类

(1) 有废料排样。有废料排样是指在冲裁件之间、冲裁件与条料侧边之间均有工艺废料，冲裁是沿冲裁件的封闭轮廓进行的，如图 2-17(a)所示。

(2) 少废料排样。少废料排样是指只在冲裁件之间或只在冲裁件与条料侧边之间留有搭边。

(3) 无废料排样。无废料排样是指在冲裁件之间、冲裁件与条料侧边之间均无搭边，冲压件直接由切断条料获得，如图 2-17(c)所示。这种排样的材料利用率可达 85%～90%。

常见的排样方式见表 2-12。

表 2-12 常见的排样方式

排样方式	排样简图	
	有搭边	无搭边
直排	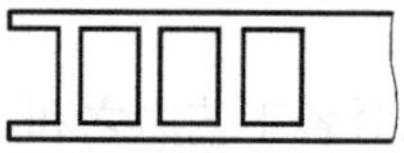	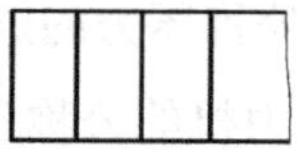
单行排	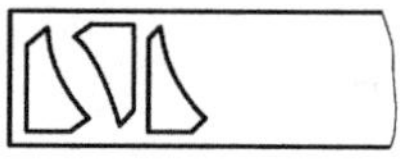	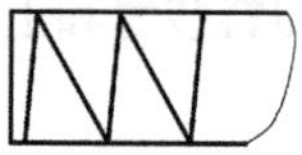
多行排	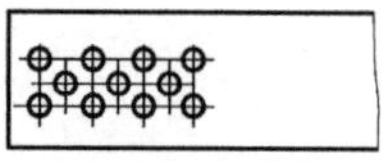	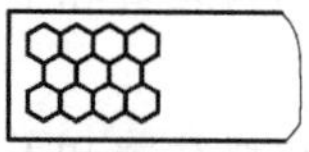
斜排		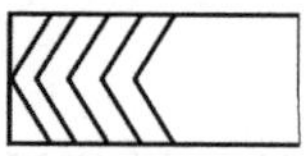
对头直排	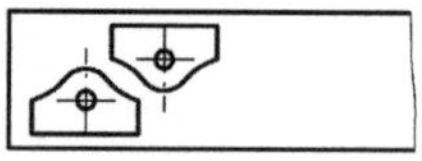	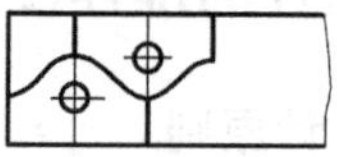
对排斜排	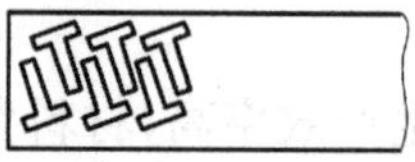	

3. 搭边

冲裁件之间或冲裁件与条料侧边之间留下的工艺余料称为搭边。搭边的作用是避免因送料误差发生零件缺角、缺边或尺寸超差，使凸模、凹模刃口受力均衡，增加模具使用寿命、提高冲裁件断面质量，同时还可以实现模具的自动送料。

搭边值通常由经验确定，表 2-13 列出了低碳钢冲裁时常用的最小搭边值（其中 t 为厚度）。

表 2-13　低碳钢冲裁时常用的最小搭边值　　单位：mm

材料厚度	工件间距 a_1	边距 a	工件间距 a_1	边距 a	工件间距 a_1	边距 a
≤0.25	1.8	2.0	2.2	2.5	2.8	3.0
>0.25～0.5	1.2	1.5	1.8	2.0	2.2	2.5
>0.5～0.8	1.0	1.2	1.5	1.8	1.8	2.0
>0.8～1.2	0.8	1.0	1.2	1.5	1.5	1.8
>1.2～1.6	1.0	1.2	1.5	1.8	1.8	2.0
>1.6～2.0	1.2	1.5	1.8	2.5	2.0	2.2
>2.0～2.5	1.5	1.8	2.0	2.2	2.2	2.5
>2.5～3.0	1.8	2.2	2.2	2.5	2.5	2.8
>3.0～3.5	2.2	2.5	2.5	2.8	2.8	3.2
>3.5～4.0	2.5	2.8	2.5	3.2	3.2	3.5
>4.0～5.0	3.0	3.5	3.5	4.0	4.0	1.5
>5.0～12.0	0.6t	0.7t	0.7t	0.8t	0.8t	0.9t

4. 送料进距

模具每冲裁一次，条料在模具上前进的距离称为送料进距。当单个送料进距内只冲裁一个零件时，送料进距的大小等于条料上两个零件对应点之间的距离，如图 2-17 所示，即

$$A = D + a_1 \tag{2-28}$$

式中，A——送料进距（mm）；

D——平行于送料方向的冲裁件宽度（mm）；

a_1——冲裁件之间的搭边值（mm）。

5. 条料宽度

冲裁前为保证送料顺利，通常需按要求将板料裁剪为适当宽度的条料。当条料在模具上送进时，一般都有导料装置，有时还需使用侧压装置。

当条料在无侧压装置的导料板之间传输时，条料宽度的计算方法如下：

$$B = (L + 2a + b_0)_{-\Delta}^{\ 0} \tag{2-29}$$

当条料在有侧压装置或要求手动保持条料紧贴单侧导料板的情况下传输时，条料宽度的计算方法如下：

$$B = (L + 2a + \Delta)_{-\Delta}^{\ 0} \tag{2-30}$$

式中，B——条料宽度（mm）；

L——冲裁件与送料方向垂直的最大尺寸（mm）；

a——冲裁件与条料侧边之间的搭边值(mm)；

Δ——条料下料时的下偏差值，取值见表2-14；

b_0——条料与导料板之间的间隙，取值见表2-15。

表2-14　条料下料时的下偏差　　单位：mm

材料厚度 t	条料宽度			
	≤50	>50～100	>100～200	>200～400
≤1	0.5	0.5	0.5	1.0
>1～3	0.5	1.0	1.0	1.0
>3～4	1.0	1.0	1.0	1.5
>4～6	1.0	1.0	1.5	2.0

表2-15　条料与导料板之间的间隙　　单位：mm

材料厚度 t	条料宽度				
	无侧压装置			有侧压装置	
	≤100	>100～200	>200～300	≤100	>100
≤1	0.5	0.6	1.0	5.0	8.0
>1～5	0.8	1.0	1.0	5.0	8.0

6. 材料利用率

材料利用率(η)是冲压工艺中一个非常重要的经济技术指标，其计算可用一个送料进距内冲裁件的实际面积与毛坯面积的百分比表示，即

$$\eta=\frac{S_1}{S_0}\times 100\%=\frac{S_1}{AB}\times 100\% \tag{2-31}$$

式中，S_1——一个送料进距内冲裁件的实际面积(mm²)；

S_0——一个送料进距内所需的毛坯面积(mm²)。

课题四　冲裁模典型结构及设计

【知识目标】

1. 熟悉冲裁模的典型结构，了解简单冲裁模、复合冲裁模与级进冲裁模的结构特点及应用。

2. 了解冲裁模零部件的分类及功能。

【技能目标】

1. 依据冲裁件结构特点选用模具结构。

2. 学会模具成形零件的结构设计。

【知识学习】

冲裁模的结构和性能，对冲裁的生产率、冲裁件的精度及冲裁加工的成本等具有决定性作用。因此，研究并掌握冲裁模的基本类型、典型结构及零部件的设计与制造是十分重要的。

一、冲裁模的分类

(1) 按工序性质可分为落料模、冲孔模、切断模、切口模、切边模及剖切模等。

(2) 按工序组合方式可分为单工序冲裁模、复合冲裁模和级进冲裁模。

(3) 按上、下模的导向方式可分为无导向模和导向模。无导向模的形式主要是敞开模；导向模主要有导板模、导柱模及导筒模等。

(4) 按凸模、凹模所用的材料不同可分为硬质合金冲裁模、钢质冲裁模、锌基合金冲裁模及聚氨脂冲裁模等。

(5) 按自动化程度可分为手工操作模、半自动模和自动模。

二、冲裁模典型结构

1. 单工序冲裁模

单工序冲裁模又称简单冲裁模。这种冲裁模工作时，冲床的一次行程只完成单一的冲裁工序。单工序冲裁模主要包括无导向简单落料模、导板式简单冲裁模及导柱式简单冲裁模等。

(1) 无导向简单落料模。如图 2-18 所示，这种模具的上模为活动部分，由带模柄的上模座 1 和凸模 2 组成，通过模柄安装在压力机滑块上。其下模是固定的，由固定卸料板 3、两个导料板 4、定位板 7、凹模 5 和下模座 6 组成，下模座安装在压力机的垫板上。导料板 4 对送进的条料起导向作用，定位板 7 用来限制条料的送进距离。

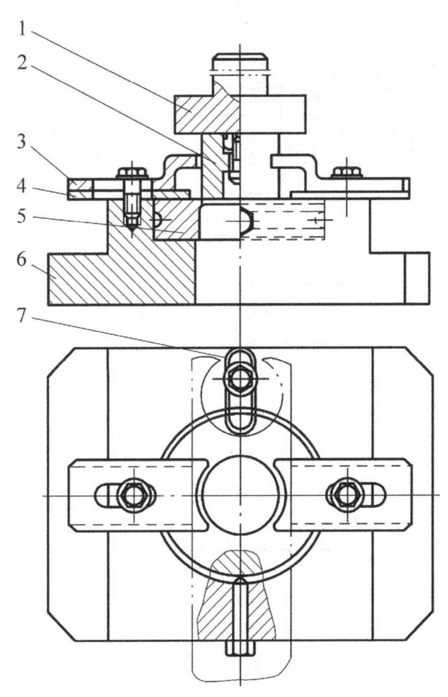

1—带模柄的上模座；2—凸模；3—固定卸料板；4—导料板；5—凹模；6—下模座；7—定位板

图 2-18　无导向简单落料模

在无导向简单落料模工作时，条料沿导料板 4 送至定位板 7 后，上模在压力机滑块带动下，使凸模进入凹模孔实现冲裁。分离后的冲裁件，积存在凹模孔中由凸模依次推出。箍在凸模上的废料被固定卸料板 3 刮下。如此循环，完成冲裁工作。

无导向简单落料模的特点是结构简单、制造容易、尺寸小且重量轻。但其安装与调整间隙复杂，且凸模、凹模间隙的均匀性由滑块的导向精度决定，不易调整，工作过程中容易产生刃口啃切现象，会导致冲裁件精度差、模具使用寿命短、生产率低及操作不安全，因而仅适用于精度要求不高、形状简单、批量小或试制的冲裁件生产。

(2) 导板式简单冲裁模。如图 2-19 所示，这种模具没有导柱、导套，但具备导向功能。上模由带模柄的上模座 8、垫板 10、凸模固定板 11 和凸模 6 组成。下模由下模座 1、凹模 14、导料板 13、挡料销 5 和起导向作用的导向卸料板 3(导板)组成。

导板模比无导向模的导向精度高，并且安装、使用容易。但由于导板的厚度直接影响压力机的行程，故导板较厚。通常导板内型孔的表面粗糙度值 $Ra=0.8\mu m$，并要求淬火，因此导板应选用较好的材料制作。该种冲裁模一般适用于形状简单、尺寸不大的冲裁件。

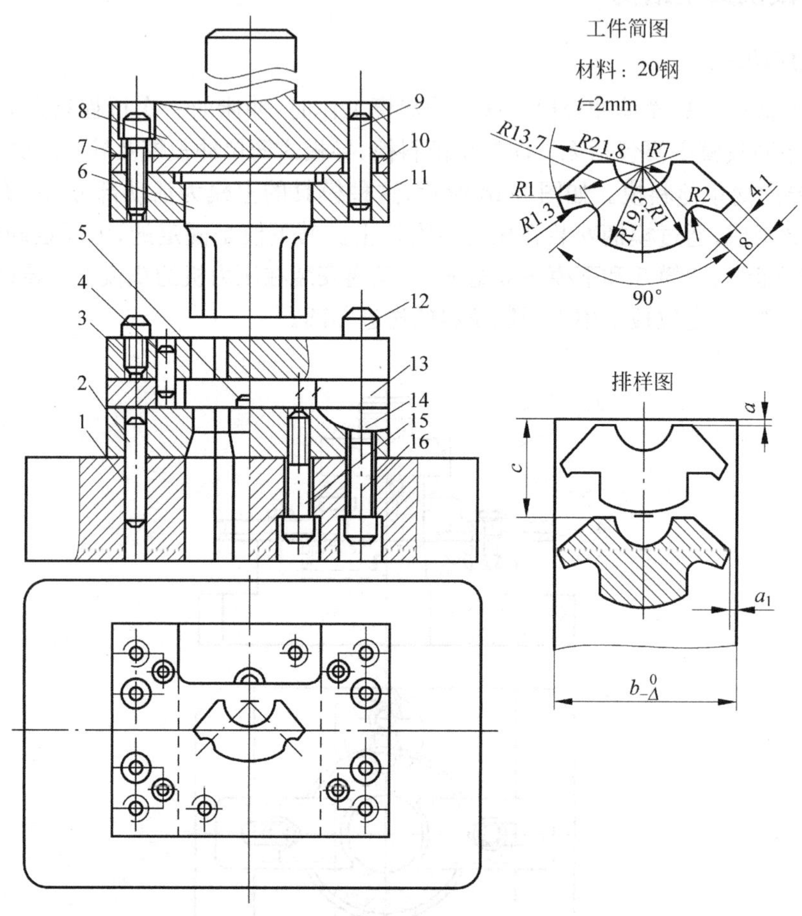

1—下模座；2,9—销钉；3—导向卸料板(导板)；4—短销；5—挡料销；6—凸模；7,15,16—螺钉；8—带模柄的上模座；10—垫板；11—凸模固定板；12—限位钉；13—导料板；14—凹模

图 2-19 导板式简单冲裁模

(3) 导柱式简单冲裁模。如图 2-20 所示，这种模具利用导柱 14 和导套 13 实现上、下模精确导向定位。凸、凹模在进行冲裁之前，导柱已经进入导套，从而保证在冲裁过程中，凸模和凹模之间的间隙均匀一致。上、下模座和导柱、导套通过装配组成一个整体部件，称为模架。

导柱式简单冲裁模的结构特点是：导柱与下模座孔采用 H7/r6(或 R7/h6)的过盈配合；导套与上模座孔也采用 H7/r6 的过盈配合。其主要目的是防止工作时导柱从下模座孔中被拔出和导套从上模座孔中脱落。为了使导向准确且运动灵活，导柱与导套的配合一般采用 H7/h6 的间隙配合。工作时，条料靠导料板 15 和固定挡料销 5 实现正确定位，以保证冲裁时条料上的搭边值均匀一致。冲裁模采用刚性卸料板 6 进行卸料，冲出的工件留在凹模孔中，由凸模逐个从凹模孔直壁处压下，实现自动漏料。

导柱式简单冲裁模的缺点是冲模外形轮廓尺寸较大、结构较为复杂及制造成本高，因而适合大批量生产。

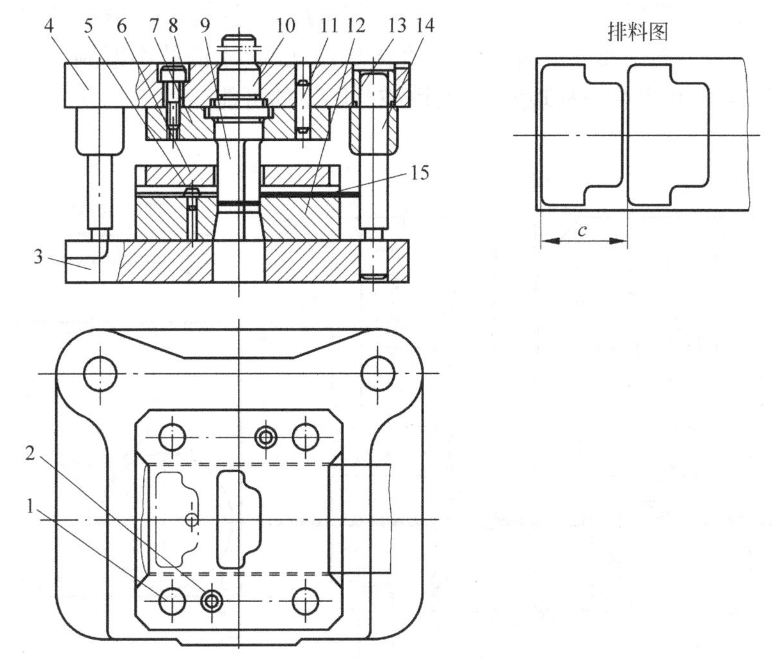

1,8—螺钉；2,11—圆柱销；3—下模座；4—上模座；5—固定挡料销；6—刚性卸料板；
7—凸模固定板；9—凸模；10—模柄；12—凹模；13—导套；14—导柱；15—导料板

图 2-20　导柱式简单冲裁模

2. 复合冲裁模

复合冲裁模是在压力机的一次行程中，在同一工位上完成两道或两道以上的冲裁工序的模具。复合冲裁模结构紧凑，冲出的制件精度较高，并且生产率高，适合大批量生产。特别是制件的内孔与外形的同心度容易保证。但模具结构复杂，制造较困难。

根据落料凹模安装的位置，复合冲裁模可分为正装与倒装两种形式。

(1) 正装复合冲裁模。正装复合冲裁模的凸凹模 7 安装在上模部分，落料凹模 2 安装在下模部分，如图 2-21 所示。

当压力机滑块带动上模向下运动时，几乎同时完成冲孔和落料工作。冲裁工作完成后，条料箍在凸凹模 7 上，由卸料螺钉、橡胶和弹性卸料板 6 组成的弹性卸料装置卸料。冲孔废料卡在凸凹模 7 的模孔内，由推件杆 8 推出。工件卡在落料凹模 2 的模孔内，由推件块 4 推出。

在正装复合冲裁模工作时，制件部分的材料及外部的余料均处于压紧状态下而被分离，因而制件外形平整、尺寸精度高，适用于薄料冲裁，以及工件平直度要求较高或冲制时材料容易变形的情况。但其冲制的工件和废料，最终都落在下模的上表面处，因此必须及时清除，才能进行下一次冲裁，导致操作不便，特别是对多孔工件的冲裁，不宜采用这种模具。

(2) 倒装复合冲裁模。倒装复合冲裁模的落料凹模 11 安装在模具的上模部分，凸凹模 14

安装在模具的下模部分（下模座上），如图 2-22 所示。

冲裁时，弹性卸料板 12 先压住条料起校平作用。压力机滑块带动上模继续向下运动，落料凹模 11 下压弹性卸料板 12，使凸凹模 14 进入落料凹模 11 中，同时，冲孔凸模 8 进入凸凹模 14 中，于是同时完成冲孔与落料工作。当上模回程时，弹性卸料板 12 在橡胶作用下，将条料从凸凹模 14 上卸下。推杆 1 受到冲床打料横杆的推动，通过推板 3、推杆 4 与推件板 9 将制件从落料凹模 11 内自上向下推出。冲孔废料直接从凸凹模 14 的孔中漏到压力机工作台的下方，由于凸凹模 14 的孔中有积料现象，故有涨破凸凹模的可能。

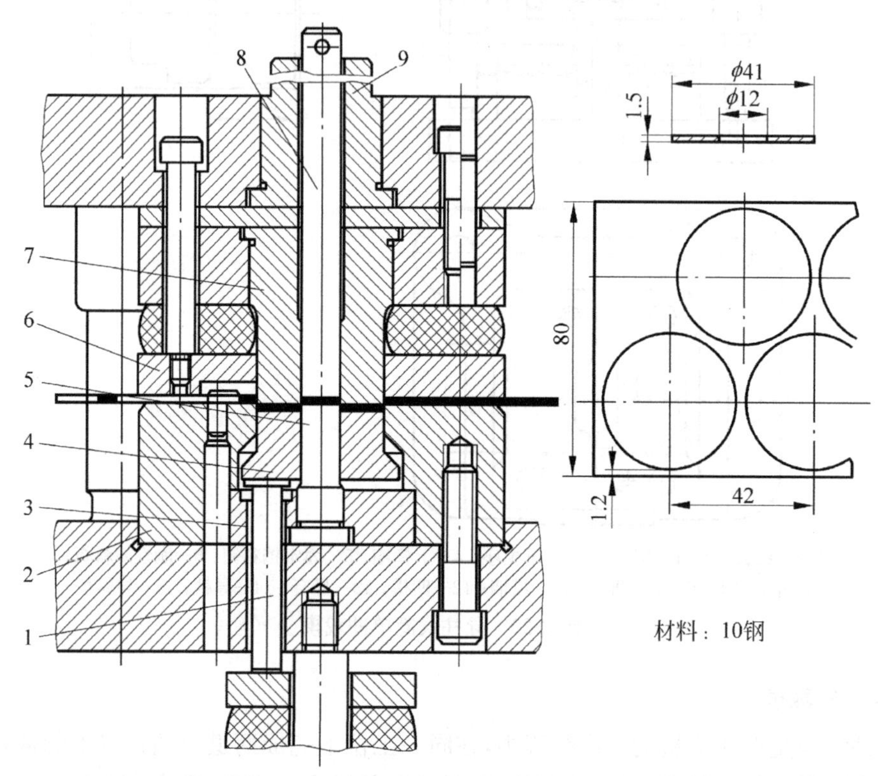

1—顶件杆；2—落料凹模；3—冲孔凸模固定板；4—推件块；5—冲孔凸模；6—弹性卸料板；7—凸凹模；8—推件杆；9—模柄

图 2-21　正装复合冲裁模

3. 级进冲裁模

级进冲裁模又称为连续模、跳步模。这种冲裁模是按照一定的冲裁次序，在压力机滑块的一次行程中，在冲模的不同工位上完成两种以上的冲裁工序。

在级进模冲裁中，不同的冲裁工序按一定的次序排列，坯料按步距间隙移动，在等距离的不同工位上完成不同的冲裁工序。经逐个工位冲裁后，可以得到一个完整的制件或半成品，如图 2-23 所示。

采用级进冲裁模可提高生产率、利用安全操作及易于实现自动化，并且可以实现高速冲裁、增加模具寿命。对于大批量、较薄的中小型冲裁件，特别适合采用精密多工位级进模进行生产。与简单模和复合模相比，级进模的凸模数量多、结构复杂，模具制造与装配难度大，精度要求高，步距控制精确，对模具材料及热处理要求高。

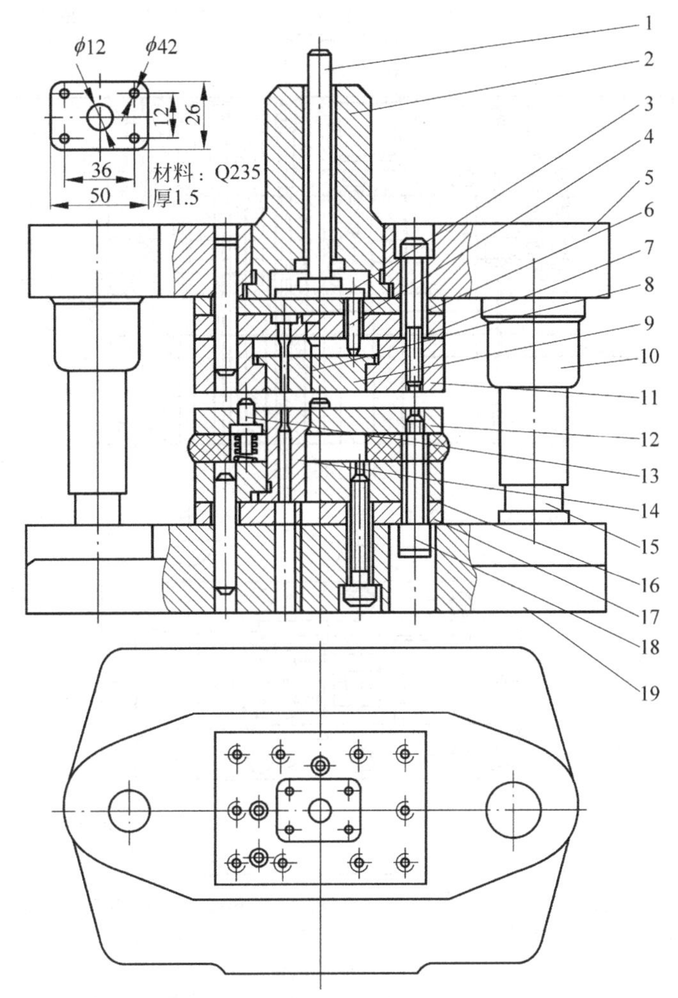

1，4—推杆；2—模柄；3—推板；5—上模座；6，17—垫板；7—凸模固定板；8—冲孔凸模；9—推件板；10—导套；11—落料凹模；12—弹性卸料板；13—活动挡料销；14—凸凹模；15—导柱；16—凸凹模固定板；18—卸料螺钉；19—下模座

图 2-22　倒装复合冲裁模

三、冲裁模零部件的结构设计

1. 冲裁模零件的分类

冲裁模的设计，应根据冲裁件的结构特点、精度要求、尺寸和形状、材料种类和厚度及生产批量和经济性等因素综合考虑。冲裁模的结构形式和复杂程度虽然各不相同，但组成模具的各种零件有很多共性。

按照零件在模具中的作用，冲裁模的零件可分为工艺性零件和结构性零件两大类。

(1) 工艺性零件：

① 成形零件主要有凸模、凹模和凸凹模等。

② 定位零件主要有定位销、定位板、挡料销、导正销和侧刃等。

③ 压料和卸料零件主要有卸料板、压边圈、顶件板和推件板等。

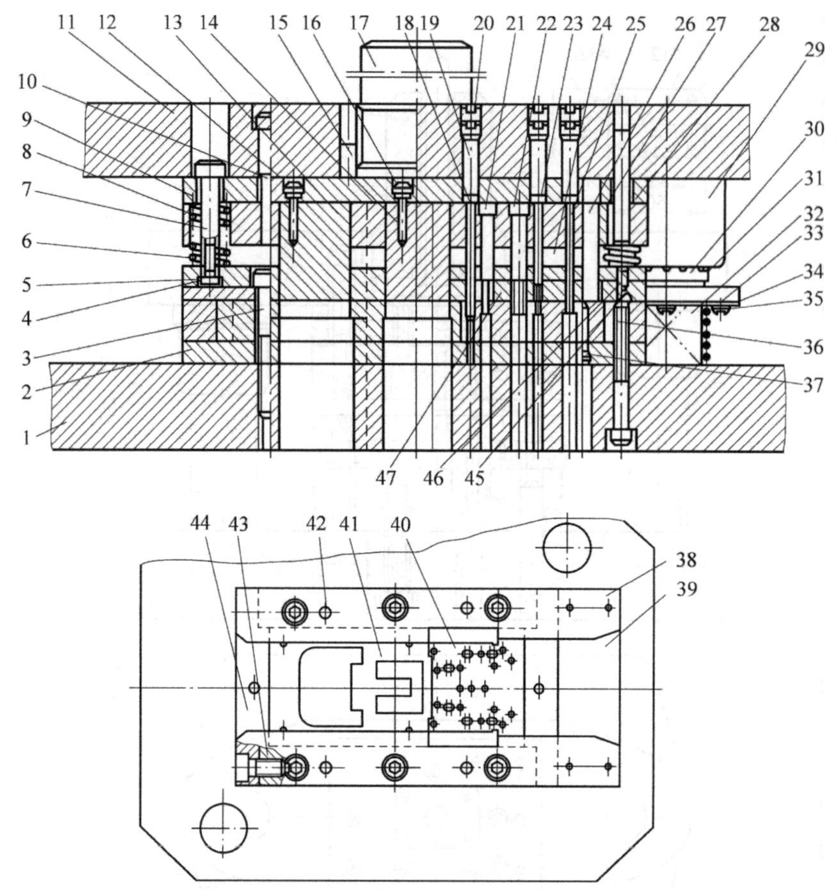

1—下模座；2—下模板；3,5,10,12,16,35,36,37,45—螺钉；4—卸料板；6,33—弹簧；7—卸料螺钉；8—固定板；9—上垫板；11—上模座；13—山字落料凸模；14—门字落料凸模；15,42,46—销钉；17—模柄；18—导正销；19—垫柱；20—丝堵；21—长方小凸模；22—长圆凸模；23—小圆凸模；24—侧刃凸模；25—导正销凸模；26—小导柱；27,28—小导套；29—导套；30—滚珠保持架；31—滚珠；32—导柱；34—垫圈；38—导料板；39—承料板；40—冲孔凹模；41—落料凹模；43—围框板Ⅰ；44—围框板Ⅱ；47—卸料板镶件

图 2-23　铁心片级进模

(2) 结构性零件：

① 导向零件主要有导板、导柱和导套等。

② 固定零件主要有模座、模柄及凸、凹模固定板、垫板等。

③ 其他紧固件主要包括六角螺钉、圆柱销等。

冲压模具已有相应的国家标准，涉及模架、典型组合部件及零部件技术条件等。设计时可参照标准选用标准零部件，这对简化模具设计和制造、增加模具寿命、降低成本、缩短制造周期具有十分重要的意义。

2. 冲裁模具主要零部件的设计

1) 凸模设计

(1) 凸模的结构形式。冲裁中、小型零件所使用的凸模，一般按整体式设计和制造。常见的圆形截面凸模结构形式如图 2-24 所示。为增加凸模的强度和刚度，避免应力集中，凸模制成圆滑过渡的阶梯形。其中，图 2-24(a)所示的小圆形凸模适用于直径较小的圆孔，为改善其强度，在中间增加过渡阶梯；图 2-24(b)所示的凸模适用于直径稍大的圆孔，其与凸模固定板相配合的阶梯部分向下延长，以增加强度；图 2-24(c)所示的凸模适用于直径较大的圆孔，因其直径较大，可不在中间部分增加过渡阶梯；冲裁大圆孔或落料用的凸模，常采用图 2-24(d)所示的结构形式；图 2-24(e)所示的结构形式采用了护套，适用于冲制孔径与料厚相近的小孔。

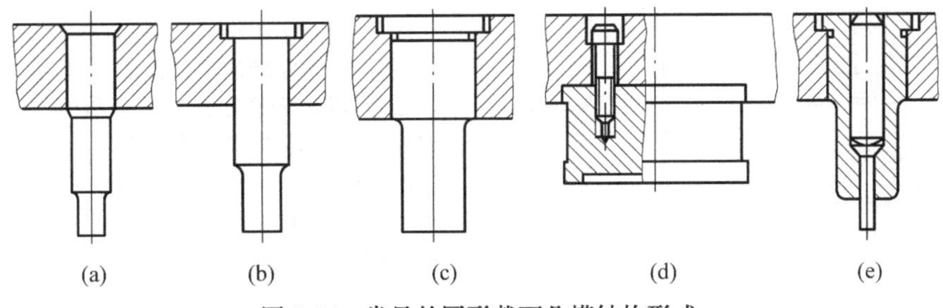

图 2-24　常见的圆形截面凸模结构形式

凸模在上模部分固定时，必须保证凸模工作可靠并具有良好的稳定性，还要考虑凸模在安装及更换和修理时拆装方便。常见的凸模固定方式见表 2-16。

表 2-16　常见的凸模固定方式

类型	简　　图	特点及适用范围
用凸模固定板固定	(a)　(b)	凸模安装部分有一凸台，将凸模装入固定板，采用 H7/m6 配合，用螺钉将固定板和模座连接起来，对于断面形状不规则的凸模，若固定部分采用圆形结构，则用销钉进行定位，以防转动。该种方式不宜经常拆卸，多用于冲压力较大、要求稳定性较高的凸模的安装，也是采用较多的一种方式
铆接式固定	铆翻后磨平	凸模装入固定板后，将凸模上端铆出(1.5～2.5mm)×45°的斜面，以防止凸模脱落。铆接凸模多用于不规则形状断面的凸模安装，凸模可做成直通式，便于加工 该凸模应采取头部局部淬火工艺，以便上端铆接
叠装式固定	螺钉　凸模固定板　销钉　凸模　(a) 固定板　垫板　凸模　(b)	对于一些中型或大型凸模，其自身的安装基面较大，一般可直接叠加在模座或固定板的平面上，并用螺钉紧固、销钉定位。其安装简便、稳定性好 图(a)所示为整体凸模叠装形式 如图(b)所示，为节省模具钢，在凸模与固定板之间增加一块由普通钢材制作的垫板

续表

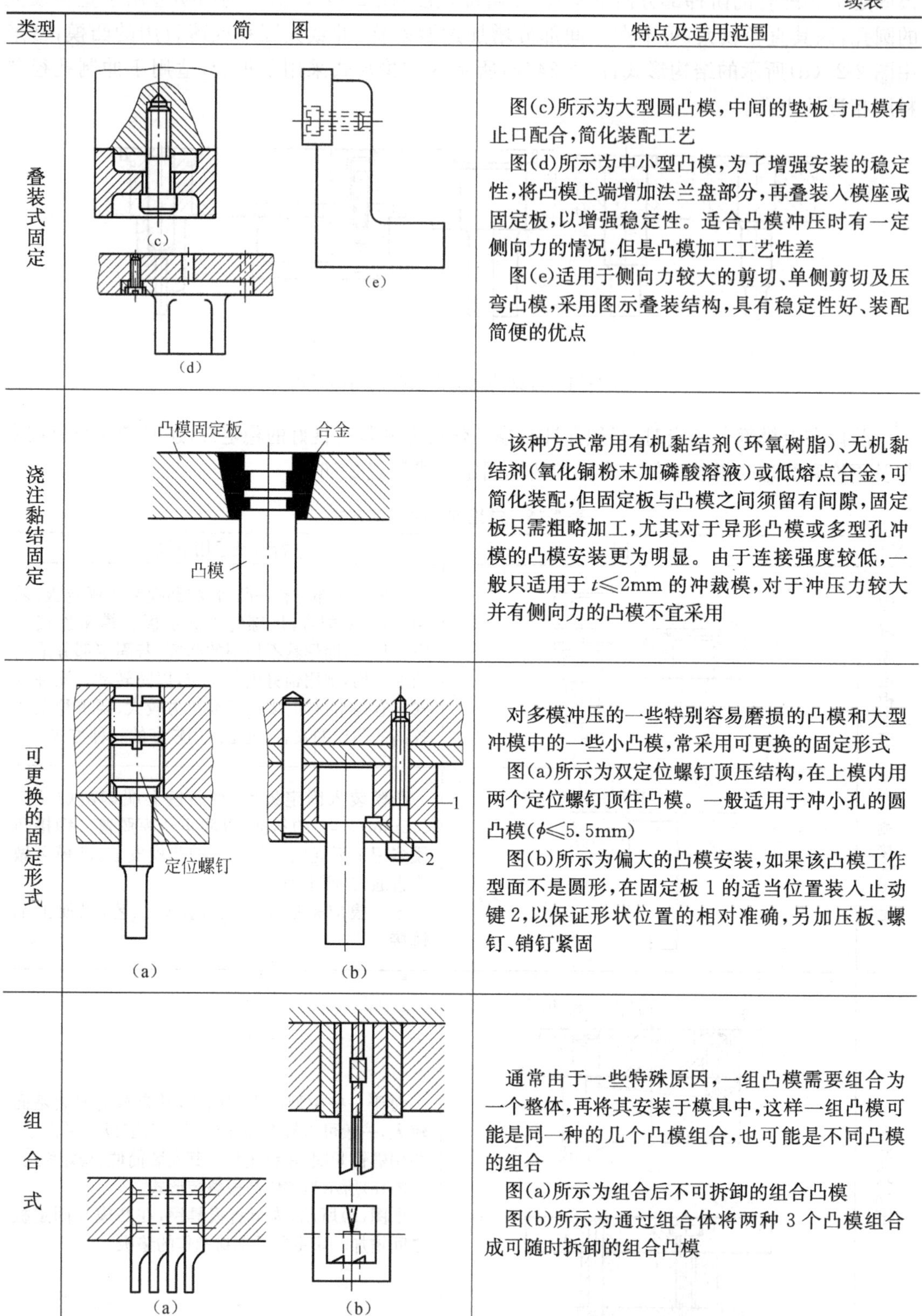

类型	简　图	特点及适用范围
叠装式固定	(c) (d) (e)	图(c)所示为大型圆凸模，中间的垫板与凸模有止口配合，简化装配工艺 图(d)所示为中小型凸模，为了增强安装的稳定性，将凸模上端增加法兰盘部分，再叠装入模座或固定板，以增强稳定性。适合凸模冲压时有一定侧向力的情况，但是凸模加工工艺性差 图(e)适用于侧向力较大的剪切、单侧剪切及压弯凸模，采用图示叠装结构，具有稳定性好、装配简便的优点
浇注黏结固定	凸模固定板 合金 凸模	该种方式常用有机黏结剂（环氧树脂）、无机黏结剂（氧化铜粉末加磷酸溶液）或低熔点合金，可简化装配，但固定板与凸模之间须留有间隙，固定板只需粗略加工，尤其对于异形凸模或多型孔冲模的凸模安装更为明显。由于连接强度较低，一般只适用于 $t \leqslant 2$mm 的冲裁模，对于冲压力较大并有侧向力的凸模不宜采用
可更换的固定形式	定位螺钉 1 2 (a) (b)	对多模冲压的一些特别容易磨损的凸模和大型冲模中的一些小凸模，常采用可更换的固定形式 图(a)所示为双定位螺钉顶压结构，在上模内用两个定位螺钉顶住凸模。一般适用于冲小孔的圆凸模（$\phi \leqslant 5.5$mm） 图(b)所示为偏大的凸模安装，如果该凸模工作型面不是圆形，在固定板1的适当位置装入止动键2，以保证形状位置的相对准确，另加压板、螺钉、销钉紧固
组合式	(a) (b)	通常由于一些特殊原因，一组凸模需要组合为一个整体，再将其安装于模具中，这样一组凸模可能是同一种的几个凸模组合，也可能是不同凸模的组合 图(a)所示为组合后不可拆卸的组合凸模 图(b)所示为通过组合体将两种3个凸模组合成可随时拆卸的组合凸模

（2）凸模长度计算。凸模的长度一般根据结构的需要确定，如图2-25所示。计算凸模长

度时，应考虑固定板和卸料板的厚度、刃磨余量，以及模具在闭合状态下，卸料板及固定板之间应留有的安全距离。凸模长度 L 的计算公式为

$$L = h_1 + h_2 + h_3 + a \tag{2-32}$$

式中，h_1——固定板的厚度(mm)；

h_2——固定卸料板的厚度(mm)；

h_3——导尺厚度(mm)；

a——附加长度。它包括凸模的修磨量(4～10mm)，凸模进入凹模的深度(0.5～1mm)，以及凸模固定板与卸料板的安全距离等，一般可取 10～20mm。

2) 凹模设计

(1) 凹模刃口形式。常见的凹模刃口(孔口)形式有 3 种，如图 2-26 所示。

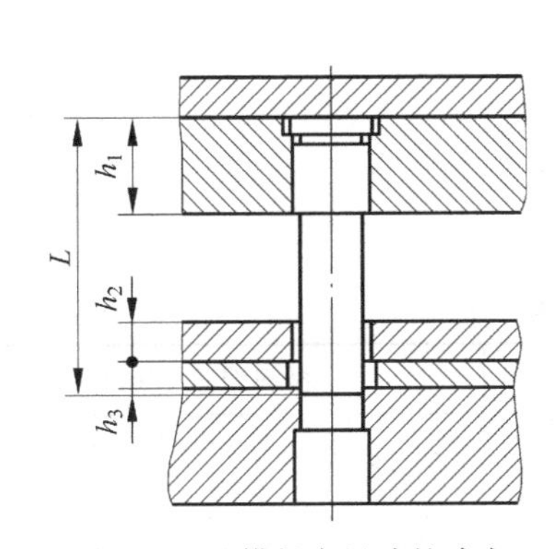

图 2-25　凸模长度尺寸的确定

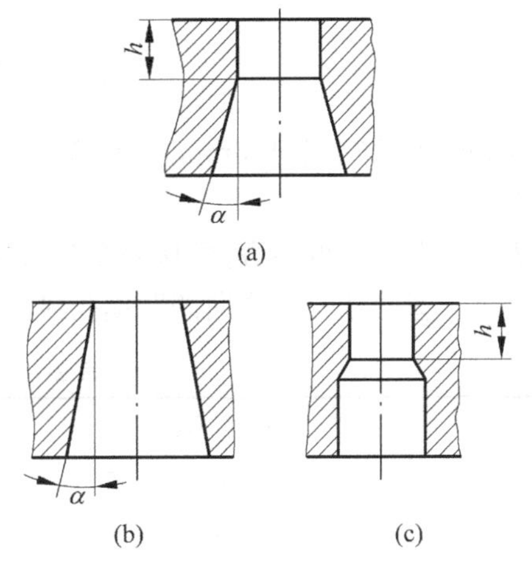

图 2-26　常见的凹模刃口形式

① 圆柱形刃口，如图 2-26(a)所示。

这种结构刃口的强度较高，刃磨后工作部分的尺寸不变。它主要用于冲制材料较厚、形状较复杂的制件。圆柱部分高度 h 及锥部 α 的推荐取值范围分别如下：

$t<0.5$mm，$h=3\sim5$mm；

$t=0.5\sim5$mm，$h=5\sim10$mm；

$t=5\sim10$mm，$h=10\sim15$mm。

刃口下方设计成锥部，是为了漏料方便。其斜角 α 可取 3°～5°。

② 锥形刃口，如图 2-26(b)所示。

这种结构的刃口在发生刃磨后，工作部分的尺寸会增大。它主要用于冲制精度较低、形状较简单的制件。锥部 α 的推荐取值范围如下：

$t<1$mm，$\alpha=0.5°$；

$t=1\sim3$mm，$\alpha=1°$；

$t=3\sim5$mm，$\alpha=1.5°$。

③ 有过渡的圆柱形刃口，如图 2-26(c)所示。

该结构的刃口具有圆柱形刃口的特点，并且制造方便，是生产中常用的一种结构形式。其 h 值可参照圆柱形刃口的 h 确定。

(2) 凹模外形尺寸的确定。凹模外形结构有圆形、矩形等，设计时可查阅模具设计手册。

下面简单介绍矩形凹模外形尺寸(图 2-27)的确定。

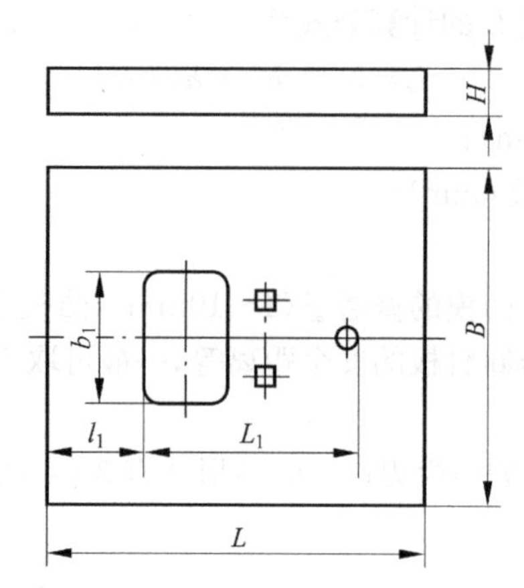

图 2-27　矩形凹模外形尺寸

凹模厚度 H(不小于 8mm)的计算方法如下：

$$H = Kb_1 \tag{2-33}$$

式中，K——凹模厚度系数，可从表 2-17 中查出；

b_1——垂直于送料方向的凹模孔最大距离(mm)。

表 2-17　凹模厚度系数 K

材料宽度/mm	材料厚度 t/mm				材料宽度/mm	材料厚度 t/mm			
	≤0.08	>0.8～1.5	>1.5～3.0	>3.0～5.0		≤0.08	>0.8～1.5	>1.5～3.0	>3.0～5.0
≤40	20	22	28	32	>70～90	34	36	42	46
>40～50	22	25	30	35	>90～120	38	42	48	52
>50～70	28	30	36	40	>120～150	40	45	52	55

凹模长度 L(mm)的计算方法如下：

$$L = L_1 + 2l_1 \tag{2-34}$$

式中，L_1——平行于送料方向的凹模孔间最大距离(mm)；

l_1——凹模孔壁至凹模外缘的距离，其值见表 2-18。

表 2-18　凹模孔壁至凹模外缘的距离

材料宽度/mm	材料厚度 t/mm				材料宽度/mm	材料厚度 t/mm			
	≤0.08	>0.8～1.5	>1.5～3.0	>3.0～5.0		≤0.08	>0.8～1.5	>1.5～3.0	>3.0～5.0
≤40	20	22	28	32	>70～90	34	36	42	46
>40～50	22	25	30	35	>90～120	38	42	48	52
>50～70	28	30	36	40	>120～150	40	45	52	55

凹模宽度 B(mm)的计算方法如下：

$$B = b_1 + (2.5 \sim 4.0)H \tag{2-35}$$

根据计算的凹模尺寸，通过查阅 JB/T 7643.1—2008《冲模模板　第 1 部分：矩形凹模板》，选取凹模标准尺寸。

3）凸凹模的设计

凸凹模的内外缘均为冲裁刃口，内、外缘之间的壁厚决定于冲裁件的尺寸。从强度考虑，壁厚受最小值限制。凸凹模的最小壁厚与冲裁结构有关，对于正装复合冲裁模，凸凹模孔内不会积存废料，张力较小，最小壁厚可以小一些；对于倒装复合冲裁模，因为孔内积存废料，所以积存壁厚需适当大一些。

大、中型凸凹模采用整体式结构，如图 2-28 所示，可以直接用销钉、螺钉固定在支撑零件（上、下模座）上。中、小型凹模多采用组合结构，借助固定板与支承零件连接。

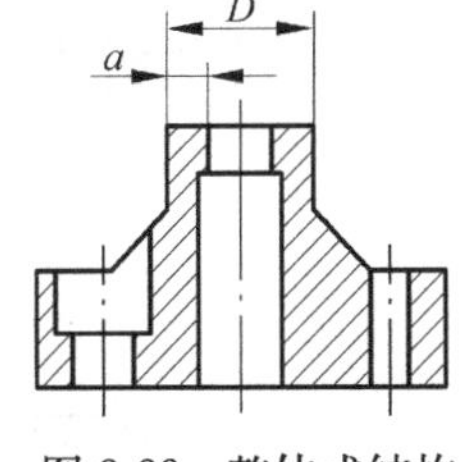

图 2-28　整体式结构

3. 定位零件的设计

常见的定位零件有挡料销、定位板与定位钉、导正销和侧刃等。

（1）挡料销。挡料销的作用是确定条料或带料在送料时的距离，生产中常用自动挡料销、固定挡料销、活动挡料销及始用挡料销等。

① 自动挡料销。当采用这种挡料销时，无须将料抬起或后拉，只需在冲裁后将料向前推，便能自动挡料，因而在冲裁时能连续送料，如图 2-29 所示。

② 固定挡料销。图 2-30 所示为一种常用的固定挡料销。这种挡料销结构简单，一般装在凹模上，适用于带固定卸料板和弹性卸料板的冲裁模。其中，图 2-30(a)所示为圆头形式，结构对称；图 2-30(b)所示为钩形挡料销。

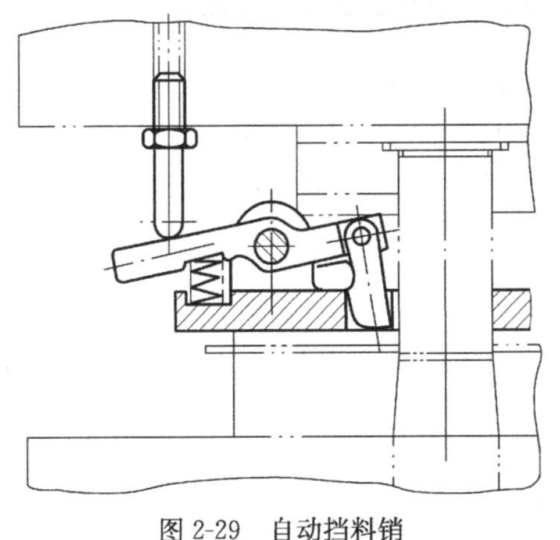
图 2-29　自动挡料销

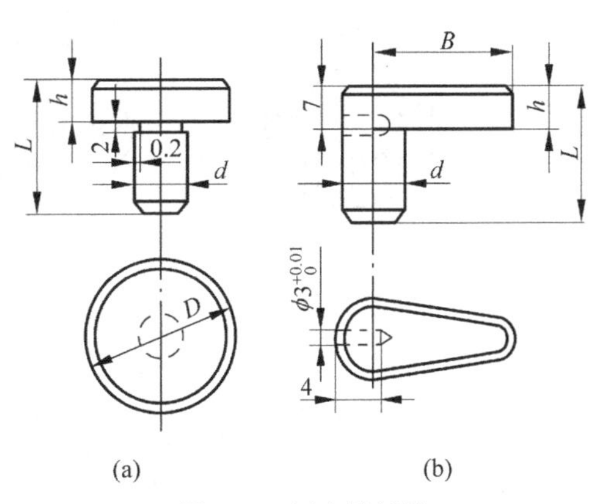

图 2-30　固定挡料销

③ 活动挡料销。图 2-31 所示为活动挡料销，其能自由活动。其中，图 2-31(a)、(b)所示的两种挡料销常用于带有活动下卸料板的敞开式冲裁模；图 2-31(c)所示的挡料销又称回带式活动挡料销，靠销的后端面挡料，定位时需将条料前后移动，因此生产率较低。

（2）定位板与定位钉。定位板、定位钉一般用于对单个毛坯的定位，定位形式如图 2-32 所示。其中，图 2-32(a)、(b)、(c)、(d)用制件外轮廓定位，图 2-32(e)、(f)用制件内孔定位。

（3）导正销。导正销多用于级进模中，在冲裁时与其他定位零件相配合，插入前工位已冲好的孔中进行精确定位。导正销装配在第二工位以后的凸模上，其形式如图 2-33 所示。

导正销的头部分为直线和圆弧两部分，直线部分 h 不宜过大，一般为 $h=(0.2\sim1)t$。此外，导正销的尺寸 D_1 与导正销孔之间应有一定的间隙。

（4）侧刃。侧刃是用来控制条料送进距离的一种装置，但其工作时，需要切掉条料侧旁少量的材料，如图 2-34 所示。

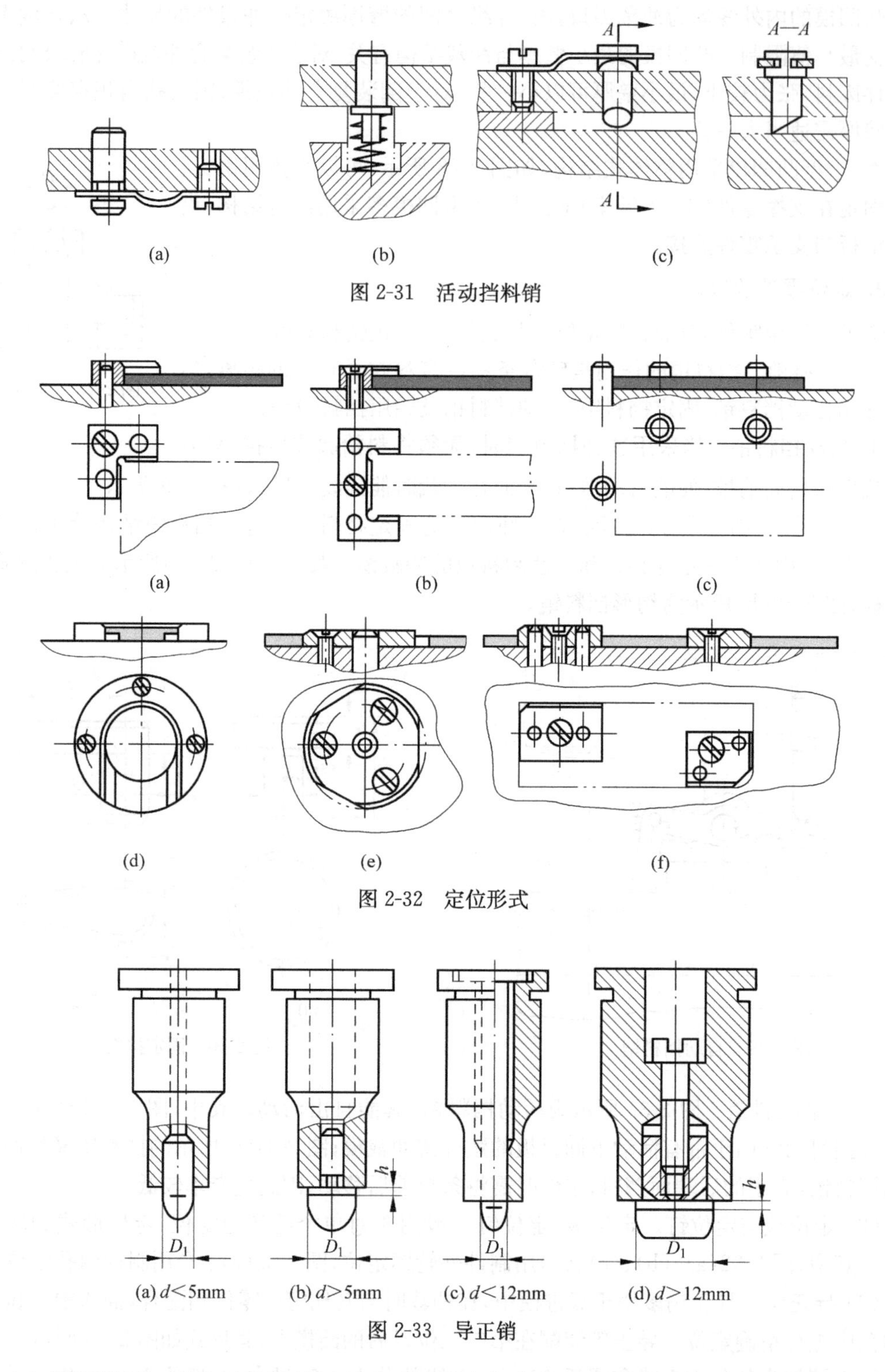

图 2-31 活动挡料销

图 2-32 定位形式

图 2-33 导正销

（5）侧压装置。当条料沿导料板送进时两者之间存在间隙，侧压装置是为避免送料时，条料在导料板中间发生摆动而设置的装置，如图 2-35 所示。图 2-35(a)所示为采用弹簧片侧压，侧压力小，适用于窄条料、薄料（料厚小于 1mm）；图 2-35(b)所示侧压装置的侧压力较大，适用于宽条、厚料；图 2-35(c)所示侧压装置的侧压力大且均匀，但其结构复杂，一般仅用于进口料或高精度的制件；图 2-35(d)所示的侧压装置能保证中心位置不变，常用于无废料排样的冲裁件加工，但结构较为复杂。

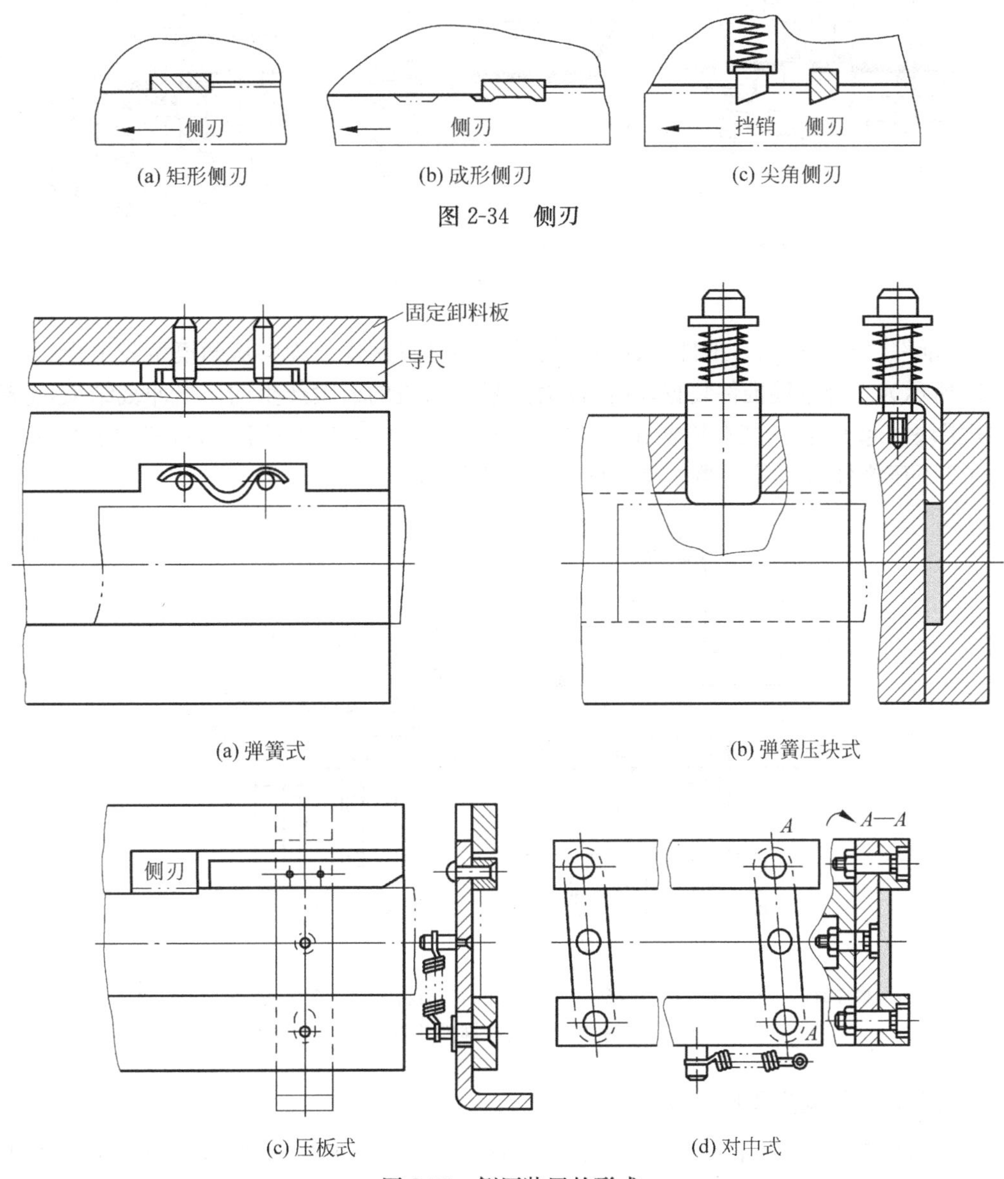

(a) 矩形侧刃　(b) 成形侧刃　(c) 尖角侧刃

图 2-34　侧刃

(a) 弹簧式　(b) 弹簧压块式

(c) 压板式　(d) 对中式

图 2-35　侧压装置的形式

4. 卸料、推件(顶件)机构的设计

(1) 卸料机构。卸料机构的作用是将条料、废料从凸模上卸下，主要分为刚性(即固定卸料板)和弹性两种，如图 2-36 所示。图 2-36(a)所示的弹性卸料板，是利用弹簧或橡胶的弹压力进行卸料的。除卸料外，还对毛坯有压料作用。卸料板型孔与凸模的单面间隙为 0.05～0.1mm，适用于薄料冲裁。对于卸料力要求较大且卸料板与凹模间又要求有较大的空间位置的情况，可采用刚弹性相结合的卸料装置，如图 2-36(b)所示。图 2-36(c)所示的刚性卸料板固定在凹模上，卸料力大，但无压料作用，多用于厚料冲裁模，凸模与卸料板之间有 0.2～0.5mm

的单面间隙。

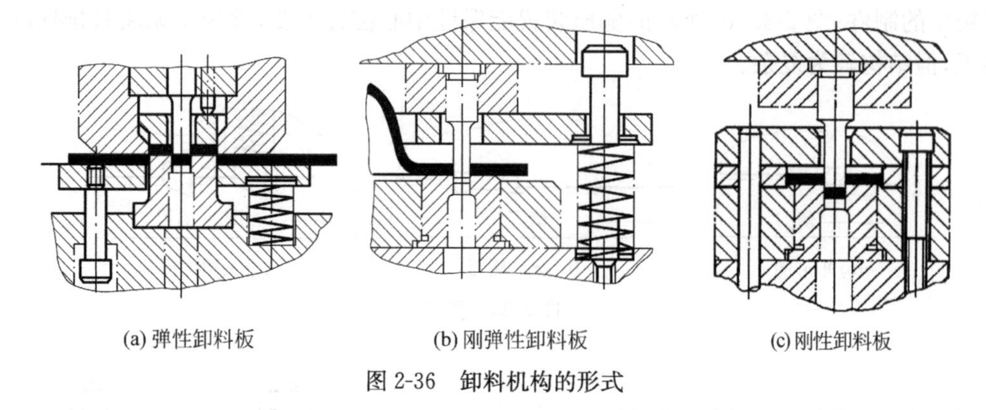

图 2-36　卸料机构的形式

（2）推件（顶件）机构。推件（顶件）机构的作用是将制件或废料从凹模型腔中推（顶）出。图 2-37 所示为一种刚性推件装置，其推件力是靠压力机的横梁产生的。当冲裁结束，上模随压力机滑块一起上升时，装在模柄孔内的打料杆 4 在横梁的阻挡下下落，并通过打料板 5、打料销钉 2 下压推件器 1，推件器 1 将制件从凹模中推出。

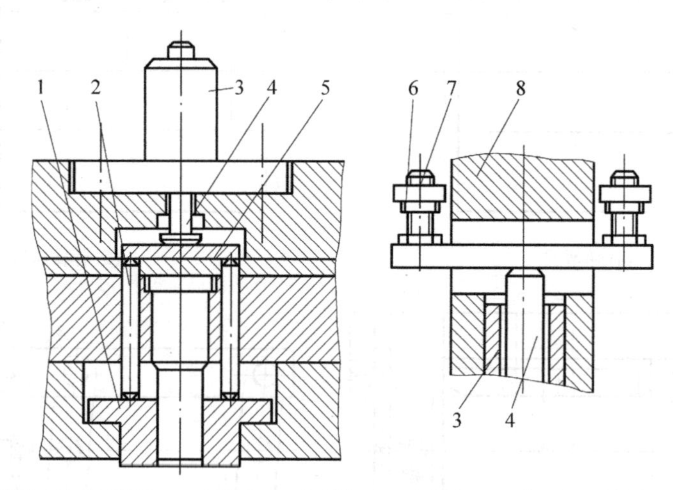

1—推件器；2—打料销钉；3—模柄；4—打料杆；5—打料板；6—螺母；7—螺栓；8—滑块

图 2-37　刚性推件装置

5. 导向及支撑固定零件的设计

（1）导柱和导套。对于生产批量大、模具寿命长、工件精度高的冲裁，一般采用导柱、导套来保证上、下模的精确导向。常见的结构形式有滑动和滚动两种。

图 2-38 所示的滑动导柱、导套，其形状均为圆柱形，加工方便，装配容易，是模具行业应用最广的一种导向装置。图 2-39 所示为导柱和导套的结构尺寸。

图 2-40 所示为滚珠导柱、导套的结构形式。滚珠导柱和导套是一种无间隙、精度高、寿命长的导向装置，适用于高速冲裁、精密冲裁，以及硬质合金模具的冲裁。

（2）上、下模座。模座分带导柱和不带导柱两种类型，根据生产规模和产品要求确定是否采用带导柱的模座。带导柱标准模座的常用形式如图 2-41 所示。

图 2-41(a)所示为后侧导柱模座，L=63～400mm。两个导柱装在后侧，可以三面送料，操作方便，但冲裁时容易偏载而使模具歪斜。因此，它适用于中等精度、尺寸较小的冲裁件。图 2-41(b)

所示为对角导柱模座，L＝63～500mm。两个导柱装在对角线上，便于纵向和横向送料，适用于一般精度的冲裁件或级进模。图 2-41(c)所示为中间导柱模座，L＝63～630mm。两个导柱装在模架中间，便于纵向送料，适用于较精密的冲裁件。图 2-41(d)所示为四导柱模座，L＝160～630mm。四导柱模架的导向性能最好，适用于精度要求高的冲裁件。图 2-41(e)所示为后导柱窄形模座，适用于中等尺寸的冲裁件。图 2-41(f)所示为三导柱模座，一般用于大型冲裁件的生产。

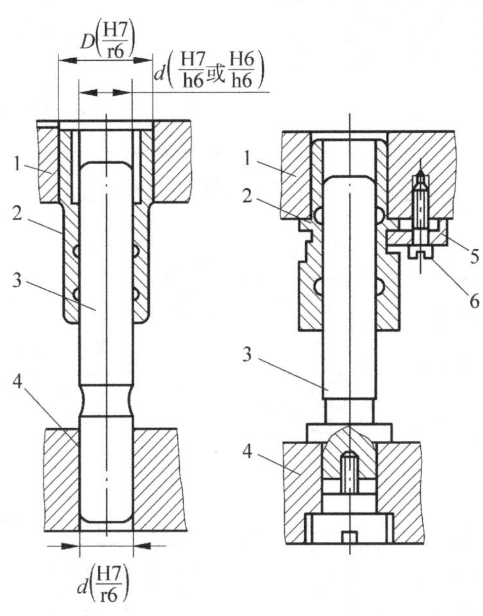

1—上模座；2—导套；3—滑动导柱；4—下模座；5—压板；6—螺钉

图 2-38　滑动导柱、导套

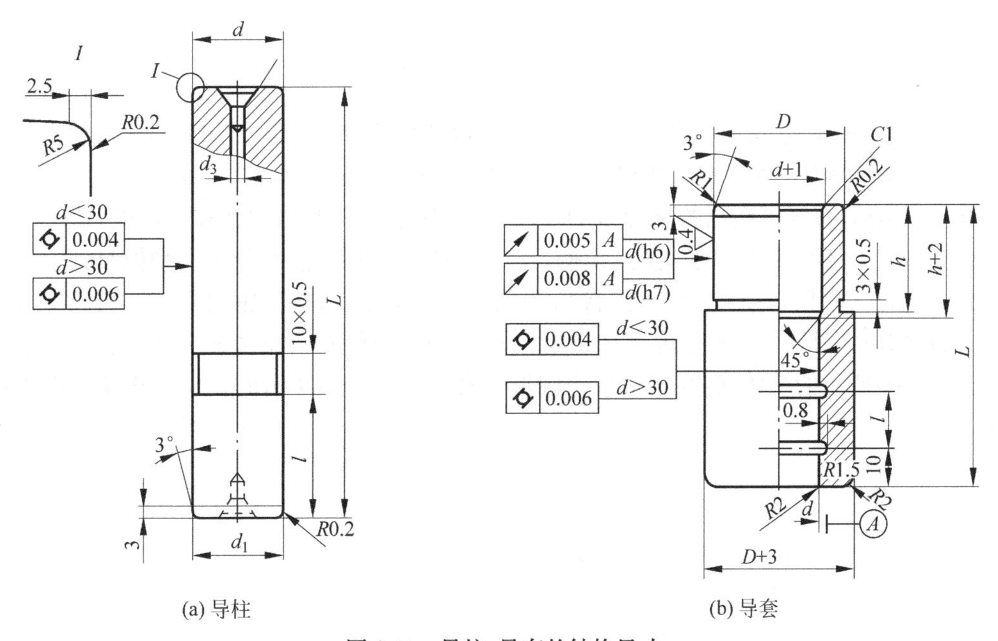

(a) 导柱　　(b) 导套

图 2-39　导柱、导套的结构尺寸

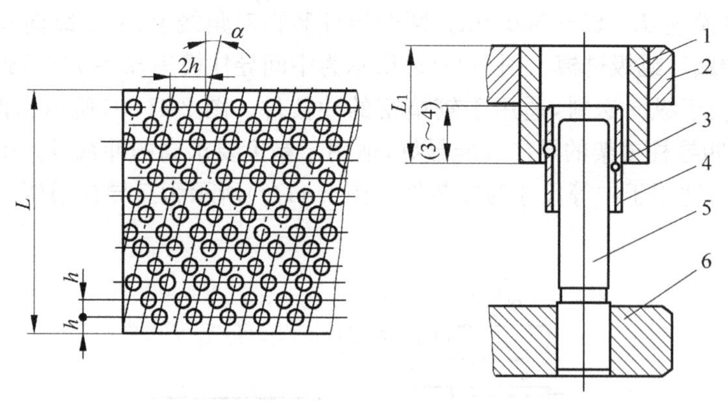

1—导套；2—上模座；3—滚珠；4—滚珠保持圈；5—导柱；6—下模座

图 2-40 滚珠导柱、导套的结构形式

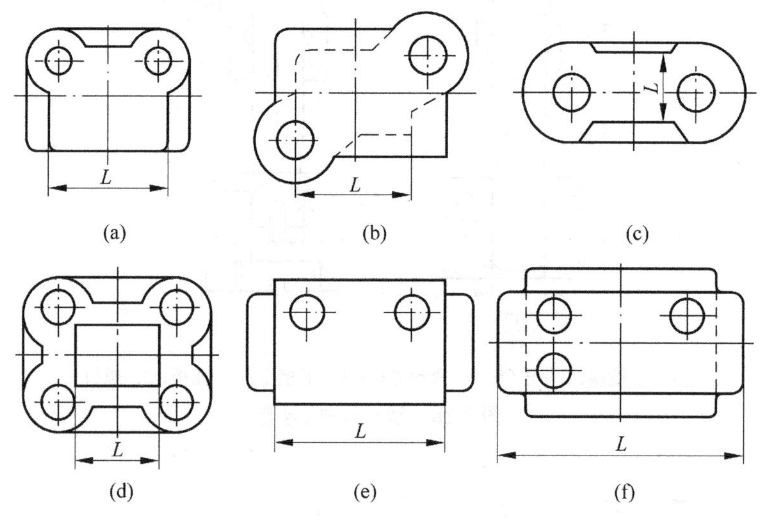

图 2-41 带导柱标准模座的常用形式

（3）模柄。模柄的作用是将模具的上模座固定在冲床的滑块上。常用的模柄形式如图 2-42 所示。其中，图 2-42(a)所示的带螺纹的旋入式模柄，多用于小型模具；图 2-42(b)所示的带台阶的压入式模柄，其与模座孔的配合为 H7/n6，可以保证较高的同轴度和垂直度，适用于各种中小型模具；图 2-42(c)所示的铆接式模柄，其精度和垂直度较差，可用于小型模具；图 2-42(d)所示的带凸缘的模柄，其与上模座连接后为防止松动，可用螺钉、销钉再进一步紧固，适用于较大的模具；图 2-42(e)所示为浮动式模柄；图 2-42(f)所示的整体式模柄，适用于矩形凸模；图 2-42(g)所示的整体式模柄，适用于圆形凸模；图 2-42(h)所示的模柄适用于大型工件的冲裁。

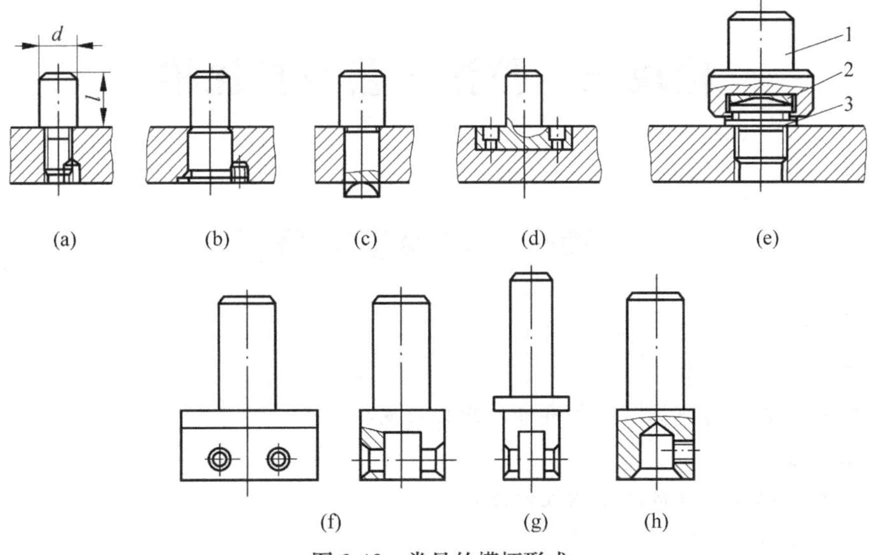

图 2-42　常见的模柄形式

练习与思考

1. 冲裁件断面由哪几部份组成？试分析冲裁间隙对冲裁件断面质量的影响。
2. 冲裁间隙对模具使用寿命、冲裁工艺力有哪些影响？
3. 如图 2-43 所示的冲裁模，其材料为 Q235A 钢，板厚 2mm，试确定冲裁凸模、凹模的刃口尺寸及公差。

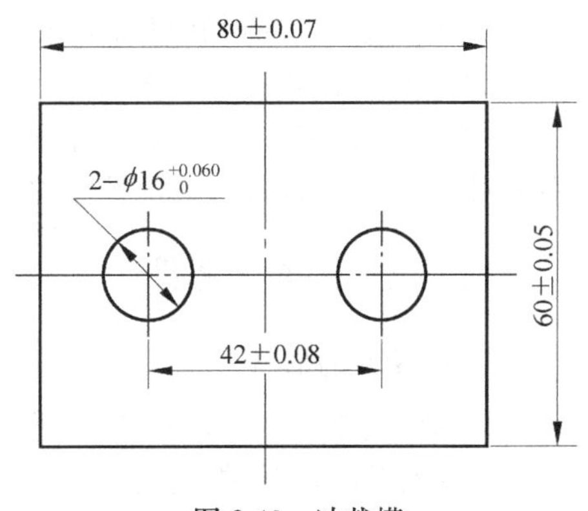

图 2-43　冲裁模

4. 什么是排样？常见的排样方法有哪些？
5. 什么是搭边？简述搭边的作用。
6. 试分析简单模、复合模与级进模的特点及其应用。
7. 试分析正装、倒装复合冲裁模的特点及应用。
8. 试分析弹性卸料、刚性卸料装置的特点及应用。

模块三　拉深工艺与拉深模

课题一　拉深工艺分析

【知识目标】

1. 了解拉深变形过程。

2. 掌握无凸缘圆筒件拉深时各部分的应力应变状态。

【技能目标】

1. 掌握常见拉深件结构尺寸的设计方法。

2. 学会一般拉深件的模具设计。

【知识学习】

一、拉深工艺概述

拉深是利用模具将平板毛坯冲压成各种开口空心零件或使开口空心毛坯减小直径、增加高度的一种冲压工艺，如图 3-1 所示。通过拉深可获得筒形、阶梯形、球形及抛物线等轴对称空心件，也可获得矩形、方形或其他不规则形状的空心件。

拉深工艺按毛坯形状可分为第一次拉深（以平板作毛坯）和以后的各次拉深（以空心件作毛坯）；按壁厚变化可分为一般拉深（工件壁厚不变）和变薄拉深（工件壁厚减小）。变薄拉深用于制造薄壁厚底、变壁厚及较高的筒形件。本章主要介绍一般拉深。

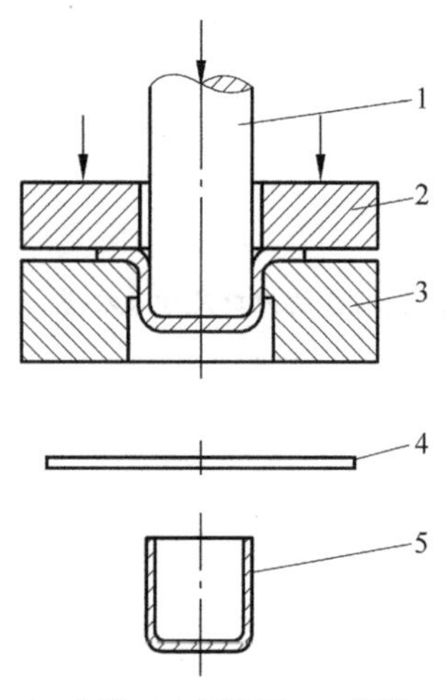

1—凸模；2—压边圈；3—凹模；4—坯料；5—拉深件

图 3-1　筒形件拉深

二、拉深件的工艺性

1. 拉深件的形状

拉深件的结构形状应简单、对称，并尽量避免急剧的外形变化。标注尺寸时，应根据使用要求只标注内形尺寸或只标注外形尺寸，筒壁和底面连接处的圆角半径只能标注在内形，材料厚度不宜标注在筒壁或凸缘上。设计拉深件时应考虑筒壁及凸缘厚度的不均匀性及其变化规律，凸模圆角区变薄显著，最大变薄率为材料厚度的 10%～18%，而筒口或凸缘边缘的材料显著增厚，最大增厚率为材料厚度的 20%～30%。非对称的空心件应组合成对进行拉深，然后将其切成两个或多个零件。

2. 拉深件的高度

拉深件的高度 h 对拉深成形的次数和成形质量均有重要的影响，下面给出常见零件一次成形的拉伸高度。

① 无凸缘筒形件：$h \leqslant (0.5 \sim 0.7)d$，其中 d 为拉深件壁厚中径。

② 带凸缘筒形件：$d_t/d \leqslant 1.5$ 时，$h \leqslant (0.4 \sim 0.6)d$，其中 d_t 为拉深件凸缘直径。

3. 拉深件的圆角半径

拉深件凸缘与筒壁间的圆角半径应取 $r_d \geqslant 2t$，为便于拉深顺利进行，通常取 $r_d \geqslant (4\sim8)t$；当 $r_d \leqslant 2t$ 时，需增加整形工序。拉深件底部与筒壁间的圆角半径应取 $r_p \geqslant 2t$，为便于拉深顺利进行，通常取 $r_p \geqslant (3\sim5)t$；当零件要求 $r_p \leqslant t$ 时，需增加整形工序。

4. 拉深件的尺寸精度

拉深件的径向尺寸精度一般不高于 IT11，若高于 IT11，则需增加校形工序。

三、拉深变形过程分析

1. 拉深变形过程

拉深时，拉深凸模将金属板料拉入凹模，形成空心的拉深件。下面以常见的筒形件拉深为例，具体分析拉深过程。

拉深变形过程可用图 3-2 来描述。在平板毛坯上画一个与凸模直径相等的圆，再将毛坯外径到凸模直径之间的部分三等分，并画两个同心圆，在毛坯上切出一个扇形（图 3-2(a)），观察其变形过程。拉深开始时凸模周围的板料竖直，即毛坯的“1”部分变成筒形件的侧壁，由于“2”和“3”部分金属上有压边装置，它们不能竖直，仍处于平面状态，但其直径缩小（图 3-2(b)）；继续拉深则“2”部分变成侧壁，筒的高度增加而毛坯外径继续缩小（图 3-2(c)）；直到“3”部分也变成侧壁时拉深即告完成（图 3-2(d)）。在此过程中可以发现，“1”“2”“3”部分在平板上是等宽度的圆环，在变成筒形时则变成了筒形的侧壁，且越向外的环变成的侧壁的高度越高，使筒形件的总高度大于这 3 个圆环高度的总和。其原因是凸模以外的金属在形成筒形时沿其直径发生收缩，将“多余”的三角形金属（图 3-3 中的剖面线部分）挤去，使其径向流动，从而增加了筒形高度。如果把图中多余的金属剪去，那么该圆片正好围成一个高度为 $h=(D-d)/2$ 的筒形件。

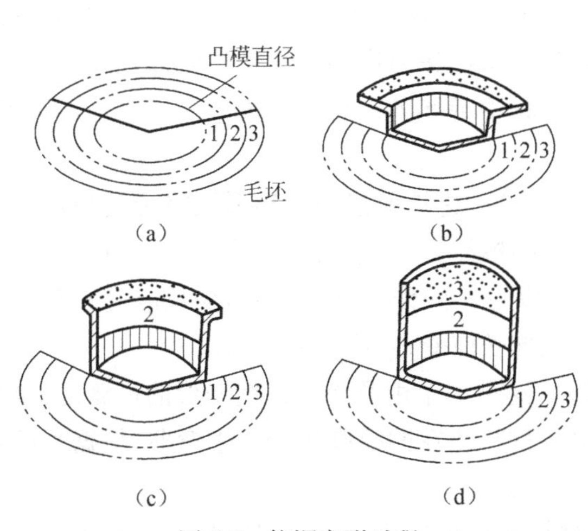

图 3-2　拉深变形过程

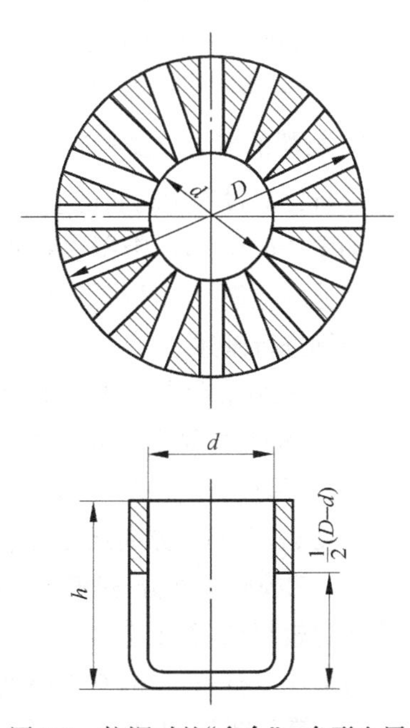

图 3-3　拉深时的“多余”三角形金属

为了进一步说明金属的流动过程，这里再做一个坐标网格实验。在平板圆毛坯上标出上间距为 a 的同心圆和分度相等的辐射线，如图 3-4 所示。在拉深后网格发生如下变化：

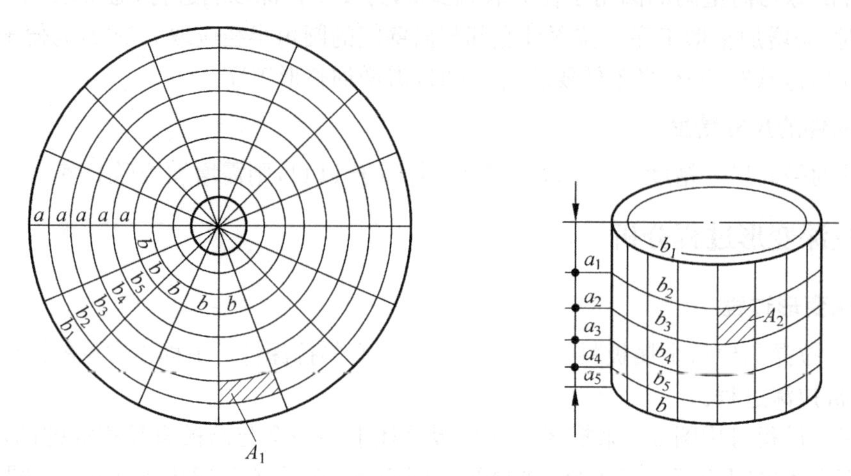

图 3-4　拉深件上的网格变化

(1) 筒形件底部网格基本保持不变，说明凸模底部的金属没有明显的流动，基本没变形。

(2) 原来间隔相同的同心圆变为筒壁上的水平圆筒线，且越往上间距增加越大，即 $a_1>a_2>a_3>\cdots>a$。这说明越靠近外圆的金属径向流动越大，因为越向外"多余"的金属量越大。

(3) 原来分度相等的辐射线在筒壁上成了相互平行的垂直线，其宽度 b 完全相等，即 $b_1=b_2=b_3=\cdots=b$。这说明金属有缩小直径的切向压缩变形，且越向外变形量越大。

(4) 原来毛坯上的网格为扇形，面积为 A_1，变形后的网格变成矩形，其面积为 A_2。这是因为每个网格受切向压应力 σ_3 和径向拉应力 σ_1 的作用，相当于在一个楔形槽中拉着扇形网格通过，结果扇形变为矩形（图 3-5）。一般来说，如果变形后的材料厚度变化不大，则可以认为 $A_1=A_2$。σ_3 是由于拉深力的作用而产生的，σ_1 是由于直径缩小、切向互相挤压而产生的。

2. 材料的应力应变状态

分析拉深过程中材料的应力应变状态，有助于分析拉深过程中出现的工艺问题和质量问题。如图 3-6 所示，以带压边圈的筒形件为例，凸模将拉深力作用在筒形件底部，通过侧壁将凸缘部分的毛坯拉入凸模、凹模的间隙中，变形过程中毛坯各部位的应力应变状态是不同的，下面分别进行阐述。

(1) 平面凸缘部分（主要变形区，见图 3-6 中Ⅰ）。这是前述的由扇形网格变为矩形的区域，也是拉深的主要变形区。如前所述，它受到由凸模经侧壁传来的径向拉应力 σ_1 和切向压应力 σ_3，以及厚度方向上为防皱而设的压边圈的压应力 σ_2 的作用，产生径向伸长应变 ε_1 和切向压缩应变 ε_3，在厚度方向虽然受压应力，但仍产生伸长应变 ε_2，使壁部增厚。

(2) 凹模圆角部分（过渡区，见图 3-6 中Ⅱ）。这是一个由凸缘向筒壁变形的过渡区，材料的变形比较复杂，除了有Ⅰ区的变形特点外，由于材料还在凹模圆角处产生弯曲，根据平板弯曲的应力应变分析可知，它在厚度方向受到压应力 σ_2。

(3) 筒壁部分（传力区，见图 3-6 中Ⅲ）。材料流动到这里，筒形已形成，材料不再产生大的变形。但该处是拉深力的传力区，因此它承受单向拉应力 σ_1，同时也产生小量的纵向伸长应

变 ε_1 和厚度方向压缩(变薄)应变 ε_2。

(4) 凸模圆角部分(过渡区,见图 3-6 中Ⅳ)。这部分承受径向和切向拉应力 σ_1 和 σ_3,在厚度方向由于凸模的压力和弯曲作用而受到压应力 σ_2。

(5) 筒底部分(小变形区,见图 3-6 中 V)。该处受到拉深力的拉应力 σ_1 和 σ_3,但由于受到凸模的摩擦作用,这个拉应力不大。材料变薄很少,一般只有 1%~3%,可以忽略不计。

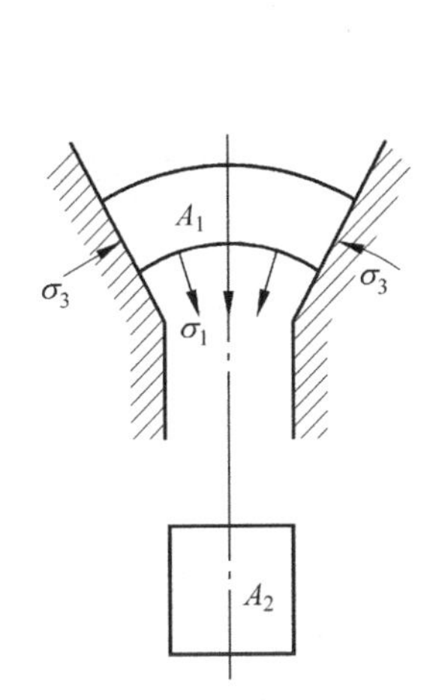

图 3-5　扇形网格的变形

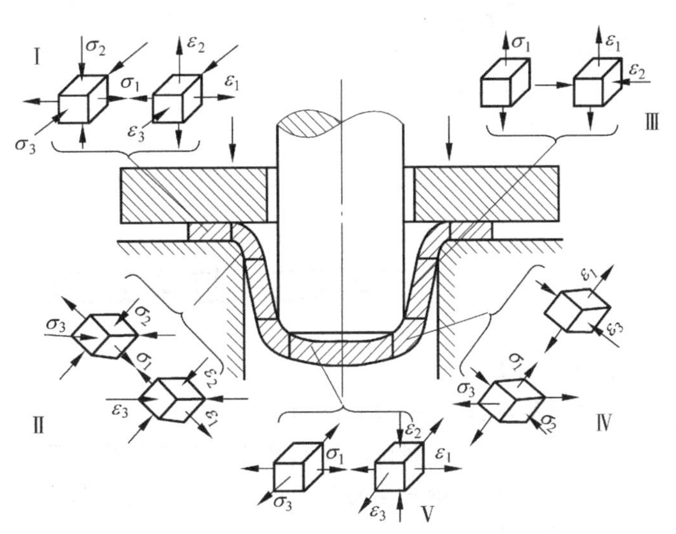

图 3-6　拉深变形中材料的应力应变状态

3. 起皱与破裂

(1) 起皱。在拉深时,由于凸缘材料存在切向压缩应力 σ_3,当这个压应力大到一定程度时板料切向将因失稳而拱起,这种在凸缘四周产生波浪形的连续弯曲称为起皱,如图 3-7 所示。

起皱与 σ_3 大小有关,也与毛坯的相对厚度 t/D 有关,而 σ_3 与拉深的变形程度有关。拉深件起皱后轻则工件口附近产生波纹,影响质量;重则由于起皱后凸缘材料不能通过凸模与凹模之间的间隙而使工件被拉破。

(2) 破裂。起皱并不表示板料变形达到了极限,因为通过加压边圈等措施仍然可以提高变形程度,随着变形程度的提高,变形力也相应提高,当变形力大于传力区(筒形件的壁部)的承载能力时拉深件被拉破,筒形件的破裂都发生在壁部凸模圆角切点稍往上的位置,如图 3-8 所示。其原因如下:越靠近毛坯的外缘,“多余”的金属越多,即拉深过程中需要转移的金属越多。转移的金属一部分流往径向,使筒形件高度增加;另一部分流向厚度方向,使筒形件壁厚增加。另外,由于金属变形量大,产生加工硬化明显,因而靠近边缘处的工件(即拉探件的口部)厚度大,强度也高。与该处形成鲜明对比的是,在拉深开始时处于凸、凹模间隙中的环形金属(拉深后变为凸模圆角稍往上的筒壁),由于需要转移的金属极少,该处壁厚不但没有增加反而有所降低,其强度也是壁部最低的。可见该部位的承载能力是最低的,因此破裂最易发生在该处。凸模圆角部位的金属承载能力也很低,但因为凸模的摩擦作用,一般不会发生破裂。拉伸 1mm 厚的低碳钢,其壁厚的变化如图 3-9 所示。

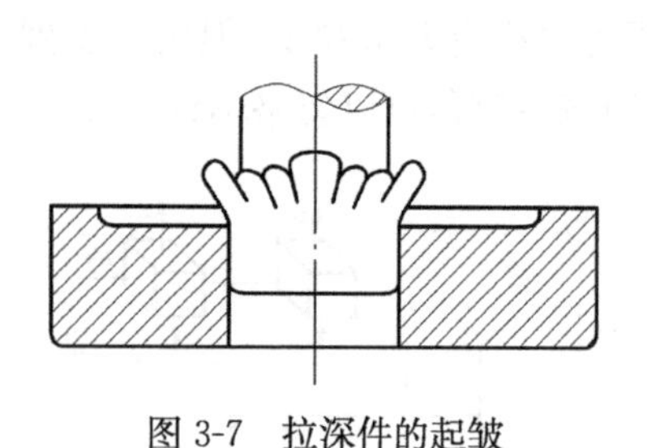

图 3-7　拉深件的起皱

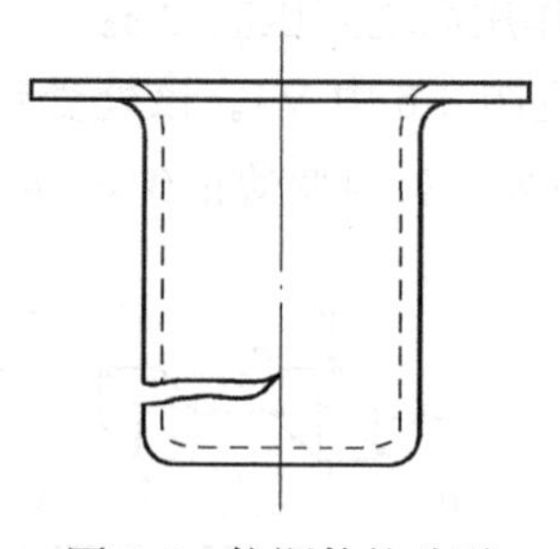

图 3-8　拉深件的破裂

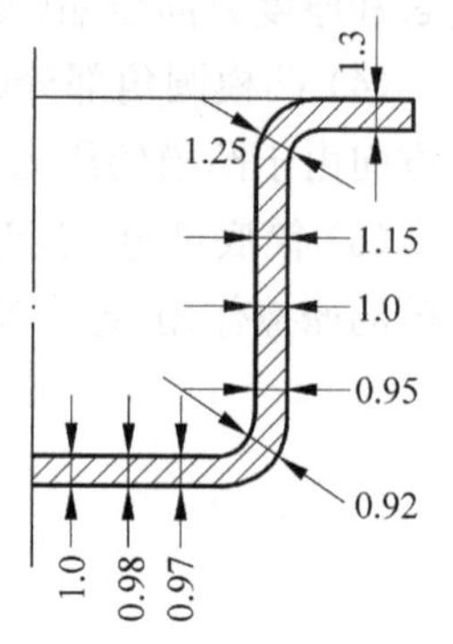

图 3-9　拉深件壁厚的变化

课题二　拉深工艺尺寸计算

【知识目标】

1. 熟悉简单拉深件毛坯尺寸计算方法。
2. 熟悉拉深系数、极限拉深系数的定义及其对拉深工艺的影响。
3. 了解拉裂、起皱产生的原因；熟悉避免产生拉裂、起皱的常见工艺措施。

【技能目标】

1. 熟练计算圆形拉深件的毛坯尺寸。
2. 学会正确选择拉深次数和计算拉深系数。

【知识学习】

一、毛坯尺寸计算

1. 修边余量的确定

由于板料存在各向异性，实际生产中的毛坯和凸模、凹模的中心不可能完全重合，因此拉深件口部不可能很整齐，通常需要修边工序，以切去不整齐部分。因此，在计算毛坯尺寸时，应预先留有修边余量 Δh。筒形件和带凸缘件的修边余量值可查表 3-1 和表 3-2，表中符号参见图 3-10。

表 3-1　筒形件的修边余量 Δh　　单位：mm

拉深件高度 h	h/d			
	＞0.5～0.8	＞0.8～1.6	＞1.6～2.5	＞2.5～4.0
≤10	1.0	1.2	1.5	2.0
＞10～20	1.2	1.6	2.0	2.5
＞20～50	2.0	2.5	3.3	4.0
＞50～100	3.0	3.8	5.0	6.0
＞100～150	4.0	5.0	6.5	8.0
＞150～200	5.0	6.3	8.0	10.0
＞200～250	6.0	7.5	9.0	11.0
＞250	7.0	8.5	10.0	12.0

注：1. 对正方形或矩形可用 h/B 代替相对高度，B 为矩形件的短边宽度。

2. 对多次拉深件应有中间修边工序。

3. 对材料厚度小于 0.5mm 的薄壁多次拉深件应按表值放大 30%。

表 3-2　带凸缘件的修边余量 Δd　　单位：mm

凸缘直径 d_t	d_t/d			
	<1.5	1.5～2.0	2.0～2.5	2.5～3.0
≤25	1.6	1.4	1.2	1.0
>25～50	2.5	2.0	1.8	1.6
>50～100	3.5	3.0	2.5	2.2
>100～150	4.3	3.6	3.0	2.5
>150～200	5.0	4.2	3.5	2.7
>200～250	5.5	4.6	3.8	2.8
>250	6.0	5.0	4.0	3.0

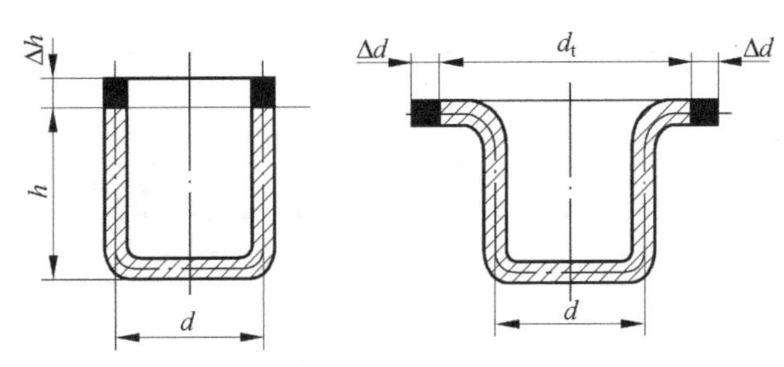

图 3-10　修边余量

2. 拉深件平板毛坯尺寸的确定

计算拉深件毛坯尺寸的方法有很多，常用的是等面积法。

对于简单几何形状的拉深件，在计算其毛坯尺寸时，一般可将制件分解为若干简单几何体，然后求其表面积之和，并算出毛坯直径。为了计算方便，简单几何形状的表面积可按表 3-3 中的公式计算。常用规则旋转体拉深件的毛坯直径计算公式见表 3-4。

表 3-3　简单几何形状的表面积计算公式

图　示	计算公式	图　示	计算公式
ϕD	$\frac{\pi D^2}{4}$	d, r, s, h	$\pi(ds-2hr)$
ϕd_2, ϕd_1	$\frac{\pi}{4}(d_2^2-d_1^2)$	d, r, s, h	$\pi(ds+2hr)$
ϕd_1, h	$\pi d_1 h$	r, h	$2\pi rh$

续表

图　示	计算公式	图　示	计算公式
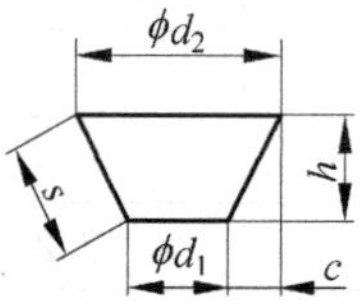	$\frac{\pi s}{2}(d_1+d_2)$	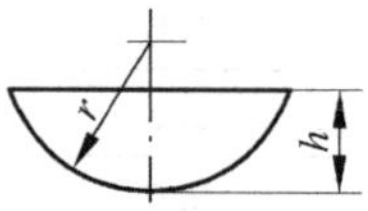	$2\pi rh$
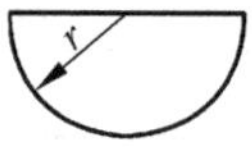	$2\pi r^2$	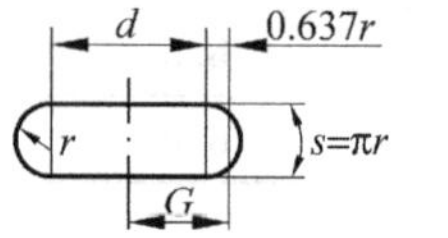	$2\pi^2 Gr$
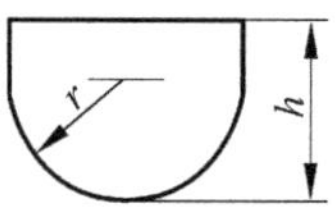	$2\pi rh$	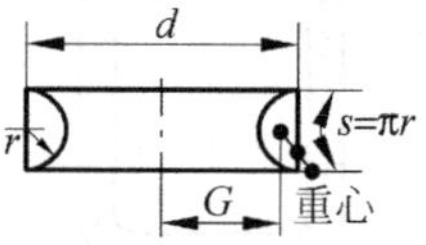	$2\pi^2 Gr$
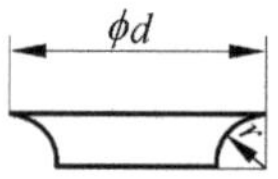	$\frac{\pi^2 rd}{2}-2\pi r^2$	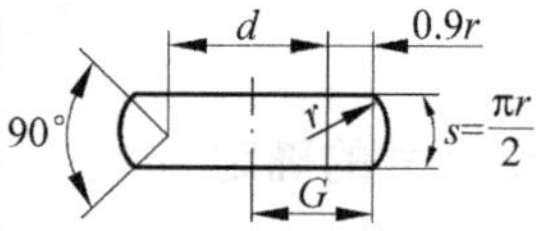	$\pi^2 Gr$
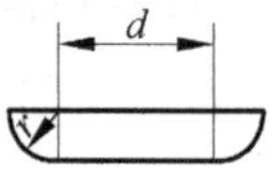	$\frac{\pi^2 rd}{2}+2\pi r^2$	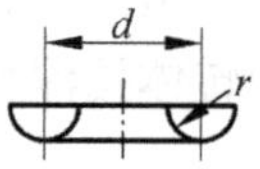	$\pi^2 rd$

表 3-4　常用规则旋转体拉深件的毛坯直径计算公式

序号	拉深件形状	毛坯直径 D
1	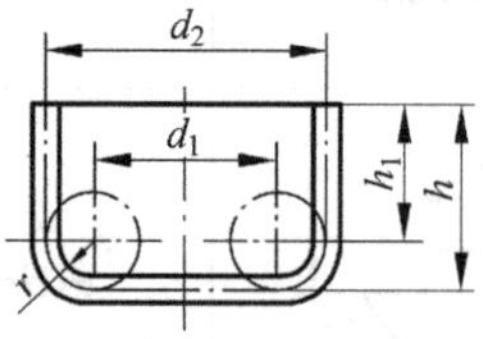	$\sqrt{d_1^2+4d_2h_1+6.28rd_1+8r^2}$ 或$\sqrt{d_2^2+4d_2h-1.72rd_2-0.56r^2}$
2	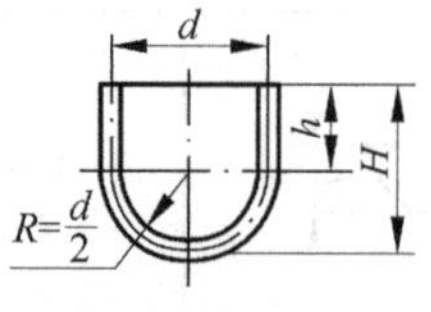	$1.414\sqrt{d^2+2dh}$或$2\sqrt{dH}$

续表

序号	拉深件形状	毛坯直径 D
3	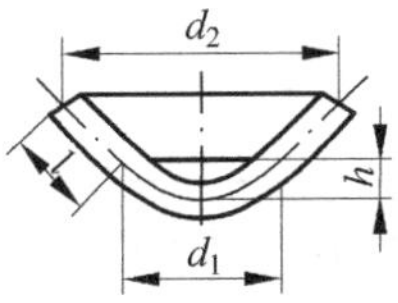	$\sqrt{d_1^2+4h^2+2l(d_1+d_2)}$
4	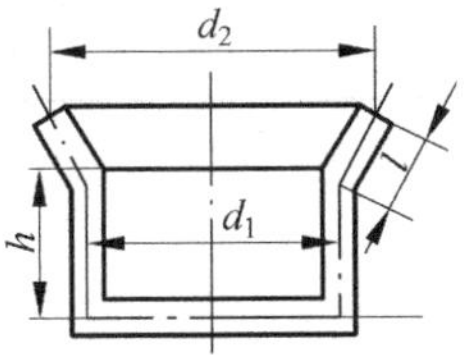	$\sqrt{d_1^2+4d_1h+2l(d_1+d_2)}$
5	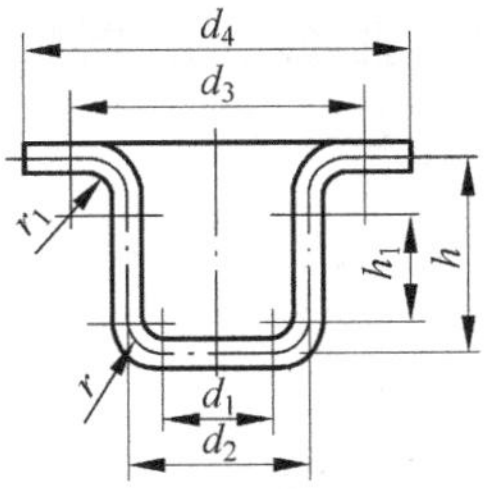	当 $r \neq r_1$ 时为 $\sqrt{d_1^2+6.28rd_1+8r^2+4d_2h_1+6.28r_1d_2+4.56r_1^2+d_4^2-d_3^2}$ 当 $r=r_1$ 时为 $\sqrt{d_4^2+4d_2h-3.44rd_2}$
6	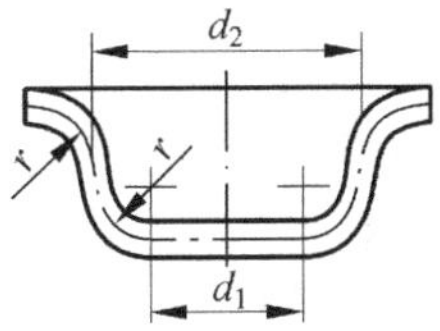	$\sqrt{d_1^2+6.28r(d_1+d_2)+12.56r^2}$
7	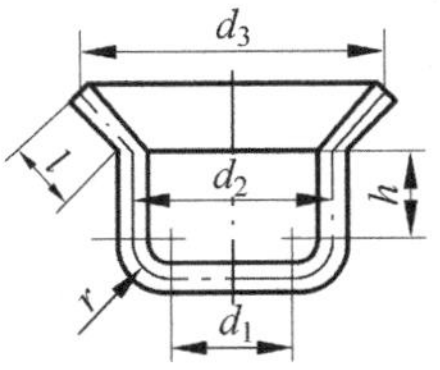	$\sqrt{d_1^2+6.28rd_1+8r^2+4d_2h+2l(d_2+d_3)}$
8	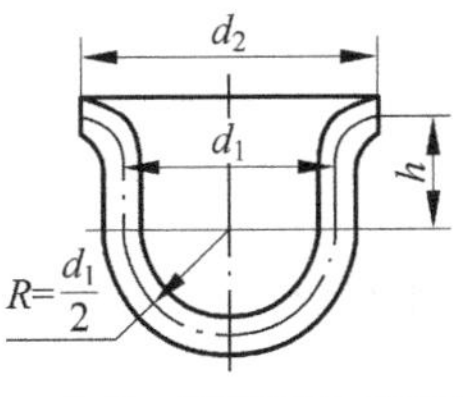	$\sqrt{d_1^2+d_2^2+4d_1h}$
9	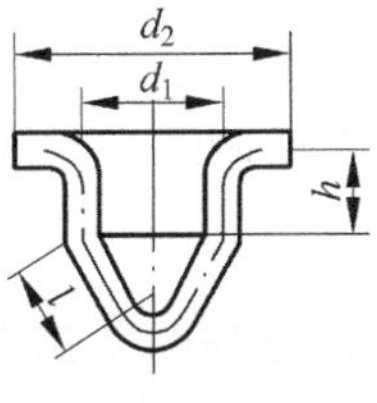	$\sqrt{d_2^2-d_1^2+4d_1\left(h+\frac{l}{2}\right)}$

续表

序号	拉深件形状	毛坯直径 D
10		$\sqrt{8R\left[x-b\left(\arcsin\frac{x}{R}\right)\right]+4dh_2+8rh_1}$

二、拉深系数

1. 拉深系数及拉深变形量

拉深系数是指拉深后的工件直径与拉深前的工件（或毛坯）直径之比。图3-11所示为直径为 D 的毛坯经多次拉深制成直径为 d_n、高度为 h_n 的工件的工艺过程。

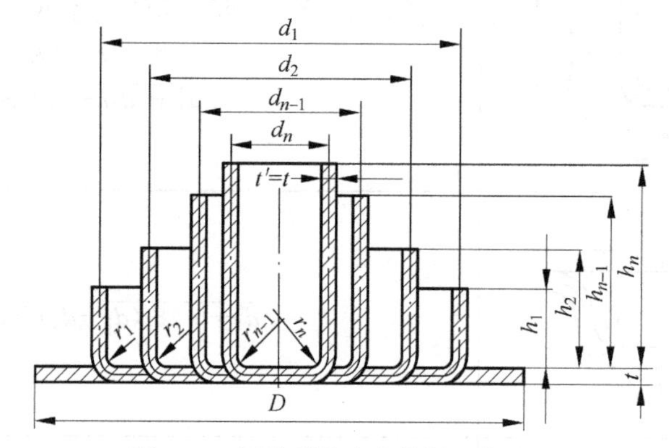

图3-11　圆筒形件多次拉深工艺过程

其各次的拉深系数如下：

第1次拉深　$m_1=d_1/D$

第2次拉深　$m_2=d_2/d_1$

第3次拉深　$m_3=d_3/d_2$

⋮

第 n 次拉深　$m_n=d_n/d_{n-1}$

式中，m_1、m_2、m_3、…、m_n——第1、2、3、…、n 次拉深系数；

d_1、d_2、d_3、…、d_{n-1}、d_n——第1、2、3、…、$n-1$、n 次拉深件的直径；

D——毛坯直径(mm)。

工件直径 d_n 与毛坯直径 D 之比称为总拉深系数，即

$$m=\frac{d_n}{D}=\frac{d_1}{D}\frac{d_2}{d_1}\frac{d_3}{d_2}\cdots\frac{d_{n-1}}{d_{n-2}}\frac{d_n}{d_{n-1}}=m_1m_2m_3\cdots m_{n-1}m_n \tag{3-1}$$

也就是说，总拉深系数为各次拉深系数的乘积。

拉深系数是拉深变形程度的标志，拉深系数小，拉深前后工件直径的变化大，即拉深变形程度大；反之则小。

2. 极限拉深系数

拉深系数是拉深工艺中一个非常重要的参数，也是拉深工艺计算的基础，在实际生产中采用的拉深系数是否合理是拉探工艺成败的关键。若采用的拉深系数过大，即拉深变形程度小，材料塑性潜力未被充分利用，则拉深次数增加，模具数量也增加，成本随之提高；反之，若拉深系数过小，即拉深变形程度过大，则拉深可能无法进行。因此，实际生产中选用拉深系数时应在充分利用材料塑性的基础上又不使工件被拉裂，这个使拉深件不被拉裂的最小拉深系数称为极限拉深系数。

3. 影响拉深系数的主要因素

（1）材料的力学性能。材料的屈强比 σ_s/σ_b 小，极限拉深系数就小。其原因是：σ_s 小说明材料容易变形，凸缘区变形应力小；而 σ_b 大则危险断面的承载能力强，上述这些都有利于提高拉深变形程度，降低拉深系数。

（2）材料的厚向异性系数 γ。材料的厚向异性系数对极限拉深系数影响很大，γ 值大说明板料易于横向变形，即凸缘切向容易压缩变形，而传力区不易产生厚向变形，即不易产主缩颈，因此材料的 γ 越大，允许的 m 越小。

（3）毛坯的相对厚度 t/D。t/D 大则毛坯的稳定性好，不易起皱，压边力可以减小甚至不需压边，从而减小了拉深力，因此允许的 m 值可以小些。

（4）拉深模的几何参数。主要指的是凸模、凹模的圆角半径。凹模圆角半径小，将使弯曲应力增大，拉深系数变大；凸模圆角半径大小对拉深系数的影响不大，但凸模圆角半径过小则该处材料变薄严重，降低了传力区的承载能力，拉深系数会变大。

（5）润滑。良好的润滑条件可以减小摩擦系数，减小拉深力，从而减小拉深系数：但凸模与工件之间的摩擦力有利于提高传力区的承载能力，因此凸模与工件之间不必进行润滑。

由于影响拉深系数的因素有很多，所以各次拉深的极限拉深系数都是在一定拉深条件下用试验方法求得的，具体见表 3-5 和表 3-6。

表 3-5　筒形件带压边圈的极限拉深系数

拉深系数	毛坯相对厚度(t/D)×100					
	2.0～1.5	1.5～1.0	1.0～0.6	0.6～0.3	0.3～0.15	0.15～0.08
m_1	0.48～0.50	0.50～0.53	0.53～0.55	0.55～0.58	0.58～0.60	0.60～0.63
m_2	0.73～0.75	0.75～0.76	0.76～0.78	0.78～0.79	0.79～0.80	0.80～0.82
m_3	0.76～0.78	0.78～0.79	0.79～0.80	0.80～0.81	0.81～0.82	0.82～0.84
m_4	0.78～0.80	0.80～0.81	0.81～0.82	0.82～0.83	0.83～0.85	0.85～0.86
m_5	0.80～0.82	0.82～0.84	0.84～0.85	0.85～0.86	0.86～0.87	0.87～0.88

注：1. 表中的拉深系数适用于 08、10、15Mn 等低碳钢及软化的 H62 黄铜。对拉深性能较差的材料，如 20、25、Q215、Q235 钢及硬铝等应将表值增大 1.5%～2.0%；对塑性更好的材料，如 05、08、10 钢和软铝等可将表值减小 1.5%～2.0%。

2. 表中数据适用于无中间退火的拉深，中间有退火时可将表值减小 2%～3%。

3. 表中较小值适用于凹模圆角半径 $r_d=(8\sim15)t$，较大适用于 $r_d=(4\sim8)t$。

表 3-6　筒形件不带压边圈的极限拉深系数

拉深系数	毛坯相对厚度(t/D)×100				
	1.5	2.0	2.5	3.0	>3.0
m_1	0.65	0.60	0.55	0.53	0.50

续表

拉深系数	毛坯相对厚度$(t/D)\times100$				
	1.5	2.0	2.5	3.0	>3.0
m_2	0.80	0.75	0.75	0.75	0.70
m_3	0.84	0.80	0.80	0.80	0.75
m_4	0.87	0.84	0.84	0.84	0.78
m_5	0.90	0.87	0.87	0.87	0.82
m_6	—	0.90	0.90	0.90	0.85

注：本表使用情况与表3-5相同。

三、拉深次数

当拉深件的直径与毛坯直径之比（总拉深系数）大于表3-5和表3-6中的m_1时，说明工件只需一次拉深。如果总拉深系数小于m_1，则需要两次或两次以上拉深，其拉深次数计算方法如下所述。

根据拉深系数的定义可得：

第1次拉深后的工件直径　$d_1=m_1D$

第2次拉深后的工件直径　$d_2=m_2d_1=m_1m_2D$

第3次拉深后的工件直径　$d_3=m_3d_2=m_1m_2m_3D$

$\vdots$

第n次拉深后的工件直径　$d_n=m_nd_{n-1}=m_1m_2m_3\cdots m_nD$

已知拉深件尺寸即可计算毛坯直径D，参考表3-5和表3-6中的极限拉深系数可计算各次拉深后的工件直径（选用m时应取各次m值大于或等于表值），直到$d_n\leqslant d$（d为工件直径），这样n就是拉深次数。

拉深次数也可根据拉深件相对高度和毛坯相对厚度$(t/D)\times100$查表3-7得到。

表3-7　筒形件相对高度h/d与拉深次数的关系

拉深次数	毛坯相对厚度$(t/D)\times100$					
	2.0～1.5	1.5～1.0	1.0～0.6	0.6～0.3	0.3～0.15	0.15～0.08
1	0.94～0.77	0.84～0.65	0.71～0.57	0.62～0.5	0.5～0.45	0.46～0.38
2	1.88～1.54	1.60～1.32	1.36～1.1	1.13～0.94	0.96～0.63	0.9～0.7
3	3.5～2.7	2.8～2.2	2.3～1.8	1.9～1.5	1.6～1.3	1.3～1.1
4	5.6～4.3	4.3～3.5	3.6～2.9	2.9～2.4	2.4～2.0	2.0～1.5
5	8.9～6.6	6.6～5.1	5.2～4.1	4.1～3.3	3.3～2.7	2.7～2.0

四、各次拉深后半成品尺寸的计算

1. 半成品直径尺寸的计算

第1次　$d_1=m_1D$

第2次　$d_2=m_2d_1$

$\vdots$

第n次　$d_n=m_nd_{n-1}$

2. 半成品高度尺寸的计算

拉深后的工件高度可按毛坯尺寸计算公式演变求得，其计算公式为

$$h_n = 0.25\left(\frac{D^2}{d_n} - d_n\right) + 0.43\frac{r_{pn}}{d_n}(d_n + 0.32r_{pn}) \tag{3-2}$$

式中，h_n——第 n 次拉深后工件的高度(mm)；

D——毛坯直径(mm)；

d_n——第 n 次拉深后工件的直径(mm)；

r_{pn}——第 n 次拉深时凸模的圆角半径(mm)。

五、拉深力的计算

生产中常用经验公式计算拉深力，对于筒形件，采用压边装置时的拉深力可以用下列公式计算：

第 1 次拉深　　$F_1 = \pi d_1 \cdot t \cdot \sigma_b \cdot k_1$

以后各次拉深　　$F_n = \pi d_n \cdot t \cdot \sigma_b \cdot k_2$

式中，k_1、k_2——修正系数，查表 3-8 可得；

d_1、…、d_n——各次拉深后工件的直径(mm)。

表 3-8　相关系数

拉深系数 m_1	0.55	0.57	0.60	0.62	0.65	0.77	0.70	0.72	0.75	0.75	0.80	—	—	—
修正系数 k_1	1.00	0.93	0.86	0.79	0.72	0.66	0.60	0.55	0.50	0.45	0.40	—	—	—
系数 λ_1	0.80	—	0.77	—	0.74	—	0.70	—	0.67	—	0.64	—	—	—
拉深系数 m_2	—	—	—	—	—	—	0.70	0.72	0.75	0.77	0.80	0.85	0.90	0.95
修正系数 k_2	—	—	—	—	—	—	1.00	0.95	0.90	0.85	0.80	0.70	0.60	0.50
系数 λ_2	—	—	—	—	—	—	0.80	—	0.80	—	0.75	—	0.70	—

六、拉深功的计算

当拉深行程较大，特别是落料、拉深复合冲压时，不能简单地将落料力和拉深力叠加去选择压力机，因为公称压力是指压力机在接近下止点时的压力。因此，应注意压力机的压力-行程曲线，否则可能由于过早地出现最大冲压力而使压力机超载损坏。一般可按下式做概略计算：

浅拉深时　$\sum F \leqslant (0.7 \sim 0.8)F_0$

深拉深时　$\sum F \leqslant (0.5 \sim 0.6)F_0$

式中，$\sum F$——拉深力和压边力之和，在复合冲压时，还包括其他力(N)；

F_0——压力机的公称压力(N)。

拉深功可按下式计算：

第 1 次　$A_1 = \dfrac{\lambda_1 F_{1\max} h_1}{1000}$

$$\text{以后各次}\quad A_n = \frac{\lambda_2 F_{n\max} h_n}{1000} \tag{3-3}$$

式中，$F_{1\max}$、$F_{n\max}$——第1次和以后各次拉深的最大拉深力(N)；

λ_1、λ_2——平均变形力与最大变形力之比，见表3-8；

h_1、h_n——第1次和以后各次的拉深高度(mm)。

拉深所需压力机的电动机功率(kW)为

$$N=\frac{A\xi n}{60\times 75\times \eta_1\eta_2\times 1.36\times 10}$$

式中，A——拉深功(N·m)；

ξ——不均衡系数，取1.2～1.4；

η_1、η_2——压力机效率、电动机效率，$\eta_1=0.6\sim0.8$，$\eta_2=0.9\sim0.95$；

n——压力机每分钟行程次数。

若所选压力机的电动机功率小于计算值，则应另选功率较大的压力机。

七、其他形状零件的拉深

1. 带凸缘筒形件的拉深方法

(1) 带凸缘筒形件的拉深如图3-12所示。带凸缘筒形件的拉深系数取决于相关尺寸的3个相对比值：d_t/d(凸缘的相对直径)、h/d(零件的相对高度)、r/d(相对圆角半径)。根据拉深系数或零件的相对高度，可以判断拉深次数。

(2) 窄凸缘筒形件的拉深(图3-13)。

窄凸缘筒形件：

$$d_t/d=1.1\sim1.4$$

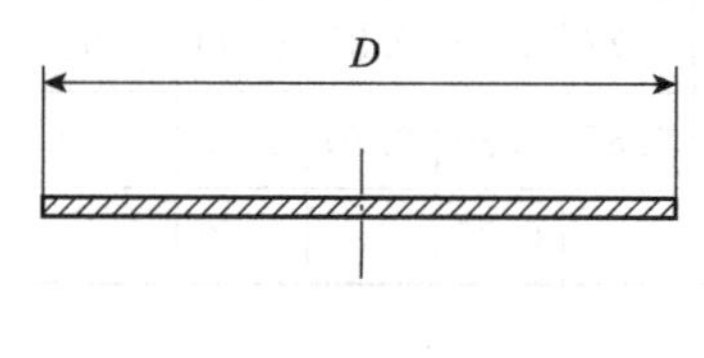

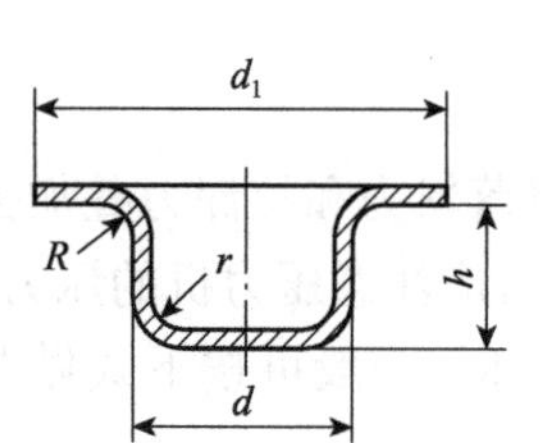

图3-12 带凸缘筒形件的拉深

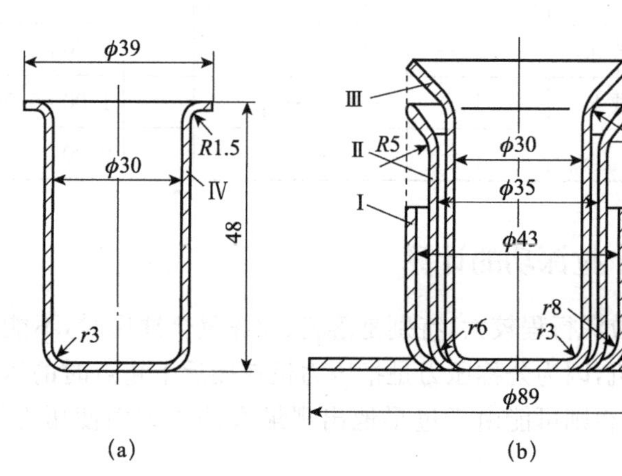

图3-13 窄凸缘筒形件的拉深

(3) 宽凸缘圆筒形件的拉深(图3-14，图3-15)。

宽凸缘筒形件：

$$d_t/d>1.4$$

2. 阶梯形零件的拉深方法

对于阶梯形零件能否一次拉深成形，可通过表3-7近似判断。先求出阶梯形零件的总高度与最小直径之比(h/D)，再查表3-7选取拉深次数，若拉深次数为1，则表示可以一次拉深成形，如图3-16所示。

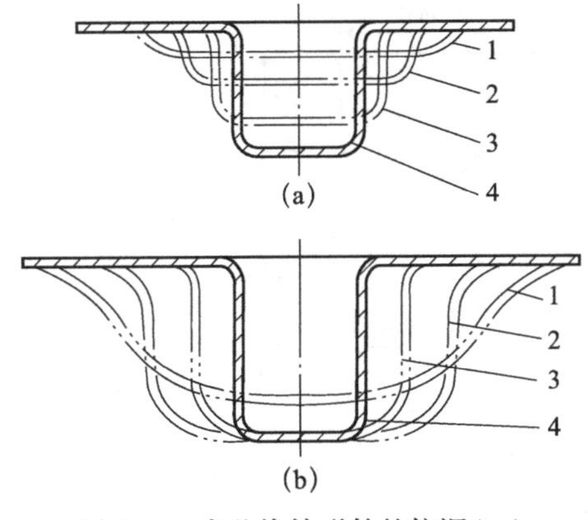

图 3-14　宽凸缘筒形件的拉深(一)

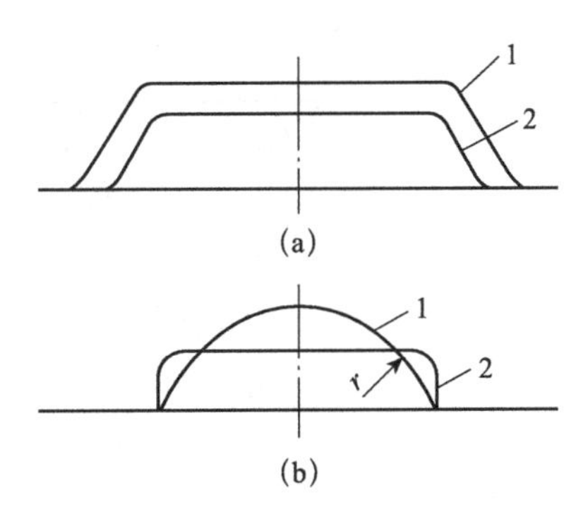

图 3-15　宽凸缘筒形件的拉深(二)

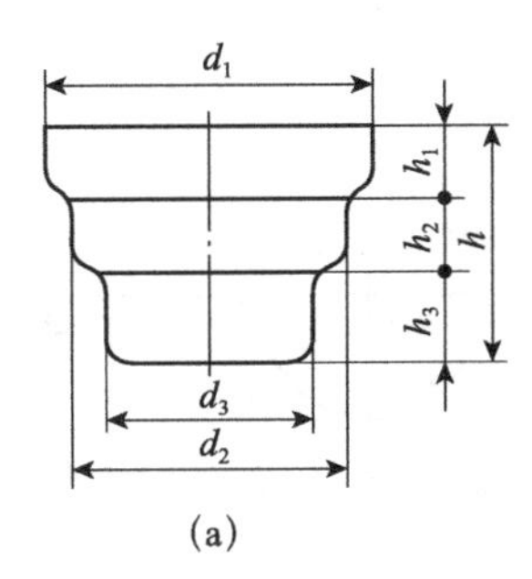

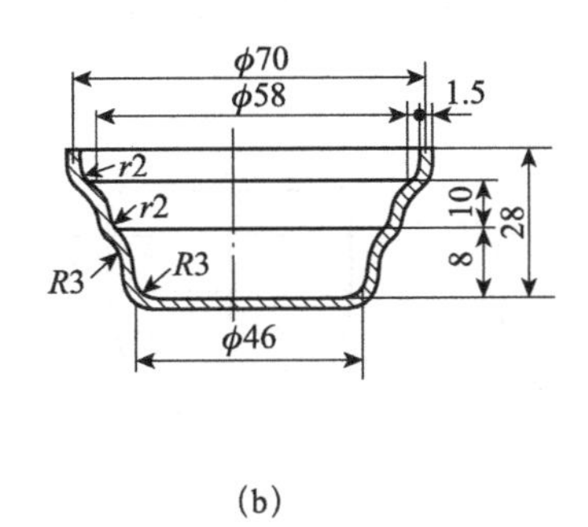

图 3-16　阶梯形零件的拉深

3. 锥形件的拉深方法

锥形件拉深的变形特点是凸模的压力集中于毛坯中间的一部分面积上，因而容易引起局部变薄现象，甚至将工件拉裂。此外，毛坯与压边圈接触面积较小，容易起皱。

锥形件拉深工艺及模具的确定，取决于锥体的高度与直径，如图 3-17(a)所示。

(1) 浅锥形件($h/d_2=0.25\sim0.30, a=50^\circ\sim80^\circ$)：可以一次拉深成形，但精度不高且回弹严重。

(2) 中等深度锥形件($h/d_2=0.30\sim0.70, a=15^\circ\sim45^\circ$)：拉深方法取决于料厚。

(3) 深锥形件($h/d_2=0.70\sim0.80, a=10^\circ\sim30^\circ$)：可采用阶梯过渡拉深成形法和锥面逐步成形法，如图 3-17(b)所示。

(4) 锥形件拉深次数 n 的确定：

$$n=a/Z$$

式中，a——大端筒形件与锥面单边间隙；

Z——允许间隙，一般为$(8\sim10)t$。

4. 球形件和半球形件的拉深方法

球形件拉深的特点在于拉深开始时，凸模与毛坯只有一个很小的接触面(理论上是点接触)。由于接触面要承受全部拉深力，故该处的材料会大幅变薄。另外，在拉深过程中，材料的很大一部分未被压边圈压住，因而容易起皱，并且由于间隙过大，皱纹不易消除。因此，球形件拉深比较困难。

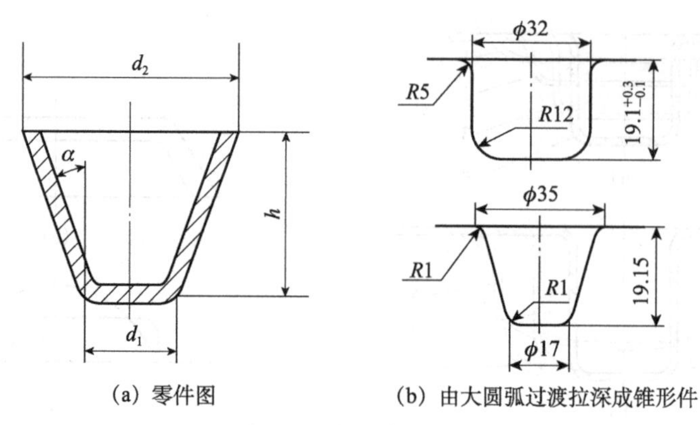

(a) 零件图　　(b) 由大圆弧过渡拉深成锥形件

图 3-17　锥形件的拉深

球形件拉深时，一般要用带校正结构的拉深模，如图 3-18 所示。半球形件的拉深如图 3-19 所示。

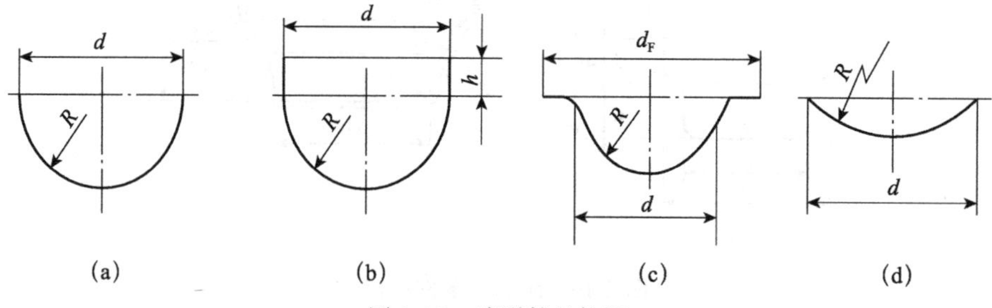

(a)　(b)　(c)　(d)

图 3-18　球形件的拉深

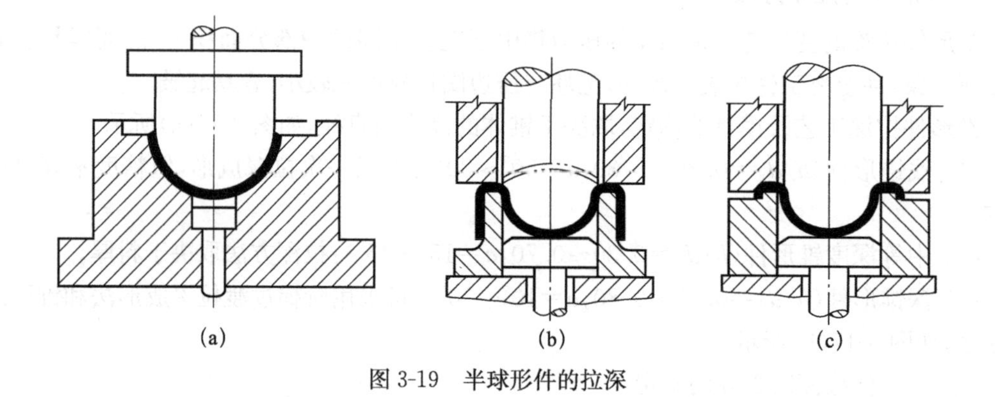
(a)　(b)　(c)

图 3-19　半球形件的拉深

课题三　拉深模设计及拉深模的典型结构

【知识目标】

1. 熟悉拉深凸模、凹模圆角半径和径向尺寸的设计方法。
2. 熟悉拉深模的典型结构。

【技能目标】

熟练计算拉深凸模、凹模的圆角半径和径向尺寸。

【知识学习】

一、压边力及压边装置

1. 压边力的计算

在确定需要采用压边装置后，压边力的大小必须适当。若压边力过大，则会增加将坯料拉入凹模的拉力，容易拉裂工件；若压边力过小，则不能防止凸缘起皱，无法起到压边作用。因此，压边力的大小应在不起皱的条件下尽可能小。

压边力 Q 的大小可采用以下公式计算：

$$Q=A\cdot q$$

式中，A——毛坯在压边圈上的投影面积（mm^2）；

q——单位压边力（MPa），取值见表 3-9。

表 3-9　单位压边力

材料名称		单位压边力 q/MPa	材料名称	单位压边力 q/MPa
铝		0.8～1.2	镀锡钢板	2.5～3.0
纯铜、硬铝（已退火）		1.2～1.8	高合金不锈钢	3.0～4.5
黄铜		1.5～2.0		
软钢	$t<0.5$mm	2.5～3.0	高温合金	2.8～3.5
	$t>0.5$mm	2.0～2.5		

2. 压边装置的作用及应用

压边装置的作用是在凸缘变形区施加轴向力，以防止在拉深过程中起皱。至于是否需要采用压边圈，是一个相当复杂的问题，在实际生产中可按表 3-10 给出的条件决定。

表 3-10　采用或不采用压边圈的条件

拉深方法	第 1 次拉深		以后拉深	
	$(t/D)\times100$	m_1	$(t/D)\times100$	m_n
用压边圈	<1.5	<0.6	<1.0	<0.8
可用可不用	1.5～2.0	0.6	1.0～1.5	0.8
不用压边圈	>2.0	>0.6	>1.5	>0.8

3. 压边装置设计

生产中常用的压边装置有两大类，分别是弹性压边装置和刚性压边装置。

(1) 弹性压边装置。该类压边装置多用于普通冲床，如图 3-20 所示。它通常包括 3 种形式：橡胶压边装置（图 3-20(a)）、弹簧压边装置（图 3-20(b)）、气垫压边装置（图 3-20(c)），这 3 种压边装置压边力的变化曲线如图 3-20(d)所示。

为了克服弹簧和橡胶压边的缺点，可采用图 3-21 所示的限位装置（定位销、柱销或螺栓），使压边圈和凹模始终保持一定的距离 S，从而在某种程度上限制了压边力的增大。

(2) 刚性压边装置。刚性压边装置的特点是压边力不随行程变化，拉深效果较好，且模具结构简单。这种结构用于双动压力机，凸模装在压力机的内滑块上，压边装置装在外滑块上，如图 3-22 所示。

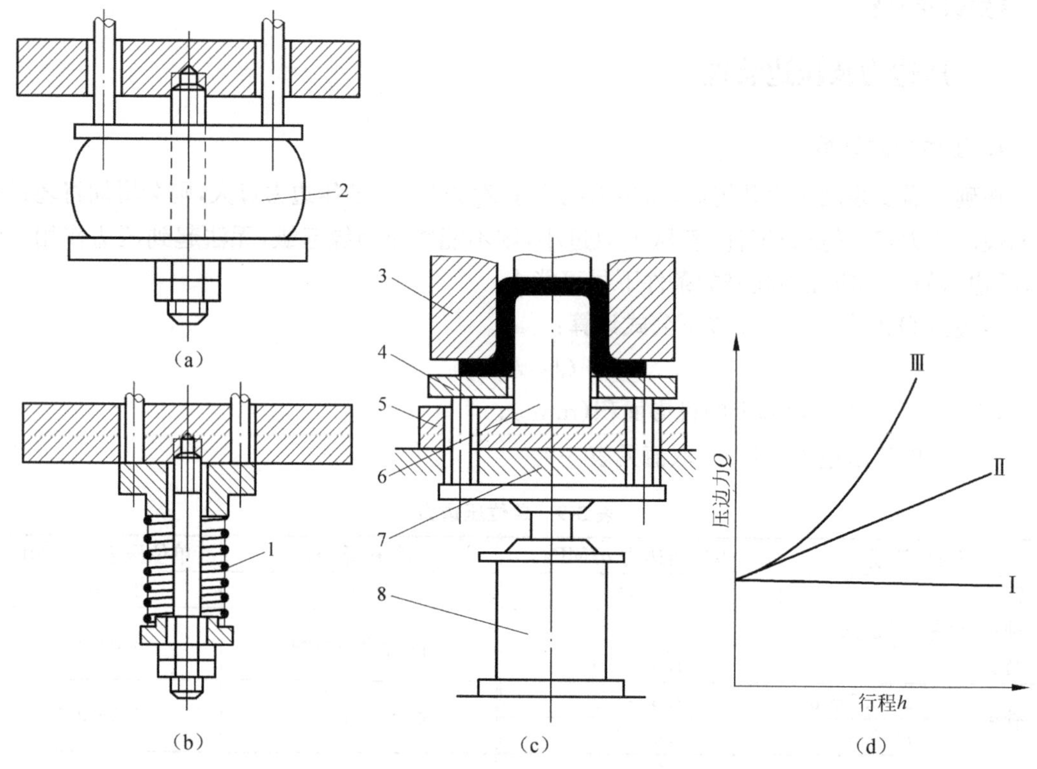

1—弹簧；2—橡胶；3—凹模；4—压边圈；5—下模板；6—凸模；7—压力机；8—气缸

Ⅰ—气垫压边；Ⅱ—弹簧压力；Ⅲ—橡胶压边

图 3-20 弹性压边装置

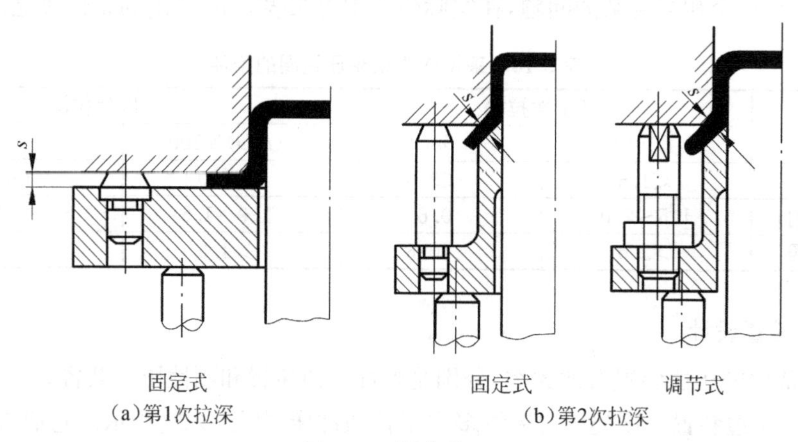

图 3-21 限位装置

二、拉深凸模、凹模的圆角半径

一般来说，大的凹模圆角半径可以降低极限拉深系数，还可以提高拉深件的质量。但凹模圆角半径过大又会削弱压边圈的作用，可能导致起皱现象。因此，在设计模具时，应确定合适的凹模圆角半径。

凸模圆角半径对拉深件的影响不像凹模圆角半径那样显著。但过小的凸模圆角半径会降低筒壁传力区危险断面的有效抗拉强度。如果凸模圆角半径过大，那么在拉深初始阶段会减小毛坯材料与模具的接触面积，导致部分毛坯容易起皱。

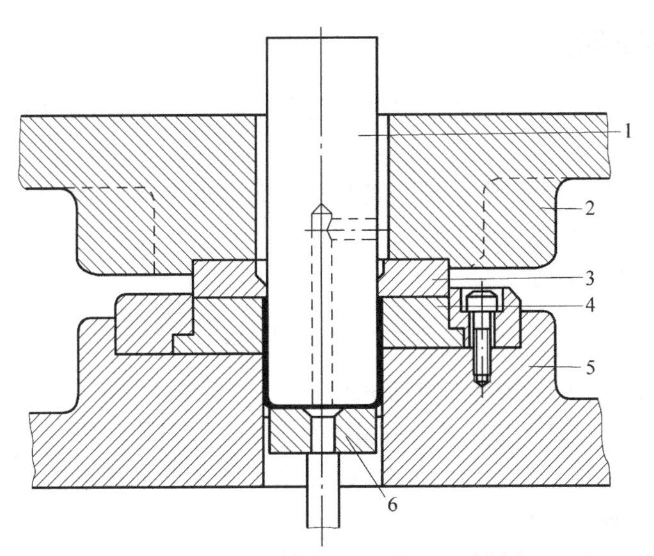

1—凸模；2—上模座；3—压边圈；4—凹模；5—下模座；6—顶件块

图 3-22　双动压力机上使用的首次拉深模

由此可知，凸模、凹模的圆角半径对拉深成形影响很大，因而在确定模具的圆角半径尺寸时，应综合考虑各方面的因素。

首次拉深的凹模圆角半径可按下式计算：

$$r_{d_1}=0.8\sqrt{(d_0-d)t} \tag{3-4}$$

式中，r_{d_1}——首次拉深凹模的圆角半径(mm)；

d_0——毛坯直径(mm)；

d——第一次拉深后半成品的直径(mm)；

t——毛坯材料厚度(mm)。

首次拉深的凹模圆角半径也可从表 3-11 中选取。

表 3-11　首次拉深的凹模圆角半径

拉深方式	毛坯的相对厚度$(t/D)\times100$		
	≤2.0～1.0	＜1.0～0.3	＜0.3～0.1
无凸缘	$(4\sim6)t$	$(6\sim8)t$	$(8\sim12)t$
有凸缘	$(6\sim12)t$	$(10\sim15)t$	$(15\sim20)t$

以后各次拉深的凹模圆角半径逐渐减小，一般可按下式确定：

$$r_{d_i}=(0.6\sim0.7)r_{d_{(i-1)}}\ (i=2,3,\cdots,n) \tag{3-5}$$

首次拉深的凸模圆角半径可按下式确定：

$$r_{p_1}=(0.7\sim1.0)r_{d_1} \tag{3-6}$$

以后各次拉深的凸模圆角半径为

$$r_{p_{(i-1)}}=\frac{d_{i-1}-d_i-2t}{2}\quad(i=3,4,\cdots,n) \tag{3-7}$$

式中，d_{i-1}、d_i——各工序件的外径(mm)。

对于中间各次拉深工序，凸模和凹模的圆角半径可适当调整。例如拉深系数较大时，圆角半径可取较小的数值。

三、拉深模的间隙

拉深模的间隙是凸模、凹模之间横向尺寸之差。它直接影响拉深件的质量、拉深力的大小及模具的寿命。

拉深模间隙确定的一般原则是：既要考虑板厚公差的影响，又要考虑拉深件口部增厚现象。因此，间隙值一般要比毛坯厚度略大一些。

不使用压边圈拉深时，有

$$\frac{Z}{2}=(1\sim1.1)t_{\max} \tag{3-8}$$

式中，$Z/2$——拉深凸、凹模的单边间隙(mm)；

$t_{\max}$——板料厚度的最大极限尺寸(mm)。

对于最后一次拉深或精密零件的拉深，取式(3-8)中系数的较小值；对于首次或中间各次拉深，取式(3-8)中系数的较大值。

使用压边圈时，拉深模的间隙可从表3-12中选取。

表3-12　使用压边圈时的拉深模间隙

总拉深次数	拉深工序	单边间隙 $Z/2$	总拉深次数	拉深工序	单边间隙 $Z/2$
1	第1次拉深	$(1\sim1.1)t$	4	第1、2次拉深	$1.2t$
2	第1次拉深	$1.1t$		第3次拉深	$1.1t$
	第2次拉深	$(1\sim1.05)t$		第4次拉深	$(1\sim1.1)t$
3	第1次拉深	$1.2t$	5	第1～3次拉深	$1.2t$
	第2次拉深	$1.1t$		第4次拉深	$1.1t$
	第3次拉深	$(1\sim1.05)t$		第5次拉深	$(1\sim1.1)t$

注：1. t为材料厚度，取材料允许偏差的中间值。

2. 当拉深精密工件时，对最后一次拉深间隙取$Z/2=t$。

一般筒形件最后一道拉深工序的间隙，其尺寸标注在外径上，应当以凹模为基准，间隙取在凸模上，即减小凸模尺寸取得间隙。

尺寸标注在内径上的筒形拉深件，应以凸模为基准，增大凹模尺寸，得到凸模和凹模之间的配合间隙。

四、拉深凸、凹模工作部分尺寸的确定

在确定凸模和凹模工作部分的尺寸时，应考虑模具的磨损和拉深件的回弹，其尺寸公差只在最后一道工序考虑。凸、凹模的尺寸标注如图3-23所示。

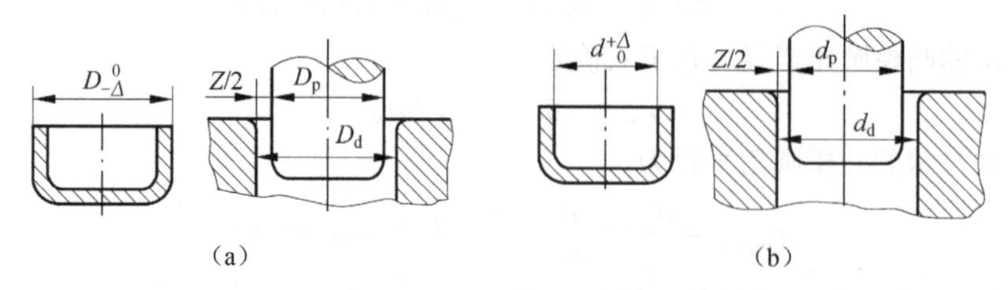

图3-23　凸、凹模的尺寸标注

当尺寸标注在外形时，如图 3-23(a)所示，有

$$D_d = (D_{max} - 0.75\Delta)_0^{+T_d}$$

$$D_p = (D_{max} - 0.75\Delta - Z)_{-T_p}^{0}$$

当尺寸标注在内形时，如图 3-23(b)所示，有

$$d_p = (d_{min} + 0.4\Delta)_{-T_p}^{0}$$

$$d_d = (d_{min} + 0.4\Delta + Z)_0^{+T_d}$$

式中，D_d、d_d——凹模的基本尺寸(mm)；

D_p、d_p——凸模的基本尺寸(mm)；

D_{max}——拉深件外径最大极限尺寸(mm)；

d_{min}——拉深件内径最小极限尺寸(mm)；

Δ——拉深件公差(mm)；

T_d、T_p——凹模和凸模的制造公差，取值见表 3-13；

Z——拉深模双面间隙(mm)。

表 3-13　凹模和凸模的制造公差　　单位：mm

板料厚度 t	拉深件直径 d					
	<20		20～100		>100	
	T_d	T_p	T_d	T_p	T_d	T_p
≤0.5	0.02	0.01	0.03	0.02	—	—
>0.5～1.5	0.04	0.02	0.05	0.03	0.08	0.05
>1.5	0.06	0.04	0.08	0.05	0.10	0.06

注：凸模的制造公差等级在必要时可提高到 IT6～IT8，若零件公差在 IT13 以下，则制造公差可采用 IT10。

五、拉深模典型结构

1. 无压边圈拉深模

图 3-24 所示为一种无压边圈拉深模。其结构简单，上模一般采用整体式结构。凹模孔口可设计为圆角，也可设计为锥形(锥面通常为 30°)或椭圆形等，以利于材料变形。为防止起皱，凹模直壁高度不宜过大，一般为 9～13mm，通常适用于拉深系数较大的拉深件。如果是小型拉深件，则在上模座 12 上增设模柄 2，以增加上模与滑块的接触面积。该模具拉深后，制件自动从凹模孔落下。

2. 带压边圈的正装拉深模

图 3-25 所示为压边圈装在上模部分的拉深模，即带压边圈的正装拉深模。由于弹性元件装在上模，故凸模较长，适用于深度不大的拉深件。

3. 带压边圈的倒装拉深模

图 3-26 所示为压边圈装在下模部分的拉深模，即带压边圈的倒装拉深模。由于弹性元件装在下模座下方的压力机工作台面的孔中，故空间较大，允许弹性元件有较大的压缩行程，适用于深度较大的拉深件。这种结构的模具对调整压边力十分方便。该模具采用锥形压边圈 6，在拉深时，锥形压边圈先将毛坯压成锥形，使毛坯的内径和外径预先产生一定的变形，再将其拉深成筒形件。其特别是可以减小极限拉深系数，有利于拉深成形。

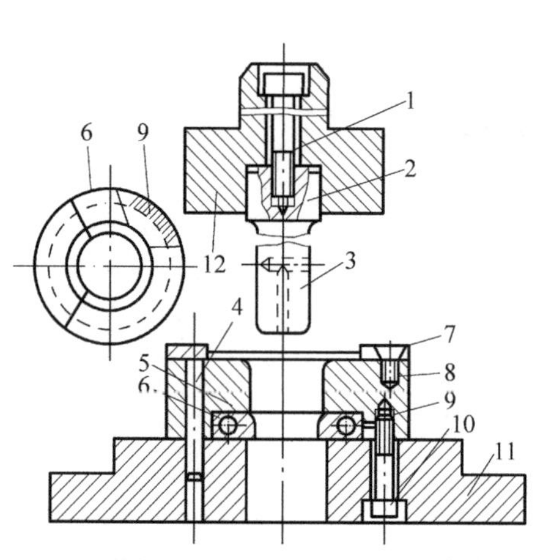

1,8,10—螺钉；2—模柄；3—凸模；4—销钉；
5—凹模底座；6—刮件环；7—定位板；9—拉簧；
11—下模座；12—上模座

图 3-24　无压边圈拉深模

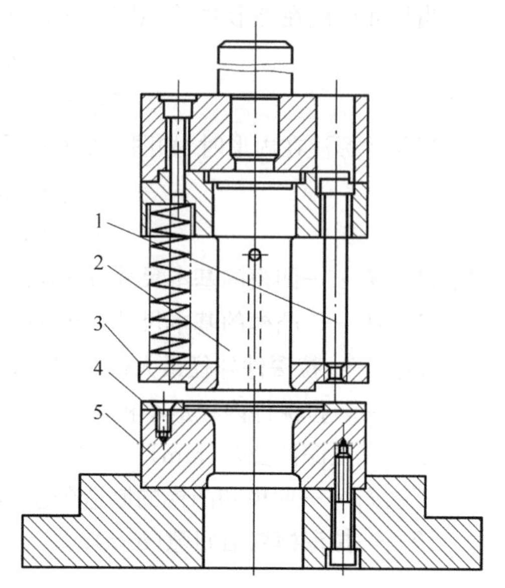

1—压边圈螺钉；2—凸模；
3—压边圈；4—定位板；5—凹模

图 3-25　带压边圈的正装拉深模

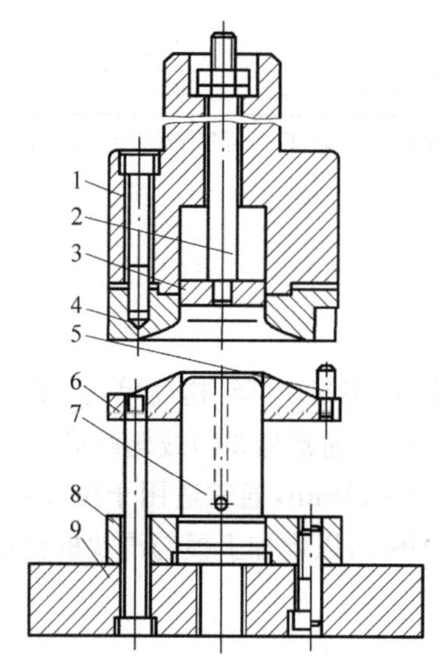

1—上模板；2—推杆；3—推件板；4—凹模；5—限位柱；6—锥形压边圈；7—凸模；8—固定板；9—下模座

图 3-26　带压边圈的倒装拉深模

4. 落料拉深复合模

图 3-27 所示为落料拉深复合模。送料时，由挡料销 1 定位，在压力机滑块带动上模部分向下运动时，先由凸凹模 2 和落料凹模 6 完成落料，再由凸凹模 2 和拉深凸模 7 完成拉深。拉深时，顶块 5 起到压边圈的作用。拉深完成后，压力机滑块带动上模回升，卸料板 4 卸料，顶块 5 顶件，推块 3 推件。设计落料拉深复合模时应注意：拉深凸模的工作端面一般应比落料凹模的工作端面低一个料厚，以保证落料完成后再进行拉深；选用压力机时应校核压力机的行程-

负荷曲线；凸凹模应有足够的壁厚，需要按落料冲孔复合模的要求校核。

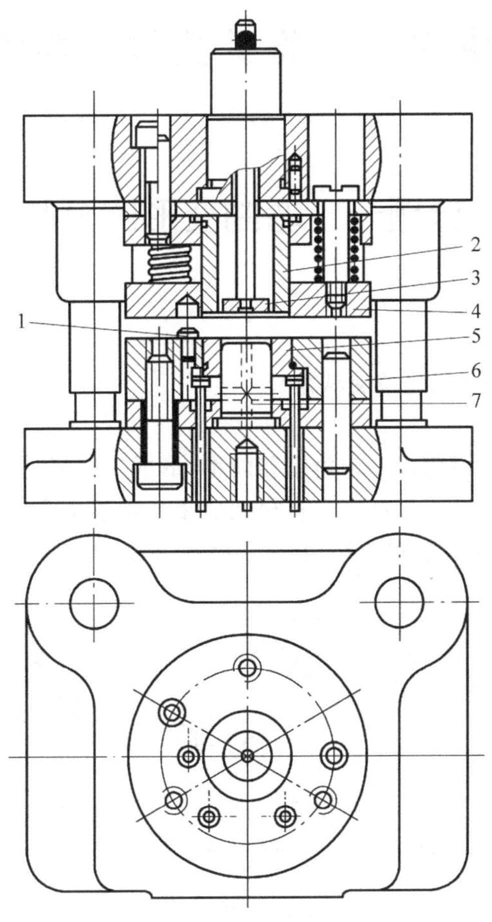

1—挡料销；2—凸凹模；3—推块；4—卸料快；5—顶块；6—落料凹模；7—拉深凹模

图 3-27　落料拉深复合模

练习与思考

1. 什么是拉深？试以直壁筒形件拉深为例，分析各部分材料的应力应变状态。
2. 什么是拉深系数？什么是极限拉深系数？影响极限拉深系数的主要因素有哪些？
3. 拉深件常见的缺陷有哪些？其危险断面各在什么部位？
4. 拉深模设置压边圈的作用是什么？压边力过大、过小会带来哪些危害？
5. 拉深凹模、凸模的圆角半径对拉深工艺有哪些影响？如何确定拉深凸模和凹模的圆角半径？

模块四　弯曲工艺与弯曲模具

课题一　弯曲变形的分析

【知识目标】

1. 了解弯曲变形过程。

2. 掌握弯曲变形区的应力与应变状态。

【知识学习】

将金属板材、型材或管材弯成一定角度和曲率，形成一定形状工件的冲压工艺称为弯曲。弯曲成形应用非常广泛，在冲压生产中占有很大比重。由于生产中弯曲成形所用的工具及设备不同，故而形成各种不同的弯曲方法。图 4-1 所示为常见的典型弯曲制件。

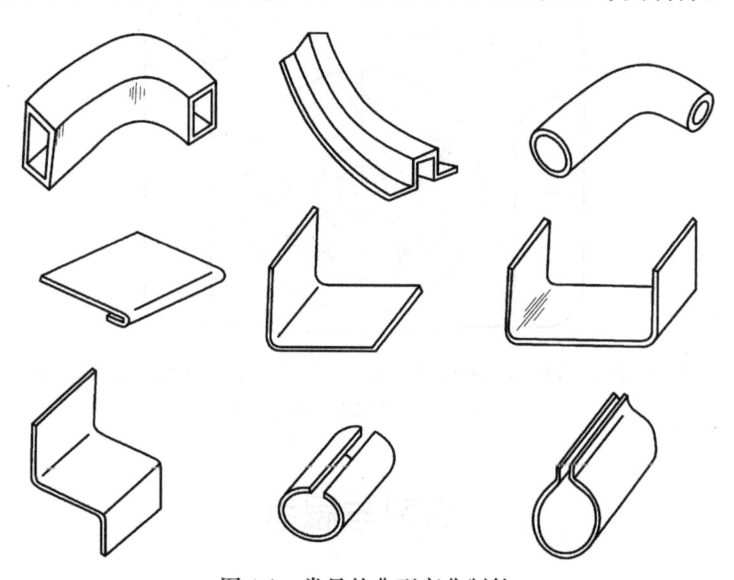

图 4-1　常见的典型弯曲制件

一、弯曲变形过程

图 4-2 所示为金属板料毛坯在 V 形弯曲模内的弯曲变形过程。由图可以看出，在弯曲过程中，板料的弯曲半径 r 和支撑点距离 l 随着凸模下压而逐渐变小。在弯曲的开始阶段，凸模与板料接触时的弯曲属于自由弯曲，随着凸模下压，板料与凹模 V 形表面接触并逐渐靠紧，同时曲率半径和弯曲力臂逐渐变小。直到板料与凸模三点接触，在凸模两侧与板料直边接触的部位，板料因受到凸模的作用力而向外变形。凸模继续下压，直至弯曲变形过程结束，这时凸模和凹模对弯曲件进行校正施压，使其直边、圆角与模具完全贴合。

为了观察板料弯曲时的金属变化情况，在弯曲板料毛坯的侧面，做出正方形的坐标网格。如图 4-3 所示，通过观察弯曲前、后坐标网格的变化可知：

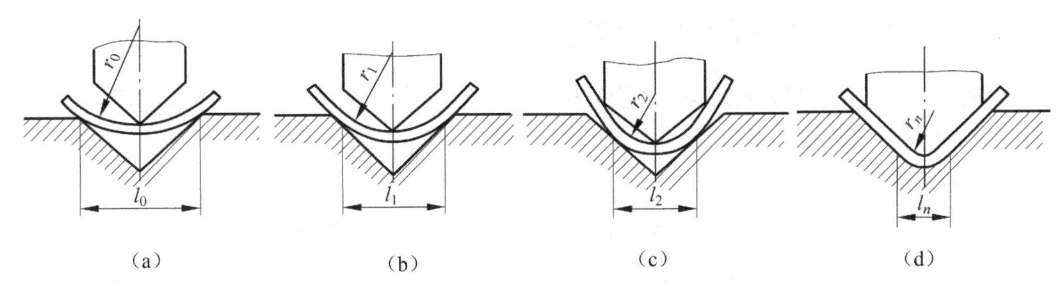

图 4-2　金属板料毛坯在 V 形弯曲模内的弯曲变形过程

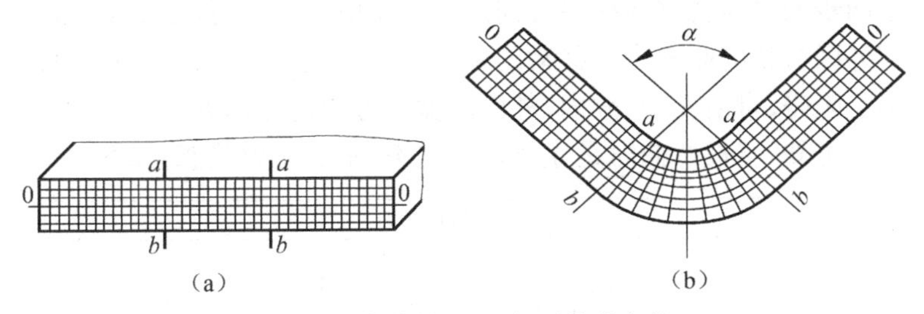

图 4-3　弯曲前、后坐标网格的变化

(1) 弯曲件圆角部分的正方形网格变成了扇形。而在远离圆角的直边部分，网格几乎没有变形；靠近圆角部分的直边，网格有少量变化，说明弯曲件的变形区主要在圆角部分。

(2) 在变形区内，外区（靠凹模一侧）材料的纵向纤维因受拉而伸长（$bb<\overset{\frown}{bb}$）；内区材料因受到压缩作用，其纵向纤维变短。变形区由外区的拉应力过渡到内区的压应力，中间必有一层金属材料纤维在变形前、后长度不发生变化，该金属纤维层称为应变中性层。

(3) 板料的弯曲变形程度可用相对弯曲半径 r/t 来表示。r/t 越小，表明弯曲变形程度越大。

(4) 在变形区内，板料变形后将产生厚度变薄的现象，r/t 越小，厚度变薄现象越严重。

(5) 变形区内板料断面形状的变化，因板料的宽窄而不同。在弯曲变形中，板料的宽窄一般指的是板料的相对宽度，用 b/t（其中 b 为板料的宽度，t 为板料的厚度）表示，通常将 $b/t>3$ 的板料称为宽板，$b/t<3$ 的板料称为窄板。

窄板弯曲时，宽度方向的变形不受限制，其断面由矩形变成扇形，如图 4-4(a)所示。

宽板弯曲时，宽度方向的变形受到限制，材料不易流动，因此其断面几乎不变，仍保持矩形，仅在两端可能出现翘曲，如图 4-4(b)所示。

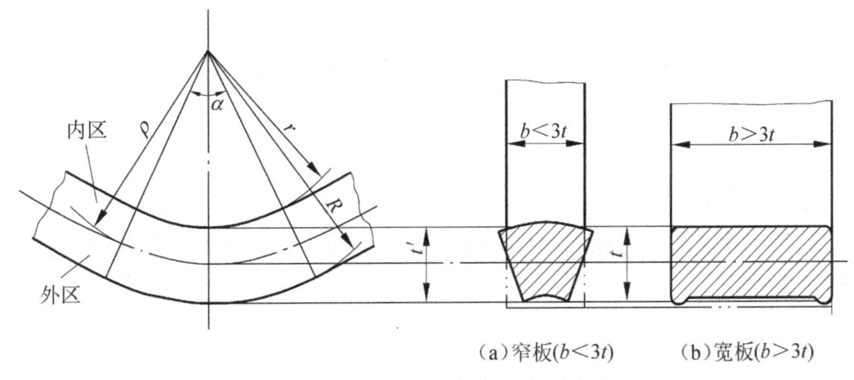

图 4-4　弯曲时毛坯断面形状的变化

二、弯曲变形区的应力与应变状态

板料的相对宽度直接影响板料沿宽度方向的变形，同时也影响应力的分布，因而窄板和宽板弯曲时，其变形区的应力和应变状态是不同的。

1. 窄板弯曲

弯曲时变形区内的切向应力为绝对值最大的主应力，外区为拉应力，内区为压应力。在板料的厚度方向，因外区材料在板厚方向产生应变，所以材料有向曲率中心移动的倾向。越靠近变形区，外表面的材料因其切向拉应变、厚度方向压应变越大，导致材料向曲率中心移动的倾向越大。这种不同步的材料转移在板厚方向产生了压应力。同时，在变形区的内区，板厚方向的拉应变因受到外区材料向曲率中心移动的阻碍，也产生了压应力。窄板弯曲时，由于宽度方向的材料可以不受阻碍、自由变形，故内、外区的宽度方向应力均为零。

根据以上分析可知，窄板弯曲时是立体应变状态、平面应力状态，如图4-5所示。

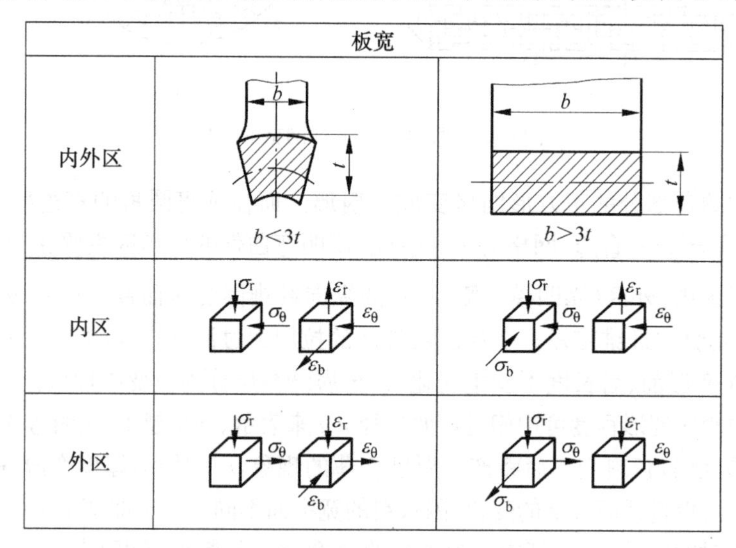

图4-5 自由弯曲时的应力应变状态

2. 宽板弯曲

宽板弯曲时，切向与厚度方向的应变和应力状态与窄板弯曲时的相同。在宽度方向，由于材料流动受阻，几乎不产生变形，故内、外区在宽度方向的应变均为零。因此，宽板弯曲时是平面应变状态、立体应力状态，如图4-5所示。

课题二 弯曲件的质量分析

【知识目标】

1. 熟悉相对弯曲半径、最小弯曲半径、最小相对弯曲半径的定义及其对弯曲工艺的影响。
2. 了解弯曲件回弹产生的原因及回弹量的表示方式；熟悉控制弯曲回弹的措施。

【知识学习】

一、最小弯曲半径

弯曲时毛坯变形区外表面的金属在切向拉应力的作用下，产生的切向伸长变形取决于弯

曲半径 r 和材料的厚度 t。一般用 r/t 表示弯曲件的相对弯曲半径。相对弯曲半径越小，弯曲时的切向变形程度越大。当相对弯曲半径减小到一定程度后，毛坯外层纤维的伸长变形可能因超过材料性能所允许的界限而发生破坏。

在保证毛坯外层纤维不发生破坏的条件下，所能弯曲成形零件内表面的最小圆角半径，称为最小弯曲半径。在实际生产中，常用最小弯曲半径表示弯曲时的成形极限。

影响最小弯曲半径的主要因素如下：

① 材料的机械性能；

② 板材纤维的方向性；

③ 弯曲件的宽度；

④ 板材的表面质量和剪切断面质量；

⑤ 弯曲角；

⑥ 板材的厚度。

最小弯曲半径 r_{min} 可从表 4-1 中选取。

表 4-1　最小弯曲半径 r_{min}

材　　料	退火或正火		冷作硬化	
	弯曲方向			
	垂直于纤维	平行于纤维	垂直于纤维	平行于纤维
08、10	0.1t	0.4t	0.4t	0.8t
15、20	0.1t	0.5t	0.5t	1.0t
25、30	0.2t	0.6t	0.6t	1.2t
35、40	0.3t	0.8t	0.8t	1.5t
45、50	0.5t	1.0t	1.0t	1.7t
55、60	0.7t	1.3t	1.3t	2.0t
65Mn、T7	1.0t	2.0t	2.0t	3.0t
Cr18Ni9	1.0t	2.0t	3.0t	4.0t
硬铝(软)	1.0t	1.5t	1.5t	2.5t
硬铝(硬)	2.0t	3.0t	3.0t	4.0t
磷铜	—	—	1.0t	3.0t
半硬黄铜	0.1t	0.35t	0.5t	1.2t
软黄铜	0.1t	0.35t	0.35t	0.8t
紫铜	0.1t	0.35t	1.0t	2.0t
铝	0.1t	0.35t	0.5t	1.0t
镁合金 MA1-M、MA8-M	加热到 300～400℃		冷作状态	
	2.0t	3.0t	6.0t	8.0t
	1.5t	2.0t	5.0t	6.0t
钛合金 BT_1、BT_5	1.5t	3.0t	6.0t	8.0t
	3.0t	2.0t	5.0t	6.0t
钼合金($t\leqslant 2$)	加热到 400～500℃		冷作状态	
	2.0t	3.0t	4.0t	5.0t

二、弯曲回弹及控制回弹的措施

弯曲变形和任何一种塑性变形一样，是在外载荷作用下毛坯产生的变形，由弹性变形和塑性变形两部分组成。当外载荷去除后，毛坯的弹性变形会完全消失，而塑性变形仍保留下来，使其形状和尺寸都发生与加载时变形方向相反的变化，这种现象称为弯曲回弹。

弯曲回弹使弯曲件的形状和尺寸发生变化，影响弯曲件的精度。与其他变形工序相比，弯曲回弹现象是一个不能忽视的重要问题。

1. 弯曲回弹现象

弯曲回弹现象产生于弯曲变形结束后的卸载过程，是由其内部产生的弹性回复力矩造成的。弯曲件卸载后的回弹，表现为弯曲件的弯曲半径和弯曲角的变化，如图 4-6 所示。

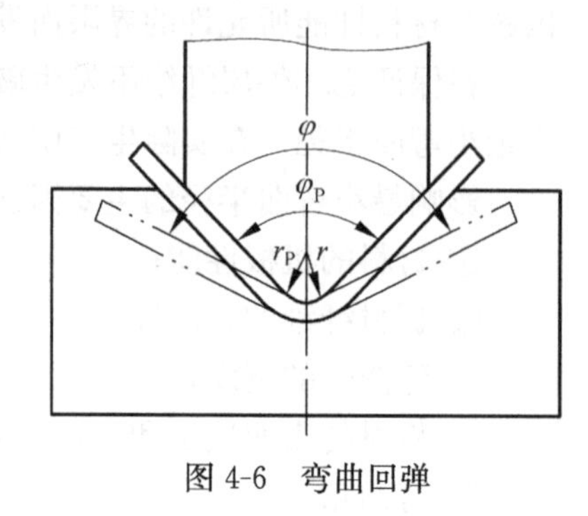

图 4-6 弯曲回弹

回弹量的大小通常用弯曲件的弯曲半径（或弯曲角）与凸模相应半径（或角度）之差来表示，即

$$\Delta r = r - r_p \tag{4-1}$$

$$\Delta\varphi = \varphi - \varphi_p \tag{4-2}$$

式中，Δr、$\Delta\varphi$——弯曲半径与弯曲角的回弹值；

r、φ——弯曲件的弯曲半径与弯曲角；

r_p、φ_p——凸模的半径和角度。

一般情况下，Δr、$\Delta\varphi$ 为正值，称为正回弹，但在有些校正弯曲中，也会出现负回弹。

2. 影响弯曲回弹的因素

为了进一步掌握弯曲回弹的规律，在实际生产中设计弯曲模具时，有针对性地对模具进行修正，下面对影响弯曲回弹的因素进行简要分析。

（1）材料的机械性能。材料的屈服极限越高、弹性模量越小、加工硬化越剧烈，其相应的弯曲回弹值越大。例如图 4-7（a）所示的两种材料，其屈服极限基本相同，但弹性模量不同（$E_1 > E_2$）。当弯曲件的相对弯曲半径相同时，加载过程中其外表面的切向变形数值相等，但在卸载时，这两种材料的弯曲回弹值却不同——弹性模量较大的退火软钢小于软锰黄铜。图 4-7（b）所示的两种材料，其弹性模量基本相同，但屈服极限不同。在弯曲变形程度相同的条件下，卸载时的弯曲回弹值也不同——经冷作硬化而屈服极限较高的软钢大于屈服极限较低的退火软钢。

（2）相对弯曲半径。当相对弯曲半径较小时，弯曲毛坯外表面的总切向变形程度增大，相应的塑性变形和弹性变形成分也都同时增大。但在总变形中，弹性变形所占的比例反而减小，因此弯曲回弹量较小。

同理，当相对弯曲半径较大时，其弯曲回弹量的数值也大，这就是曲率半径很大的零件不易弯曲成形的原因。相对弯曲半径对弯曲回弹值的影响如图 4-8 所示。

（3）弯曲角。弯曲角 Q 越大，意味着变形区越长，回弹角 α 也越大，如图 4-9 所示。但弯曲角的大小对曲率半径的回弹没有影响。

（4）毛坯非变形区的变形与弹复。一般情况下，弯曲件由变形区和非变形区组成。例如 V 形件和 U 形件的圆角部分是变形区，而其直线部分是非变形区。在实际生产中，为使变形区产生弯曲变形以形成零件的形状，在模具的作用下，不可避免地会使非变形区参与一定的变形。卸载后，非变形区同样会产生与加载时变形方向相反的回弹。

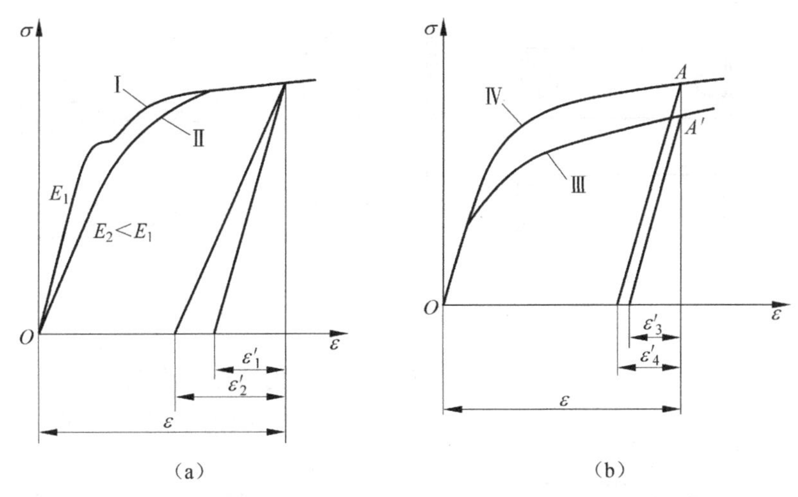

Ⅰ，Ⅲ—退火软刚；Ⅱ—软锰黄铜；Ⅳ—退火后再经冷作硬化的软刚

图 4-7　材料的机械性能对弯曲回弹值的影响

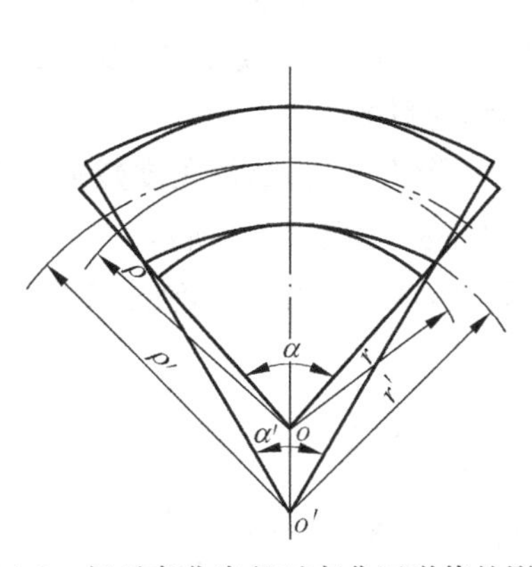

图 4-8　相对弯曲半径对弯曲回弹值的影响

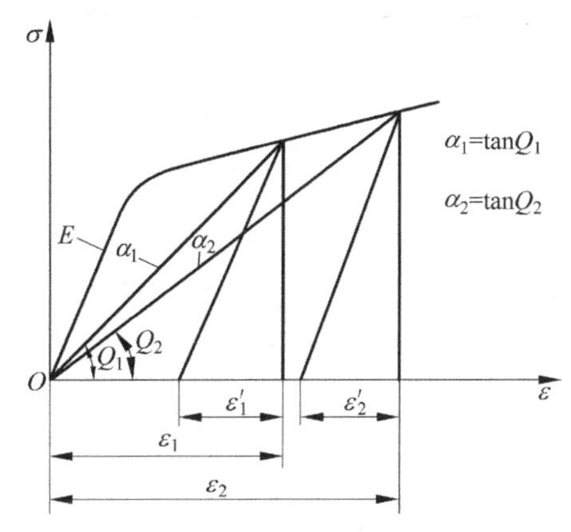

图 4-9　弯曲角与回弹角

(5) 弯曲力。在实际生产中，多采用带一定校正作用的弯曲方法。弯曲力越大，相应的校正力越大。当校正力过大时，会完全改变变形区材料的应力状态，直接影响弯曲回弹。

(6) 摩擦。弯曲毛坯表面和模具表面之间的摩擦，可以改变弯曲毛坯各部分的应力状态，从而影响弯曲回弹。

(7) 材料性能的波动。材料性能的波动、板厚的偏差都会对弯曲过程产生影响，这种影响是多方面的，最终将影响弯曲回弹。

3. 减小弯曲回弹的措施

弯曲回弹会造成零件的形状和尺寸误差，很难获得合格的制件。因此，在实际生产中，应采取措施来抑制和减小回弹。

(1) 改进零件的结构设计。在变形区增设加强肋，也可在零件上压出边翼（图 4-10），用来增加弯曲件的刚性，以抑制弯曲回弹的产生。

(2) 采取工艺措施。在可能的条件下，用校正弯曲代替自由弯曲，或者尽可能采用拉弯工艺代替其他弯曲工艺。尤其对于相对弯曲半径很大的弯曲件，采用拉弯工艺更能取得满意的

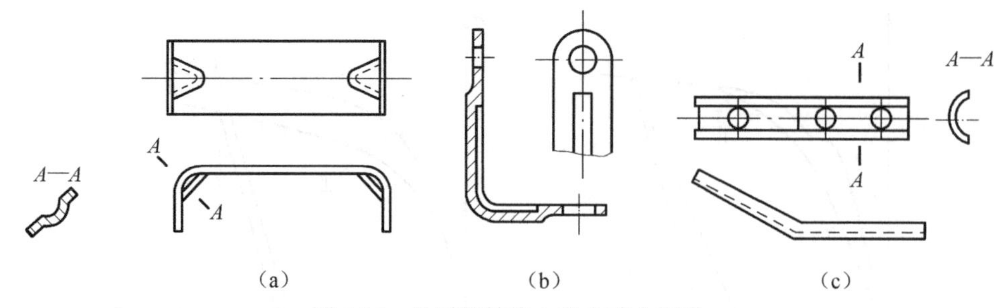

图 4-10　从零件结构上考虑减小回弹

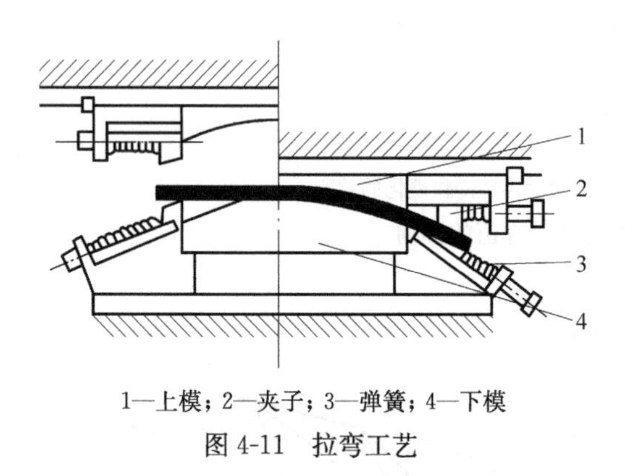

1—上模；2—夹子；3—弹簧；4—下模

图 4-11　拉弯工艺

效果。拉弯的特点是将毛坯先拉伸再弯曲，或先弯曲再拉伸。拉弯工艺的弯曲回弹量较小，如图 4-11 所示。

(3) 利用弯曲回弹规律，从模具结构上考虑改变弯曲件变形区的应力状态，以减小弯曲回弹。

① 对凸模的角度予以补偿。根据弯曲回弹趋势及回弹值的大小补偿凸模角度，以达到抑制或减小弯曲回弹的目的。

例如弯曲 V 形件时，将凸模角度减去一个回弹角，或将凸模圆角半径适当减小，以便在卸载后补偿回弹角 $\Delta\alpha_1$，如图 4-12 所示。

对于 U 形件，将凸模两侧分别制出等于回弹角 $\Delta\alpha$ 的斜度，或将凹模底部制成弧形，以在卸载后达到补偿弯曲回弹的目的，如图 4-13 所示。

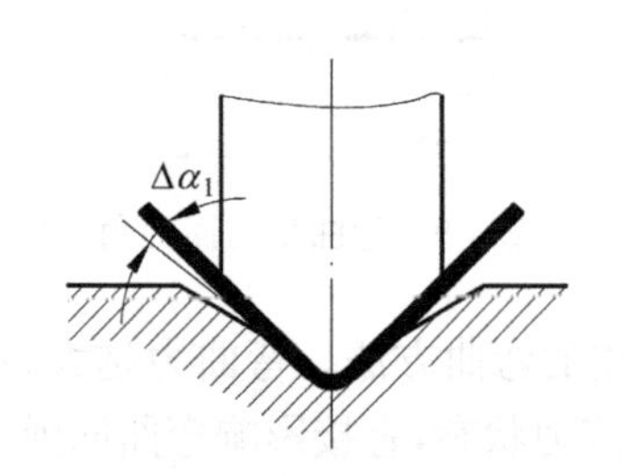

图 4-12　V 形件凸模角度的补偿

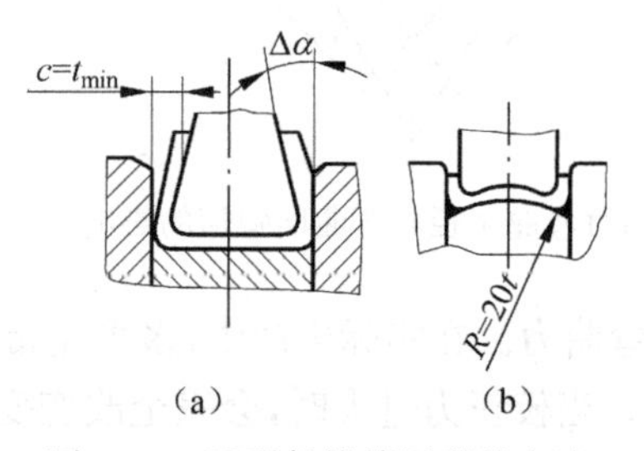

图 4-13　U 形件补偿回弹的方法

② 采用摆动凹模或软凹模结构。根据弯曲回弹方向和回弹角 $\Delta\alpha$，将凹模圆角部分制成摆块结构，成形时摆块偏转一回弹角，可保证工件在卸载后回弹至所需的弯曲角，如图 4-14(a) 所示。

图 4-14(b)所示为采用橡胶或聚氨酯软凹模代替金属刚性凹模进行弯曲的示意图。由图可见，弯曲变形时，制件两直边绕凸模圆角向上折起，逐渐与凸模斜面贴合。由于受聚氨酯侧压力的作用，制件直边部分不发生弯曲，且圆角部分承受的单位压力较大，因而减小了制件的回弹。

③ 采用可以改变应力状态的模具结构。当制件的料厚在 0.8mm 以上且弯曲圆角半径较小时，可将凸模制成图 4-15(a)所示的形状。也可在弯曲时，通过对变形区进行整形(改变变形区的应力状态)来减小回弹，如图 4-15(b)所示。还可采用增加压应力或减小凸、凹模间隙的

方法，通过增加拉应变来达到减小弯曲回弹的目的，如图 4-15(c)所示。

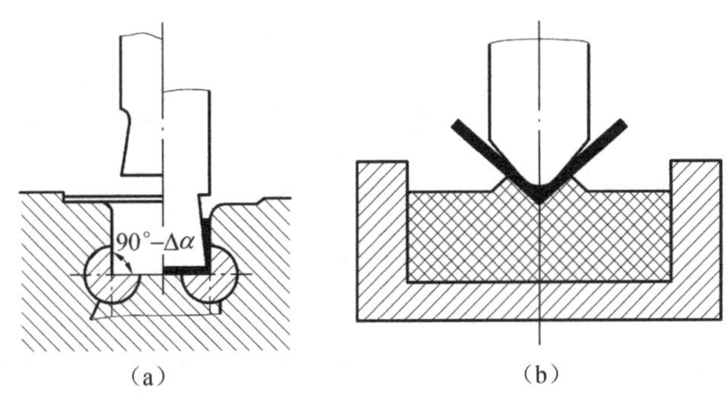

图 4-14　摆动凹模与软凹模

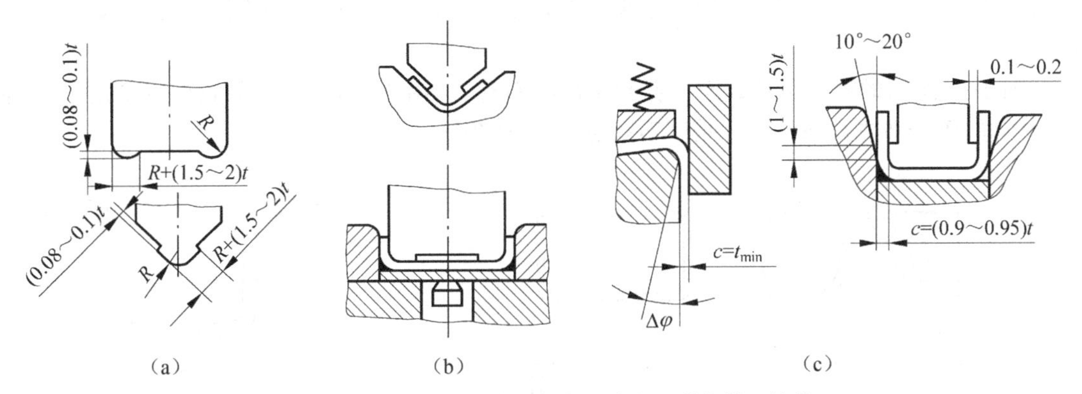

图 4-15　改变变形区应力状态以减小回弹的模具结构

课题三　弯曲件的结构工艺性及弯曲参数计算

【知识目标】

1. 了解弯曲件的结构工艺性。
2. 初步掌握弯曲参数计算方法。

【技能目标】

1. 学会计算弯曲件的毛坯尺寸。
2. 能够正确设计弯曲件的结构。

【知识学习】

弯曲件的工艺性是指弯曲工件的形状、尺寸、精度要求及材料选用等是否适合于弯曲加工的工艺要求。良好的工艺性不仅能够简化模具设计、简化弯曲工艺过程及提高生产率，还能够提高弯曲件的精度、提高材料利用率及降低生产成本。

一、弯曲件的结构工艺性

1. 弯曲件形状与尺寸的对称性

对于某些不易弯曲的零件，可先在弯曲角内压槽（工艺槽）后再进行弯曲，如图 4-16 所示。

弯曲件的形状与尺寸应尽量对称，高度也不宜相差过大。当冲压不对称的弯曲件时，因受力不均匀，毛坯容易偏移，尺寸不易保证，如图 4-17 所示。

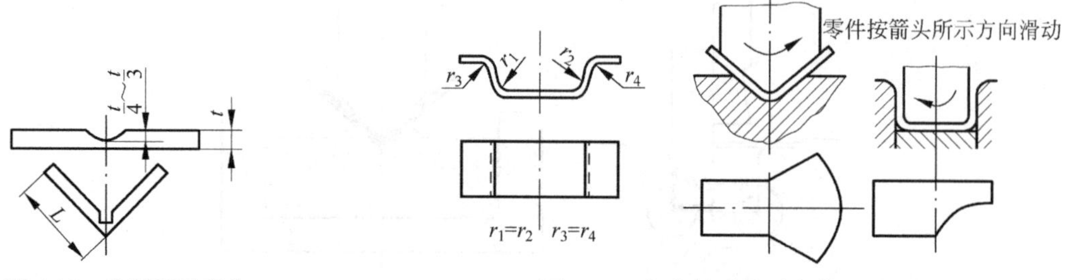

图 4-16 先压槽后弯曲

图 4-17 弯曲件形状对弯曲过程的影响

弯曲件形状应力求简单，边缘有缺口的弯曲件，若在毛坯上先将缺口冲出，弯曲时会出现叉口现象，严重时难以成形。这时须在缺口处预留连接带，弯曲后再将连接带切除，如图 4-18 所示。

图 4-19 所示的零件虽然表面上看起来形状对称，但由于圆角尺寸不对称，弯曲时的摩擦阻力不同，仍会造成弯曲件尺寸精度不高，甚至弯曲失败。

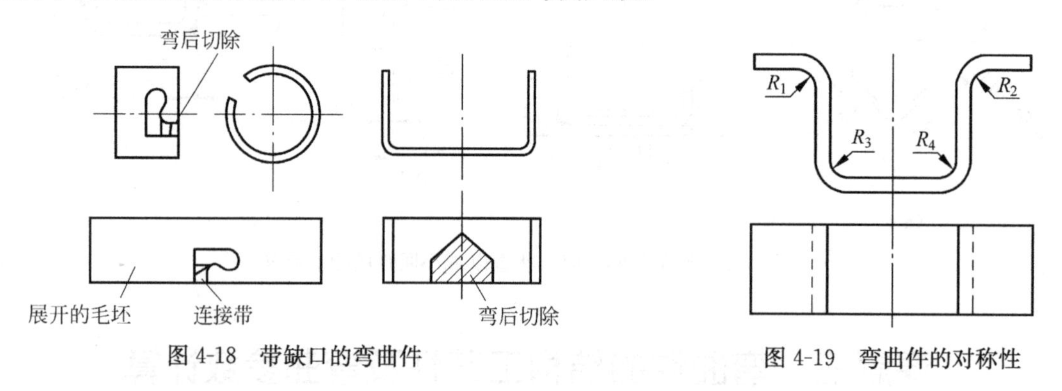

图 4-18 带缺口的弯曲件

图 4-19 弯曲件的对称性

2. 弯曲件的直边高度

为了保证弯曲件的直边部分平直，其直边高度 h 应不小于 $2t$，若 $h<2t$，则必须在弯曲圆角处先压槽后弯曲，或加长直边部分，待弯曲后再切掉多余的部分，如图 4-20 所示。

当弯曲件直边带有斜角时，应避免使斜线进入弯曲变形区，以防止弯曲开裂。此类零件在工艺上应有一直边部分，其最小高度 $h=(2\sim4)t$，如图 4-21 所示。

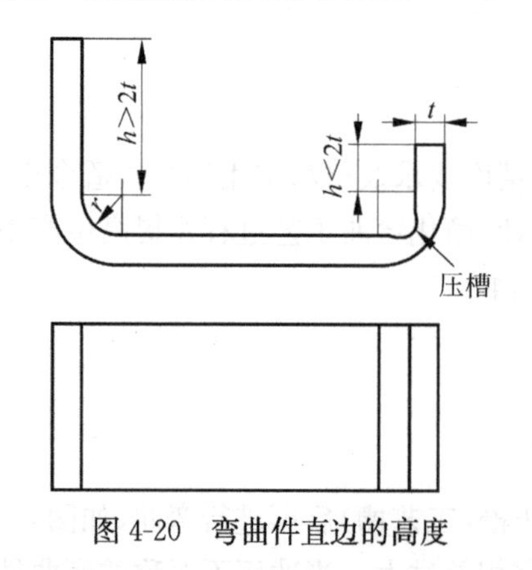

图 4-20 弯曲件直边的高度

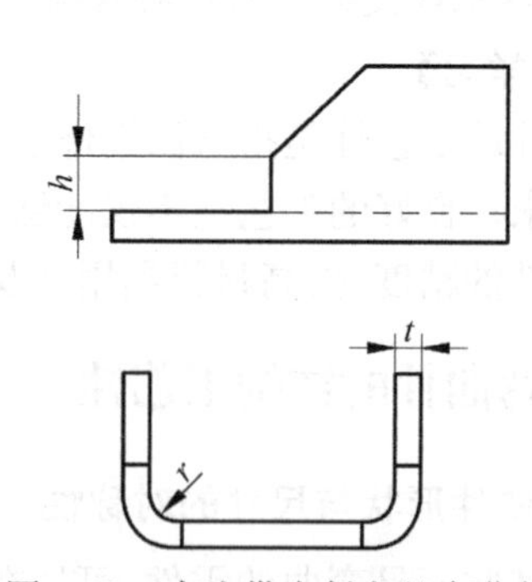

图 4-21 直边带有斜角的弯曲件

3. 弯曲件的孔边距离

弯曲件上的孔如果是预先冲制加工的，则须使孔位于变形区以外。如图 4-22 所示，孔边到弯曲半径中心的距离必须满足下述条件：

当 $t<2\text{mm}$ 时，$l\geqslant t$；

当 $t\geqslant 2\text{mm}$ 时，$l\geqslant 2t$。

如果不能满足上述条件，可预先在弯曲线上冲制工艺孔，如图 4-23 所示。

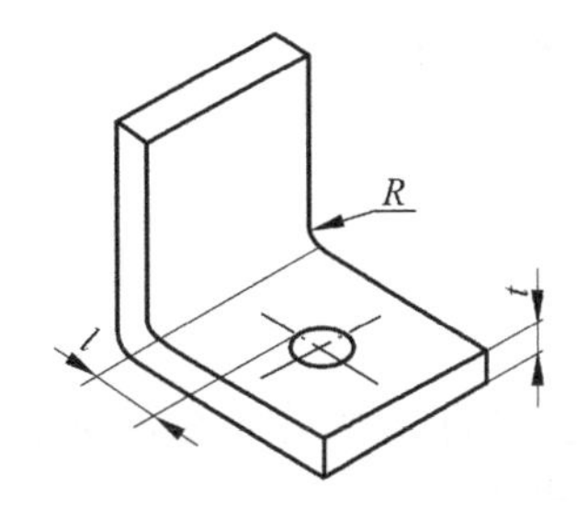

图 4-22　孔与弯曲部位的最小距离

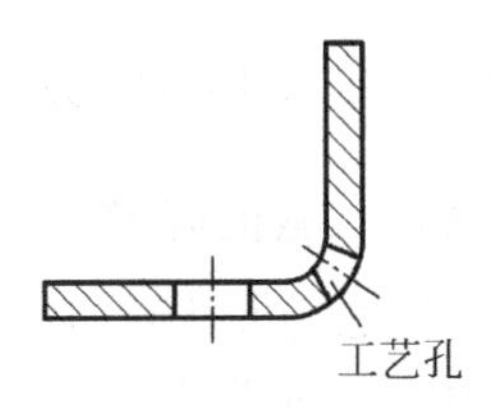

图 4-23　弯曲件的工艺孔

4. 弯曲件的工艺孔、槽及缺口

在局部弯曲凸缘时，为防止在尺寸突变的尖角处产生撕裂现象，应改变弯曲件形状，使尺寸突变处远离弯曲线，如图 4-24(a)所示；也可在尺寸突变处预先切出工艺槽，如图 4-24(b)所示；还可预先冲出工艺孔，如图 4-24(c)所示。

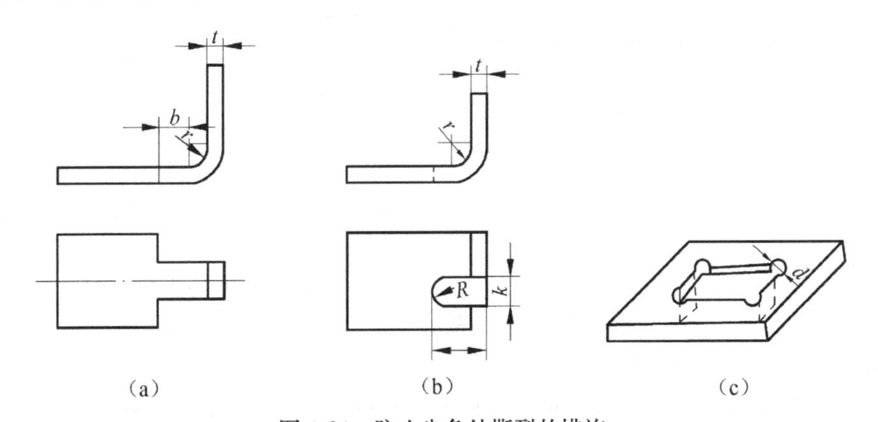

图 4-24　防止尖角处撕裂的措施

图 4-25 所示的工件根据需要设置了工艺孔、槽及定位孔。图 4-25(a)所示的工件在弯曲后很难达到理想的直角，甚至在弯曲过程中会变宽、开裂。如果在弯曲前加工出工艺缺口($M\times N$)，则可以得到理想的弯曲件。图 4-25(b)所示的工件，在弯曲处预先冲制了工艺孔，其效果与图 4-25(a)相同。图 4-25(c)所示的工件，要经过多次弯曲，图中的 D 代表定位工艺孔，其目的是作为多次弯曲的定位基准，虽然经过多次弯曲，该工件仍保持了对称性和尺寸精度。

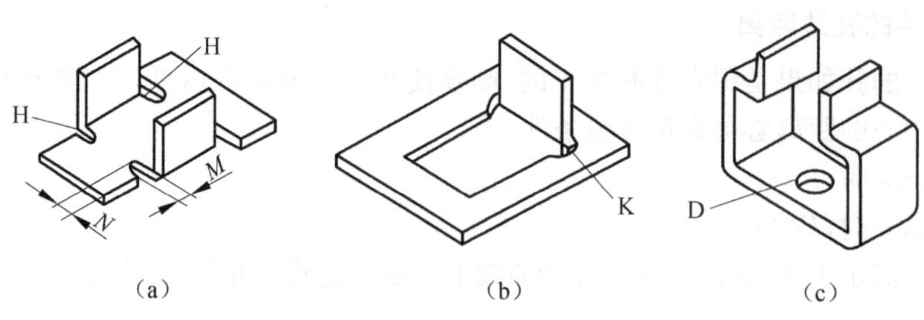

图 4-25 工艺孔、槽及定位孔

二、弯曲件毛坯尺寸的计算

1. 弯曲件中性层位置的确定

在计算弯曲件的毛坯尺寸时，必须首先确定中性层的位置，中性层的位置可用其弯曲半径 ρ 确定，如图 4-4 中的左图所示。ρ 可按以下经验公式计算：

$$\rho = r + xt \tag{4-3}$$

式中，ρ——中性层弯曲半径(mm)；

r——内弯曲半径(mm)；

t——材料厚度(mm)；

x——中性层位移系数，见表 4-2。

表 4-2 中性层位移系数

r/t	0.1	0.2	0.3	0.4	0.5	0.6	0.7	0.8	1.0	1.2
x	0.21	0.22	0.23	0.23	0.25	0.26	0.28	0.30	0.32	0.33
r/t	1.3	1.5	2.0	2.5	3.0	4.0	5.0	6.0	7.0	≥8.0
x	0.34	0.36	0.38	0.39	0.40	0.42	0.44	0.46	0.48	0.50

2. 弯曲件展开长度的计算

弯曲件展开长度是指弯曲件在弯曲前的展平尺寸。弯曲件展开长度是零件毛坯下料的依据，也是加工合格零件的基本保证。

弯曲件的形状不同、弯曲半径不同、弯曲方法不同，其展开长度的计算方法也不同。一般来说，圆角半径 $r>0.5t$ 的弯曲件，在弯曲过程中毛坯中性层的尺寸基本不发生变化，因此，计算弯曲件展开长度时只需计算中性层展开尺寸；对于圆角半径 $r<0.5t$ 的弯曲件，由于弯曲区域内材料变薄严重，其展开长度应按体积不变原理进行计算。

(1) 圆角半径 $r>0.5t$ 的弯曲件展开长度。如上所述，此类弯曲件的展开长度是根据弯曲前、后毛坯中性层尺寸不变的原则进行计算的，其展开长度等于所有直线段及弯曲部分中性层展开长度之和(图 4-26)，计算步骤如下：

① 计算直线段 a、b、c…的长度。

② 根据表 4-2 查出中性层位移系数的值。

③ 按式(4-3)分别以 $r=r_1$、r_2、r_3 计算 ρ_1、ρ_2、ρ_3。

④ 按公式 $l=\pi\rho\alpha/180°$ 分别以 $\rho=\rho_1$、ρ_2、ρ_3…与对应弯曲中心角 α_1、α_2、α_3…计算各圆弧段的展开长度 l_1、l_2、l_3…。

⑤ 计算总展开长度为

$$L=a+b+c+\cdots+l_1+l_2+l_3+\cdots$$

当弯曲件的弯曲角度为90°时，如图4-27所示，弯曲件展开长度的计算可简化为

$$L=a+b+1.57(r+xt)$$

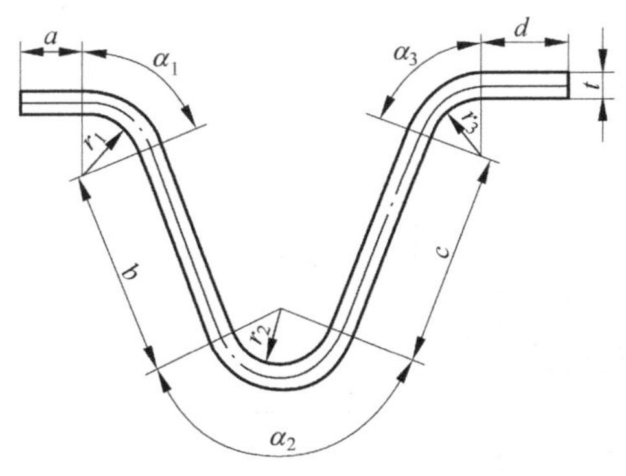

图4-26　圆角半径 $r>0.5t$ 的弯曲件展开长度

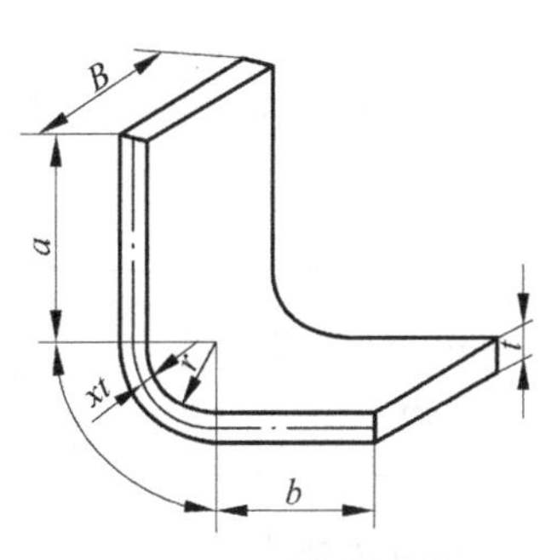

图4-27　90°角弯曲件

(2) 圆角半径 $r<0.5t$ 的弯曲件展开长度。此类弯曲件的展开长度是根据弯曲前、后材料体积不变的原则进行计算的，其计算公式见表4-3。

表4-3　圆角半径 $r<0.5t$ 的弯曲件展开长度

序号	弯曲特征	简　图	公　式
1	弯曲一个角		$L\approx l_1+l_2+0.4t$
2	弯曲一个角		$L\approx l_1+l_2-0.43t$
3	一次同时弯曲2个角		$L\approx l_1+l_2+l_3+0.6t$

续表

序号	弯曲特征	简　　图	公　　式
4	一次同时弯曲3个角		$L \approx l_1 + l_2 + l_3 + l_4 + 0.75t$
5	一次同时弯曲2个角，第二次弯曲另一个角		$L = l_1 + l_2 + l_3 + l_4 + t$
6	一次弯曲4个角		$L = l_1 + 2l_2 + 2l_3 + t$
7	分两次弯曲4个角		$L = l_1 + 2l_2 + 2l_3 + 1.2t$

三、弯曲力的计算

弯曲力是指压力机完成预定的弯曲工序所需施加的压力。为选择合适的压力机，必须计算弯曲力。

弯曲力的大小不仅与毛坯尺寸、材料力学性能、凹模支点间距、弯曲半径及凸、凹模间隙等因素有关，还与弯曲方法有很大关系。生产中常用经验公式进行计算。

1. 自由弯曲的弯曲应力

自由弯曲按弯曲件形状可分为V形件自由弯曲和U形件自由弯曲两种，如图4-28所示。

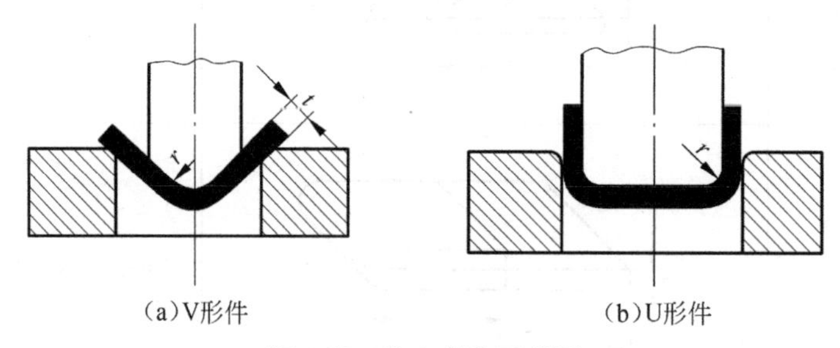

(a)V形件　　(b)U形件

图4-28　自由弯曲示意图

对于V形件(图4-28(a))，弯曲力 F_z 按下式计算：

$$F_z = 0.6K\,bt^2\sigma_b/(r+t) \tag{4-4}$$

对于U形件(图4-28(b))，弯曲力 F_z 按下式计算：

$$F_z = 0.7K\,bt^2\sigma_b/(r+t) \tag{4-5}$$

式中，F_z——材料在冲压行程结束时的弯曲力(N)；

b——弯曲件宽度(mm)；

t——弯曲件厚度(mm)；

r——弯曲件内弯曲半径(mm)；

σ_b——材料强度极限(MPa)；

K——安全系数，一般可取 1.3。

2. 校正弯曲的弯曲力

如图 4-29 所示，当弯曲件在冲压结束时受到模具的压力校正时，校正弯曲力 F_j 可按下式近似计算：

$$F_j = qA \tag{4-6}$$

式中，F_j——校正弯曲力(N)；

q——单位校正力(MPa)，其数值见表 4-4；

A——工件被校正部分的投影面积(mm^2)。

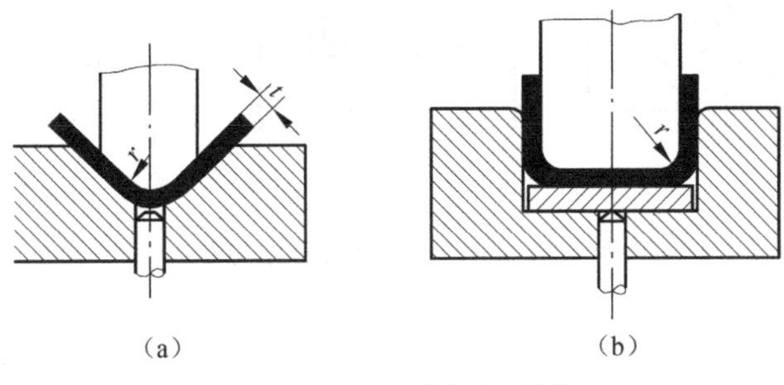

(a) (b)

图 4-29 校正弯曲示意图

表 4-4 单位校正力 单位：MPa

材 料	材料厚度 t/mm			
	≤1	>1～2	>2～5	>5～10
铝	15～20	20～30	30～40	40～50
黄铜	20～30	30～40	40～60	60～80
10 钢、20 钢	30～40	40～50	60～80	80～100
25 钢、30 钢	40～50	50～60	70～100	100～120

课题四 弯曲模工作部分结构参数确定及弯曲模的典型结构

【知识目标】

1. 掌握弯曲模工作部分结构参数的特点。
2. 熟悉弯曲模的典型结构。

【技能目标】

能够正确设计弯曲模工作部分结构参数。

【知识学习】

一、弯曲模工作部分结构参数

1. 弯曲凸模圆角半径

当弯曲系数较小时，弯曲凸模圆角半径等于弯曲件的弯曲半径，但不能小于材料所允许的最小弯曲半径。若因弯曲件结构需要，出现弯曲半径小于最小弯曲半径的情况，则应使弯曲凸模圆角半径大于或等于最小弯曲半径，再经整形工序达到弯曲半径。

2. 弯曲凹模圆角半径

弯曲凹模圆角半径的大小直接影响毛坯的成形，若取值过小，则弯曲时材料表面会出现划痕，甚至出现裂纹。因此，弯曲凹模圆角半径 r_d 一般不应小于 3mm。在实际生产中，弯曲凹模圆角半径通常按板料厚度 t 和凹模深度选取，如图 4-30 所示。

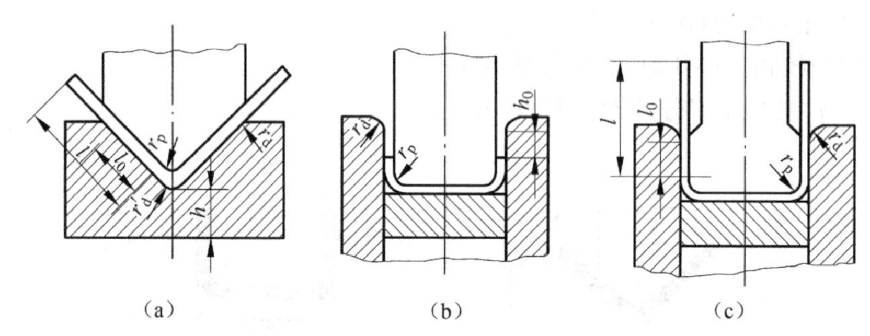

图 4-30　弯曲模工作部分结构参数

$t<0.5\text{mm}$：$r_d=(6\sim12)t$

$t=0.5\sim2\text{mm}$：$r_d=(3\sim6)t$

$t=2\sim4\text{mm}$：$r_d=(2\sim3)t$

$t>4\text{mm}$：$r_d=(1.5\sim2.5)t$

上列数值中，当板料厚度较小时取上限值，反之则取下限值。

3. 弯曲凹模深度

弯曲凹模深度的大小与弯曲件的形状、尺寸及弯曲方式有关。若其值过小，则工件两端直边的自由部分过多，导致弯曲件回弹大、不平直，进而影响工件质量；若其值过大，则模具笨重，浪费材料且需要较大的冲压行程，没有必要。

弯曲 V 形件时，弯曲凹模深度及底部最小厚度如图 4-30(a)所示，其数值可从表 4-5 中查到。

弯曲 U 形件时，若弯边高度不大或要求两边平直，则弯曲凹模深度应大于工件的高度，如图 4-30(b)所示，图中 h_0 值可从表 4-6 中查到。

当弯曲件直边较长，但对平直要求不高时，可采用图 4-30(c)所示的凹模形式。弯曲凹模深度 l_0 的值可从表 4-7 中查到。

表 4-5　弯曲凹模的深度及底部最小厚度（V 形件）　　单位：mm

弯曲件边长 l	板料厚度 t					
	≤2		2～4		>4	
	h	l_0	h	l_0	h	l_0
10～25	20	10～15	22	15	—	—
>25～50	22	15～20	27	25	32	30
>50～75	27	20～25	32	30	37	35
>75～100	32	25～30	37	35	42	40
>100～150	37	30～35	42	40	47	50

表 4-6　U 形件弯曲的 h_0　　单位：mm

板料厚度 t	≤1	1～2	2～3	3～4	4～5	5～6	6～7	7～8	8～10
h_0	3	4	5	6	8	10	15	20	25

表 4-7　弯曲凹模的深度 l_0（U 形件）　　单位：mm

弯曲件边长 l	板料厚度 t				
	≤1	>1～2	>2～4	>4～6	>6～10
≤50	15	20	25	30	35
50～75	20	25	30	35	40
75～100	25	30	35	40	45
100～150	30	35	40	50	55
150～200	40	45	55	65	65

4. 弯曲凸、凹模的间隙

弯曲 V 形工件时，凸、凹模的间隙通过调整压力机的闭合高度来控制，不必在设计模具时考虑。

弯曲 U 形工件时，如图 4-30(b)和(c)所示，凸、凹模间隙的大小对工件质量和弯曲力都有很大的影响，其双面间隙 Z 一般可按下式计算：

$$Z = t_{\max} + kt = t + \Delta + kt \tag{4-7}$$

式中，Z——弯曲凸、凹模双面间隙(mm)；

t——板料厚度(mm)；

Δ——板料厚度的偏差(mm)；

k——弯曲间隙系数，其值可查表 4-8 获得。

表 4-8　U 形件弯曲的弯曲间隙系数

弯曲件高度 h/mm	$b/h \leqslant 2$				$b/h > 2$				
	板料厚度 t/mm								
	<0.6	0.6～2	2.1～4	4.1～5	<0.6	0.6～2	2.1～4	4.1～7	7.1～12
10	0.05	0.05	0.04	—	0.10	0.10	0.08	—	—
20	0.05	0.05	0.04	0.03	0.10	0.10	0.08	0.06	0.06
35	0.07	0.05	0.04	0.03	0.15	0.10	0.08	0.06	0.06
50	0.10	0.07	0.05	0.04	0.20	0.15	0.10	0.06	0.06
70	0.10	0.07	0.05	0.04	0.20	0.15	0.10	0.10	0.08
100	—	0.07	0.05	0.05	—	0.15	0.10	0.10	0.08
150	—	0.10	0.07	0.05	—	0.20	0.15	0.10	0.10
200	—	0.10	0.07	0.07	—	0.20	0.15	0.15	0.10

5. 弯曲凸、凹模宽度的尺寸计算

(1) 弯曲件标注外形尺寸。弯曲件标注外形尺寸如图 4-31(a)、(b)所示。这种情况应以凹模为基准件，先确定间隙的数值，再计算凸模的尺寸。

当弯曲件为双向对称偏差时，凹模尺寸为

$$L_{\mathrm{d}} = \left(L - \frac{1}{4}\Delta\right)_{0}^{+T_{\mathrm{d}}} \tag{4-8}$$

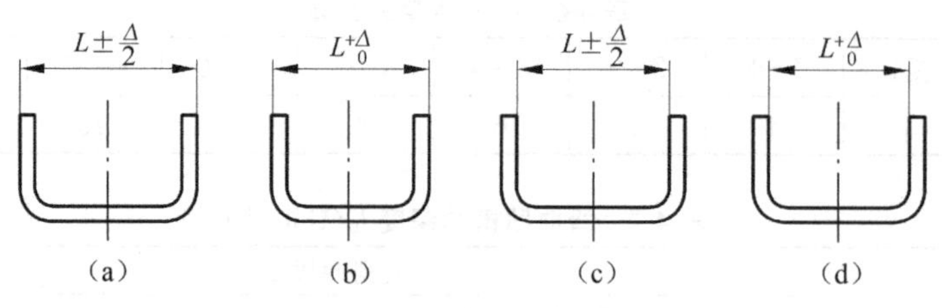

图 4-31 弯曲件尺寸标注

当弯曲件为单向偏差时，凹模尺寸为

$$L_d = \left(L - \frac{3}{4}\Delta\right)_{0}^{+T_d} \tag{4-9}$$

凸模尺寸为

$$L_p = (L_d - Z)_{-T_p}^{0} \tag{4-10}$$

或按凹模尺寸配制，保证间隙为 Z。

(2) 弯曲件标注内形尺寸。如图 4-31(c)、(d)所示，弯曲件标注内形尺寸时，应以凸模为基准件，先确定间隙的数值，再确定凹模的尺寸。

当弯曲件为双向对称偏差时，凸模尺寸为

$$L_p = \left(L + \frac{1}{4}\Delta\right)_{-T_p}^{0} \tag{4-11}$$

当弯曲件为单向偏差时，凸模尺寸为

$$L_p = \left(L + \frac{3}{4}\Delta\right)_{-T_p}^{0} \tag{4-12}$$

凹模尺寸为

$$L_d = (L_p + Z)_{0}^{+T_d} \tag{4-13}$$

或按凸模尺寸配制，保证间隙为 Z。

上述各式中，L——弯曲件的基本尺寸(mm)；

L_p、L_d——凸模、凹模的工作部分尺寸(mm)；

Δ——弯曲件的公差(mm)；

T_p、T_d——凸模、凹模的制造公差(mm)；

Z——弯曲模的双面间隙(mm)。

二、弯曲模的典型结构

1. V 形件弯曲模

图 4-32 所示为普通 V 形件弯曲模。它由上模座 6、下模座 1、凹模 3、凸模 4、顶杆 7、定位销 10、销钉 2 和 5 及紧固螺钉等组成。这种弯曲模结构简单，在压力机上安装、调试容易，且对板料的厚度偏差要求不高。弯曲结束时，制件可以得到不同程度的校正，因而弯曲回弹小，零件的平整度较好。

若弯曲件精度要求较高，应防止弯曲过程中毛坯产生滑动偏移，可以采用带压料装置的模具结构，如图 4-33 所示。其中，图 4-33(a)所示为在凸模上制成一个尖端凸起的定位尖；图 4-33(b)所示为顶杆从下方压料；图 4-33(c)所示为在顶杆的前端加装 V 形顶板以得到更精确的定位。

2. U 形件弯曲模

图 4-34 所示为普通 U 形件弯曲模。

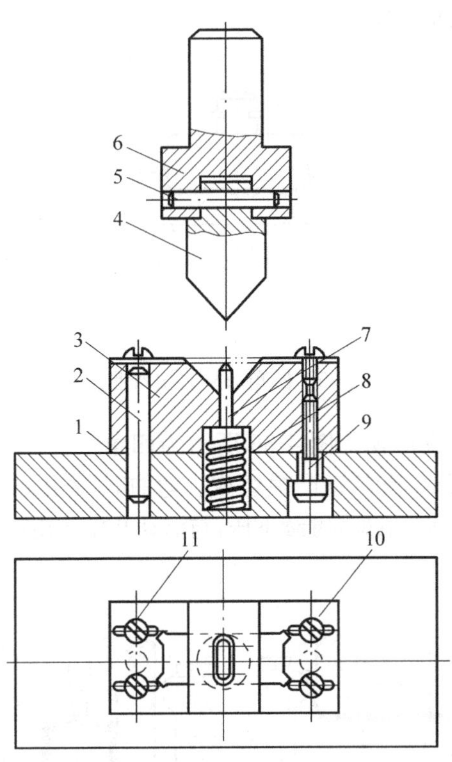

1—下模座；2,5—销钉；3—凹模；4—凸模；6—上模座；7—顶杆；8—弹簧；9,11—螺钉；10—定位销

图 4-32　普通 V 形件弯曲模

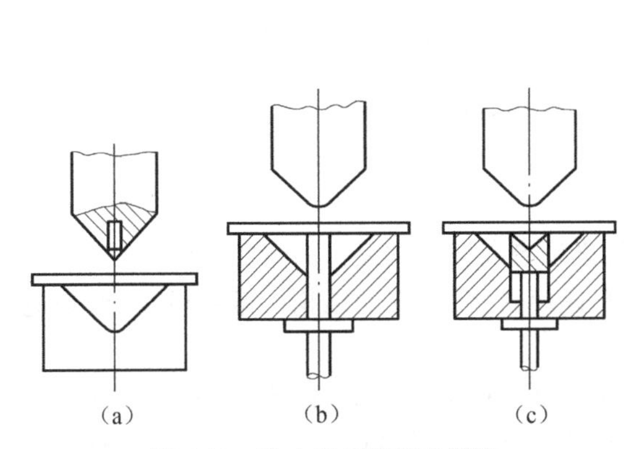

图 4-33　防止毛坯偏移的措施

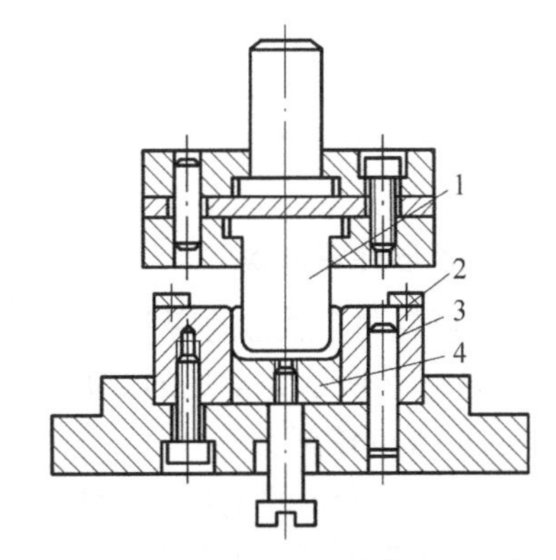

1—凸模；2—定位板；3—凹模；4—压料板

图 4-34　普通 U 形件弯曲模

弯曲时，毛坯被压在凸模 1 和压料板 4 之间，在凸模的作用下逐渐向下运动，材料沿凹模圆角向下滑动并被弯曲，进入凸、凹模间隙。当弯曲结束凸模回升时，压料板 4 将工件顶出。

3. 四角形件弯曲模

一般四角形件上有 4 个弯角需要弯曲成形，这类零件可以一次弯曲成形，也可以分两次弯曲成形。

(1) 四角形件二次弯曲成形模。图 4-35 所示为四角形件二次弯曲成形。其中，图 4-35(a)所示为零件图；图 4-35(b)所示为第一次弯曲，即把制件先弯成 U 形；图 4-35(c)所示为第二次弯曲，即把制件最终弯曲成形。

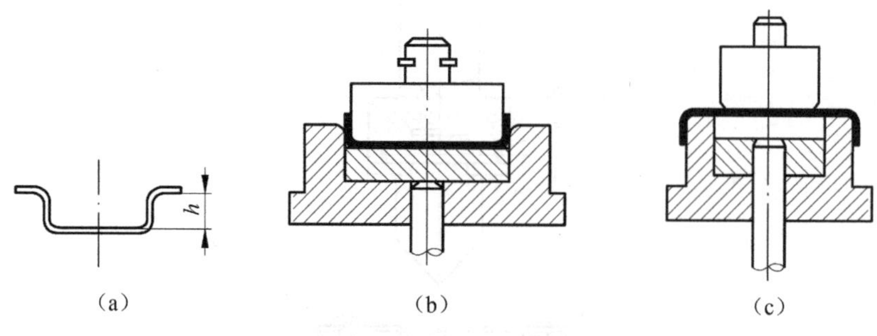

图 4-35 四角形件二次弯曲成形

(2) 四角形件一次弯曲成形模。图 4-36 所示为四角形件一次弯曲成形的模具结构。其上模为凸凹模，下模由固定凹模和活动凸模组成。弯曲时，先由凸凹模和固定凹模将制件弯成U形，如图 4-36(a)所示；然后后凸凹模继续下压，与活动凸模作用将制件弯曲成形，如图 4-36(b)所示。

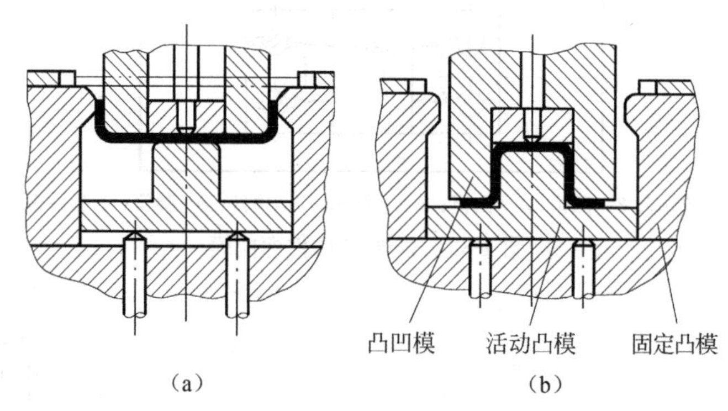

图 4-36 四角形件一次弯曲成形的模具结构

4. Z 形件弯曲模

Z 形件两个直边的弯曲方向相反，模具结构必须有向两个相反方向弯曲的动作。

图 4-37 所示为常见的 Z 形件弯曲模。与上述模具相比，它的结构一般比较复杂，制造难度大，成本也较高。

图 4-37 所示的模具在弯曲前，由于橡胶 3 的作用，使凸模 6 和 7 的端面平齐。弯曲时，凸模 7 下行和板料接触，并与顶板将板料压紧。由于托板 2 上的橡胶力大于作用于顶板的顶件力，使顶板向下运行完成左端直边的弯曲。凸模继续下行，橡胶 3 被压缩，凸模 6 和凹模 1 共同作用完成右端直边的弯曲。

5. L 形件弯曲模

图 4-38 所示为 L 形件弯曲模，用于弯曲两直边长度相差较大的单角弯曲件。图 4-38(a)所示为基本形式，制件较长的直边夹紧于凸模 2 与压料板 4 之间，另一边沿凹模圆角滑动向上弯起。毛坯的工艺孔套在定位销 3 上，防止因凸模与压料板之间的压力不足而出现坯料偏移现象。这种弯曲因制件竖边没有得到校正，回弹较大。

图 4-38(b)所示的模具在弯曲时，凹模 1 与压料板 4 的工作面有一定的倾斜角，工件的竖直边能得到校正，因此回弹较小。

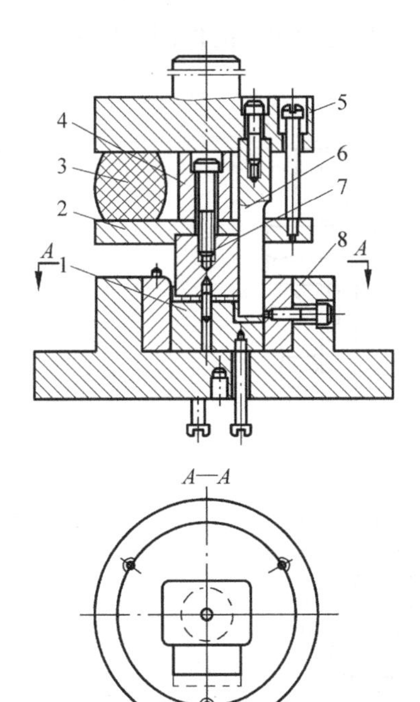

1—凹模；2—托板；3—橡胶；4—压板；
5—螺钉；6,7—凸模；8—下模座

图 4-37　常见的 Z 形件弯曲模

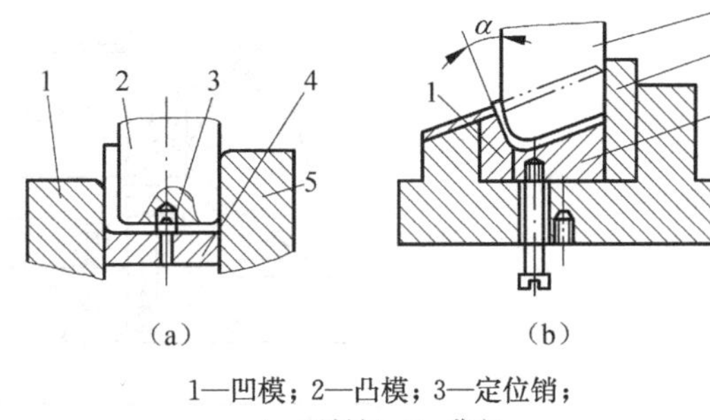

1—凹模；2—凸模；3—定位销；
4—压料板；5—靠板

图 4-38　L 形件弯曲模

6. 圆形件弯曲模

(1) 铰链件弯曲模。铰链件通常是将毛坯头部预压弯后才进行卷圆。预压弯模具如图 4-39(a)所示，卷圆模结构如图 4-39(b)、(c)所示。两种结构作用原理相同，都是采用推圆方法。其中图 4-39(b)所示的结构较简单，制造容易。

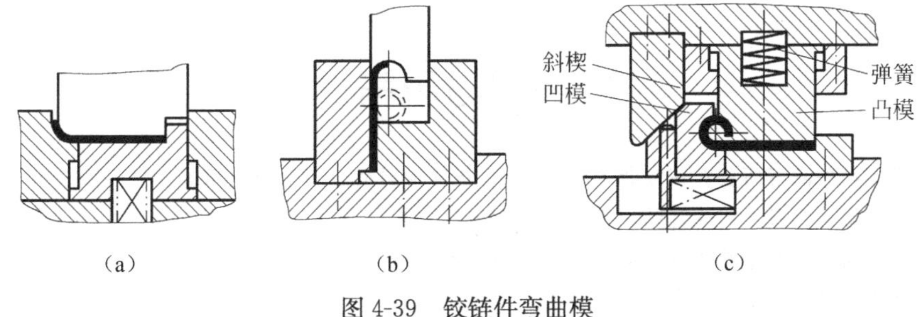

图 4-39　铰链件弯曲模

(2) 小圆圈弯曲件弯曲模。对小圆圈弯曲件，一般先弯成 U 形，再弯成圆形。

图 4-40 所示为大圆圈零件的摆块式一次成形弯曲模，可制成图中的 3 种形状。模具工作时，两个摆动块 6 带动成形滑块 5 水平移动，使得凹模支架 4 和成形滑块 5 组成的凹模在弯曲过程中满足成形要求。

弯曲时，材料置于成形滑块 5 上部的凹槽内定位，上模下行，先将材料弯成 U 形；上模继续下行，芯棒 3 带着 U 形件推动凹模支架 4 向下运动，摆动块 6 绕轴销 13 摆动，并通过芯轴 14 和滚套 15 带动成形滑块 5 向中间横向移动，将 U 形件压弯成圆形，直到凹模支架 4 与限制块7接触为止。上模回程后，凹模支架4上升，下模在拉簧8与摆动块6的作用下回位。留在芯棒3上的工件从纵向取出。

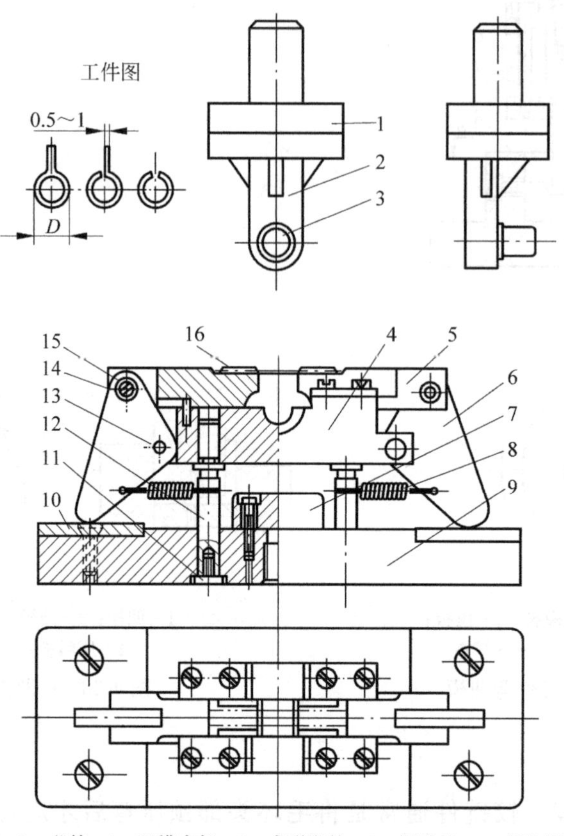

1—模柄；2—凸模支架；3—芯棒；4—凹模支架；5—成形滑块；6—摆动块；7—限制块；8—拉簧；9—底座；10—垫板；11—限位螺钉；12—导柱；13—轴销；14—芯轴；15—滚套；16—挡料板

图4-40　大圆圈零件的摆块式一次成形弯曲模

练习与思考

1. 弯曲变形的特点有哪些？试分析窄板弯曲、宽板弯曲时的应力及应变状态。
2. 何谓最小弯曲半径？影响它的因素主要有哪些？
3. 什么是弯曲回弹？常见的减小弯曲回弹的措施有哪些？
4. 什么是中性层？怎么确定中性层的位置？
5. 什么是弯曲件的结构工艺性？分析弯曲件结构工艺性时应重点考虑哪些内容？

模块五　其他成形工艺与模具

冲压生产中，将用各种不同性质的局部变形来改变毛坯的形状和尺寸的冲压工序统称为成形。或者说除弯曲、拉深以外的使板料产生塑性变形的其他冲压工序都可以称为成形。成形主要包括胀形、翻边、缩口、压筋及校平等。成形工序属于辅助工序，下面简要介绍几种常见的成形工艺及模具。

课题一　胀　　形

【知识目标】

了解胀形的变形特点和胀形方法。

【知识学习】

胀形塑料变形区局限于与凸模接触部分，在凸模力的作用下，变形区材料受双向拉应力的作用，沿切向和径向产生伸长变形。空心毛坯胀形时，材料主要表现为切向伸长变形，主要破坏形式是开裂。

胀形是将空心件或管状毛坯沿径向往外扩张的冲压成形方法。用这种方法可以制造如高压气瓶、波纹管、自行车三通接头及火箭发动机上的一些异形空心件等零件。

一、空心毛坯胀形

空心毛坯的胀形根据模具结构不同分为两大类，一类是刚性凸模胀形；另一类是软体凸模胀形，包括橡胶、石蜡及各种液体等。

1. 刚性凸模胀形

刚性凸模胀形如图 5-1 所示。工作时，锥形芯块将分瓣凸模 2 向四周胀开，将毛坯成形为所需要的形状和尺寸。分瓣凸模数目越多，胀形所得到的工件精度越高。这类模具结构复杂，制造成本高。

2. 软体凸模胀形

(1) 橡胶凸模胀形。橡胶凸模胀形如图 5-2 所示。工作时，作为凸模的橡胶在压力作用下被迫变形，将工件沿凹模胀开，最终得到所需形状的工件。橡胶凸模胀形的模具结构简单、工件变形均匀，能成形复杂形状的工件。

(2) 液体凸模胀形。图 5-3 所示为液体凸模胀形。工作时，凹模内的毛坯在高压液体作用下直径胀大，最终使毛坯贴靠凹模成形。液体凸模胀形可加工大型零件，且液体的传力均匀，工件表面质量好。

在一般情况下，胀形工件的变形区内金属不会产生失稳起皱，因而其表面光滑、质量较好。这是因为相对于毛坯的外形尺寸，毛坯的厚度极小，胀形时板厚方向承受的双向拉应力在变形区的变化很小，而且从内到外分布均匀，所以胀形力卸除后，工件回弹量基本一致，尺寸精度容易保证，如图 5-4 所示。

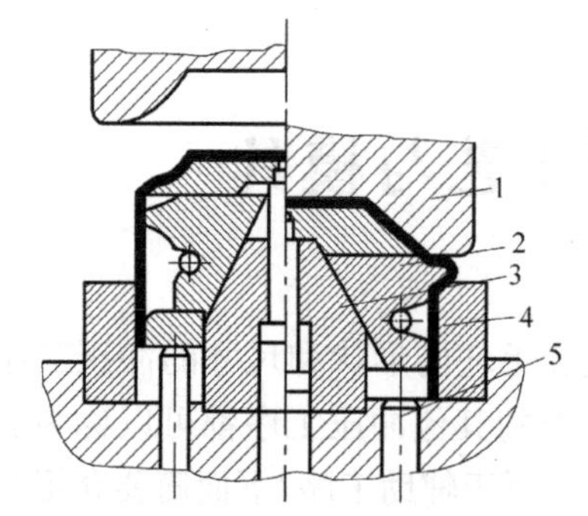

1—凸模；2—分瓣凸模；3—模芯；4—工件；5—顶杆

图 5-1 刚性凸模胀形

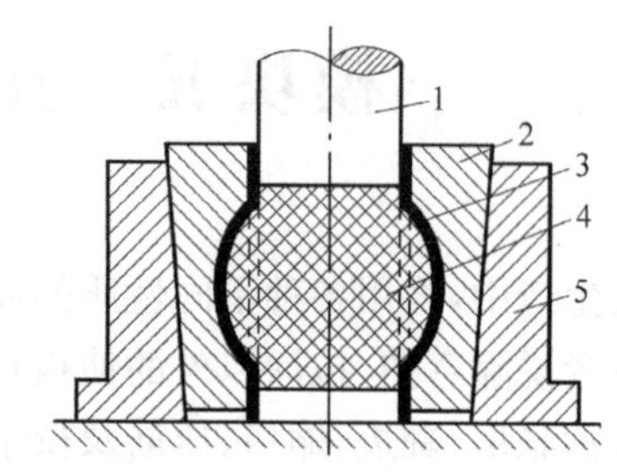

1—凸模；2—凹模；3—工件；4—橡胶；5—外框

图 5-2 橡胶凸模胀形

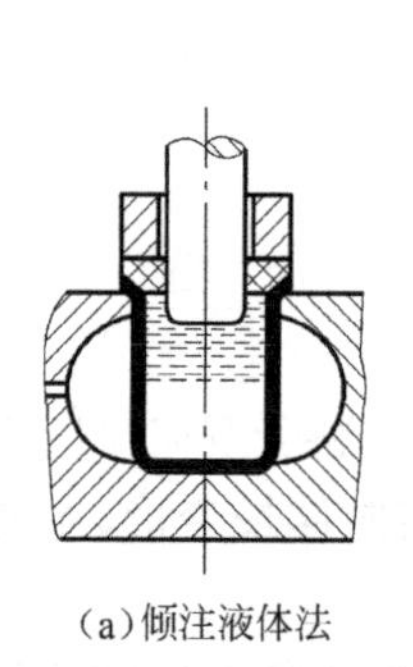

（a）倾注液体法　（b）充液橡胶囊法

图 5-3 液体凸模胀形

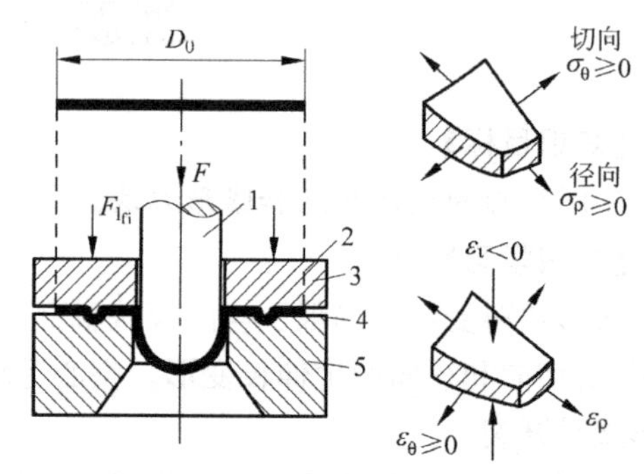

1—凸模；2—拉深肋；3—压边圈；4—毛坯；5—凹模

图 5-4 胀形

二、起伏成形

局部起伏成形是使材料的局部发生表面积增大、厚度变薄而形成部分的凹进或凸出，进而改变零件或坯料形状的一种冲压方法。其极限变形程度主要受材料的塑性、凸模的几何形状和润滑等因素影响。这种方法的主要目的是提高零件的刚性，使零件美观。图 5-5 所示为起伏成形的零件示意图。

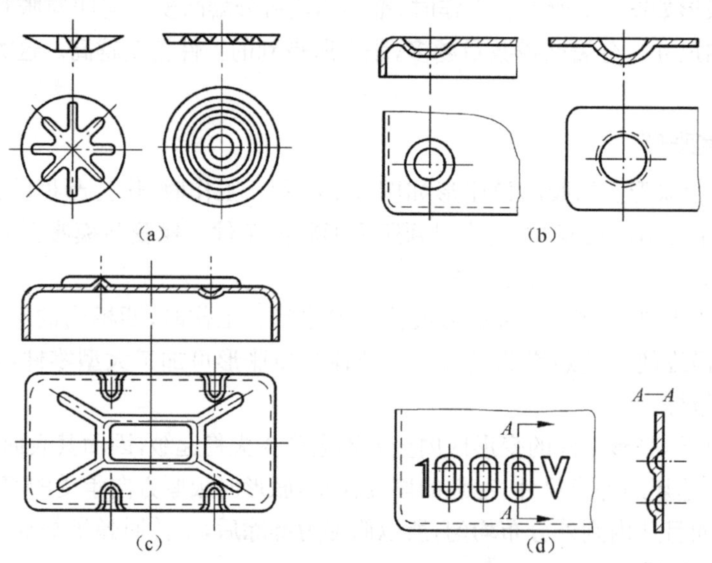

图 5-5 起伏成形的零件示意图

课题二　翻　　边

【知识目标】

1. 熟悉圆孔翻边与外缘翻边的变形特点。
2. 了解翻边模的典型结构。

【知识学习】

翻边是在成形毛坯的平面部分或曲面部分，使板料沿一定的曲线翻成竖立边缘的冲压方法。翻边可分为圆孔翻边、平面翻边及曲面翻边等。

一、圆孔翻边

1. 普通圆孔翻边

圆孔翻边在生产中应用很广，可以加工成形各种复杂形状的零件，如图 5-6 所示。在翻边前，毛坯孔的直径是 d_0，翻边变形区是内径为 d_0、外径为 d_1 的环形部分。翻边过程中，变形区在凸模的作用下，其内径不断增大。直到翻边完成，变形区内径的尺寸等于凸模的尺寸，至此，成形得到所需的竖直边缘的零件。圆孔翻边可以在平板毛坯上完成，如图 5-6(a)所示；也可以在拉深件筒底部完成，如图 5-6(b)、(c)所示。

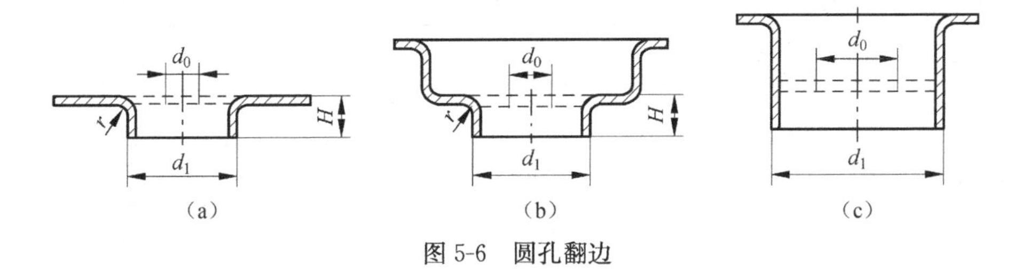

图 5-6　圆孔翻边

2. 螺纹底孔翻边

螺纹底孔翻边属于变薄翻边，其模具结构如图 5-7 所示。凸模的端部制成锥形(或抛物线形)，凸、凹模的间隙小于材料厚度，翻边时孔壁材料变薄而高度增加。

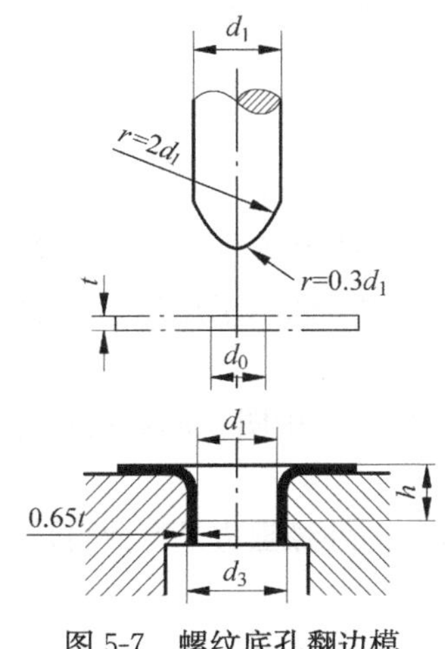

图 5-7　螺纹底孔翻边模

3. 变形特点与变形程度

圆孔翻边的变形主要是坯料受切向和径向拉伸,且越接近预孔边缘变形越大,因此,圆孔翻边的失效往往是边缘拉裂,拉裂与否主要取决于拉伸变形的大小。圆孔拉伸的变形程度用翻边前的预孔直径 d_0 与翻边后的平均直径 D 之比 K_0 表示,即

$$K_0=\frac{d_0}{D} \tag{5-1}$$

K_0 称为翻边系数,其值越小,变形程度越大。圆孔翻边时孔边濒临破坏的翻边系数,称为极限翻边系数(也称最小翻边系数)。

极限翻边系数的大小,取决于材料的塑性、预孔的表面质量与硬化程度、材料的相对厚度 t/d_0 及凸模工作部分的形状等因素。各种材料的一次翻边系数见表5-1。

表5-1 各种材料的一次翻边系数

材料名称	翻边系数	
	K_0	$K_{0\min}$
白铁皮	0.70	0.65
软钢(t=0.25~2mm)	0.72	0.68
软钢(t=2~4mm)	0.78	0.75
黄铜H62(t=0.5~4mm)	0.68	0.62
铝 t=0.5~5mm	0.70	0.64
硬铝合金	0.89	0.80
钛合金TA1(冷态)	0.64~0.68	0.55
TA1(加热300~400℃)	0.40~0.50	0.45
TA5(冷态)	0.85~0.90	0.75
TA5(加热500~600℃)	0.70~0.65	0.55

注:1. 在翻边壁上允许有不大的裂痕时,可以用 $K_{0\min}$ 的数值。
2. K_0 为首次翻边系数。

二、外缘翻边

图5-8所示为外缘翻边,主要分为两种类型:外凸轮廓和内凹轮廓。外凸轮廓的翻边也称为压缩类翻边,其应力状态和变形性质近似于不用压边圈的浅拉深。内凹轮廓的翻边也称为伸长类翻边,与孔的翻边相似。

图5-9所示为外缘翻边的零件图。其中图5-9(a)所示为内凹形式,图5-9(b)所示为外凸形式。

从变形性质来看,复杂形状零件的外缘翻边是弯曲、拉深及圆孔翻边等的组合。

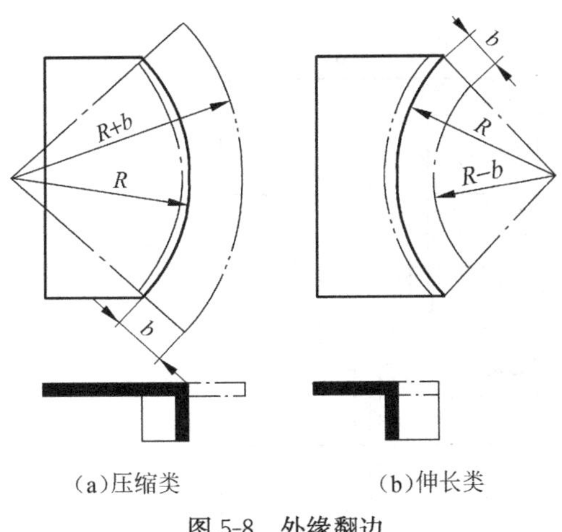

图 5-8　外缘翻边

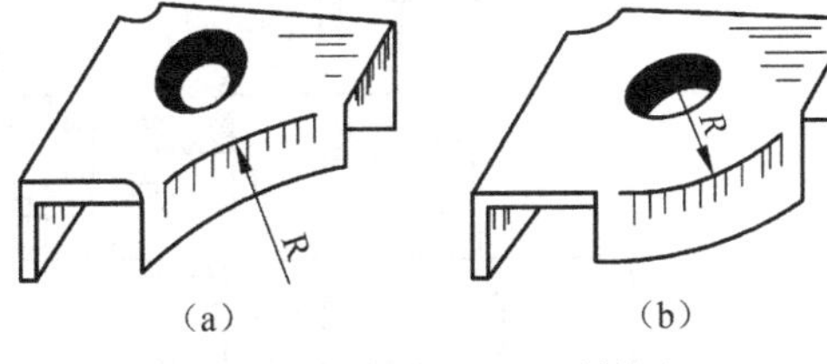

图 5-9　外缘翻边的零件图

三、翻边模结构设计

1. 翻边凸模

圆孔翻边模的结构与一般的拉深模相似，不同的是翻边凸模圆角半径一般较大，经常制成球形或抛物线形，以利于材料的变形。

图 5-10 所示为常见圆孔翻边模的凸模结构形式。其中，图 5-10(a)所示形式可用于小孔翻边(孔径 $d<4$mm)；图 5-10(b)所示形式可用于孔径 $d=4\sim10$mm 的翻边；图 5-10(c)所示形式适用于孔径 $d>10$mm 的翻边；而图 5-10(d)所示形式可用于一般孔径的翻边，因其适用范围广，尤其是在零件没有用定位销定位的情况下，它更能显出优势。

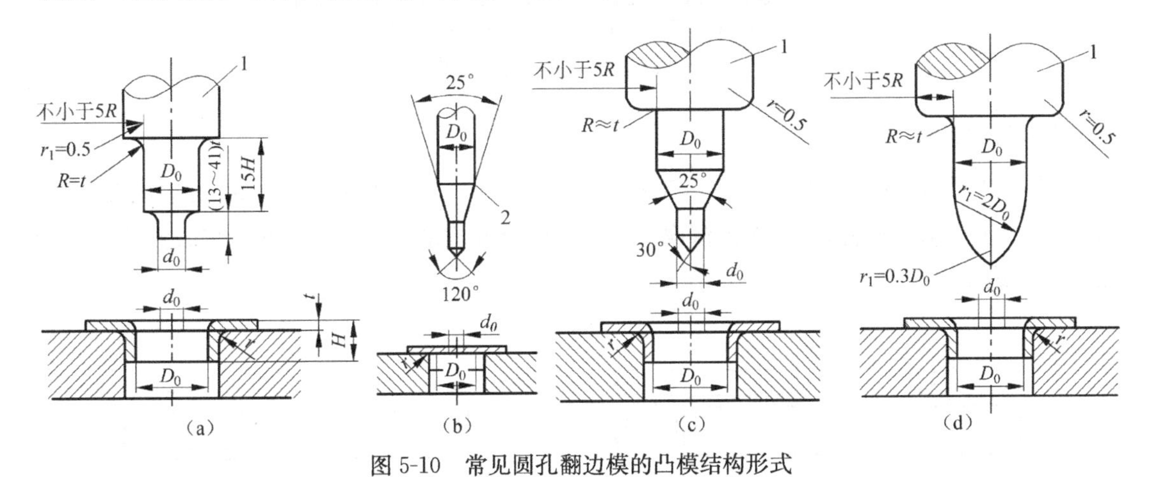

图 5-10　常见圆孔翻边模的凸模结构形式

2. 内、外缘翻边复合模

图 5-11 所示为内、外缘翻边复合模。工作时，毛坯套在内缘翻边凹模 7 上定位，为保证其定位准确，压料板 5 与外缘翻边凹模 3 按 H7/h6 间隙配合装配。压料板 5 既起压料作用，又可以用于整形。当压力机滑块向下运动至下止点时，压料板 5 恰好与下模良好接触。冲压成形完成后，压料板 5 还可以用于卸件。

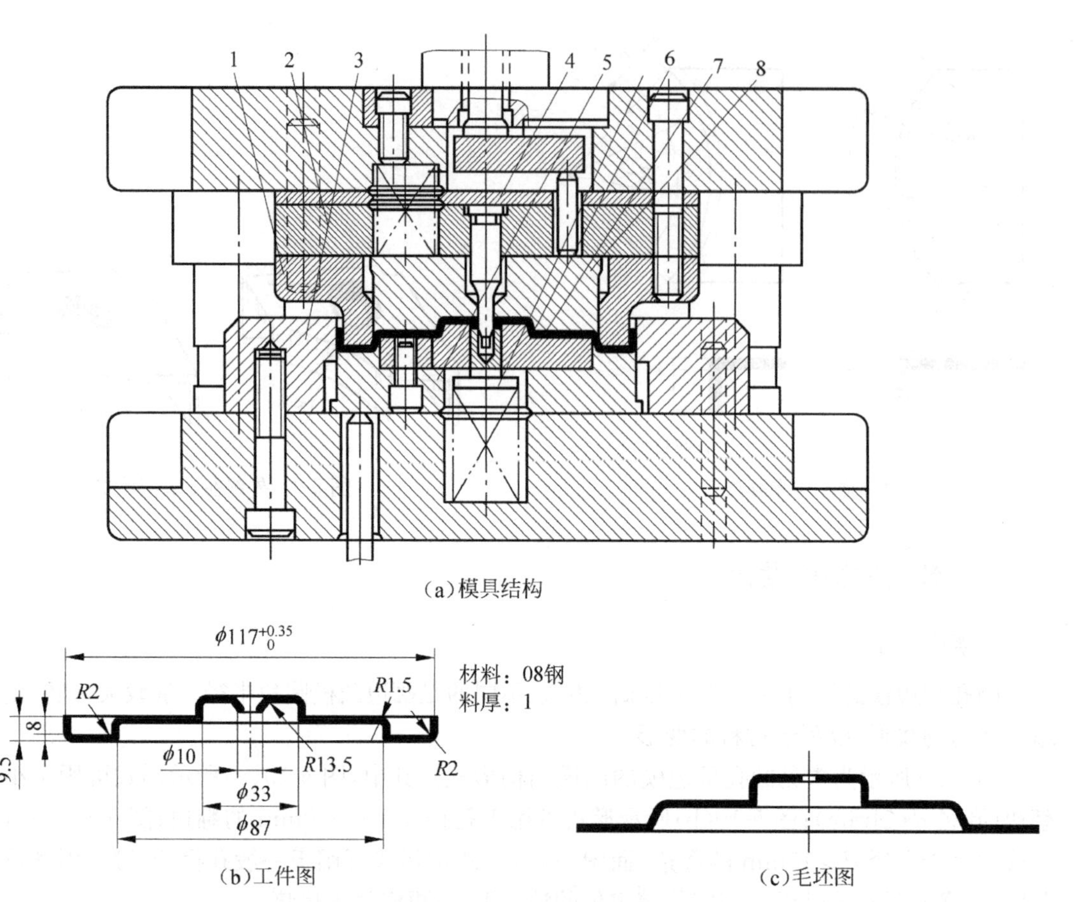

（a）模具结构

（b）工件图　　（c）毛坯图

1—外缘翻边凸模；2—凸模固定板；3—外缘翻边凹模；4—内缘翻边凸模；
5—压料板；6—顶件块；7—内缘翻边凹模；8—推件板

图 5-11　内、外缘翻边复合模

3. 定位套翻边模

图 5-12 所示为定位套零件。结合工序简图可以看出，尺寸 ϕ40mm 由内孔翻边成形，尺寸 ϕ80mm 表示筒形拉深件，可一次拉深成形。零件的全部成形工序包括落料、拉深、预冲孔及翻边等。翻边工序前的工件如图 5-13 所示。

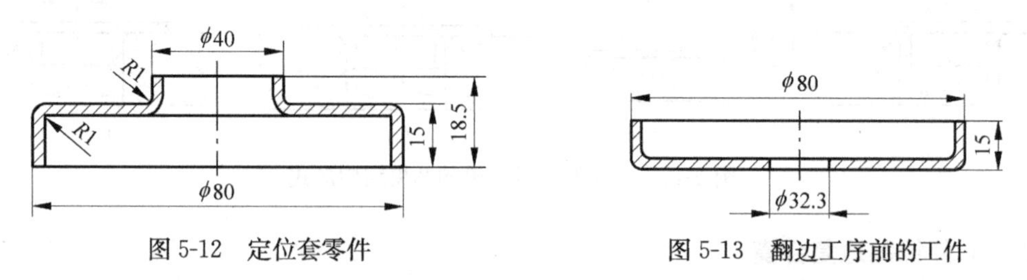

图 5-12　定位套零件　　图 5-13　翻边工序前的工件

图 5-14 所示为该零件的翻边模。为便于坯料定位，翻边模采用倒装结构，凸模加工成大圆角圆柱形结构，坯件孔套在定位销 9 上定位，翻边完成后，打料杆 15 和打件器 11 共同作用，将工件推出。

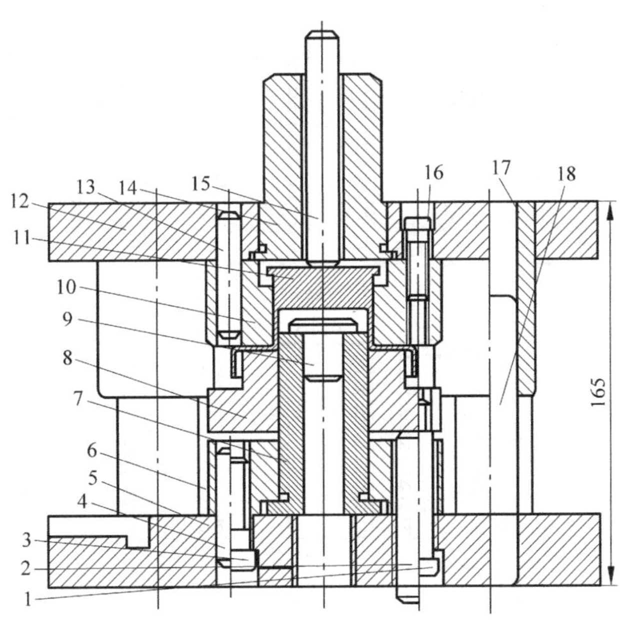

1—卸料螺钉；2—顶杆；3,16—螺栓；4,13—销钉；5—下模座；6—翻边凸模固定板；7—翻边凸模；8—托料板；9—定位销；10—翻边凹模；11—打件器；12—上模座；14—模柄；15—打料杆；17—导套；18—导柱

图 5-14 翻边模

课题三 缩 口

【知识目标】

了解缩口的变形特点和缩口与拉深的区别。

【知识学习】

缩口是通过缩口模具，在预先拉深好的圆筒或管件毛坯的敞口处加压，使其口部缩小的一种冲压方法。

一、缩口与拉深的区别

缩口工艺与拉深工艺的区别如图 5-15 所示。其中图 5-15(a)所示为拉深工艺，需要 5 道工序才能成形；图 5-15(b)所示为管状毛坯的缩口工艺，只需 3 道工序即可成形。

二、缩口变形程度

缩口变形程度用缩口系数 m 表示，其表达式为

$$m=\frac{d}{D} \tag{5-2}$$

式中，d——缩口后直径(mm)；

D——缩口前直径(mm)。

缩口系数的大小与材料的力学性能、厚度、模具形式及表面质量、制件缩口端边缘质量及润滑条件等有关。各种材料的缩口系数可查阅设计手册。

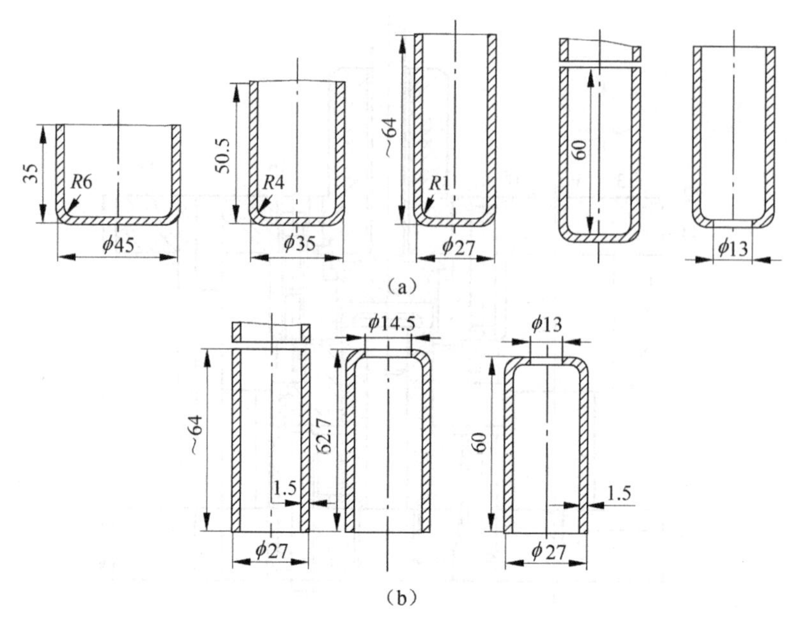

图 5-15　缩口工艺与拉深工艺的区别

三、缩口模具结构

图 5-16 所示为气瓶缩口模结构示意图。气瓶材料为 08 钢，料厚 1mm。

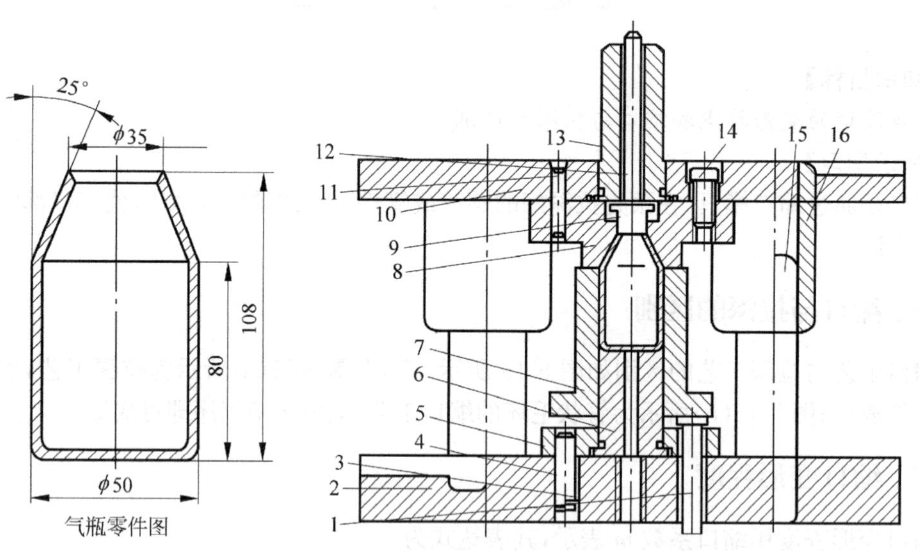

1—顶杆；2—下模座；3，14—螺栓；4，11—销钉；5—下模定板；6—垫板；7—外支承套；8—凹模；9—口型凹模；10—上模座；12—打料板；13—模柄；15—导柱；16—导套

图 5-16　气瓶缩口模结构示意图

该缩口模采用外支撑式一次成形，缩口凹模工作表面粗糙度值 $Ra=1.6\sim0.4\mu m$，采用后侧导柱、导套模架。

课题四 快速成形模具

【知识目标】

1. 小批量、多品种生产用冲模在工业生产中的应用。

2. 了解锌基合金冲裁模和聚氨酯橡胶冲裁模工作原理。

【知识学习】

冲压加工是一种生产批量大、效率高的无切削加工方法，它在技术上和经济上都有很多优点。但是对于小批量试制性生产或多品种生产，由于生产数量较小，模具费用在冲压件成本中所占的比例相对增大，因此，必须设法减少模具费用，缩短模具的制造周期并利用经济的冲压方法。

一、锌基合金模具

1. 锌基合金冲模的特点与应用

锌基合金冲模是利用锌基合金作为模具材料，运用铸造、挤压等方法制造的简易模具。它的制造工艺简单、制模周期短、成本低，能在较短时间内制出样品，因此适用于新产品的试制和中、小批量的生产，是一种快捷、经济的冷冲压模具。

由于锌基合金材料的硬度低于被冲压材料，而且在冲压过程中具有自润性，故而不易拉伤工件。另外，锌基合金冲模还具有自动调整和补偿凸、凹模合理间隙的功能，因而在正常使用期间毛刺不会超过允许值。

锌基合金可以用于制作各类工序的冷冲压模具，如冲裁模、弯曲模、拉深模及成形模等的主要工作零件，以及卸料板，压边圈，上、下模板和导向板等。

与钢制冲模相比，锌基合金冲模的耐磨性比钢制冲模差，模具寿命相对较短。因锌基合金的硬度较低，用于弯曲、拉深或成形时不能承受过大的变形力。冲裁时，由于材料强度的限制，锌基合金冲裁模选用的冲裁搭边值应大于钢制冲模，故材料的利用率相对较低。

2. 锌基合金冲裁模的冲裁机理

锌基合金冲裁模的结构形式与普通钢模基本相似，可以制作落料模、冲孔模及切边模，也可以制成复合冲裁模。但在它的主要工作部件凸模或凹模中，一个为锌基合金材料(在生产中主要用于凹模)，另一个为钢质材料。因此，锌基合金冲裁模的冲裁机理与普通钢模并不相同。

冲裁开始阶段，钝的合金刃口与另一个锋利的模具钢刃口作用于板料，仅在锋利的钢刃口处板料因应力集中先产生裂纹。而板料下表面凹模处的材料，由于处于三向压应力状态，裂纹出现较迟。随着凸模进一步下压，裂纹扩展到材料内部直至合金凹模附近，与刚从凹模刃口竖壁处产生的裂纹相迎合，完成了板料的分离。这个过程称为“单向裂纹扩展机理”。

3. 锌基合金冲裁模的制造方法

以落料模为例，首先用模具钢制造落料凸模，然后用铸造法制造锌基合金凹模，其铸造过程如图 5-17 所示。首先，在下模座漏料孔中填满干砂 6，放上漏料孔型芯 5(砂芯)，在下模座上安放容框 4，并在下角四周填上干砂 7；然后将安装有凸模 2(凸模预热至 150～200℃)的上模装合在下模上，并使凸模工作端面与型芯 5 上表面接触；最后将熔化(450℃左右)的锌合金浇注于模框内，并轻微搅动，直到预定高度为止。待锌合金冷却凝固后拔出凸模，铣削锌基合金上平面，再加工螺钉孔、销钉孔，安装凹模，并装上卸料板，即可投入使用。

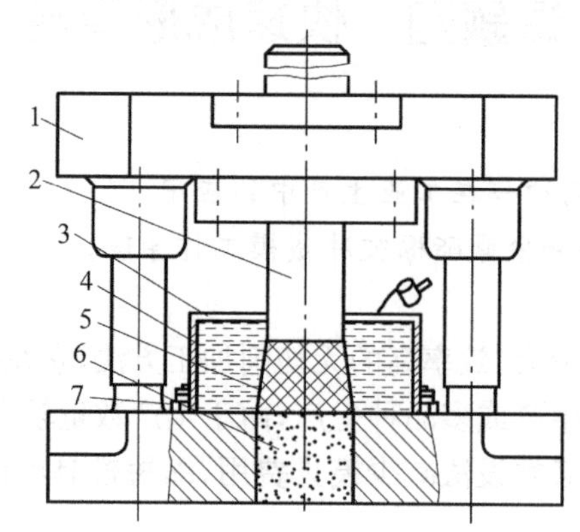

1—上模座；2—凸模；3—锌基合金凹模；4—容框；5—型芯；(砂芯) 6,7—丁砂

图 5-17　落料模的铸造过程

用锌基合金模落料时，要求搭边值比普通冲裁大，以保护凹模洞口不受到拉挤和碰伤。落料时，要求钢质凸模保持锋利，凸模进入凹模的深度，要比材料厚度大 2～4mm，才能促使自动补偿磨损，获得动态平衡间隙。否则将影响零件的质量。

二、聚氨酯橡胶模

1. 聚氨酯橡胶冲模的特点及应用

聚氨酯橡胶是一种人工合成的高分子弹性体材料。聚氨酯橡胶冲模采用聚氨酯橡胶代替模具中的凸模或凹模，冲压时聚氨酯橡胶压缩变形产生的力使板料发生塑性变形或分离，从而获得所需要的合格零件。

聚氨酯橡胶冲模的特点是结构简单、制造方便、生产周期短及成本低，并且冲制的零件精度容易保证，成形过程中不会划伤工件表面，制件质量好，适用于新产品试制及中、小批量的生产。其缺点为冲裁时所需的冲压力及板料搭边值大于钢制模具，生产效率不够高。

聚氨酯橡胶冲模特别适于薄板材料的冲裁，也可进行弯曲、拉深、翻边、局部成形及胀形等冲压加工。

2. 聚氨酯橡胶冲裁机理及凸凹模尺寸的确定

(1) 聚氨酯冲裁时的变形机理。聚氨酯橡胶冲裁模是利用聚氨酯橡胶作为主要工作部件使板料分离的模具，主要由钢制的凸模(或凹模)、压边圈和一个装有聚氨酯橡胶模垫的容框组成。冲裁时容框内的聚氨酯橡胶在封闭状态下受压变形，各方向所受的单位压力相等，具有静水压力的性质。其变形压力压紧坯料，并迫使坯料沿凸模或凹模刃口周边 A 处产生应力集中现象，当被冲材料受到的应力超过其抗剪强度时，刃口处的材料产生裂纹，直至切断分离，如图 5-18 所示。

(2) 凸、凹模尺寸的确定。由于聚氨酯橡胶冲裁模的凸、凹模之一为钢模，另一个为聚氨酯橡胶所代替，没有凸、凹模冲裁间隙，因此凸、凹模的尺寸由钢质凸模或凹模确定。

落料时以聚氨酯橡胶作凹模，落料钢质凸模的尺寸为

$$D_{\mathrm{p}} = (D_{\max} - x\Delta)_{-\delta_{\mathrm{p}}}^{\ 0} \tag{5-3}$$

冲孔时以聚氨酯橡胶作凸模，冲孔钢质凹模的尺寸为

$$d_{\mathrm{d}}=(d_{\min}+x\Delta)_{0}^{+\delta_{\mathrm{d}}} \tag{5-4}$$

其中，系数 x 一般取 1/2～3/4。钢质凸、凹模刃口必须锋利，淬火硬度为(60～64)HRC。

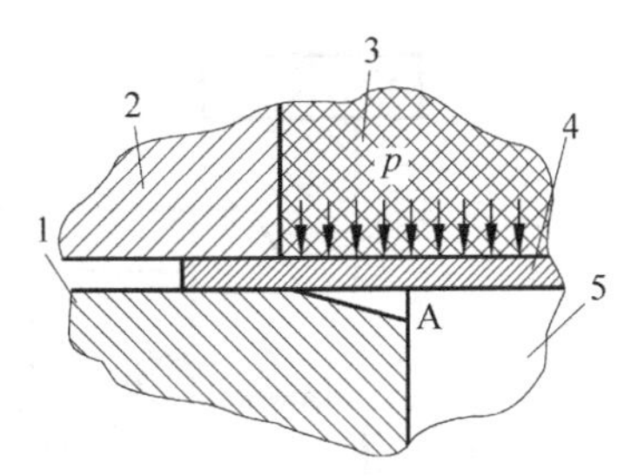

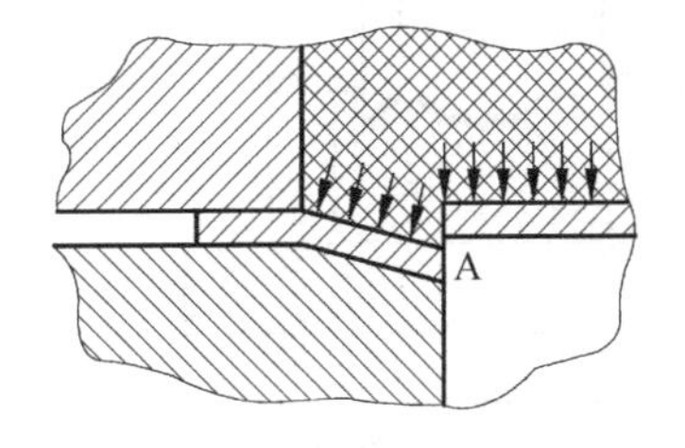

1—卸料板；2—容框；3—聚氨酯橡胶；4—板料；5—凸模

图 5-18　聚氨酯橡胶冲裁过程示意图

3. 聚氨酯橡胶冲裁模的典型结构

(1) 聚氨酯橡胶冲裁模。图 5-19 所示为一副聚氨酯橡胶落料模，它采用倒装结构。橡胶模垫 1 与容框 2 装在上模，钢质凸模 3 则装在下模。

用作冲裁的聚氨酯橡胶的硬度以取(90～95)HA 为宜，它具有较好的综合力学性能，金属凸模或凹模的刃口应锋利。橡胶的厚度一般取 12～20mm。橡胶的变形量一般在 30%以下。同一种橡胶，在压缩量相等的情况下，厚度值越大，则所产生的单位压力越小，这对冲裁不利。容框的型腔应与凸模的外形相仿，其单边间隙一般为 0.5～1.5mm。间隙过大，则搭边量增加，造成材料浪费，并且易使橡胶产生割损和脱圈现象；间隙过小，则因橡胶不易突入缝隙，对材料产生的剪切力小，不利于材料分离，冲模需装有压料装置。冲裁时压料板和顶杆能够产生足够的压料力，保证材料不发生移动。凸模压入橡胶的深度或橡胶突进凹模孔的高度，应达到使材料分离的要求，但不宜过深。在冲压前应将毛坯和橡胶表面擦净，以免在工作表面造成凹坑。

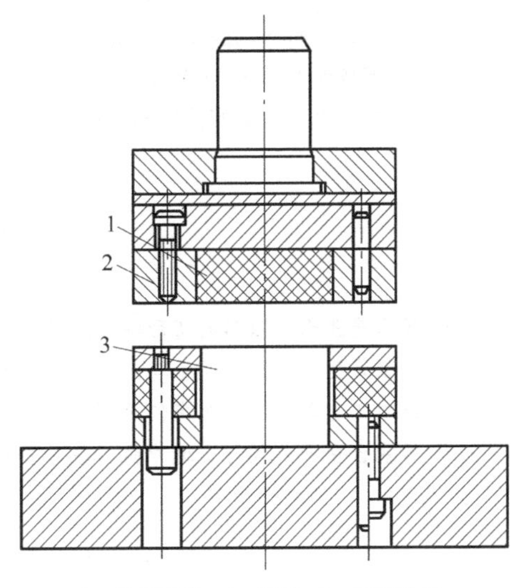

1—橡胶模垫；2—容框；3—钢质凸模；

图 5-19　聚氨酯橡胶落料模

(2) 聚氨酯橡胶成形模。用聚氨酯橡胶制造弯曲、拉深等成形模时，同样可以用聚氨酯橡胶代替钢质的凸模或凹模。用聚氨酯橡胶作弯曲模，不但结构简单、成本低，而且弯曲件的精度与表面质量也较好，弯曲件的回弹角比钢质的弯曲模小。

图 5-20 所示为一副聚氨酯橡胶弯曲模。弯曲凸模 5 为钢质凸模，橡胶模垫 4 为聚氨酯橡胶模垫，冲压时橡胶使毛坯压向凸模直至完全贴合。在橡胶底部放置成形棒 1 有利于橡胶的转移成形，并使其产生比较均匀的压力，从而提高了橡胶成形效果、减小了冲压力。

图 5-21 所示为一副聚氨酯橡胶拉深模。钢质凹模 4 装在上模上，聚氨酯橡胶则用于替代拉深凸模。

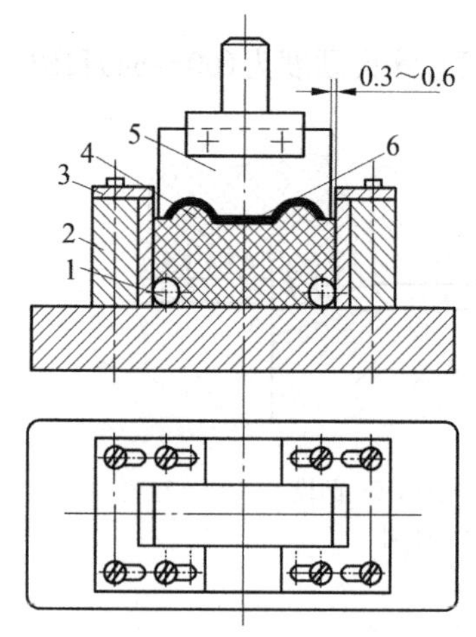

1—成形棒；2—容框；3—定位板；
4—橡胶模垫；5—弯曲凸模；6—工件

图 5-20　聚氨酯橡胶弯曲模

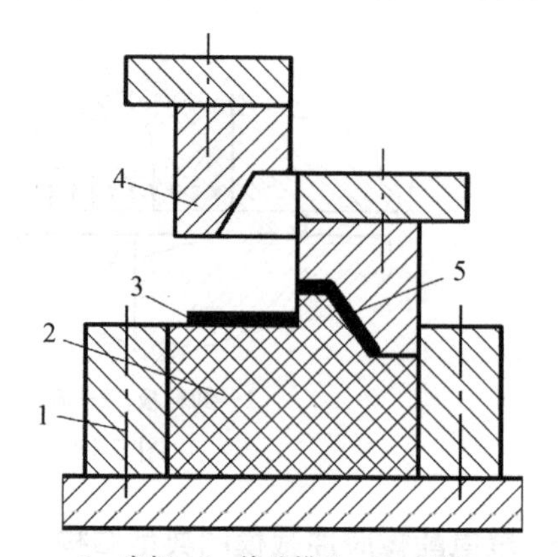

1—容框；2—橡胶模垫；3—毛坯；
4—钢质凹模；5—工件

图 5-21　聚氨酯橡胶拉深模

练习与思考

1. 什么是胀形？胀形的变形特点是什么？
2. 什么是翻边？圆孔翻边与外凸式外缘翻边材料变形时的应力与应变状态有何不同？
3. 缩口工艺与拉深工艺有何区别？
4. 锌基合金冲裁模与普通冲裁模在冲裁机理上有何不同？

模块六　塑料成形模具设计基础

课题一　塑料及其性能

【知识目标】

1. 掌握热固性塑料和热塑性塑料的成形特性。

2. 重点掌握注射成形工艺参数的选择方法。

【知识学习】

一、塑料的组成与分类

1. 塑料的组成

塑料按其成分不同,可分为简单组分和多组分两种。简单组分的塑料,基本以树脂为主要成分,不加或加入少量添加剂;多组分的塑料除树脂外,还需要加入其他一些添加剂。树脂和添加剂按不同比例配制,可以获得各种性能的塑料。

(1) 树脂。塑料的主要成分是树脂,它占塑料总质量的40%~100%。其作用是使塑料具有可塑性和流动性。树脂受热软化,可将各种添加剂粘结在一起,从而决定了塑料的类型(热塑性或热固性)和主要性能(物理性能、化学性能及力学性能等)。

(2) 填充剂。填充剂又称为填料,一般是呈惰性的粉末物质。它的加入可以改善塑料性能、扩大其使用范围,并能减少树脂用量、降低成本(填料含量可达近40%)。常用的填充剂有木粉、纸屑、硅石、云母、石棉及金属粉末纤维等,在许多情况下填充剂所起的作用不亚于树脂,它是塑料中一种重要但并非必要的成分。

(3) 增塑剂。有些树脂(如硝酸纤维、醋酸纤维及聚氯乙烯等)可塑性小、柔顺性差,为了降低树脂熔融黏度和熔融温度,改善其成形加工性能,通常加入可与树脂相溶的不易挥发的高沸点有机化合物,即增塑剂。当树脂中加入增塑剂后,树脂分子变得容易滑移,从而使塑料能在较低温度下具有良好的可塑性和柔顺性。对增塑剂的要求是:能与树脂很好地混溶而不发生化学反应,不易从制件中析出及挥发,不降低制件的主要性能,以及无毒、无害、无色、不燃且成本低等。一般需多种增塑剂混用才能满足多种性能要求。

(4) 着色剂。着色剂又称为色料,它能赋予塑料色彩,具有美观和装饰的作用。此外,有些着色剂还具有改善塑件耐候性(提高抗紫外线能力)、耐老化性,以及延长塑件使用寿命和使塑料具有特殊的光学性能的作用。对色料的要求是:性能稳定、不分解、易扩散、耐光和耐候性优良,不发生从制件内部向表层析出或移向与其接触的其他物质的迁移现象。若想使塑料具有特殊的光学性能,则可在塑料中加入金属絮片、珠光、磷光及荧光色料等。

(5) 稳定剂。稳定剂是一类可以提高树脂在光、热、氧及霉菌等外界因素作用下的稳定性并阻缓塑料变质的物质。许多树脂在成形加工和使用过程中由于受光、热、氧的作用而分解变质,但是只要加入少量稳定剂就可以减缓其变质的速度。稳定剂主要有3类:光稳定剂、热稳定剂和抗氧剂。对稳定剂的要求是:除对聚合物的稳定效果好外,还要耐水、耐油、耐化学药品，并与树脂相溶，在成形过程中不分解、挥发小、无色。常用的稳定剂有硬脂酸盐、铅的化合物及环氧化合物等。

(6) 润滑剂。润滑剂用于改善塑料熔体的流动性，减少或避免对模具及设备的磨损和粘附，并改进塑件表面质量。常用的润滑剂有石蜡、硬脂酸、金属皂类、脂类及醇类等。

塑料的成分远不止上述几种，还有防静电剂、阻燃剂、增强剂、防腐剂、发泡剂、交联剂及固化剂等。此外，并非塑料中都要加入所有的添加剂，塑料中添加剂的使用，是根据塑料品种和使用要求而决定的。

2. 塑料的分类

塑料的种类繁多，现已超过300种，而常用的塑料也有几十种，并且每一种又有多种牌号。为了便于识别和使用，需要对塑料进行分类。

(1) 按塑料的使用特性分类。按使用特性不同，塑料可分为通用塑料、工程塑料和功能塑料。

① 通用塑料。它是一般只作为非结构材料使用的产量高、用途广、价格低且性能普通的一类塑料。主要包括聚乙烯、聚丙烯、聚氯乙烯、酚醛塑料和氨基塑料五大品种，占塑料总产量的75%以上。

② 工程塑料。它可以作为工程结构材料，具有力学性能优良、能在较广温度范围内承受机械应力及在较为苛刻的化学或物理环境中使用的特点。主要包括聚酰胺(尼龙)、聚碳酸酯、聚甲醛、ABS、聚苯醚、聚砜、聚酯及各种增强塑料。

与通用塑料相比，工程塑料产量低、价格较高，但其具有优异的力学性能、电性能、化学性能、耐磨性、耐热性、耐腐蚀性、自润滑及尺寸稳定性，即具有某些金属性能，因而可代替部分金属材料用于制造结构零部件和传动零部件等。

③ 功能塑料。它是用于特种环境的具有某一方面特殊性能的塑料。主要包括医用塑料、光敏塑料、导磁塑料、高耐热性塑料及高频绝缘性塑料等。这类塑料虽然产量低、价格较高，但性能优异。

(2) 按合成树脂的分子结构及其受热后呈现的基本特性分类。根据该种分类方法，塑料可分为热塑性塑料和热固性塑料。

① 热塑性塑料。它是在一定温度范围内能反复加热软化乃至熔融流动，冷却后可硬化成一定形状的塑料。这类塑料基本以加聚反应得到的线型或支链型树脂为基础制得，在成形过程中只有物理变化，而无化学变化，因而受热后可多次成形，废料也可回收利用。热塑性塑料有聚乙烯、聚氯乙烯、聚丙烯、聚苯乙烯、聚碳酸酯、ABS、聚甲醛、尼龙及有机玻璃等。

② 热固性塑料。它是加热温度达到一定程度后能成为不溶和不熔性物质，使形状固化不再变化的塑料。这类塑料基本通过缩聚反应得到，在成形受热时会发生化学变化使线型分子结构转变为体形结构，废料不能回收利用。热固性塑料有酚醛塑料、氨基塑料、环氧塑料及不饱和聚酯塑料等。

二、塑料的成形工艺性能

1. 塑料的收缩性

塑料制件(以下简称塑件)从模具中取出冷却后，一般都会出现尺寸缩小的现象，这种塑料成形冷却后发生的体积收缩的特性称为塑料的收缩性。影响收缩性的因素有很多，如塑料本身的热胀冷缩性、模具结构及成形工艺条件等。

一般塑料收缩性的大小常用实际收缩率 S_s 和计算收缩率 S_j 来表征，分别如下：

$$S_s = \frac{a-b}{b} \times 100\% \tag{6-1}$$

$$S_j = \frac{c-b}{b} \times 100\% \tag{6-2}$$

式中，a——模具成形部分在成形温度时的尺寸；

b——塑件在常温时的尺寸；

c——塑料模具型腔在常温时的尺寸。

实际收缩率 S_s 表示成形塑件从其在成形温度时的尺寸到常温时的尺寸之间实际发生的收缩百分数，常用于大型及精密模具成形塑件的计算。因为在成形温度下测量模具尺寸不方便，所以小型模具及普通模具成形塑件的尺寸计算常采用计算收缩率 S_j，这是因为在该种情况下，实际收缩率 S_s 和计算收缩率 S_j 的差别不大。

影响收缩率的因素有很多。首先，不同种类的塑料，其收缩率各不相同；同一种塑料由于型号不同，收缩率也会发生变化。其次，收缩率与成形塑件的形状、内部结构的复杂程度及是否有嵌件等均有很大关系。再次，模具的结构对收缩率也有影响，模具的分型面、浇口的形式及尺寸等因素直接影响塑料的流动方向、密度分布、保压补缩作用及成形时间。采用直接浇口或大截面的浇口，可减少收缩；反之，当浇口的截面面积较小时，浇口部分会过早凝结硬化，型腔内的塑料收缩后得不到及时补充，收缩量较大。最后，成形工艺条件也会影响塑件的收缩率。例如，成形时如果料温过高，则塑件的收缩率增大；而成形压力增大，塑件的收缩率会减小。

2. 塑料的流动性

塑料的流动性实质上是指树脂聚合物所处的温度大于其黏流温度时发生的大分子之间的相对滑移现象。其在成形过程中表现为在一定温度和一定压力下塑料熔体充填模具型腔的能力。塑料的品种、成形工艺和模具结构等是影响流动性的主要因素。塑料的流动性与塑料树脂本身的分子结构、塑料原材料的组成（即所用各种塑料添加剂的种类、数量等）有很大关系，不同的塑料，其流动性不同；而同一种塑料的型号不同，流动性也不同。成形工艺条件对塑料充填模具型腔的能力有很大影响，熔体和模具温度提高、成形压力增大都会提高充填模具型腔的能力。此外，模具型腔简单、成形表面光滑，有利于改善充填模具型腔的能力。表 6-1 列出了常见的热塑性塑料的流动性分类。

表 6-1 常见的热塑性塑料的流动性分类

流动性	塑 料 名 称
强	尼龙（PA）、聚乙烯（PE）、聚苯乙烯（PS）、聚丙烯（PP）、醋酸纤维素
中等	聚甲基丙烯酸甲酯（PMMA）、ABS、聚甲醛
弱	聚碳酸酯（PC）、硬聚氯乙烯（HPVC）、聚苯醚（PPO）、聚砜（PSU）、氟塑料

3. 塑料的相容性

塑料的相容性又称为塑料的共混性，不同的塑料经过共混后，可以得到单一塑料难以具备的性质，这种塑料的共混材料通常称为塑料合金。相容性是指两种或两种以上的塑料共混后得到的塑料合金，在熔融状态下，各种参与共混的塑料组分之间不产生分离现象的能力。如果它们的相容性好，则可能形成均相体系；如果相容性不好，则塑料共混体系可能会形成多相结构。因此，相容性对塑料合金的结构影响很大，判断共混体系的相容性是研究高分子合金的一个非常重要的问题。

4. 塑料的热敏性和吸湿性

热敏性指塑料在受热、受压时的敏感程度，也称为塑料的热稳定性。通常，塑料在高温或高剪切力等条件下，树脂高聚物本体中的大分子热运动加剧，有可能导致分子链断裂，聚合物分子微观结构发生一系列化学、物理变化，宏观表现为塑料的降解、变色等缺陷，具有这种特性的塑料称为热敏性塑料。生产中为了防止热敏性塑料在成形过程中发生受热分解等问题，通常在塑料中添加一些抗热敏的热稳定剂，并且控制成形温度，同时，合理的模具设计也可有效降低塑料的热敏反应。

吸湿性指塑料对水的亲疏程度，其与塑料本体的微观分子结构有关。一般具有极性基团的塑料对水的亲附性较强，如聚酰胺、聚碳酸酯等；而具有非极性基团的塑料则对水的亲附性较弱，如聚乙烯等，对水几乎不具有吸附力。塑料的吸湿性对塑料的成形加工影响很大，会导致塑料制件表面产生银丝、气泡等缺陷，严重影响其质量。因此，在塑料成形加工前，通常要对易吸湿的塑料进行烘干处理，以确保塑料制件的质量。

5. 塑料的比容和压缩比

比容和压缩比主要针对热固性塑料而言。比容指单位质量的松散塑料所占有的体积，其单位为 cm^3/g。压缩比指塑料的体积与塑料制件的体积之比，其值恒大于1。比容和压缩比都表示粉状和丝状塑料的松散性，在热固性塑料压缩或压注成形时，可用它们来确定模具加料室的大小。比容和压缩比较大时，塑料内气体多、成形时排气难、成形周期增长，导致生产效率降低；比容和压缩比较小时，压缩和压注容易。但是，比容过小，会影响塑料的松散性，以容积法装料时会造成塑件的质量不准确。常用热固性塑料的密度与压缩比见表6-2。

表6-2 常用热固性塑料的密度与压缩比

塑料名称	密度 $\rho/(g/cm^3)$	压缩比 k
酚醛塑料（粉状）	1.35～1.95	1.5～2.7
氨基塑料（粉状）	1.50～2.10	2.2～3.0
碎布塑料（片状）	1.36～2.00	5.0～10.0

6. 塑料状态与加工性

塑料在不同的温度下有3种状态：玻璃态、高弹态和黏流态。塑料状态与加工性的关系如图6-1所示。

低于玻璃化温度时，高聚物处于玻璃态（结晶型高聚物为结晶态），它是坚硬的固体。处于玻璃态的高聚物只能进行一些机械加工，塑料在外力作用下变形量很小。在玻璃化温度与黏流温度之间，高聚物处于高弹态，其变形能力显著提升，但变形仍具可逆性。在这种状态下，可进行真空、压延、弯曲、中空、冲压及锻压等成形加工。为了得到符合形状和尺寸要求的塑料制件，必须将成形后的制件迅速冷却至玻璃化温度以下。当温度升至黏流温度（或熔点）以上时，高聚物呈黏性流体状态（黏流态），通常将这种液体状态的高聚物称为熔体。在这种状态下，可进行注射、吹塑、挤出、纺丝及贴合等成形加工，一旦完成成形和冷却，其形状将永远保持不变，因而具有不可逆性。当温度升至分解温度时，还会引起高聚物的分解变质。

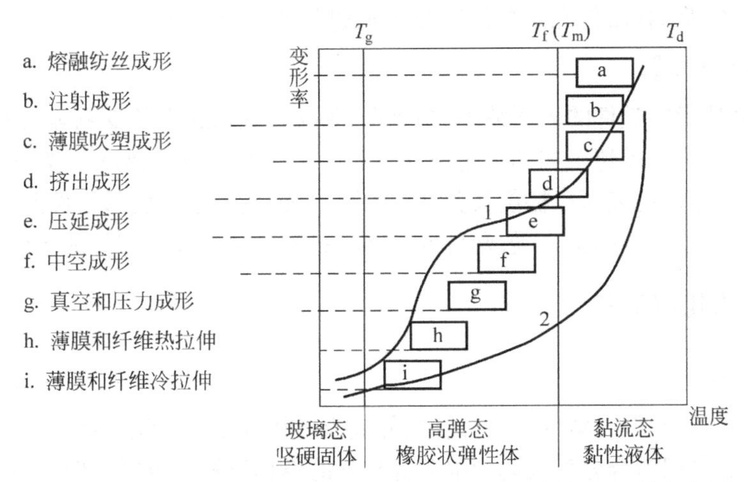

1—非结晶型塑料；2—结晶型塑料；T_g—玻璃化温度；T_f—非结晶型塑料流动温度；T_m—结晶型塑料熔融温度(熔点)；T_d—热分解温度

图 6-1　塑料状态与加工性的关系

课题二　塑件的结构工艺性

【知识目标】

1. 了解塑件的尺寸、精度和表面粗糙度。
2. 掌握塑件的结构工艺设计。

【技能目标】

1. 学会塑件结构工艺性的分析。
2. 正确设计塑件的成形结构。

【知识学习】

塑件的结构工艺性与模具设计有直接关系，只有塑件的设计能适应成形工艺要求时，才能设计出合理的模具结构。这样既能保证塑件顺利成形，防止其产生缺陷，又能提高生产率、降低成本。

一、塑件的尺寸、公差及表面质量

1. 塑件的尺寸

塑件的尺寸取决于塑料的流动性。对于流动性差的塑料(如玻璃纤维增强塑料)，在注射模塑和压注模塑时，塑件尺寸不宜过大，以免熔体不能完全充满型腔或形成熔接痕而影响塑件质量；薄壁塑件的尺寸也不宜过大。此外，压缩模塑件尺寸受到压力机最大压力及台面尺寸的限制；注射模塑件尺寸受到注射机的公称注射量、合模力及模板尺寸的限制。

2. 塑件的公差

模具成形零件的制造误差、装配误差及其使用中的磨损，以及模塑工艺条件的变化、塑件的形状、飞边厚度的波动、脱模斜度和成形后塑件的尺寸变化等因素，都会影响塑件的尺寸公差。

注意：标准规定的数值以塑件成形后或经必要的处理，在相对湿度为 65%、温度为 200℃

的环境下放置24h后，在塑件和量具处于20℃时进行的测量为准。

3. 塑件的表面质量

塑件的表面质量指塑件的表面缺陷(如斑点、条纹、凹痕、起泡及变色等)、表面光泽性和表面粗糙度。表面缺陷与模塑工艺和工艺条件有关。塑件的表面粗糙度与塑料的品种、成形工艺条件、模具成形零件的表面粗糙度及其磨损情况有关，其中模具成形零件的表面粗糙度是决定塑件表面粗糙度的主要因素，一般塑件的表面粗糙度比模具成形零件的表面粗糙度大一级。

二、塑件的几何形状

1. 塑件的形状

为了在开模时容易取出塑件，塑件的内、外表面形状应尽量避免侧壁凹槽或与塑件脱模方向垂直的孔，以免采用瓣合分型或侧向抽芯等复杂的模具结构。否则不但使模具结构复杂、制造周期长、成本提高、生产率降低，还会在分型面上留下飞边，增加塑件的后续工作量。

如图6-2(a)所示的塑件侧孔，需要采用侧型芯成形，并用斜导柱或其他抽芯机构完成侧抽芯，这样会使模具结构复杂。若改用图6-2(b)所示的结构，则可克服上述缺点。

对于图6-3(a)所示的塑件，其侧凹必须用镶拼式凸模来成形，否则塑件无法取出。而采用镶拼结构不但使模具结构复杂，还会在塑件内表面留下镶拼痕迹，修整困难。在允许的情况下，可改用图6-3(b)所示的形状。

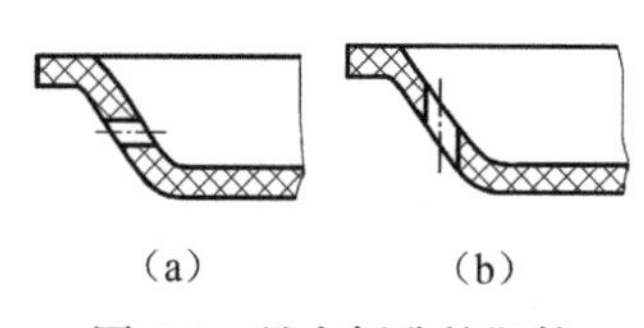

图6-2　具有侧孔的塑件

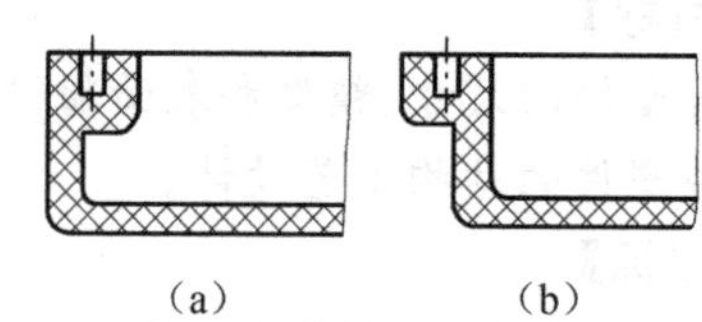

图6-3　具有内侧凹的塑件

带有整圈内侧凹槽的塑件，若采用组合式型芯则制造困难。但当内侧凹槽较浅并允许带有圆角时，则可以采用整体式型芯。此时，可利用塑料在脱模温度下具有足够弹性的特点，以强行脱模的方式脱模。例如，聚甲醛塑件允许模具型芯有5%的内凹(或外凸)，强行脱模时不会引起变形。聚乙烯、聚丙烯等塑件也可采用类似的设计，塑件外侧的外凸(或外凹)也可强行脱模。

2. 塑件的壁厚

用热固性塑料制成的小型塑件，其壁厚取1.5～2.5mm，大型塑件取3～8mm。对于布层酚醛塑料等流动性差的塑件应取较大值，但一般不宜大于10mm。矿粉填充的脆性酚醛塑件，其壁厚应不小于3mm。热塑性塑料易于成形薄壁塑件，最薄可达0.25mm，但一般不宜小于0.6～0.9mm，通常取2～4mm。

同一塑件的壁厚应尽可能均匀，否则会因固化或冷却速度不同而引起收缩力不一致，致使塑件产生内应力，造成塑件翘曲、缩孔、裂纹，甚至开裂。

如图6-4(a)所示的塑件，因其壁厚不均匀，易在厚壁处产生收缩凹痕，若改用图6-4(b)所示的结构，表面采用波纹形状，则可避免收缩凹痕。如果结构允许，也可在壁厚处开设工艺孔，从而达到消除收缩凹痕的目的。

如图6-5所示的平顶塑件，当采用侧浇口进料时，为了保证顶部质量，避免顶部表面留有熔接痕(图 6-5(a)),必须保证平面进料通畅,塑件顶部的厚度 a 应大于周边厚度 b,如图 6-5(b)所示。

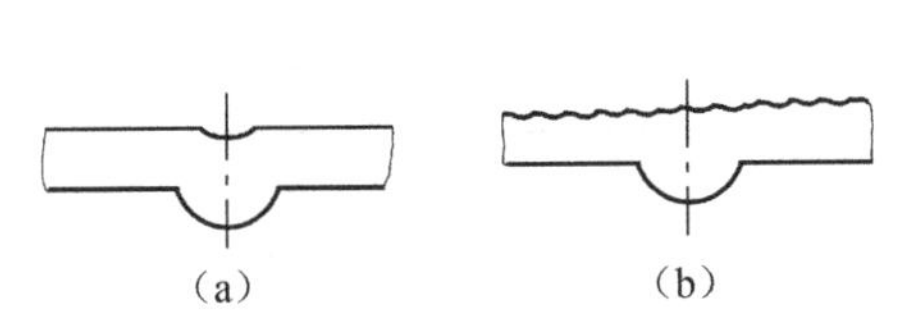

图 6-4　壁厚不均匀的塑件结构及其改进

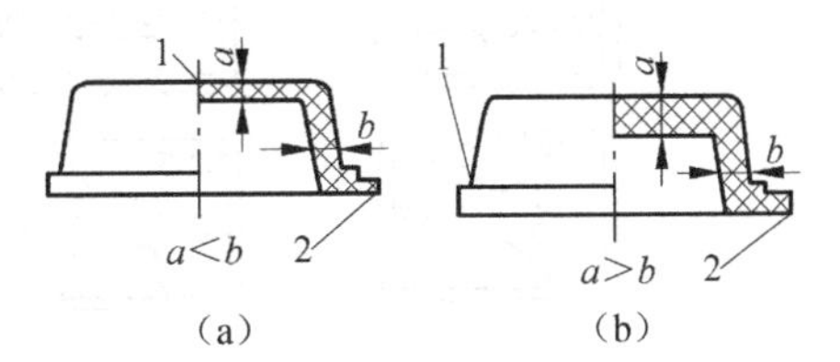

1—熔接痕；2—浇口

图 6-5　塑件的熔接痕

3. 脱模斜度

为了便于塑件脱模,防止脱模时擦伤塑件表面,设计时必须考虑塑件内、外表面沿脱模方向均应具有合理的脱模斜度,如图 6-6 所示。脱模斜度的大小主要取决于塑料的收缩率、塑件的形状和壁厚及塑件的部位等。

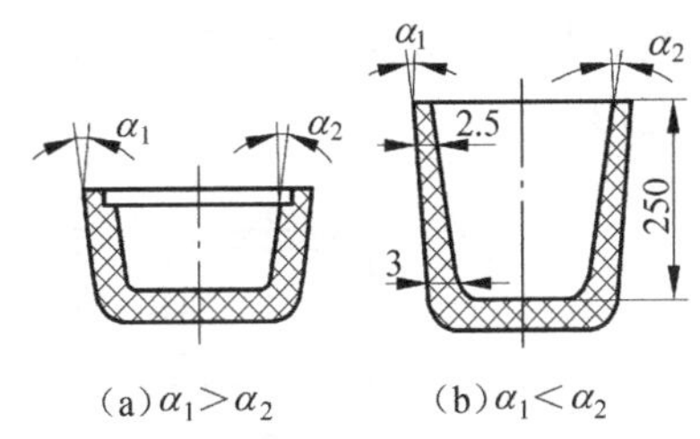

(a)$\alpha_1>\alpha_2$　　(b)$\alpha_1<\alpha_2$

图 6-6　塑件的脱模斜度

通常情况下,脱模斜度为 30′～1°30′。当塑件有特殊要求或精度要求较高时,应选用较小的斜度,外表面斜度可小至 5′,内表面斜度可小至 10′～20′;对于高度值不大的塑件,还可以不取斜度;较高、较大尺寸的塑件选用较小的斜度;塑件形状复杂不易脱模的,应取较大的斜度;塑件上的凸起或加强肋单边应有 4°～5°的斜度;塑件壁厚的应选较大的斜度;塑件沿脱模方向有几个孔或矩形格子状而使脱模阻力较大时,宜采用 4°～5°的斜度;塑件侧壁带有皮革花纹时应有 4°～6°的斜度。开模时,为了使塑件留在凸模上,内表面的斜度应比外表面的小,如图 6-6(a)所示。反之,为了使塑件留在凹模一边,外表面的斜度应比内表面的小,如图 6-6(b)所示。

4. 塑件的加强肋

为了确保塑件的强度和刚度而又不使塑件的壁厚过大,可在塑件的适当位置设置加强肋。例如图 6-7(b)、(d)所示的塑件,采用加强肋使塑件壁厚均匀,与图 6-7(a)、(c)所示的设计相比,既省料又提高了强度和刚度,还可避免气泡、缩孔、凹痕及翘曲等缺陷。

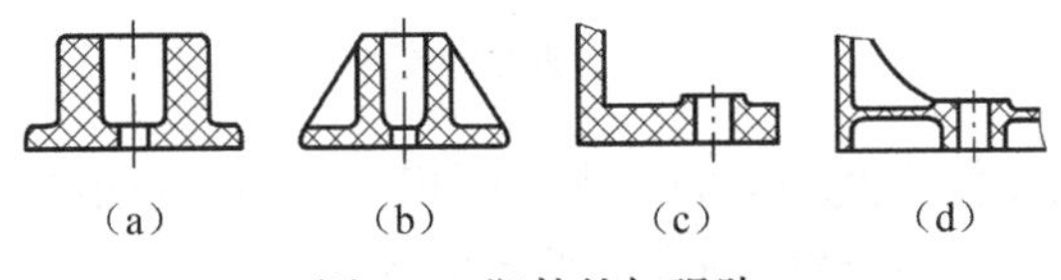

图 6-7　塑件的加强肋

大型平面上纵横布置的加强肋能增加塑件的刚性,沿着料流方向的加强肋还能降低塑料的充模阻力。在布置加强肋时,应尽量避免或减少塑料局部集中,否则会产生缩孔和气泡。

图 6-8 所示为加强肋的布置方式。其中图 6-8(a)所示的方式因塑料局部集中,不合理;而图 6-8(b)所示的方式较好。

加强肋的尺寸如图 6-9 所示。为了增加塑件的强度和刚性,加强肋应设计得低一点、多一些,加强肋之间的中心距应大于两倍壁厚。

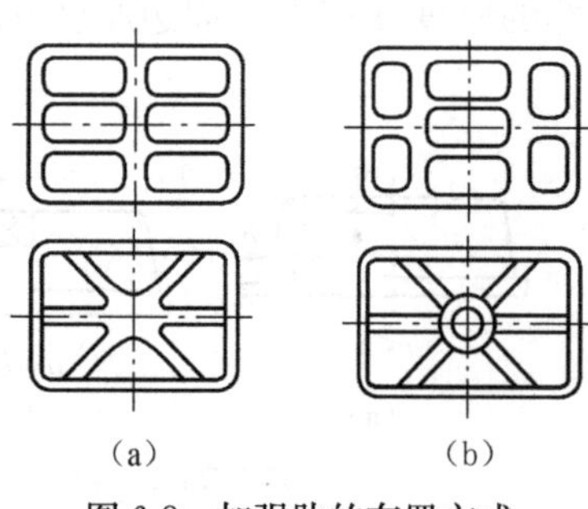
（a）　（b）

图 6-8　加强肋的布置方式

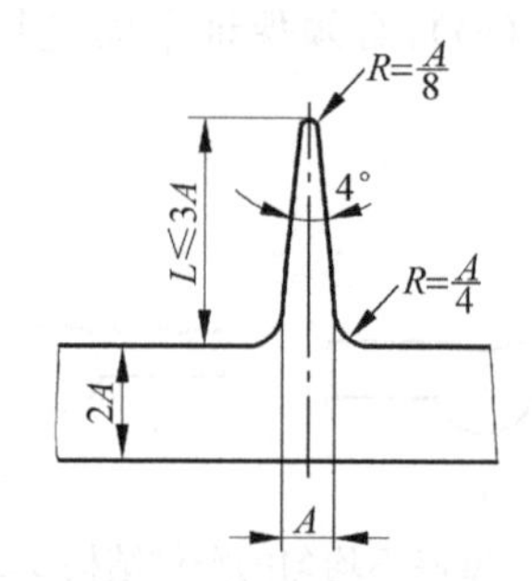

图 6-9　加强肋的尺寸

对于图 6-10 所示的薄壁塑件（如瓶、盆及桶等容器），可设计成球面（图 6-10(a)）或拱形曲面（图 6-10(b)），容器的边缘设计成图 6-10(c)所示的形状。这都可以有效增加刚性和减小变形。

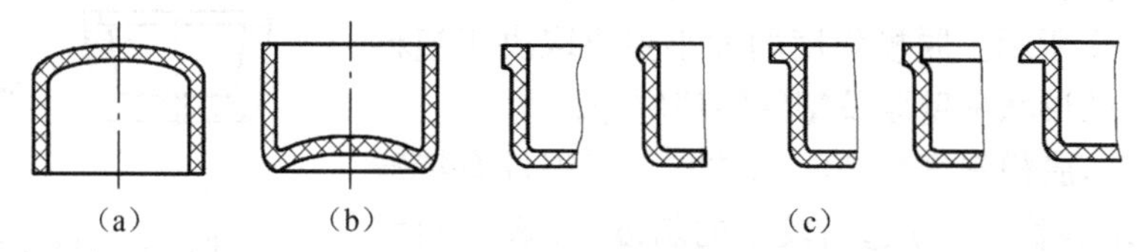
（a）　（b）　（c）

图 6-10　薄壁塑件的设计

5. 塑件的支撑面

当塑件需要用一个面作为支承（或基准）面时，以整个底面作为支承面是不合理的（图 6-11(a)），因为塑件稍有翘曲或变形就会造成底面不平。为了更好地起支承作用，常采用边框支承（图 6-11(b)）或底脚（三点或四点）支承（图 6-11(c)）。

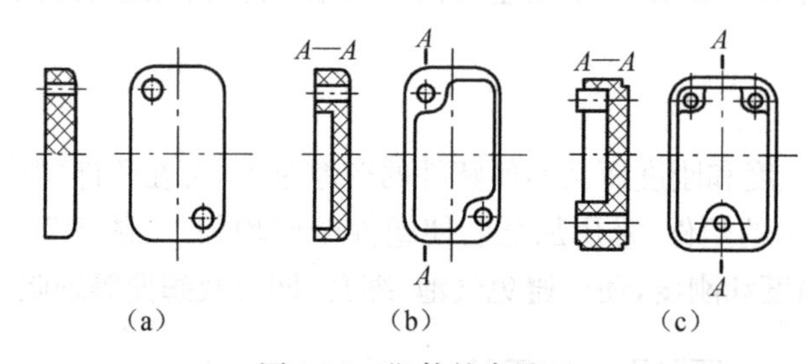

（a）　（b）　（c）

图 6-11　塑件的支承面

当塑件底部有加强肋时，应使加强肋与支承面相差 0.5mm 的高度，如图 6-12 所示。

紧固用的凸耳或台阶应有足够的强度以承受紧固时的作用力，避免台阶突然过渡和支承面过小，并设置加强肋，如图 6-13 所示。

6. 塑件的圆角

塑件除了使用上要求必须采用尖角的情况，其余所有转角处均应尽可能采用圆弧过渡。这样，不仅可以避免应力集中，提高了强度，还增加了塑件的美观程度，有利于塑料充模时的流动，保证模具在淬火或使用时不因应力集中而开裂。圆角半径一般不应小于 0.5mm。推荐：内壁圆角半径可取壁厚的一半；外壁圆角半径可取壁厚的 1.5 倍。

对于塑件的某些部位，如分型面、型芯与型腔配合处等不便制成圆角，则可仍采用尖角。

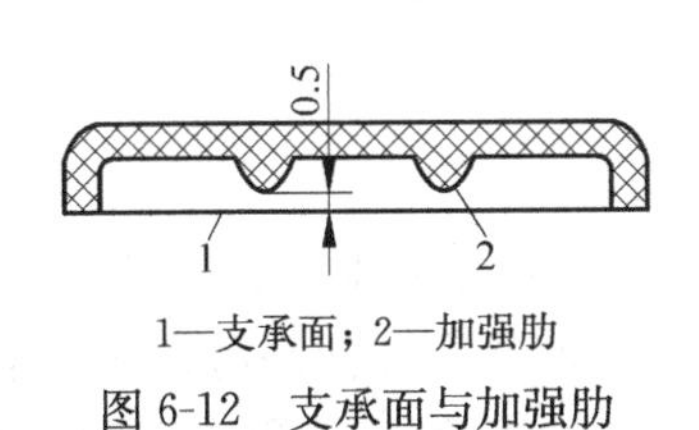

1—支承面；2—加强肋

图 6-12　支承面与加强肋

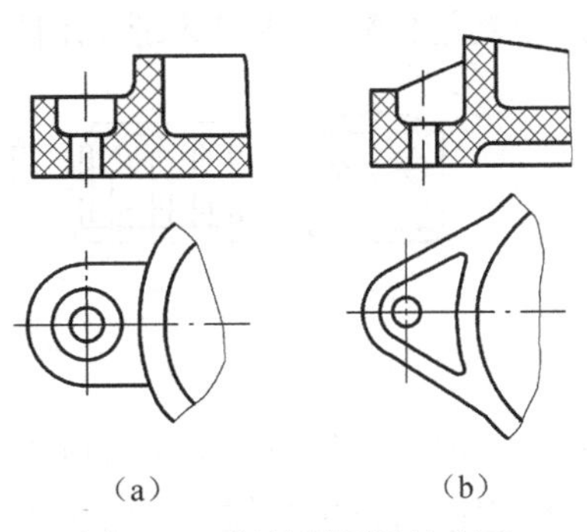

图 6-13　塑件紧固用的凸耳

7. 塑件上孔的设计

塑件上常见的孔有通孔、盲孔及形状复杂的孔等。这些孔均应设置在不易削弱塑件强度的位置。在孔与孔之间和孔与边缘之间均应留有足够的距离。塑件上用于固定孔和其他受力孔的周围应设计凸边来加强，如图 6-14 所示。

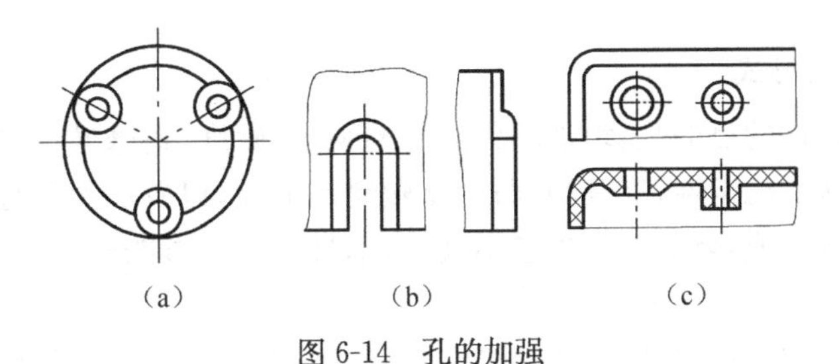

图 6-14　孔的加强

固定用孔建议采用图 6-15(a)所示的沉头螺钉孔的形式，一般不采用图 6-15(b)所示的形式。若必须采用，则应采用图 6-15(c)所示的形式，以便设置型芯。

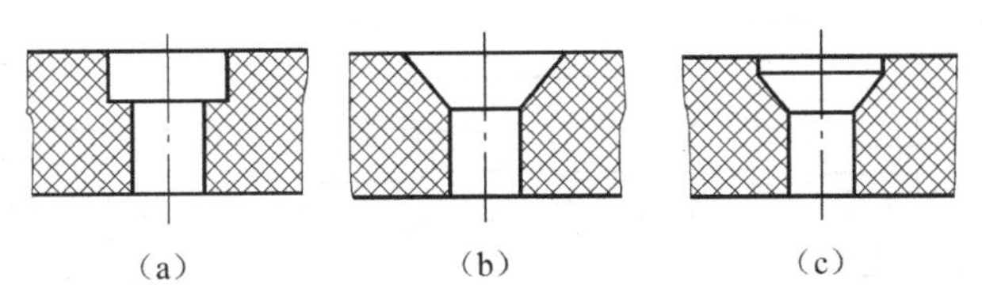

图 6-15　固定用孔的形式

相互垂直或斜交的孔，在压缩模塑件中不宜采用，却可用于压注模塑件和注射模塑件，但两孔的型芯不能互相嵌合(图 6-16(a))，而应采用图 6-16(b)所示的结构形式。脱模时，先将小孔型芯从两边抽芯，再抽大孔型芯。

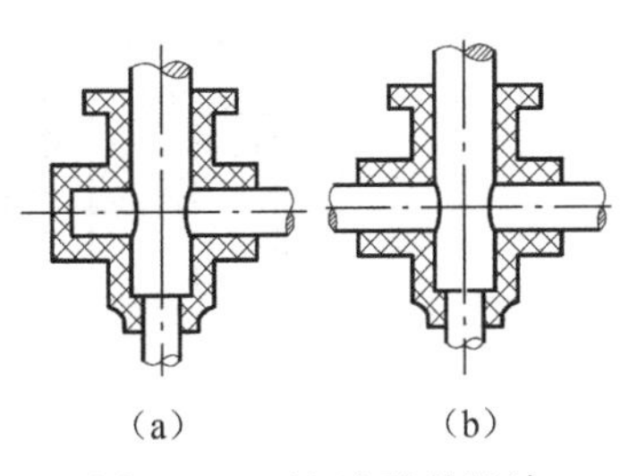

图 6-16　两相交孔的设计

8. 塑件的花纹、标记、符号及文字

塑件上的花纹(如凸、凹纹和皮革纹等)，有的是使用方面的需求，有的则是为了装饰。

设计的花纹应易于成形和脱模且便于模具制造。因此，纹向应与脱模方向一致。例如图 6-17(a)、(d)所示的形式，就存在脱模困难、模具结构复杂的问题；图 6-17(c)所示的形式，其分型面处的飞边不易清除；而图 6-17(b)、(e)所示的形式，则脱模方便，模具结构简单，易于制造，并且分型面处的飞边为一圆形，容易去除。

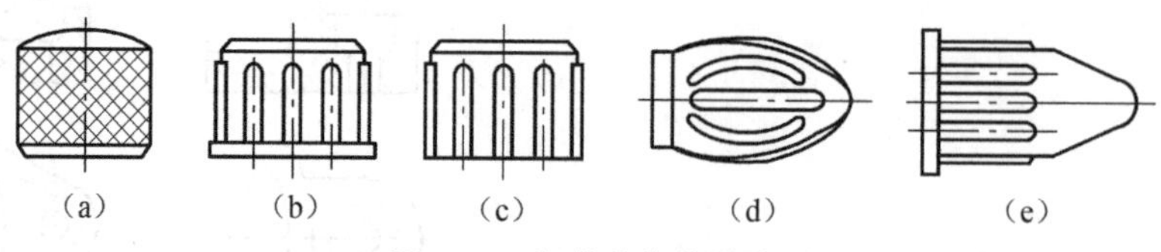

图 6-17　塑件花纹的设计

塑件上的标记、符号或文字可以制成 3 种不同的形式。一种为塑件上是凸字，它在模具制造时比较方便，可以用机械加工或手工方法将字刻在模具上，但凸字在塑件抛光或使用过程中容易磨损。第二种为塑件上是凹字，它可以填入各种颜色的油漆，使字迹更为鲜明，但模具制造困难。第三种为塑件上是凸字，并在凸字周围附加凹入的装饰框，即凹坑凸字。此时可用单个凹字模，并将其镶入模具中，通常为了避免镶嵌痕迹而将镶块周围的结合线作为边框。采用这种形式，塑件上的凸字在抛光或使用时都不易因碰撞而损坏。

三、带嵌件的塑件设计

1. 嵌件的用途及形式

在塑件中设置嵌件的目的是：增加塑件局部的强度、硬度、耐磨性、导电性和导磁性等；增加塑件的尺寸和形状的稳定性，提高精度；降低塑料的消耗，以及满足其他多种要求。嵌件的材料包括各种有色金属或黑色金属，也包括玻璃、木材和已成形的塑件等，其中金属嵌件应用最广泛。

为了使嵌件牢牢固定在塑件中，防止嵌件受力时在塑件内转动或拔出，嵌件表面应加制菱形滚花（图 6-18(a)）、直纹滚花（图 6-18(b)）或制成图 6-18(c)～(f)所示的切口、打孔及折弯等各种形式。

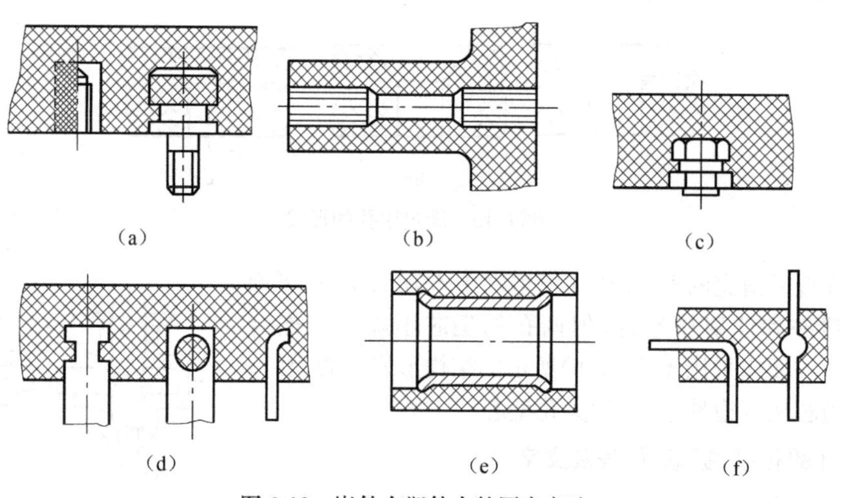

图 6-18　嵌件在塑件中的固定方法

2. 嵌件的设计要点

(1) 由于金属嵌件与塑料的收缩率不同，致使嵌件周围容易产生很大的应力而造成塑件开裂。为防止塑件开裂，嵌件周围的塑料层应有足够的厚度。同时嵌件本身结构不应带有尖角，以减少应力集中。

(2) 单侧带有嵌件的塑件，因两侧的收缩不均匀而造成很大的内应力，导致塑件弯曲或断裂，如图 6-19 所示。

(3) 在压缩或注射成形时，为了防止嵌件受到塑料的流动压力作用而产生位移或变形，嵌件应固定牢靠，如图 6-20 所示。

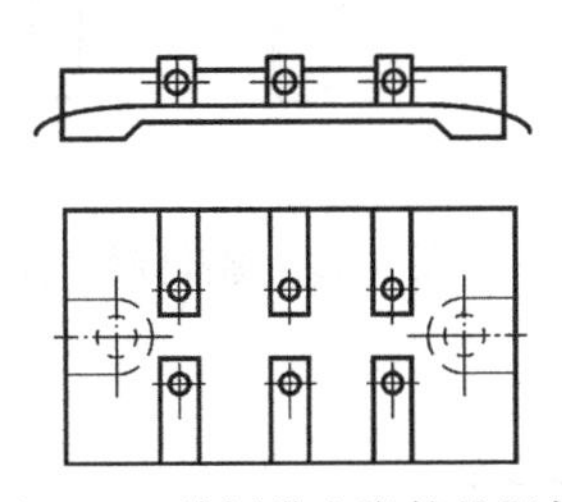

图 6-19　单侧带有嵌件的塑件

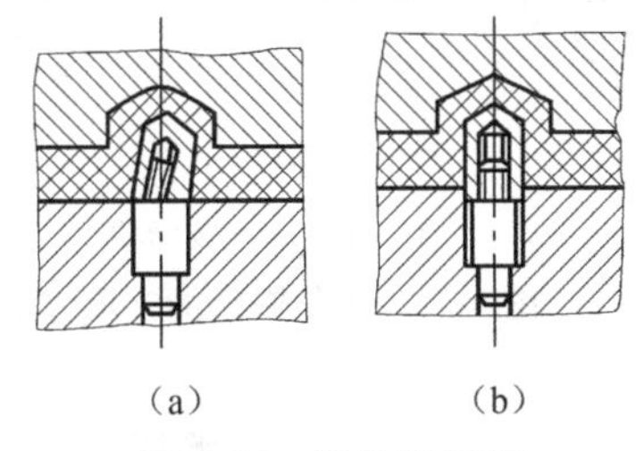

(a)　(b)

图 6-20　嵌件的固定

(4) 嵌件设计时应尽量无通孔(或螺纹通孔)，这样可以在设计模具时采用插入方式解决嵌件的定位，如图 6-21(a)所示。当嵌件为螺纹通孔时，一般先将螺纹嵌件旋入插件中，然后放入模具内定位，如图 6-21(b)所示。

(5) 为了避免鼓胀，套筒嵌件不应设置在塑件的表面或边缘附近，如图 6-22 所示。为了提高塑件的强度，嵌件通常设置在凸耳或凸起部分，同时嵌件应比凸耳部分长一些，如图 6-23 所示。

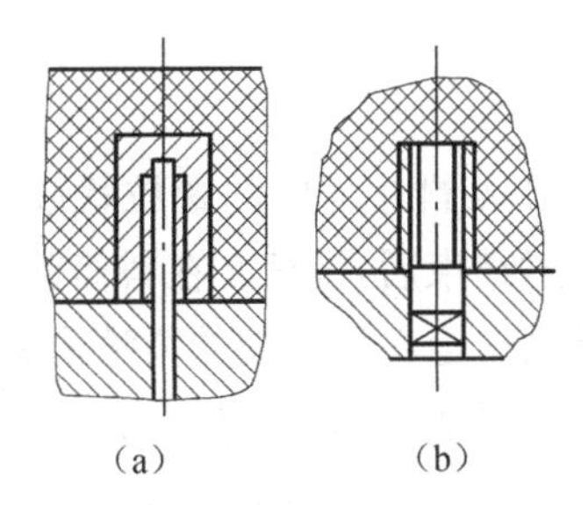

(a)　(b)

图 6-21　盲孔或通孔的固定方法

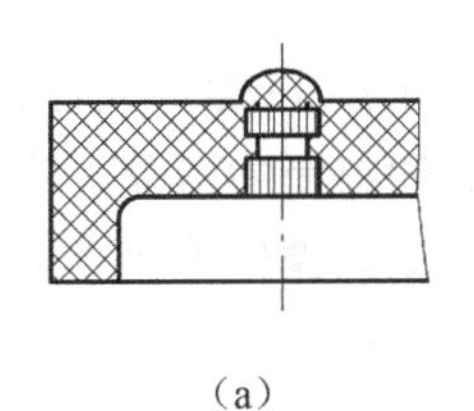

(a)　(b)

图 6-22　套筒嵌件的固定方法

(6) 为了提高嵌件装在模具中的稳定性，在条件允许时，嵌件上应有凸缘并使其凹入(图 6-24(a))或凸起 1.5～2.0mm(图 6-24(b))。

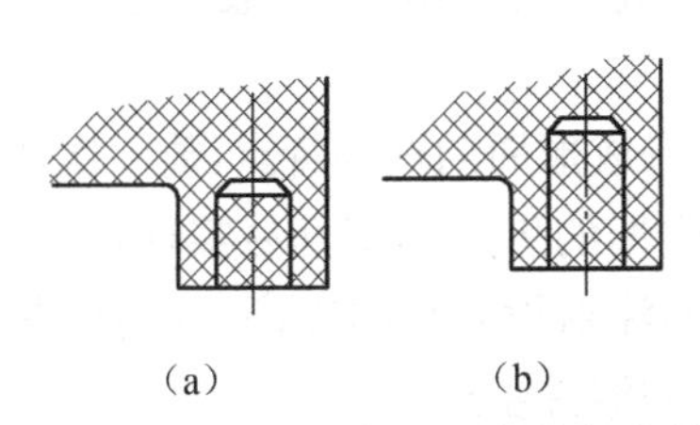

(a)　(b)

图 6-23　设置在塑件凸起部位的嵌件

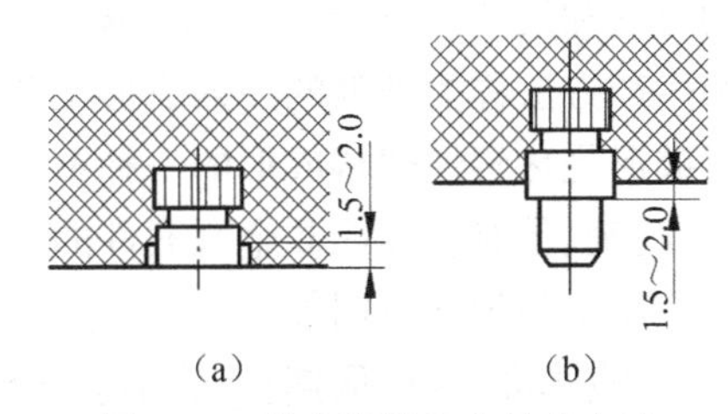

(a)　(b)

图 6-24　提高嵌件稳定性的方法

(7) 当嵌件的自由伸出长度超过 $2d$ 时(d 为嵌件支承部位的直径)，垂直于压缩方向的嵌件应有支承柱，如图 6-25(a)所示。在压入细长嵌件时，应另有支承销，以减少压缩时的弯曲，如图 6-25(b)所示。细长薄片嵌件，除使用支承销外，还要在嵌件中间 A 处打一通孔，以降低料流阻力、减少嵌件受力变形，如图 6-25(c)所示。

(8) 当嵌件为螺杆时(图 6-26)，应采用图 6-26(b)所示的形式，否则塑件会顺着螺纹部分产生溢料。

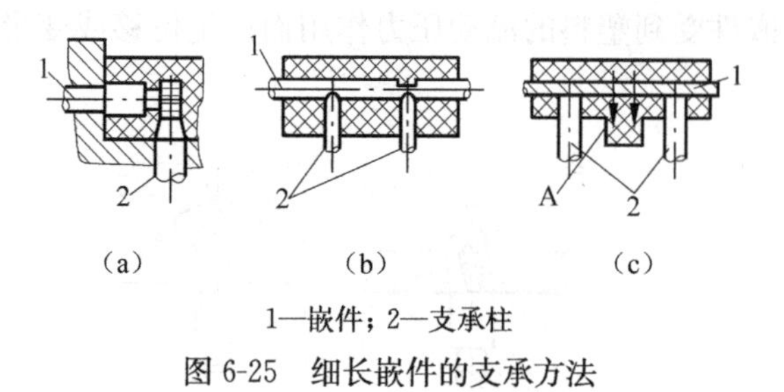

1—嵌件；2—支承柱

图 6-25 细长嵌件的支承方法

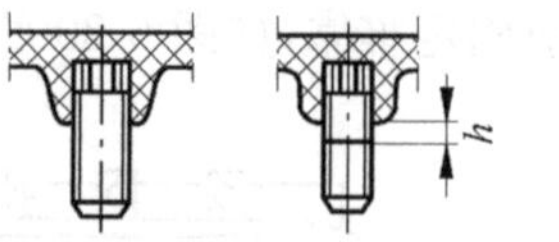

(a) (b) h

图 6-26 螺杆嵌件的固定方法

课题三 注射模塑工艺

【知识目标】

1. 掌握注射机成形原理及成形特点。

2. 掌握注射成形工艺过程。

【技能目标】

熟练操作注射成形工艺过程。

【知识学习】

一、注射机成形原理及成形特点

注射成形原理如图 6-27 所示(以螺杆式注射机为例)。加入料斗 4 中的颗粒状或粉状塑料，被送至外侧安装电加热圈的料筒中塑化。在每次前进注射结束后，螺杆 7 在料筒前端原地转动，被加热预塑的塑料在转动的螺杆作用下通过其螺旋槽输送至料筒前端的喷嘴附近，螺杆的转动使塑料进一步塑化，料温在剪切摩擦热的作用下进一步提高并得以均匀化。当料筒前端的熔料堆积对螺杆产生一定的压力时(称为螺杆的背压)，螺杆就在转动中后退，直至与调整好的行程开关接触，具有模具一次注射量的塑料预塑和储料(即料筒前部熔融塑料的储量)结束。液压缸 6 开始工作，与液压缸活塞相连的螺杆以一定的速度和压力将熔料通过料筒前端的喷嘴注入温度较低的闭合模具型腔中，保压一定时间，熔融塑料冷却固化即可保持模具型腔所赋予的形状和尺寸。开合模机构将模具打开，在推出机构的作用下，可取出注射成形的塑件。这种生产方法称为塑料的注射成形工艺。

注射成形是热塑性塑料成形的一种重要方法，它具有成形周期短的特点，能一次成形形状复杂、尺寸精确、带有金属或非金属嵌件的塑件。注射成形的生产率高且易实现自动化生产，因而广泛应用于各种塑料制件的生产。其缺点是所用的注射设备价格较高、注射模具结构复杂，以及生产成本高、生产周期长，故不适于单件小批量的塑件生产。

二、注射成形工艺过程

注射成形工艺过程包括注射成形前的准备、注射成形过程及塑件后处理，如图 6-28 所示。

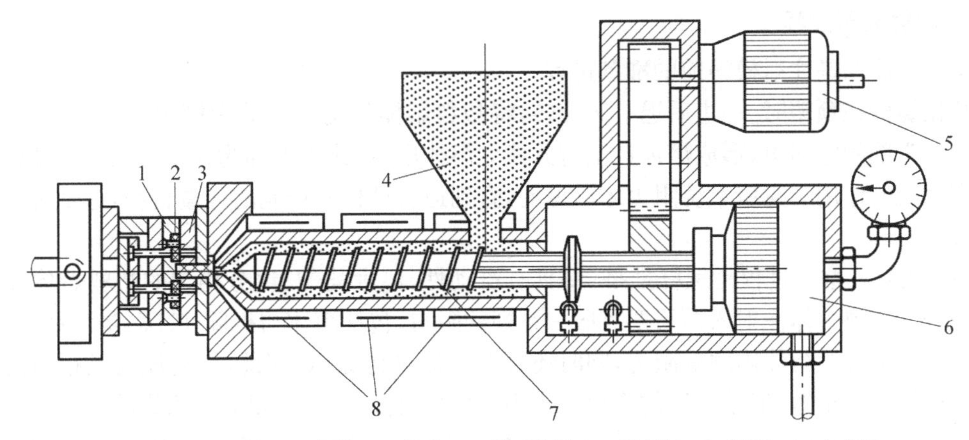

1—动模；2—塑件；3—定模；4—料斗；5—传动装置；6—液压缸；7—螺杆；8—加热器

图 6-27 注射成形原理

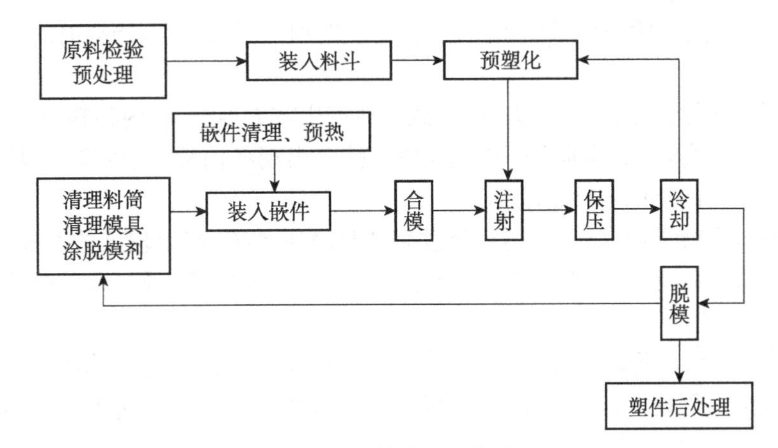

图 6-28 注射成形工艺过程

1. 注射成形前的准备

(1) 原料的检验和预处理。在成形前对原料进行外观和工艺性能的检查，内容包括色泽、粒度、均匀性、流动性、热稳定性、收纳性及水分含量等检查。

一般来说，这些材料成形前都应干燥。干燥的方法有很多，如循环热风干燥、红外线加热干燥、真空加热干燥、沸腾床干燥及气流干燥等。

对于不易吸湿的的塑料(如 PET、PBT、PVC、ABS、PC、PS 及 PP 等塑料)，只要包装、运输、贮存良好，一般可不必干燥处理。

(2) 嵌件预热。由于塑料材料与金属材料的热性能差异很大，两者塑料的导热系数小、线膨胀系数大、成形收缩率大，而金属收缩率小，因此有金属嵌件的塑件，在嵌件周围易产生裂纹，致使制件强度较低。一般预热温度为 110～130℃。而塑料含柔性分子链且嵌件较小时，可不预热。

(3) 机筒清洗。使用时将正常生产条件下的机筒温度提高 10～20℃，挤净机筒内残余物料，然后加入清洗剂，并加入所需更换的正常用料，或是清洗剂挤到螺杆前端，再加入正常用料，用预塑方式连续挤出一段时间即可。

2. 注射成形过程

塑化与流动是注射模塑前的准备过程。

塑化螺杆在预塑时，一边后退一边旋转，将塑料熔体从均化段的螺槽中向前挤出，使之集聚在螺杆头部的空间里，形成熔体计量室并建立熔体压力，此压力称为预塑背压。螺杆旋转时正是在背压的作用下克服系统阻力才后退的，直到退至螺杆所控制的计量行程，这个过程称为塑化过程。

(1) 注射。这一过程是螺杆推挤，将具有流动性、温度均匀、组分均匀的塑料熔体注射入模的过程。塑料熔体注射入模需要克服一系列的阻力，包括熔体与机筒、喷嘴、浇注系统、模具型腔的摩擦阻力及熔体内摩擦阻力，同时还要对熔体进行保压，因此，注射压力是很高的。这一历程虽然时间很短，但是熔体的变化并不小，这些变化对产品质量有很大影响。

(2) 模塑。模塑阶段是指塑料熔体进入模腔开始，经过型腔注满、熔体在控制条件下冷却定型，直到塑件从模腔脱出。模塑可分为充模、压实、倒流和冷却 4 个阶段，在这连续的 4 个阶段中塑料熔体的温度将不断下降。

① 充模阶段。这一阶段包括引料入模期、充模期和挤压增密期，历经时间很短，称作注射时间，通常为 3～5s。

充模时间长，充模速度慢，黏度升高，导致熔料产生较大温差，模内物料受到较高的剪切应力，分子定向程度较高，形成定向分子冻结，塑件就会出现各向异性、内应力，甚至产品裂纹。充模时间过长，塑件的热稳定性也较低。

充模时间短，也就是快速充模，熔料经过喷嘴及浇注系统，产生较高的摩擦热，料温较高，塑件熔接强度也较高。但是充模速度过快，易令嵌件后部的熔接不好，致使塑件强度变差，容易裹入空气产生气泡。

② 保压阶段。保压阶段也称为压实或增密阶段。该阶段中的塑料熔体会因受到冷却而产生收缩，但是熔料仍处在螺杆的稳压下，机筒内的熔料会向模腔内流入，以补充因收缩而留出的空隙。保压时间通常为 2～120s。

③ 倒流阶段。这一阶段从螺杆后退开始到浇口处熔料凝封为止。这时模腔的压力比流道压力高，因而会发生塑料熔料的倒流。倒流的多少和有无是由保压压力和保压时间来决定的。

④ 冷却阶段。这一阶段包括从浇口凝封到塑件从模腔中顶出。通常冷却时间为 20～120s。冷却塑件的作用是保证塑件脱模时有足够的刚度，不会产生变形。

(3) 塑件后处理。

① 热处理(退火)。热处理的方法是将塑件置于热空气中，如循环热风干燥室、干燥箱，或是置于热的介质中，如水、矿物油、甘油、乙醇及白油等，静置一定时间，通常为几小时到数十小时。

一般热处理的温度控制在高于塑件使用温度 10～20℃或者热变形温度以下 10～20℃为宜。

热处理的实质是：使强迫冻结的分子链得到松驰，凝固的大分子链段转向无规位置，从而消除这一部分内应力。提高结晶度，稳定结晶构型，以提高结晶塑件的硬度、弹性模量，降低断裂伸长率。

② 调湿处理。聚酰胺类塑料在高温下与空气接触时常会氧化变色，此外在空气中使用和贮存时又易吸收水分而膨胀，它需要经过较长的时间才能得到稳定的尺寸。如果将刚脱模的

塑件置于热水中进行处理，不仅可以隔绝空气防止塑件氧化，还可以加快塑件吸湿达到吸湿平衡，使塑件尺寸稳定，这种方法称为调湿处理。

调湿温度和时间随品种、塑件形状而异，既可在醋酸钾溶液（沸点为120℃左右）中进行调湿，也可在矿物油中进行。

三、注射成形工艺条件

1. 温度

注射成形需要控制的温度包括机筒温度、喷嘴温度、模具温度及油温等。前两者主要影响塑化与流动，而模温对塑料的流动与冷却定型起决定性作用。注塑机的油温是控制工艺参数实现的重要条件。

2. 压力

注射模塑过程需要控制的压力包括塑化压力和注射压力。

螺杆头部的熔料在螺杆转动后退时所受到的压力称为塑化背压力，又称背压，其大小可通过液压系统中的溢流阀来调节。注射压力指柱塞或螺杆顶部对塑料施加的压力。它能克服塑料熔体从机筒向型腔的流动阻力，给熔体一定的充模速率，使其充满型腔。因此，注射压力、保压时间对熔体充模及塑件的质量影响极大。

3. 时间

完成一次注射成形过程所需的时间称为成形周期。为了提高生产率，在保证质量的前提下，应尽量缩短成形周期中各阶段的相关时间。一般情况下，充模时间为3～5s；保压时间为20～25s（特厚塑件可达5～10min）；冷却时间取决于塑件的厚度、塑料的热性能及模具温度，一般取30～120s。

课题四　塑料注射成形设备

【知识目标】

1. 了解注射机的分类。
2. 熟悉注射机的基本参数。

【技能目标】

了解注射机的选用原则。

【知识学习】

塑料成形设备主要有用于注射成形的塑料注射机，用于压缩成形、压注成形的液压机，以及用于挤出成形的挤压机等，其中塑料注射机应用最为广泛。本书只介绍注射机的分类、成形原理及选用原则。

一、注射机分类

目前，国产注射机主要有3种类型，即立式、卧式和直角式注射机。由于其结构形式不同，使用的模具结构也有所差异。因此，在设计注射模时，选用注射机的类型是非常重要的。各类注射机的结构特征及应用见表6-3。

表 6-3 注射机的结构特征及应用

注射机结构形式	简　图	结构特点	适用范围
立式注射机	1—注射装置；2—定模；3—动模；4—锁模装置	注射装置及定模安装在机床的上半部，锁模装置及动模顶出机构安装在下部，互成竖直一线排列。其注射装置一般为柱塞式，锁模装置为液压机械式 注射机的优点是占地面积小，模具安装、拆卸较方便，较易在模具内安放镶嵌件；其缺点是塑件从模具顶出后，通常需要手动取下，不易实现全自动操作	适用于中小型塑件，以及分两次进行双色注射加工的双色件和镶件较多的塑件
卧式注射机	1—锁模装置；2—动模；3—定模；4—注射装置	注射装置与定模固定板为一侧，顶出机构及动模滑动固定板为另一侧，两侧互为横卧一线排列。注射装置以螺杆推动进行液压锁模 机体较低，容易操作及加料，塑件脱出模具后可自动落下，故可实现自动操作。注射机虽然重心较低，安装稳定，但占地面积大，模具安装比较麻烦，安放镶嵌件也比较困难，而且不稳定	适用于各种塑件注射成形，是目前应用最多的注射机
直角式注射机	1—注射装置；2—定模；3—动模；4—锁模装置	注射装置为竖立布置、锁模装置、顶出及定、动模水平卧式排列，互成直角。注射装置为柱塞式，锁模装置为机械式 开模后制品能自动落下，锁紧可靠，模具受力均匀，但加料困难，镶件安放较为不便，且稳定性差	适用于小型零件及塑件中心部分不允许留有浇口痕迹的特殊零件，应用不甚广泛

二、注射机技术参数

注射机主要技术参数见表 6-4。

表 6-4 注射机主要技术参数

序号	技 术 参 数	说　明
1	注射压力	注射压力指注射机所能产生的最大压力，即注射机压力表指示的读数
2	注射速度	注射速度指每分钟射出融料的射程，或射出每次注射量所需的最短时间(s)，又或每秒注入型腔内的最大融料体积。注射机一般分高速和低速两种形式
3	最大成形面积	最大成形面积指塑件在分型面上的最大投影面积

续表

序号	技术参数	说　明
4	锁模力	锁模力指克服型腔压力，夹紧动、定模分型面不产生溢料所需的力
5	开模力	开模力指克服塑件对模具的附着力，以及开启模具抽出型芯所用的力和开模时各种摩擦力的总和
6	允许模具厚度	机器允许安装模具的最大厚度称为允许模具厚度。当闭模后达到规定的锁模力时，机器的允许安装最小模具厚度称为允许最小模具厚度
7	顶出装置的顶出力及顶出形式	顶出力指顶出塑件用的力；顶出装置分液压和机械两种形式
8	模板行程	模板间最大距离和模具最小厚度之差值称为模板行程
9	模板距离	模板距离指动模滑动固定板与定模固定板之间的距离

三、注射机的选择

1. 注射机的选用方法

在设计注射模时，注射机的选用主要包括以下两方面：

(1) 注射机类型的选择。在选择注射机类型时，应根据塑料的品种、塑件的结构、成形方法、生产批量、现有设备及注射工艺等进行选择。

(2) 注射机规格的初选。根据以往的经验和注射模的大小，先预选注射机的型号，再根据所设计的模具进行校核。

2. 注射机参数的校核

注射模是与注射机配套使用的，因此应了解注射机的规格与性能，并对所选用注射机的基本参数进行校核，具体方法见表6-5。

表6-5　注射机的基本参数校核方法

序号	校核项目	校核方法
1	注射量的校核	注射模内的塑件及浇注系统凝料的总给量(容积或质量)应在注射机额定注射量的80%以内，即 $nV_a+V_f\leqslant 0.8V_k$ 式中，V_a——单个塑件的容积(cm^3)或质量(g)； n——模具的型腔数目； V_f——浇注系统和飞边所需塑料的容积(cm^3)或质量(g)； V_k——注射机额定注射量(cm^3 或 g)
2	锁模(合模)力的校核	注射模从分型胀开的力(锁模力)应小于注射机额定锁模力，即 $F\geqslant P_m(nA_a+A_j)$ 式中，F——注射机额定锁模力(含模力)(N)； A_a、A_j——塑件和浇注系统在分型面上的垂直投影面积(mm^2)； P_m——塑料熔体在模腔内的平均压力(MPa)，通常模腔压力为20～40MPa，成形一般制品为24～34MPa，精密制品为39～44MPa； n——型腔个数

续表

<table>
<tr><th>序号</th><th>校核项目</th><th>校 核 方 法</th></tr>
<tr><td>3</td><td>注射压力的校核</td><td>注射机的最大压力应大于塑件成形所需的压力，即
$$P_n \geqslant P_m$$
式中，P_n——注射机最大注射压力(MPa)；
P_m——塑件成形所需的注射压力(MPa)，具体见表1
表1　常用塑料注射压力
<table>
<tr><th>塑料名称</th><th>注射压力/MPa</th><th>塑料名称</th><th>注射压力/MPa</th></tr>
<tr><td>低压聚乙烯</td><td>60～100</td><td>聚碳酸酯</td><td>80～130</td></tr>
<tr><td>聚丙烯</td><td>70～100</td><td>聚砜</td><td>80～200</td></tr>
<tr><td>ABS</td><td>60～100</td><td>尼龙6</td><td>70～120</td></tr>
<tr><td>聚苯乙烯</td><td>60～110</td><td>尼龙1010</td><td>40～100</td></tr>
</table></td></tr>
<tr><td>4</td><td>模具高度与注射机闭合高度关系的校核</td><td>模具的闭合高度应在注射机最大与最小闭合高度之间，即
$$H_{min} < H_m < H_{max}$$
式中，H_m——模具的闭合高度(mm)；
H_{min}——注射机最小闭合高度(mm)；
H_{max}——注射机最大闭合高度(mm)</td></tr>
<tr><td>5</td><td>开模行程校核</td><td>注射机的开模行程应大于脱模取出塑件所需的开模距离，即
① 单分型面模具
$$S_{max} \geqslant H_1 + H_2 + (5 \sim 10)\text{mm}$$
② 双分型面模具
$$S_{max} \geqslant H_1 + H_2 + a + (5 \sim 10)\text{mm}$$
式中，S_{max}——注射机最大开模行程(mm)；
H_1——塑件脱模所需顶出的距离(mm)；
H_2——塑件高度(mm)；
a——取出浇注系统凝料所需固定模板与浇口板的距离</td></tr>
<tr><td>6</td><td>推出装置校核</td><td>模具设计时，应根据注射机顶出装置的形式、顶杆的直径、配制和顶出距离，校核模具的推出脱模机构是否与之相适应</td></tr>
<tr><td>7</td><td>模具外形尺寸校核</td><td>模具的长度与宽度应使模具可以穿过拉杆空间在注射机动模固定板和定模固定板上安装
模具安装尺寸必须与注射机动、定模固定板上的螺孔直径和位置相适应</td></tr>
<tr><td>8</td><td>注射机定位孔与模具定位圈配合校核</td><td>为了使模具安装在注射机上，其主流道中心线应与注射机喷嘴中心线重合，模具的定位圈与注射机定模板上的定位孔应呈较松的间隙配合，定位圈的高度对于小型模具为8～10mm，大型模具为10～15mm</td></tr>
<tr><td>9</td><td>喷嘴的校核</td><td>模具主流道的球面半径应与注射机喷嘴球头半径相吻合或稍大，以便脱卸主流道中的凝料，主流道小端孔径应较喷嘴前端孔径略小</td></tr>
</table>

3. 注射机选用原则

(1) 计算塑件及浇道凝料的总容量(体积或质量)应小于注射机额定容量(体积或质量)的0.8倍。

(2) 模具成形时需要的注射压力应小于所选注射机的最大注射压力。

(3) 模具型腔注射时所产生的注射压力应小于注射机的锁模力。

(4) 模具闭合高度应介于注射机最大、最小闭合高度之间。

(5) 模具脱模取出塑件所需的距离应小于所选注射机的开模行程。

练习与思考

1. 试述注射成形的原理与工艺过程。
2. 注射成形的工艺参数有哪些？如何确定合理的工艺参数？
3. 举例说明日常生活、生产中一些塑件的材料名称和成形方法。
4. 塑件上螺纹的成形方法有哪些？设计螺纹时应注意哪些方面？
5. 针对某一塑料制的日常用品，试分析其工艺、结构，并撰写一份分析报告。
6. 设计注射模时，如何对锁模力进行校核？

模块七　塑料注射模具设计

课题一　塑料注射模具的分类和基本结构

【知识目标】

1. 了解注射模具的分类。

2. 掌握注射模具的结构组成及特征。

【技能目标】

1. 掌握常用注射模具的结构组成。

2. 学会塑料常用件的注射模具设计。

【知识学习】

一、注射模具的分类

注射模具简称注射模，其分类方法有很多，按所用注射机的类型，可分为卧式、立式和角式注射机用的模具；按成形塑料的材料，可分为热塑性塑料注射模具和热固性塑料注射模具；按其采用的流道形式，可分为普通流道注射模具和热流道注射模具；按模具的安装方式，可分为移动式模具、固定式模具和半固定式模具。生产中常见的分类方法主要有以下 3 种。

1. 按型腔数目分类

(1) 单型腔模具。一副模具中只有一个型腔，在一个模塑周期内只能生产一个塑件的模具，就是单型腔模具。这种模具结构简单、制造方便、造价低廉，但生产效率较低，设备的潜力不能充分发挥。它主要用于大型塑件和形状复杂或多嵌件的塑件成形，以及小批量生产及试制场合。

(2) 多型腔模具。一副模具中有两个或两个以上的型腔，在一个模塑周期内同时生产两个或两个以上塑件的模具，就是多型腔模具。这种模具生产率高，设备潜力能够充分发挥，但模具结构比较复杂，造价较高。它主要用于较大批量或小型塑件的成形。

2. 按分型面的特征分类

按分型面的数目，可分为一个、两个、三个或多个分型面的模具；按分型面的特征，可分为水平分型面的模具、垂直分型面的模具和水平与垂直分型面的模具。

水平分型面是指分型面的位置垂直于合模方向；垂直分型面是指分型面的位置平行于合模方向。因此，模具在立式压力机或注射机上工作时，水平分型面平行于地面；在卧式注射机上工作时，水平分型面垂直于地面，如图 7-1 所示。

图 7-2 所示为具有 3 个分型面的模具。图 7-3 所示为具有一个水平分型面和一个垂直分型面的模具。

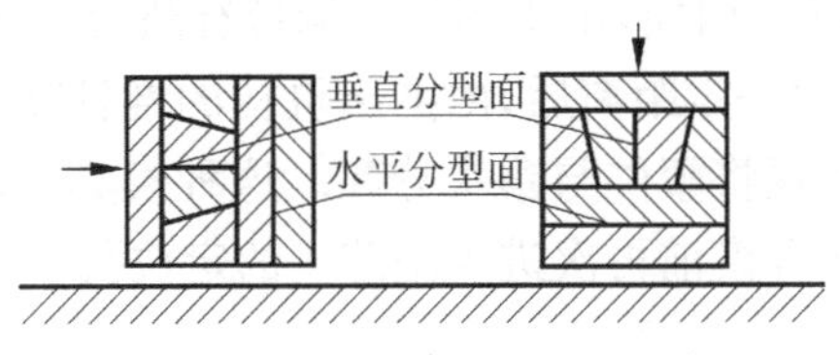

图 7-1　分型面与地面的相对关系

图 7-2　具有 3 个分型面的模具

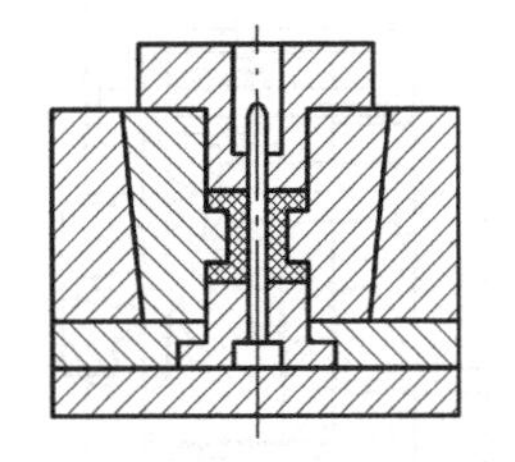

图 7-3　具有一个水平分型面和一个垂直分型面的模具

3. 按注射模总体结构特征分类

(1) 单分型面注射模。单分型面注射模又称二板注射模，它是注射模具中最简单的一种，只有一个分型面，构成形腔的一部分在动模上，另一部分在定模上。卧式或立式注射机使用的单分型面注射模，其主流道设在定模一侧，分流道设在分型面上，开模后塑件连同流道凝料一起留在动模一侧。动模上设有顶出装置，用以顶出塑件和流道凝料(料把)，如图 7-4 所示。

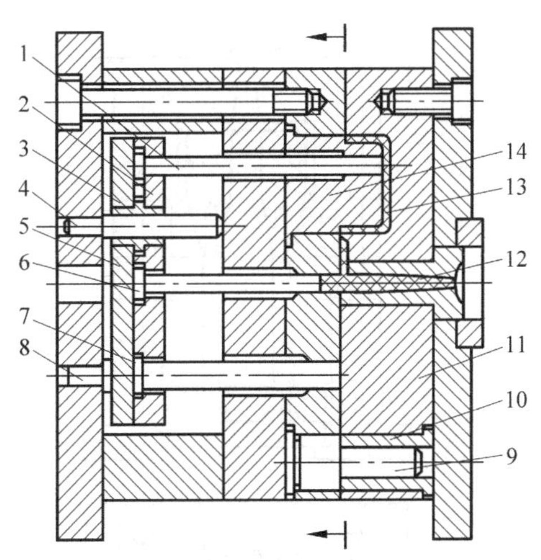

1—推杆；2—推杆固定板；3—推板导套；4—推板导柱；5—推板；6—拉料杆；7—复位杆；8—支承钉；9—导柱；10—导套；11—定模型腔板；12—浇注系统；13—塑件；14—型芯

图 7-4　单分型面注射模

(2) 双分型面注射模。双分型面注射模的特征是浇注系统凝料和塑件由不同的分型面取出，它又称为三板式注射模。与单分型面相比，这种模具增加了一个可移动的中间板(又称浇口板)。它适宜用作针点浇口进料的单型腔或多型腔模具。开模时，将中间板与固定模板定距离分离，以便取出这两块板间的浇注系统凝料，如图 7-5 所示。

(3) 带有活动成形零件的注射模。由于塑件结构的特殊要求，如带有内侧凸、内侧凹或螺纹孔等，需要在模具中设置活动的成形零件，也称活动镶块(件)，以便开模时顺利取出塑件。

图 7-6 所示为带有活动型芯的注射模，由于制件内侧带有凸台，故而采用活动镶块 3 成形。开模时，塑件留在动模上，待分型一定距离后，由推出机构的推杆将活动镶块 3 连同塑件一起推出模外，然后由人工或其他装置将塑件与镶块分离。这种模具要求推杆 9 在完成推出动作后能先回程，以便活动镶块 3 在合模前再次进入型芯 4 的定位孔中。

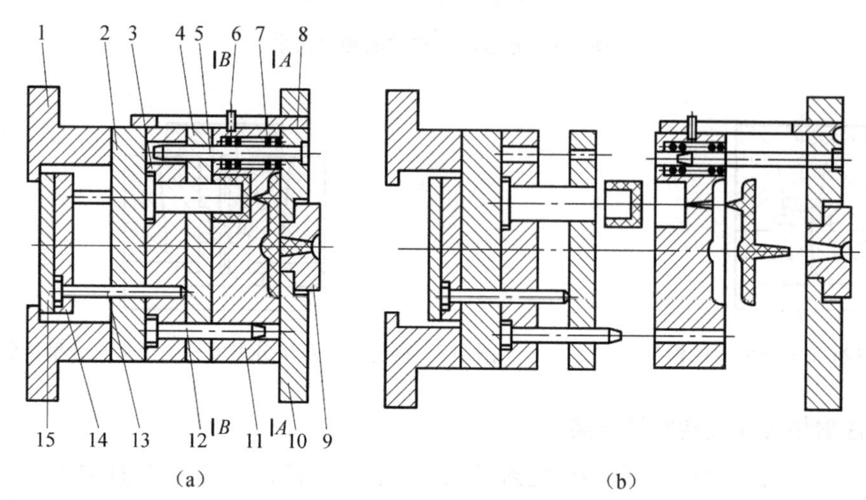

1—支架；2—支承板；3—凸模固定板；4—推件板；5—导柱；6—限位钉；7—弹簧；8—定距拉板；9—主浇道衬套；10—定模座板；11—中间板；12—导柱；13—推杆；14—推杆固定；15—推板

图 7-5 卧式双分型面注射模

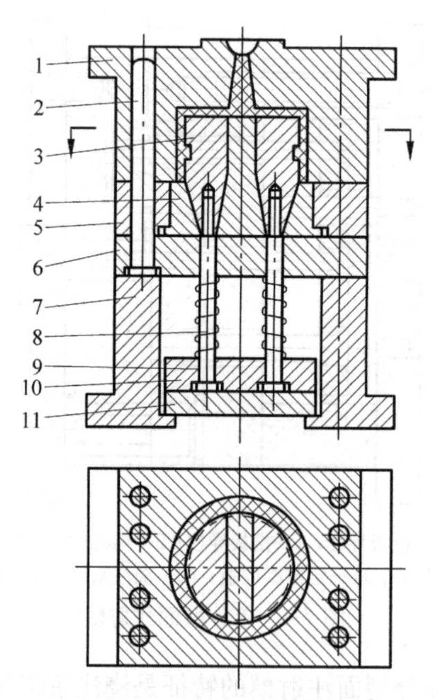

1—定模座板；2—导柱；3—活动镶块；4—型芯；5—动模板；6—支承板；7—模脚(支架)；8—弹簧；9—推杆；10—推杆固定板；11—推板

图 7-6 带有活动型芯的注射模

(4) 侧向分型抽芯注射模。当塑件上存在侧孔或侧凹时，在模具中需要设置由斜导柱或斜滑块组成的侧向分型抽芯机构，使侧型芯做横向运动，如带有斜导柱的侧向分型抽芯注射模

(图 7-7)。图 7-7(a)所示为合模状态。开模时,在开模力的作用下,定模上的斜导柱 2 驱动动模部分的斜滑块 3 垂直于开模方向运动,使其前端的小型芯从塑件侧孔被抽拔出来,然后由推出机构将塑件从主型芯中推出模外,如图 7-7(b)所示。

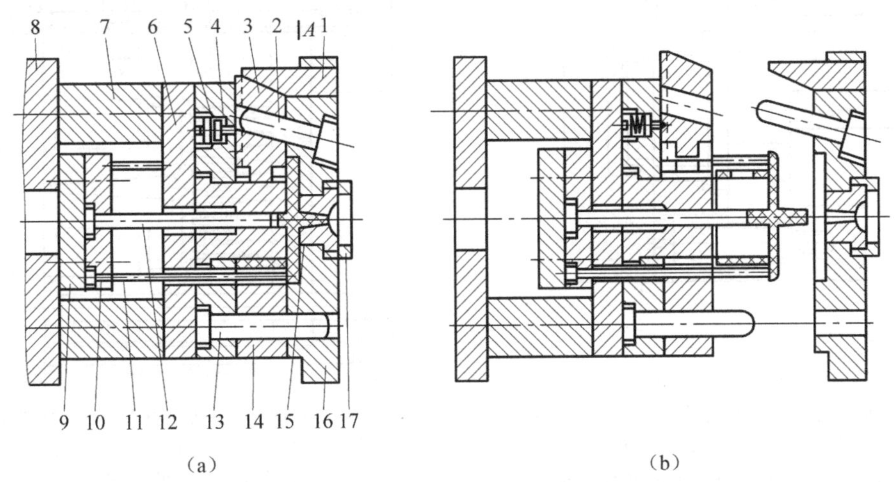

1—楔紧块;2—斜导柱;3—斜滑块;4—限位销;5—固定板;6—支承板;7—支架;8—动模座板;9—推板;10—推板固定板;11—推杆;12—拉料杆;13—导柱;14—动模板;15—主浇道衬套;16—定模板;17—定位环

图 7-7　带有斜导柱的侧向分型抽芯注射模

(5) 自动卸螺纹的注射模。当带有螺纹的塑件要求自动脱模时,可在模具中设置能转动的螺纹型芯或型环,利用注射机自身的旋转运动或往复运动将螺纹型芯脱出。图 7-8 所示为用于角式注射机的带有自动卸螺纹机构的注射模。为了防止塑件随螺纹型芯一起转动,一般要求塑件外形具有防转结构,图中是利用塑件端面的凸起花纹来防止塑件随螺纹型芯转动的。开模时,当模具从 *A*—*A* 处分开时,螺纹型芯 1 由注射机的开合模丝杆带动旋转并从塑件中旋出,塑件暂时留在型腔内不动;当螺纹型芯在塑件内还剩一扣或半扣时,定距螺钉 4 使模具从 *B*—*B* 分型面处分开,塑件即被带出型腔,并与螺纹型芯产生脱离。

(6) 定模设推出机构的注射模。一般注射模在开模后,塑件均留在动模一侧,但有时由于某些塑件的特殊要求或形状限制,开模后塑件将留在定模一侧或都有可能性,因此,应在定模一侧设置推出机构。如图 7-9 所示,开模后塑件留在定模上,待分型到一定距离后,由动模通过定距拉板或链条等带动定模一侧的推板,将塑件从固定的型芯中强制脱出。

(7) 热流道注射模。普通的浇注系统注射模在每次开模取件时,都有浇道凝料。而热流道注射模(图 7-10)在注射成形过程中,利用加热或绝热的方法使浇注系统中的塑料始终保持熔融状态,这样可以保证在每次开模时,只会取出塑件而没有浇注系统凝料。因而可以节约人力、物力并减少塑料的浪费,并且提高了生产率、保证了塑件质量,更容易实现自动化生产。但热流道注射模结构复杂,温度控制要求严格,模具成本高,因而适用于大批量生产。

二、注射模具的典型结构

注射模具的基本结构由动模和定模两部分组成。注射时,动模与定模闭合构成形腔和浇注系统;开模时,动模与定模分离,以便取出塑件。定模安装在注射机的固定模板上,而动模安装在注射机的移动模板上。图 7-11 所示为注射模具的典型结构。根据模具上各个部件所起的作用,注射模具的组成可分为以下 8 个部分。

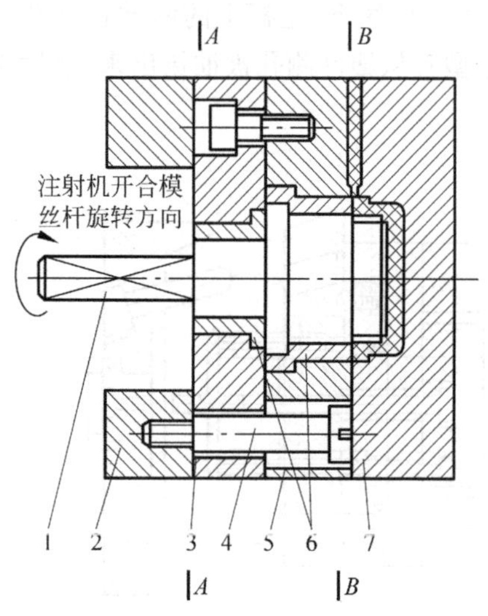

1—螺纹型芯；2,5—动模板；3—支承板；
4—定距螺钉；6—衬套；7—定模板

图 7-8　带有自动卸螺纹机构的注射模

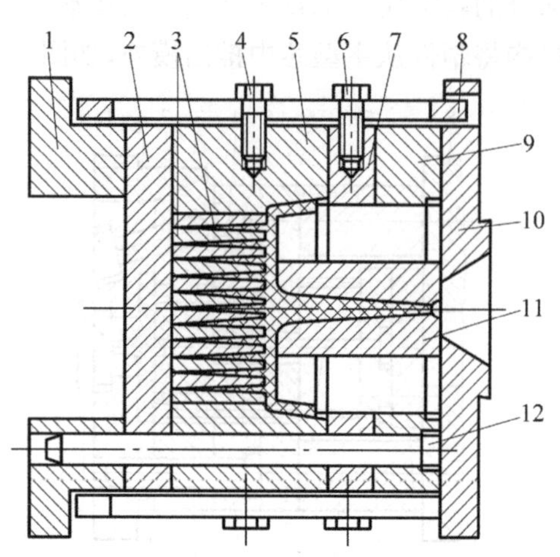

1—模脚；2—支承板；3—成形镶片；4—拉板紧固螺钉；
5—动模；6—螺钉；7—推件板；8—拉板；9—定模板；
10—定模座板；11—凸模（型芯）；12—导柱

图 7-9　定模设推出机构的注射模

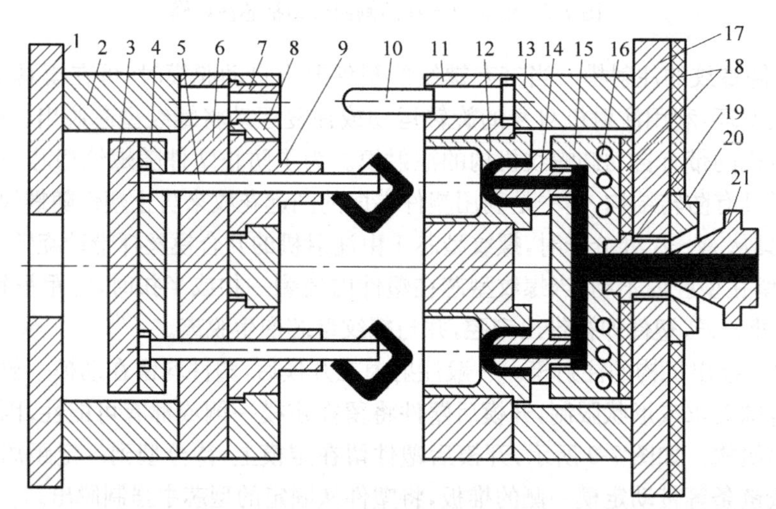

1—动模座板；2—支架；3—推板；4—推杆固定板；5—推杆；6—支承板；7—导柱；8—动模板；9—凸模；
10—导柱；11—定模板；12—凹模；13—支架；14—喷嘴；15—热流道板；16—加热器孔道；17—定模座板；
18—绝热层；19—主浇道衬套；20—定位环；21—注射机喷嘴

图 7-10　热流道注射模

1. 成形部分

成形部分由凸模（形成塑件的内表面形状，又称型芯）、凹模（形成塑件的外表面形状，又称型腔）及嵌件、镶块等组成，合模后共同构成模具的型腔。在图 7-11 所示的模具中，模具的型腔是由定模板 2 和凸模 7 组成的。

2. 浇注系统

熔融塑料从注射机喷嘴进入模具型腔所流经的通道称为浇注系统。浇注系统由主流道、分流道、浇口及冷料穴 4 部分组成。

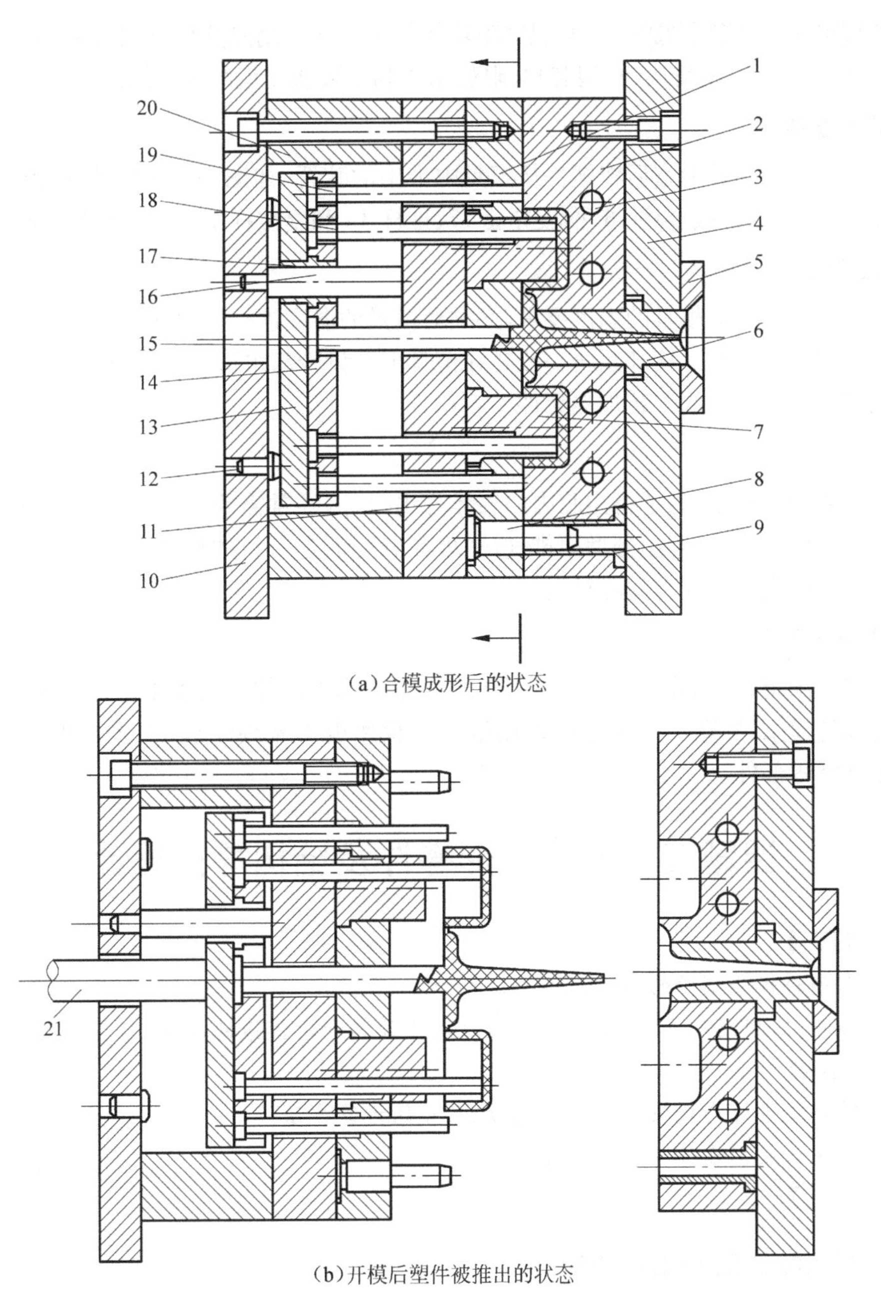

(a)合模成形后的状态

(b)开模后塑件被推出的状态

1—动模板；2—定模板；3—冷却水道；4—定模座板；5—定位圈；6—浇口套；7—凸模；8—导柱；
9—导套；10—动模座板；11—支承板；12—限位钉；13—推板；14—推杆固定板；15—拉料杆；
16—推板导柱；17—推板导套；18—推杆；19—复位杆；20—垫块；21—注射机顶杆

图 7-11　注射模具的典型结构

3. 导向机构

为了确保动、定模的正确合模，需要在动、定模部分采用导柱、导套(如图 7-11 中的 8、9)或在动、定模部分设置互相吻合的内、外配合锥面。

4. 侧向分型与抽芯机构

当塑件带有侧凹或侧凸时，在开模推出塑件之前，必须先将成形侧凹或侧凸的活动型芯从塑件中抽拔出去，才能顺利脱模。实现这项功能的装置就是侧向分型与抽芯机构，如图7-7所示模具中的斜导柱2、斜滑块（侧型芯）3、限位销4和楔紧块1就组成了侧向分型与抽芯机构。

5. 推出机构

推出机构是指模具分型后将塑件从模具中推出的装置，如图7-11所示的推板13、推杆固定板14、拉料杆15、推板导柱16、推板导套17、推杆18和复位杆19等共同组成的推出机构。

6. 温度调节系统

为满足注射工艺对模具的温度要求，必须对模具的温度进行控制，因此模具通常设有冷却或加热的温度调节系统。冷却系统一般是在模具上开设冷却水道，如图7-11所示的3；而加热系统是在模具内部或四周安装加热元件。

7. 排溢系统

在注射成形过程中，为了将型腔内的气体排出模外，经常需要开设排气和溢流系统（简称排溢系统）。排气系统可利用分型面排气，也可在分型面上有目的地开设排气槽，还可利用推杆或型芯与模板之间的配合间隙排气。

8. 支承零部件

用来安装固定、支承成形零件的零部件统称为支承零部件。支承零部件组装在一起构成了注射模具的模架，如图7-11所示的动模板1、定模座板4、动模座板10、支承板11及垫块20等均属于支承零部件。

课题二　模具成形零件及结构零件设计

【知识目标】

1. 熟悉塑料模分型面的设计与选择。
2. 掌握凸、凹模结构设计、模具成形零件尺寸计算和内模镶件计算。

【技能目标】

1. 能够熟练设计内模镶件、型芯及型腔尺寸的计算方法。
2. 正确设计成形零件的结构。

【知识学习】

一、型腔数目的确定和布置

当模具型腔数目确定后，应考虑型腔的布局。注塑机的料筒通常置于定模板中心轴上，由此可以确定主流道的位置，各型腔到主流道的相对位置应满足以下基本要求：

（1）尽量保证各型腔从总压力中均等分得所需的型腔压力，同时保证均匀充满，并均衡补料，以使各塑件的性能、尺寸尽可能一致。

（2）主流道到各型腔的流程短，以降低废料率。

（3）各型腔间距应尽可能大，以便在空间设置冷却水道、推出杆等，并具有足够的截面积，以承受注射压力。

（4）型腔和浇注系统投影面积的中心应尽量接近注射机锁模力的中心，一般与模板中心重合。

1. 型腔数目的确定

常用确定型腔数目的方法如下：

(1) 按注射机的最大注射量确定型腔数 n，即

$$n \leqslant \frac{0.8V_g - V_j}{V_n} \tag{7-1}$$

式中，V_g——注射机最大注射量(cm^3或 g)；

V_j——浇注系统凝料量(cm^3或 g)；

V_n——单个塑件的容积或质量(cm^3或 g)。

(2) 按注射机的额定锁模力确定型腔数。根据注射机的额定锁模力不小于将模具分型面胀开的力，即 $F \geqslant p(nA_n + A_j)$确定型腔数 n，即

$$n \leqslant \frac{F - pA_j}{pA_n} \tag{7-2}$$

式中，F——注射机的额定锁模力(N)；

p——塑料熔体对型腔的平均压力(MPa)；

A_n——单个塑件在分型面上的投影面积(mm^2)；

A_j——浇注系统在分型面上的投影面积(mm^2)。

(3) 按制品的精度要求确定型腔数。生产经验认为，增加一个型腔，塑件的尺寸精度将降低 4%。为了满足塑件尺寸精度需要，型腔数为

$$n \leqslant 25 \frac{\delta}{L\Delta_s} - 24 \tag{7-3}$$

式中，L——塑件基本尺寸(mm)；

$\pm\delta$——塑件的尺寸公差(mm)，为双向对称偏差标注；

$\pm\Delta_s$——单腔模注射时塑件可能产生的尺寸误差的百分比。其数值对聚甲醛为±0.2%，聚酰胺－66 为±0.3%，对 PE、PP、PC、ABS 和 PVC 等塑料为±0.05%。成形高精度制品时，型腔数不宜过多，通常推荐不超过 4 腔，因为多型腔难以使各型腔的成形条件均匀一致。

(4) 按经济性确定型腔数。根据总成形加工费用最小的原则，仅考虑模具费用和成形加工费。

模具费用为

$$X_m = nC_1 + C_2$$

式中，C_1——每一型腔所需承担的与型腔数有关的模具费用；

C_2——与型腔数无关的费用。

成形加工费为

$$X_j = N\frac{yt}{60n} \tag{7-4}$$

式中，N——制品总件数；

y——每小时注射成形加工费(元/h)；

t——成形周期。

总成形加工费为

$$X = X_m + X_j$$

为使总成形加工费最小，令

$$\frac{\mathrm{d}X}{\mathrm{d}n}=0$$

则得

$$n=\sqrt{\frac{Nyt}{60C_1}} \tag{7-5}$$

2. 多型腔的排列

设计多型腔时应注意以下事项：

(1) 尽可能采用平衡式排列，以便构成平衡式浇注系统，确保塑件质量均一和稳定。

(2) 型腔布置和浇口开设部位应力求对称，以防止模具承受偏载而产生溢料现象，如图7-12所示。

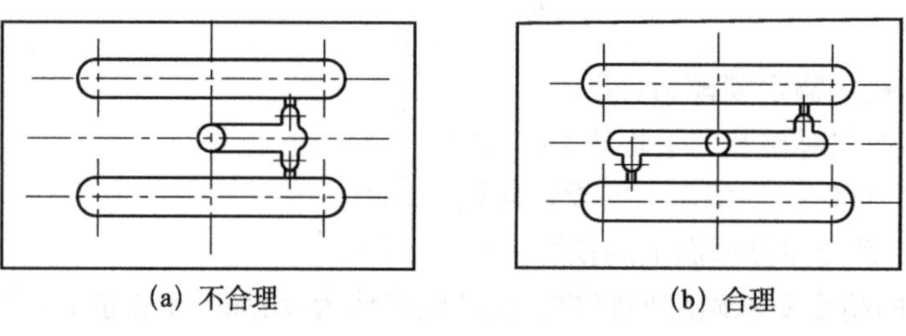

(a) 不合理　　(b) 合理

图7-12　型腔的布置力求对称

(3) 尽量使型腔排列紧凑，以减小模具的外形尺寸。例如，图7-13(b)所示的布局就优于图7-13(a)所示的布局，因为图7-13(b)的模板总面积小，可节省钢材，减轻模具重量。

(4) 型腔圆形排列所占的模板尺寸大，虽有利于浇注系统的平衡，但加工较麻烦。除圆形制品和一些高精度制品外，一般情况下常用直线和H形排列，从平衡的角度看应尽量选择H形排列，如图7-14(b)、(c)所示的布局就比图7-14(a)的好。

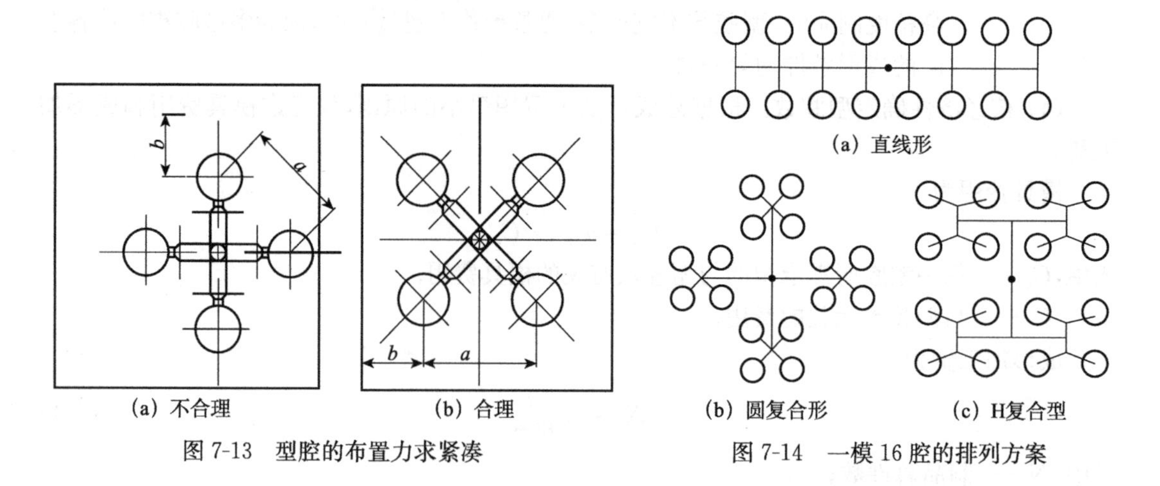

(a) 不合理　　(b) 合理

图7-13　型腔的布置力求紧凑

(a) 直线形

(b) 圆复合形　　(c) H复合型

图7-14　一模16腔的排列方案

二、塑料模分型面的设计与选择

为了满足塑件及浇注系统凝料的脱模和安放嵌件的需要，将模具型腔适当地分成两个或多个部分，这些可以分离部分的接触表面统称为分型面。分型面是决定模具结构的重要因素。

1. 分型面的基本形式

根据塑件的不同结构特点，成形过程中塑件在模具中的位置分为以下 3 种：

① 塑件全部在上模(或定模)内成形；

② 塑件全部在下模(或动模)内成形；

③ 塑件同时在上模、下模内成形。

在图样上表示分型面的方法是在分型面的延长面上标记一小段直线表示其位置，并用箭头表示开模方向或模板可移动的方向。如果是多分型面，则用罗马数字(也可用大写字母)表示开模的顺序。分型面的表示方法如图 7-15 所示。

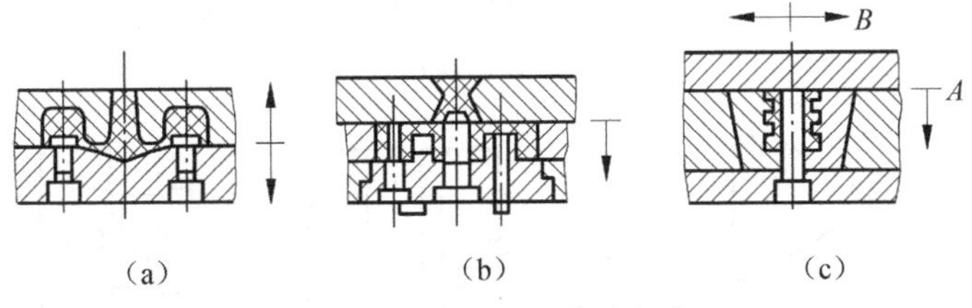

图 7-15 分型面的表示方法

一副模具根据需要可能有一个或多个分型面。分型面可能垂直于合模方向或倾斜于合模方向，也可能平行于合模方向。

分型面的形状有平面(图 7-16(a))、斜面(图 7-16(b))、阶梯面(图 7-16(c))和曲面(图 7-16(d))。分型面应尽量选择平面形状，生产中应用最多的也是平面，为了适应塑件成形的需要和塑件顺利脱模，也可采用后 3 种分型面。后 3 种分型面虽然加工较困难，但型腔加工却比较容易。

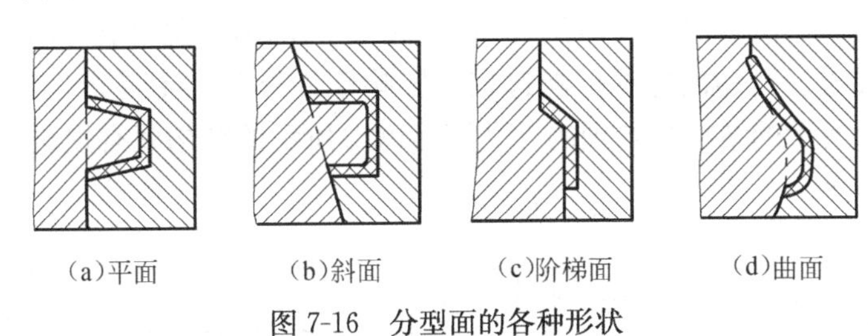

图 7-16 分型面的各种形状

2. 分型面选择的一般原则

(1) 分型面应便于脱模。为了便于塑件脱模，在初步确定塑件脱模方向后，分型面应选在塑件外形最大轮廓处，即该方向的塑件的截面积最大，否则塑件无法从型腔中脱出。

考虑型腔总体结构时，必须注意塑件在型腔中的方位，尽量避免与开模方向垂直的分型面，以减少侧向分型和侧向抽芯，如图 7-17(b)所示的分型面就比图 7-17(a)所示的更合理。

为了便于塑件脱模，一般情况下应使塑件在开模时尽可能留在下模或动模部分，以便将其推出。特别对于自动化生产所用模具，正确处理塑件在开模时的留模问题更为重要。对于如何使塑件留在下模或动模中，必须具体分析塑件与上、下模或动模和定模的摩擦力关系，做到摩擦力大的朝向下模或动模一方，但不宜过大，否则又会造成脱摸困难。

(2) 分型面的选择应有利于侧向分型与抽芯。如果塑件有侧孔或侧凹时，应尽可能将侧型芯设在动模部分，以便于抽芯(图 7-18(a))；如果侧型芯设在定模部分(图 7-18(b))，则抽芯比较困难。普通侧向分型抽芯机构的抽拔距较小，应将抽芯或分型距离较大的放在开模方向上，而将抽芯距离较小的放在侧向，如图 7-18(c)所示，若选用图 7-18(d)所示的分型面则欠妥。这是因为侧滑块合模时锁紧力较小，而对于大型塑件又需要侧向分型，则应将投影面积大的分型面设在垂直于合模方向上，而将投影面积小的分型面作为侧向分型，如图 7-18(e)所示。如果采用图 7-18(f)所示的结构，则可能由于侧滑块不能锁紧而产生溢料。为防止溢料，侧滑块锁紧机构必须做得很大。

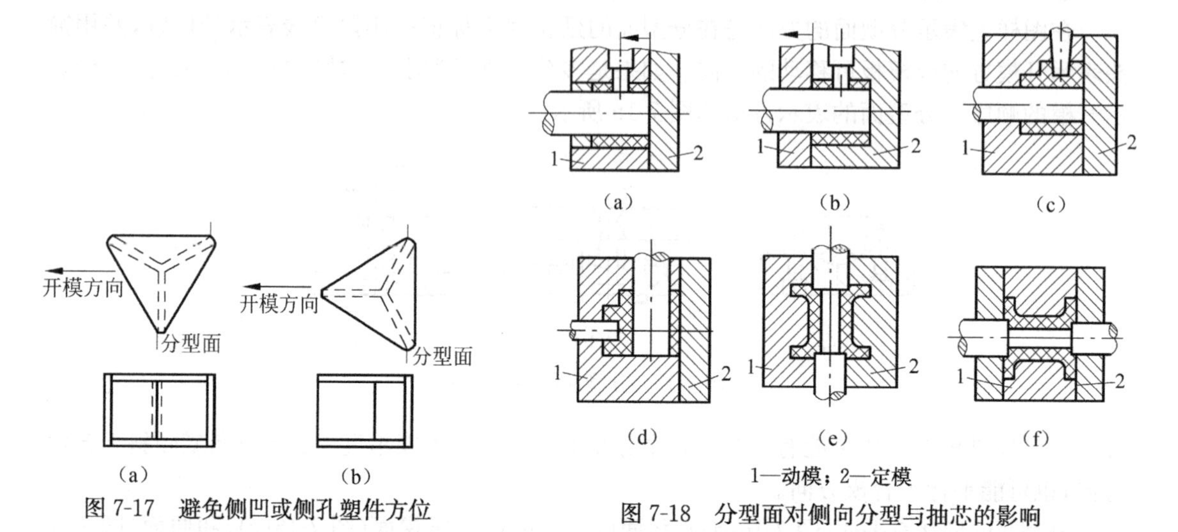

图 7-17　避免侧凹或侧孔塑件方位

图 7-18　分型面对侧向分型与抽芯的影响

(3) 分型面的选择应保证塑件的质量。为了保证塑件的质量，对于有同轴度要求的塑件，应将有同轴度要求的部分设在模具的同一侧。如图 7-19 所示，由于尺寸 D 与 d 有同轴度要求，故应采用图 7-19(a)所示的结构，而不宜采用图 7-19(b)所示的结构，从而有利于保证尺寸 D 与 d 的同轴度要求。分型面应尽可能选在不影响塑件外观和不易产生飞边且容易修整的部位，如图 7-19(c)所示的结构是合理的，而图 7-19(d)所示的结构就有损塑件的表面质量。

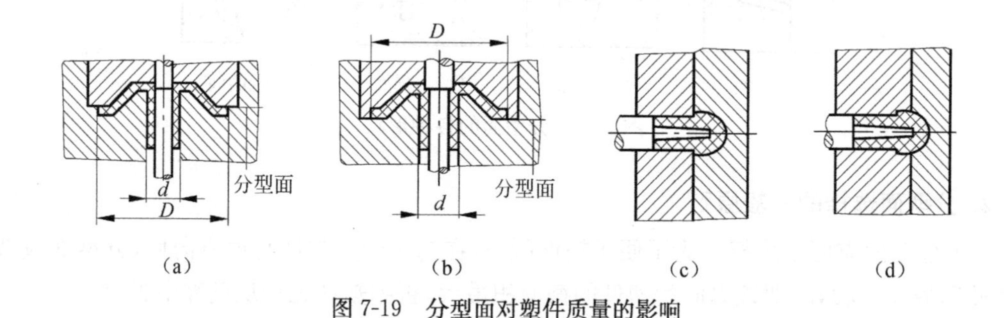

图 7-19　分型面对塑件质量的影响

(4) 分型面的选择应有利于防止溢料。当塑件在垂直于合模方向的分型面上的投影面积接近注射机的最大注射面积时，就会产生溢料。因此，采用图 7-20(a)所示的弯板塑件比采用图 7-20(b)所示的方案更合理。对于流动性好的塑料（如尼龙），采用图 7-20(c)所示的结构可防止溢料过多和飞边过大，而图 7-20(d)所示的结构就不同。前者产生的飞边方向是垂直的，而后者产生的飞边方向是水平的，应视具体要求进行选择。

(5) 分型面的选择应有利于排气。为了便于排气，一般分型面应尽可能与熔体流动的末端重合，如图 7-21(a)、(c)所示的结构是合理的，而图 7-21(b)、(d)所示的结构则欠妥。

(6) 分型面的选择应尽量使成形零件便于加工。

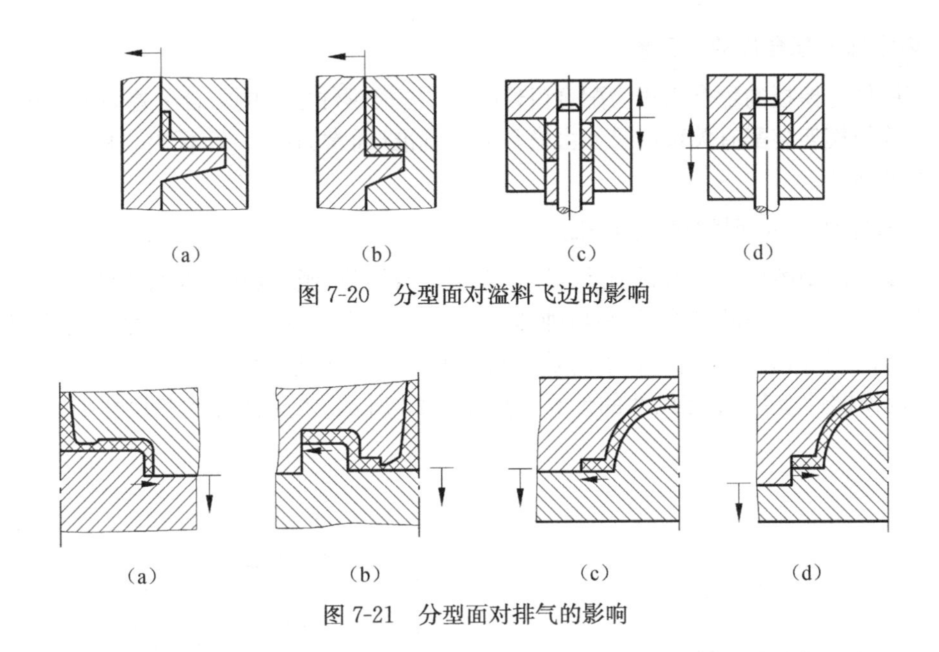

图 7-20 分型面对溢料飞边的影响

图 7-21 分型面对排气的影响

三、模具内模镶件尺寸的确定

确定内模镶件外形尺寸的方法有两种：经验法和计算法，在实际工作中常采用经验法而不是计算法。但对于大型模具、重要模具，为安全起见，最好再用计算法校核其强度和刚度。确定内模镶件尺寸的总体原则是：必须保证模具具有足够的强度和刚度，以使其在使用寿命内不会变形。

1. 内模镶件尺寸的计算

(1) 如图 7-22 所示，壁厚的计算公式为

$$b_1=\sqrt[3]{\frac{Pl_1^4h}{32EHf_{\max}}} \tag{7-6}$$

(2) 侧壁变形量的计算公式为

$$f_{\max}=\frac{Phl_1^4}{32Eb_1^3H}\leqslant[f]=St \tag{7-7}$$

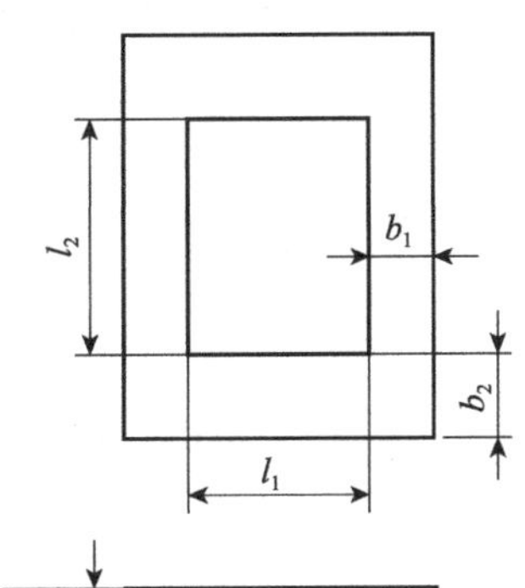

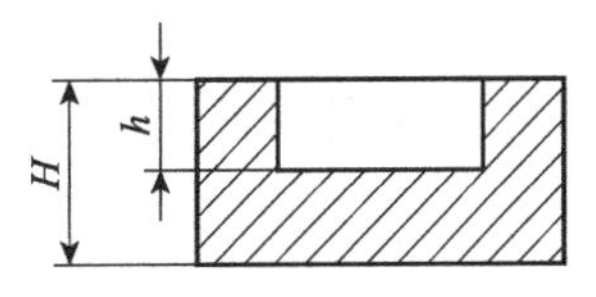

图 7-22 镶件壁厚

式中，H——模板总高(mm)；

h——型腔高度(mm)；

l_1——矩形型腔侧壁长度(mm)；

b_1——型腔侧壁厚度(mm)；

E——弹性模量(Pa)，碳钢取 2.1×10^{11} Pa；

P——型腔压力(Pa)，一般为 24.5～49MPa；

$f_{\max}$——型腔侧壁、支承板或型腔底板的最大变形量(mm)；

$[f]$——许用变形量(mm)；

S——塑料收缩率(%)；

t——制品壁厚(mm)。

2. 内模镶件配合尺寸与公差

内模镶件与模板的配合为过渡配合(H7/m6)；内模镶件之间的配合公差为H7/h6。

螺钉等与模架装配有关系的尺寸由模具装配基准(通常为中心线)标出。标注尺寸时应考虑加工的方便性。

3. 内模镶件型芯、型腔尺寸的确定

内模镶件的型腔尺寸由塑料制品的零件图增加收缩值、脱模斜度，并做镜像处理而得。塑料的成形收缩受多方面的影响，如塑料种类、制品几何形状及大小、模具温度、注射压力、充模时间及保压时间等，其中影响最显著的是塑料种类、制品几何形状及壁厚。

(1) 内模镶件型芯、型腔尺寸的计算。如图7-23所示，内模镶件型腔尺寸的国标计算法如下所述。

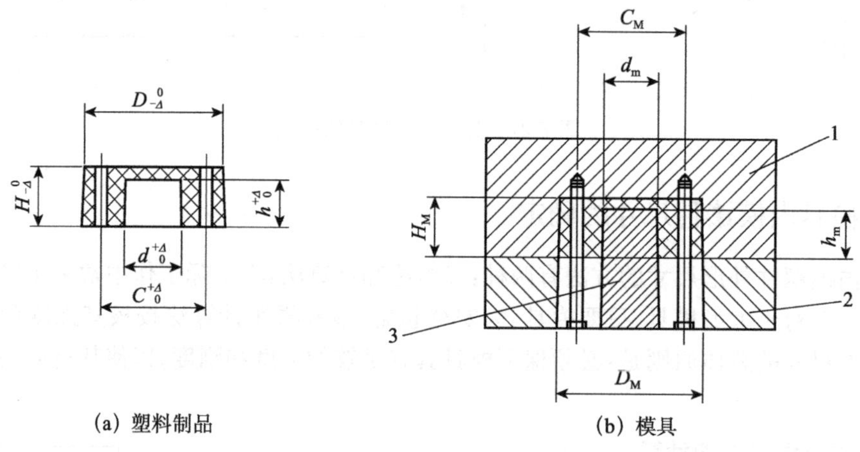

(a) 塑料制品　　(b) 模具

1—定模座板；2—支承板；3—内模镶块

图7-23　内模镶件型腔尺寸

① 内形尺寸：

$$D_M=\left[D(1+S)-\frac{3}{4}\Delta\right]_{0}^{+\&} \tag{7-8}$$

② 型腔深度尺寸：

$$H_M=\left[H(1+S)-\frac{2}{3}\Delta\right]_{0}^{+\&} \tag{7-9}$$

③ 型腔外形尺寸：

$$d_m=\left[d(1+S)+\frac{3}{4}\Delta\right]_{-\&}^{0} \tag{7-10}$$

④ 型腔高度尺寸：

$$h_m=\left[h(1+S)+\frac{2}{3}\Delta\right]_{-\&}^{0} \tag{7-11}$$

⑤ 中心距尺寸：

$$C_M=[C(1+S)]\pm\& \tag{7-12}$$

式中，S——收缩率；

Δ——塑料制品公差(mm)；

$\&$——模具零件公差(mm)。

(2) 型腔和型芯脱模斜度的计算

一般在保证塑件精度要求的前提下,脱模斜度应尽量取大些,以便于脱模;型腔的斜度可比型芯的小些,因为塑料对型芯的包紧力较大,难以脱模。

在选取脱模斜度时,对型腔尺寸应以大端为基准,斜度取向小端方向;对型芯尺寸应以小端为基准,斜度取向大端方向。当塑件的结构不允许有较大斜度或塑件为精密级精度时,脱模斜度只能在公差范围内选取;当塑件为中级精度要求时,其脱模斜度的选择应保证在配合面的2/3长度内满足塑件公差要求,一般取 $a=10'\sim20'$;当塑件的精度要求不高时,脱模斜度可取 $a=20', 30', 1°, 1°30', 2°, 3°$。

四、成形零件的结构设计

在进行成形零件的结构设计时,首先应根据塑料的性能和塑件的形状、尺寸及其他使用要求,确定型腔的总体结构;然后根据塑件的形状、尺寸和成形零件的加工及装配工艺要求,进行成形零件的结构设计和尺寸计算。

1. 凹模的结构设计

凹模是用于塑件外表面成形的凹状零件(包括零件的内腔和实体两部分)。其结构取决于塑件的成形需要和加工与装配的工艺要求,通常可分为整体式和组合式两大类。

(1) 整体式凹模。这种凹模结构简单、牢固可靠、不易变形,且成形的塑件质量较好。但当塑件形状复杂时,其凹模的加工工艺性较差。整体式凹模适用形状简单的小型塑件成形。

(2) 组合式凹模。这种凹模由两个以上零件组合而成。其加工性好,可以减少热处理变形,并能节约模具贵重钢材,但结构复杂、装配调整比较麻烦,且塑件表面可能留有镶拼痕迹,组合后的型腔牢固性也差。组合式凹模主要用于形状复杂的塑件成形。

组合式凹模的形式有很多,常见的有以下3种:

① 嵌入式组合凹模。其结构如图7-24所示,其中图7-24(a)~(c)所示为通孔台肩式,即凹模带有台肩。如果凹模镶件是回转体,而型腔是非回转休,则需要销钉或键止转定位。图7-24(b)采用销钉定位,图7-24(c)则为键定位。图7-24(d)所示为通孔无台肩式,即将凹模嵌入固定板内用螺钉与垫板固定。图7-24(e)所示为非通孔的固定形式,即将凹模嵌入固定板后直接用螺钉固定在固定板上,这种结构可省去垫扳。

图7-25所示为局部镶嵌式组合凹模。为了加工方便或由于型腔某一部位容易磨损而需要更换,采用局部镶嵌的办法,此部位的镶件单独制成,然后嵌入模体。

② 镶拼式组合凹模。图7-26(a)所示的镶拼式结构简单,但结合面要求平整,以防挤入塑料,使飞边加厚,造成脱模困难,同时还要求底板应有足够的强度及刚度以防止变形而挤入塑料。图7-26(b)、(c)所示的结构,采用圆柱形配合面,塑料不易挤入,但制造比较费时。

③ 瓣合式凹模。它由两瓣对拼拼块、定位导销和模套组成,通常称为哈夫(Half)凹模。图7-27(a)所示的凹模用于移动式压缩模;图7-27(b)所示的凹模用于单型腔压制小型塑件且成形压力不大的场合;对于多型腔的凹模宜用矩形拼块结构,如图7-27(c)所示;当成形大型塑件或多型腔一次成形且成形压力较大时,采用封闭式模套,如图7-27(d)、(e)所示;为了省去拼块的装卸操作,缩短成形周期,可采用铰链结构的瓣合式凹模(图7-27(f))。

2. 凸模或型芯的结构设计

(1) 凸模或型芯。凸模是指在压缩模中承受或传递压力机压力,并与凹模有配合段且直接接触塑料，负责成形塑件内表面或上、下端面的零件。型芯是指注射模中成形塑件有较大内表面的凸状零件。

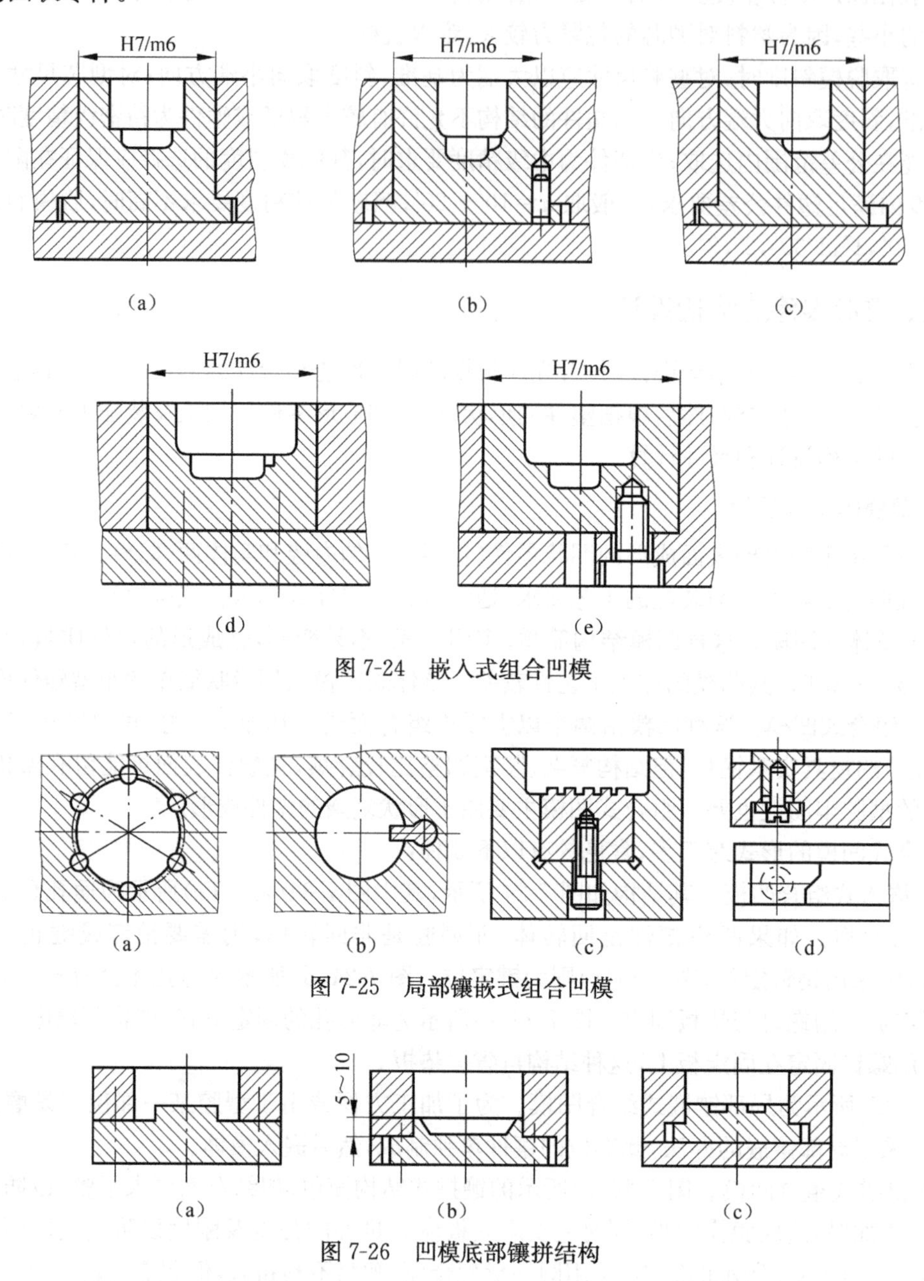

图 7-24　嵌入式组合凹模

图 7-25　局部镶嵌式组合凹模

图 7-26　凹模底部镶拼结构

凸模或型芯有整体式和组合式两大类。

图 7-28 所示为整体式凸模（型芯）。其中图 7-28(a)为整体式，其结构牢固，成形的塑件质量较好，但机械加工不便，且钢材耗量较大。这种形式主要用于形状简单的小型凸模（型芯）。图 7-28(b)、(c)、(d)所示的结构将凸模（型芯）和模板用不同材料制成，然后连接成一体。

图 7-29 所示为镶拼式组合凸模（型芯），用于形状复杂的大型凸模（型芯）。图 7-29(a)所示的凸模，如采用整体式结构，则加工困难，若改用两个小型芯的镶拼结构，则可使加工工艺大大简化；但当两个小型芯的位置十分接近时，由于型芯孔之间的壁很薄，热处理时容易开裂。

若采用图 7-29(b)所示的结构，仅镶嵌一个小型芯，则可克服上述缺点。图 7-29(c)所示的结构，其中有两处长方形凹槽，如采用整体式结构，则加工相当困难，若改用 3 块镶块分别加工后用铆钉铆合，则利于加工。

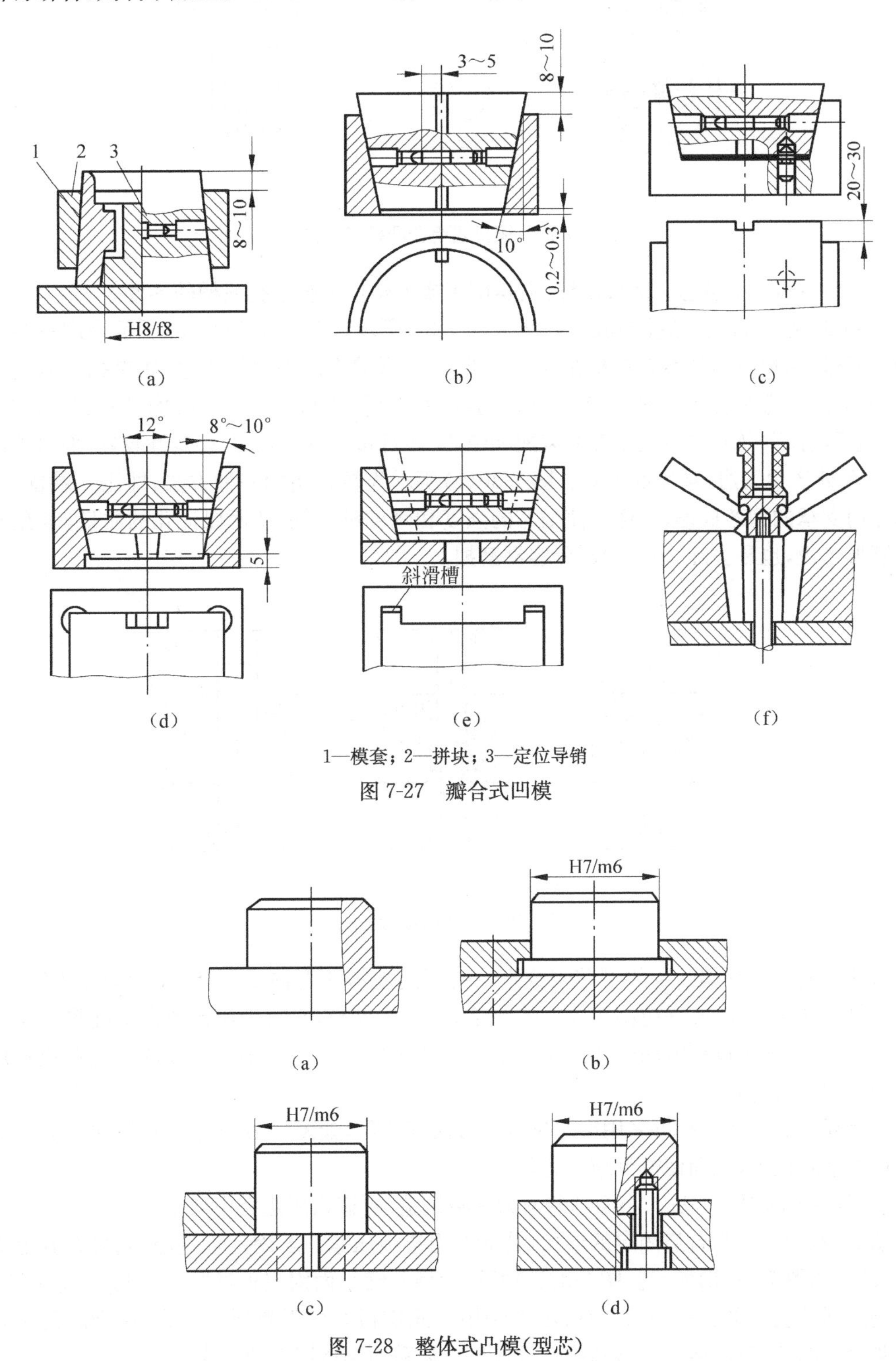

1—模套；2—拼块；3—定位导销

图 7-27　瓣合式凹模

图 7-28　整体式凸模(型芯)

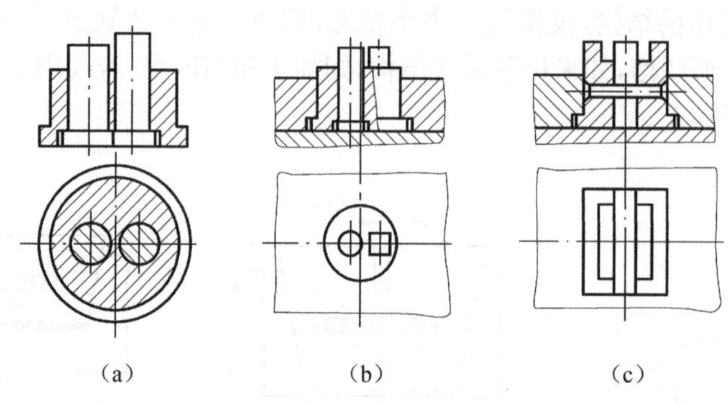

图 7-29　镶拼式组合凸模(型芯)

(2) 小型芯。小型芯又称成形杆，它是用于成形塑件上较小孔或槽的零件。

① 孔的成形方法。通孔的成形方法如图 7-30 所示。其中图 7-30(a)所示为用一端固定的型芯成形，这种结构的型芯容易在孔的一端 A 处形成难以去除的飞边，如果孔较深则型芯较长，容易产生弯曲变形。图 7-30(b)所示为用两个直径差 0.5～1.0mm 的型芯成形，即使两个小型芯稍有不同轴，也不至于影响装配和使用，而且每个型芯较短、稳定性较好，但这种结构也会在 A 处产生飞边，且较难去除。图 7-30(c)所示为较常用的一种方法，即用一端固定，另一端导向支承的型芯成形，这样可使型芯的强度和刚度都较好，从而保证孔的质量，若在 B 处产生圆形飞边，也易去除，但导向部分容易磨损。

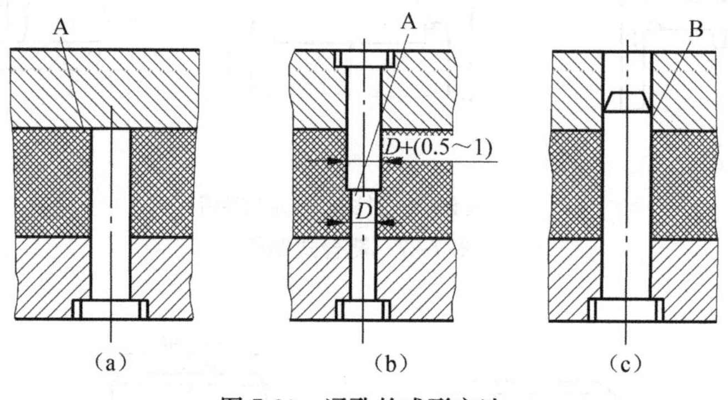

图 7-30　通孔的成形方法

盲孔只能采用一端固定的型芯来成形。为了避免型芯弯曲或折断，孔的深度不宜过深。对于注射模或压注模，孔深应小于孔径的 3 倍；对于压缩模，平行于压制方向的孔深应小于孔径的 2.5 倍，垂直于压制方向的孔深应小于孔径的 2 倍。直径过小或过深的孔宜在成形后用机械加工的方法得到。

形状复杂的孔或斜孔可采用型芯拼合的方法来成形，如图 7-31 所示。这种拼合方法可避免采用侧抽芯机构，从而使模具结构简化。

② 小型芯的固定方法。小型芯通常为单独制造，再嵌入固定板中固定。

图 7-32(a)所示为台肩固定的形式，其下方用垫板压紧。若固定板过厚，则可在其上减小配合长度，如图 7-32(b)所示。图 7-32(c)所示为型芯细小而固定板过厚的形式，型芯镶入后，在下端用圆柱垫垫平。图 7-32(d)所示方法用于固定板厚而无垫板的场合，在型芯的下端用螺塞紧固。图 7-32(e)所示为型芯镶入后在另一端采用铆接固定的形式。

对于多个互相靠近的小型芯，当采用台阶固定时，若其台阶部分互相重叠干涉，则可将该部分磨去，而将固定板的凹坑制成圆坑(图 7-33(a))或长槽(图 7-33(b))。当仅在局部有小型芯时，可用嵌入小支承板的方法，以减小模具的厚度和型芯配合尺寸。这样可缩短型芯的长度，既节省钢材，又利于制造和使用，如图 7-33(c)、(d)所示。

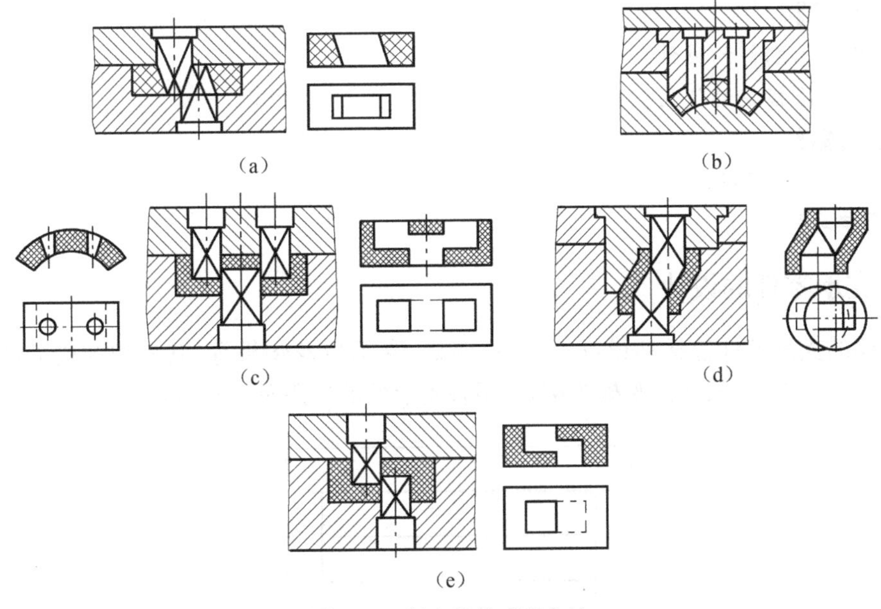

图 7-31　复杂孔的成形方法

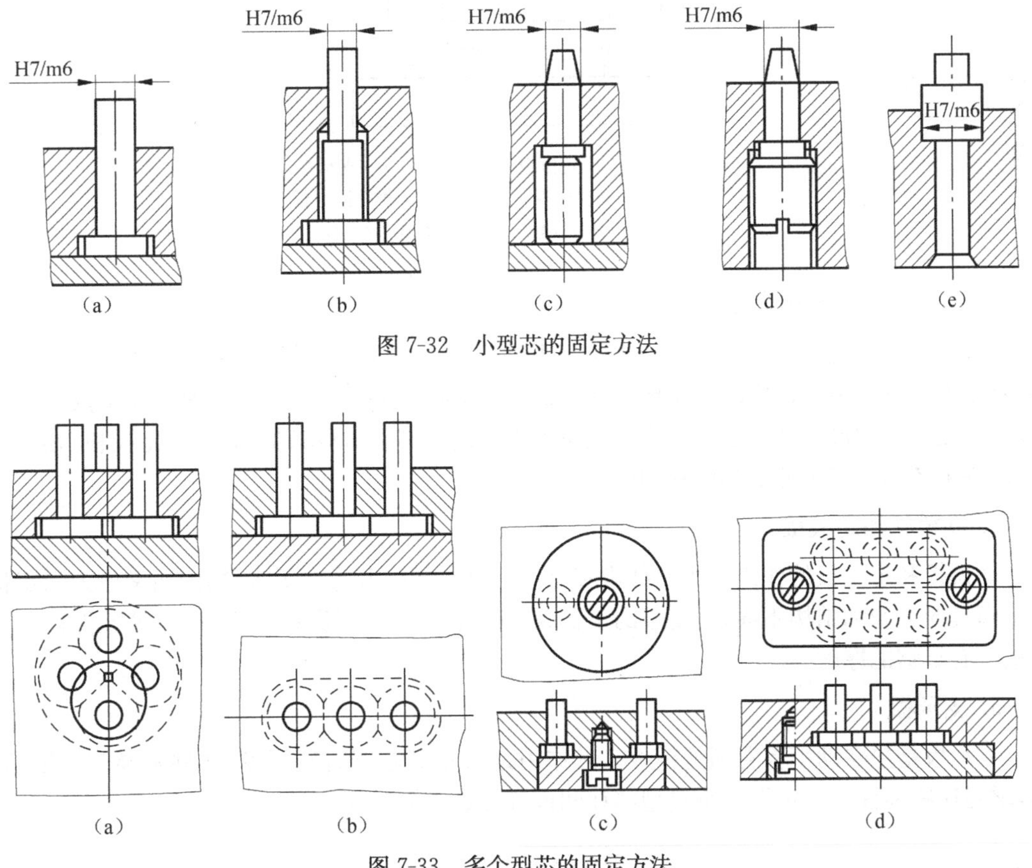

图 7-32　小型芯的固定方法

图 7-33　多个型芯的固定方法

课题三　支承零件的设计与标准模架

【知识目标】

1. 掌握支承零件的设计。
2. 熟悉标准模架的使用。

【技能目标】

熟练使用标准模架。

【知识学习】

一、支承零件的设计

塑料模的支承零件包括动模座板、定模座板、支承板及垫板等，其典型结构如图7-34所示。现以单分型面、两板式注塑模为例，介绍各支承件的作用及基本要求。

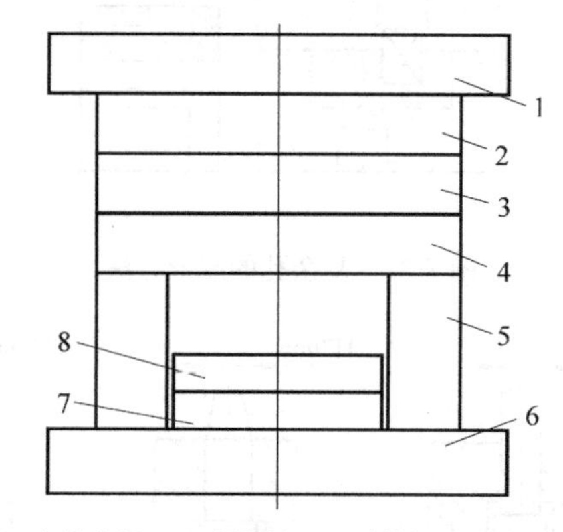

1—定模座板；2—定模板；3—动模板；4—支承板；5—垫块；6—动模座板；7—推板；8—推杆固定板

图7-34　注射模支承零件的典型结构

1. 动模座板和定模座板

动模座板是动模的基座，动模上的所有零件都安装在动模座板上。定模座板是定模的基座，定模上的所有零件都安装在定模座板上。同时，动模座板与定模座板须与注塑设备连接，因此，座板的轮廓尺寸和固定孔与成形设备上模具的安装板（即移动模板与固定模板）相适应。另外，座板还须具有足够的强度和刚度。

2. 动模板和定模板

动模板和定模板的作用是固定凸模和型芯、凹模、导柱及导套等零件，因而又称为固定板。由于模具的类型和结构不同，固定板的工作条件也不同。为了保证凹模、型芯等零件稳固，固定板应有足够的厚度。

3. 支承板

支承板是垫在动模板背面的模板。其作用是防止型芯、凸模、凹模、导柱及导套等零件脱出，增强这些零件的稳定性并承受型芯和凹模等传递而来的压力。

4. 垫块

垫块的作用是使支承板与动模座板之间形成用于推出机构运动的空间，或调节模具总高度以适应成形设备上模具安装空间对模具总高的要求。垫块的安装方式如图 7-35 所示。注意，所有垫块的高度应一致，否则会由于负荷不均而造成动模板损坏。

对于大型模具，为了增强动模的刚度，可在支承板和动模座板之间采用支承柱，如图 7-35(b)所示。垫块和支承柱的尺寸可参照相关标准选用。

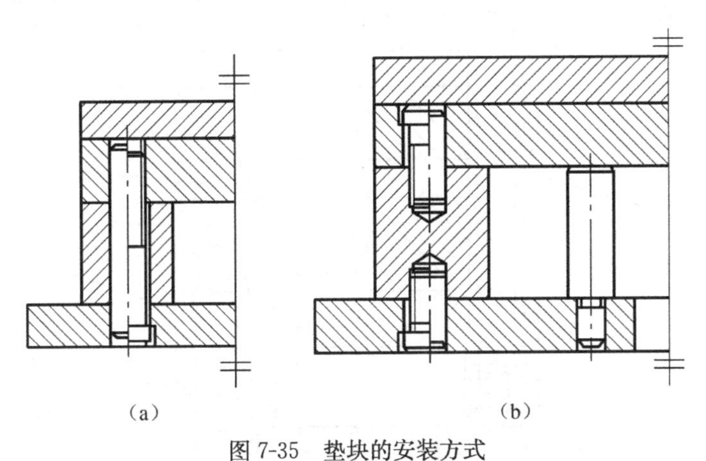

图 7-35 垫块的安装方式

二、标准模架

1. 模架组合形式

模架按照其在模具中的应用方式分为直浇口与点浇口两种形式，如图 7-36、图 7-37 所示。模架按结构特征分为 36 种主要结构(详见 GB/T 12555—2006)。

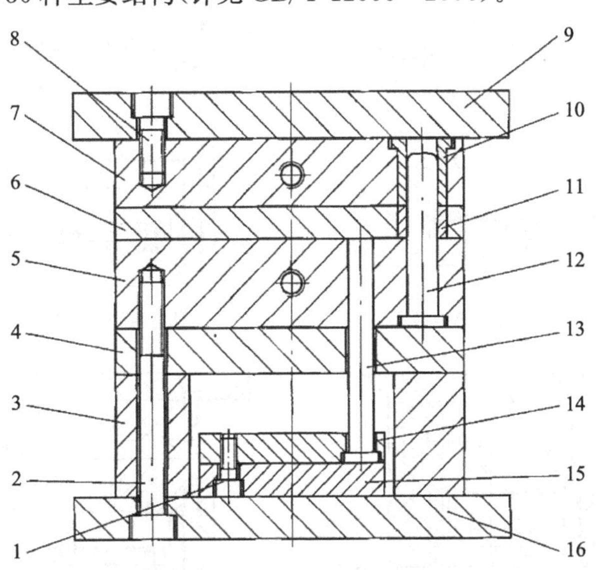

1,2,8—内六角螺钉；3—垫块；4—支承板；5—动模板；6—推件板；7—定模板；9—定模座板；10—带头导套；11—直导套；12—带头导柱；13—复位杆；14—推杆固定板；15—推板；16—动模座板

图 7-36 直浇口模架结构示意图

（1）直浇口模架基本型。图7-38所示为直浇口模架基本型结构。

A型:定模二模板,动模二模板;

B型:定模二模板,动模二模板,加装推件板;

C型:定模二模板,动模一模板;

D型:定模二模板,动模一模板,加装推件板。

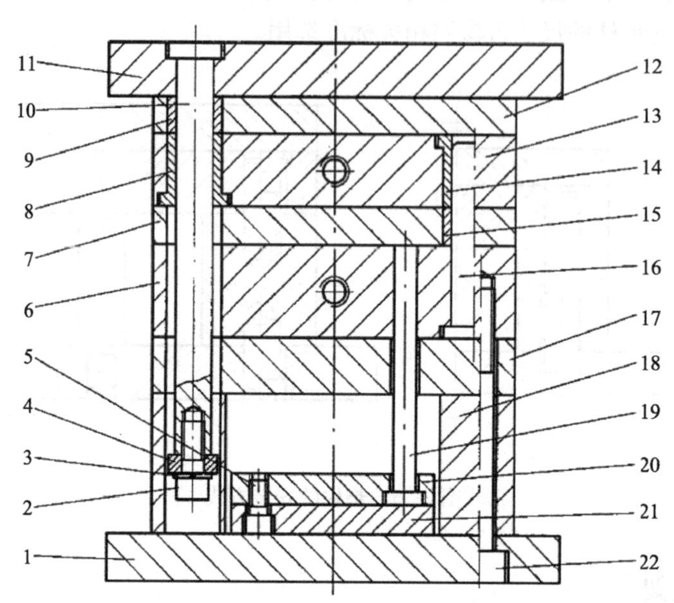

1—动模座板；2,5,22—内六角螺钉；3—弹簧垫圈；4—挡环；6—动模板；7—推件板；8,14—带头导套；9,15—直导套；10—拉杆导柱；11—定模座板；12—推料板；13—定模板；16—带头导柱；17—支承板；18—垫块；19—复位杆；20—推杆固定板；21—推板

图7-37 点浇口模架结构示意图

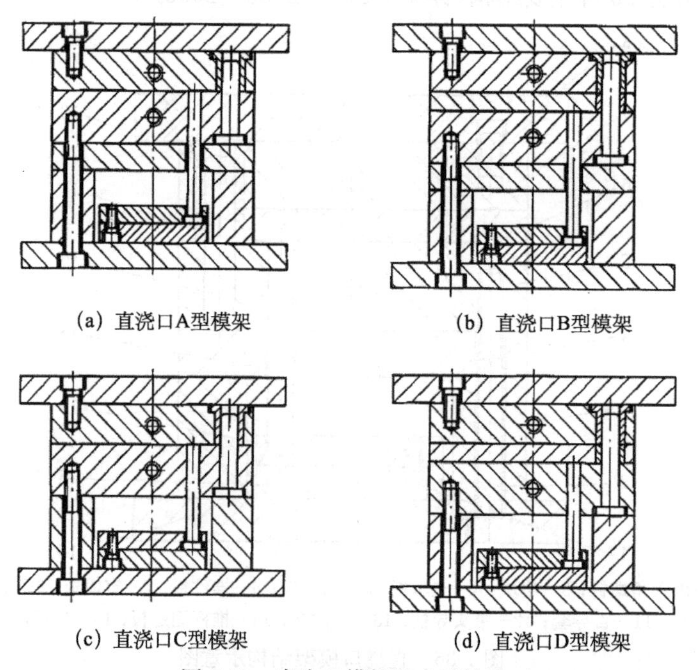

(a) 直浇口A型模架 (b) 直浇口B型模架

(c) 直浇口C型模架 (d) 直浇口D型模架

图7-38 直浇口模架基本型结构

（2）点浇口模架基本型。按在直浇口模架上加装推料板和拉杆导柱分为 DA 型、DB 型、DC 型和 DD 型，如图 7-39 所示。

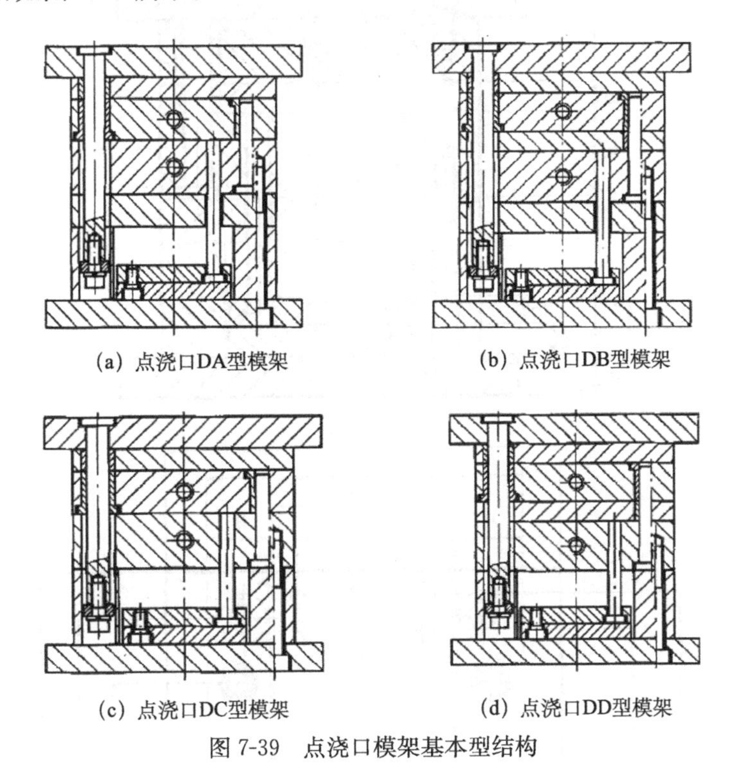

(a) 点浇口DA型模架　(b) 点浇口DB型模架

(c) 点浇口DC型模架　(d) 点浇口DD型模架

图 7-39　点浇口模架基本型结构

2. 基本型模架组合尺寸

组成模架的零件应符合 GB/T 4169.1～4169.23—2006 的规定。组合尺寸为零件的外形尺寸和孔径与孔位尺寸。基本型模架组合尺寸示意图如图 7-40、图 7-41 所示。

3. 标准模架的选用要点

在设计模具时，为了保证塑件质量，必须正确选用标准模架。这样既可以节约设计和制造时间，又能保证质量。选用标准模架的程序及要点如下所述。

（1）确定模架厚度 H 和注射机的闭合距离 L。对于不同型号及规格的注射机，不同结构形式的锁模机构具有不同的闭合距离。模架厚度与闭合距离的关系为

$$L_{\min} \leqslant H \leqslant L_{\max} \tag{7-13}$$

式中，H——模架厚度(mm)；

$L_{\max}$——注射机最大闭合距离(mm)；

$L_{\min}$——注射机最小闭合距离(mm)。

（2）确定开模行程与定、动模分开的间距及推出塑件所需行程之间的尺寸关系。设计时须计算确定：注射机的开模行程应大于取出塑件所需的定、动模分开的间距，而模具推出塑件所需行程应小于顶出液压缸的额定顶出行程。

（3）选用模架在注射机上的安装。安装时需注意以下事项：模架外形尺寸应受注射机拉杆间距的影响；定位孔径与定位环尺寸应配合良好；注射机推出杆孔的位置和顶出行程应合适；喷嘴孔径和球面半径应与模具的浇口套孔径和凹球面尺寸相配合；模架安装孔的位置和孔径应与注射机的移动模板及固定模板上的对应螺纹孔相配合。

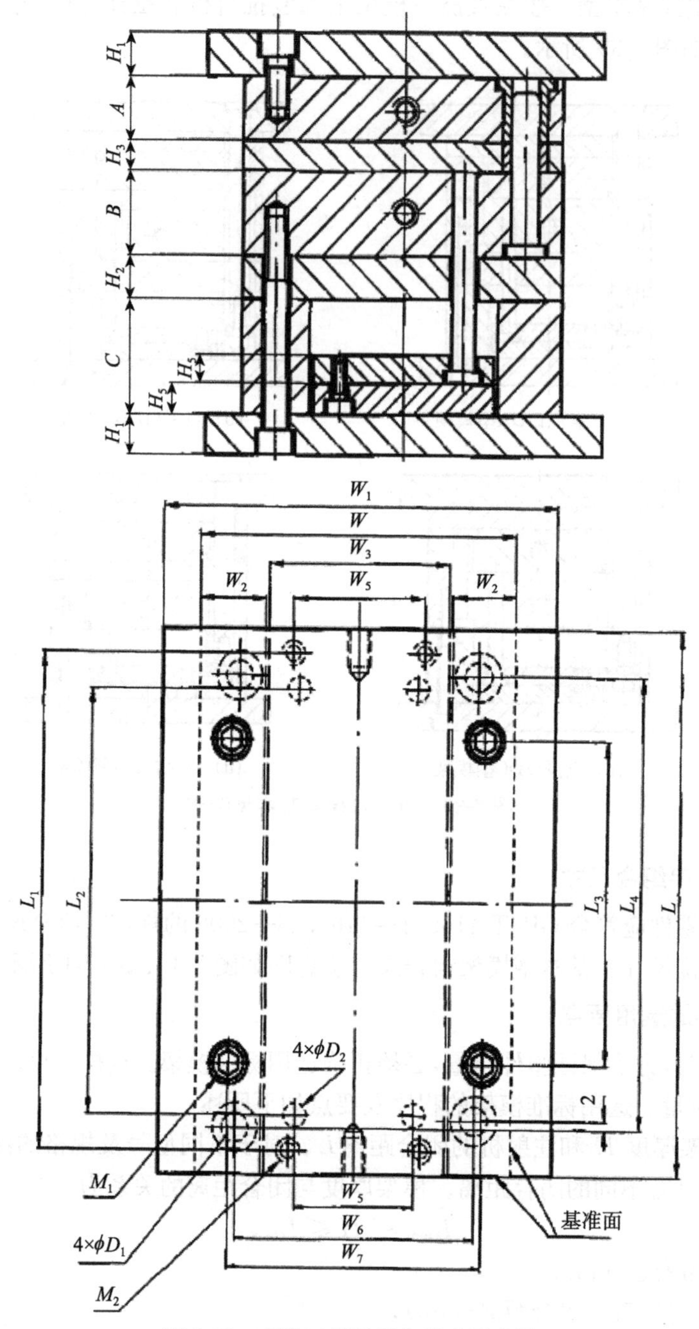

图 7-40　直浇口模架组合尺寸示意图

(4) 选用模架应符合塑件及其成形工艺的技术要求。为了保证塑件质量和模具的使用性能及可靠性，需对模架组合零件的力学性能，特别是其强度和刚度进行准确地校核及计算，以确定动、定模板及支承板的外形尺寸，从而正确选择模架的规格。图 7-42 所示为 B 型标准模架的选用，该设计为直浇道斜导柱侧抽芯注射模。图 7-43 所示为 P_4 型标准模架的选用，该设计为点浇口弹簧分型拉板定距双分型注射模。

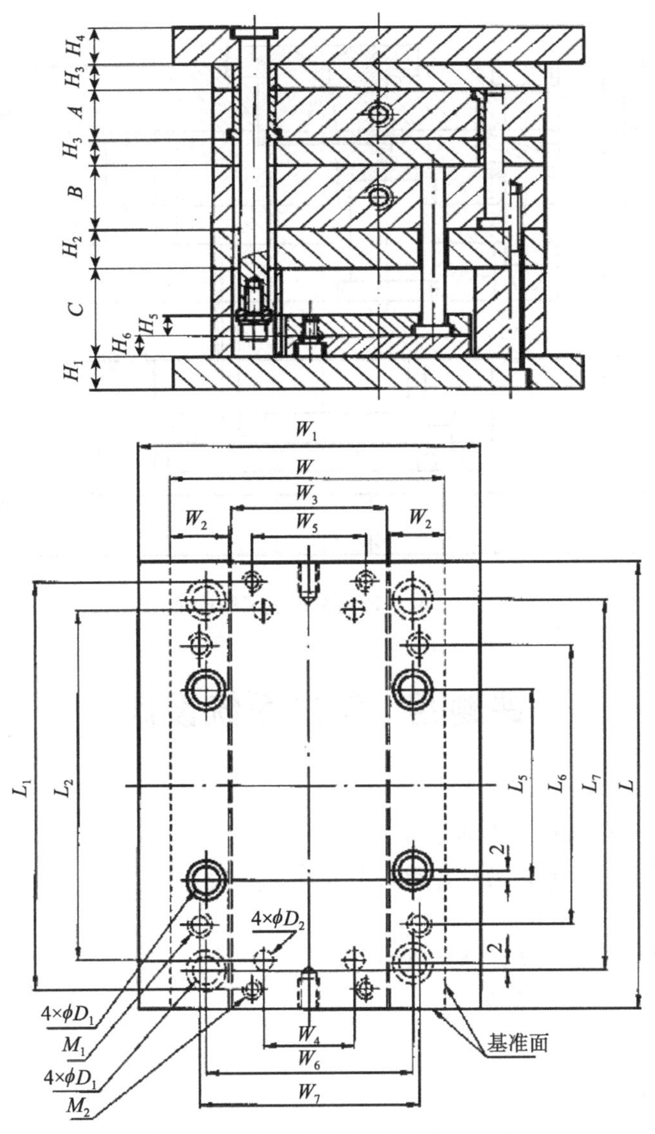

图 7-41　点浇口模架组合尺寸示意图

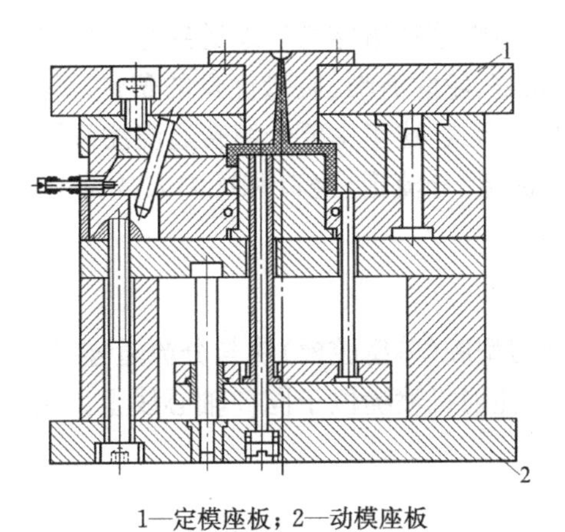

1—定模座板；2—动模座板

图 7-42　B型标准模架的选用

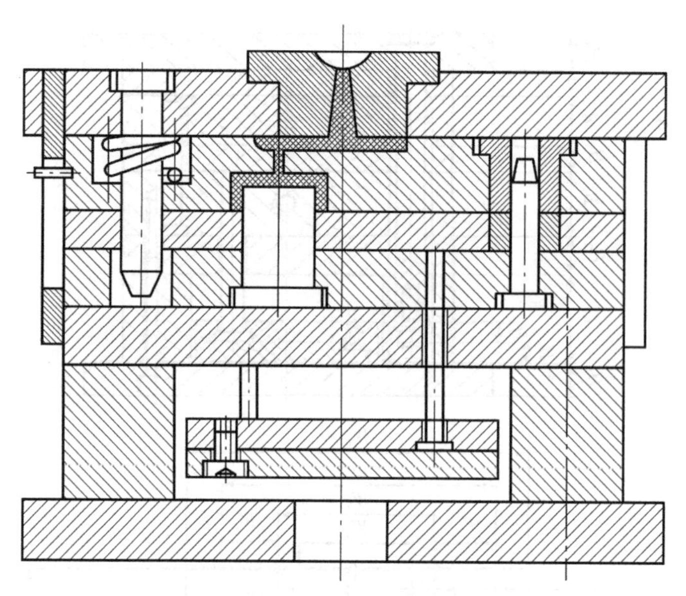

图 7-43　P$_4$型标准模架的选用

课题四　浇注系统设计

【知识目标】

1. 掌握浇注系统的组成及各部分功用。
2. 重点掌握常见浇注系统的选择原则及设计要点。

【技能目标】

1. 正确选择给定塑件的浇注系统类型。
2. 合理设计浇注系统的结构。

【知识学习】

一、浇注系统组成

浇注系统的设计是注射模设计中非常重要的环节，设计是否合理直接影响塑件的质量及成形效率。浇注系统的作用是：将塑料熔体均匀地送到每个型腔，并将注射压力有效地传至型腔的各个部位，以获得形状完整、轮廓清晰、质量优良的塑件。注射模浇注系统可分为普通浇注系统和热流道浇注系统两种形式，这里主要介绍普通浇注系统的设计。

普通浇注系统一般由主流道、分流道、浇口和冷料穴 4 部分组成。图 7-44 所示为常见的注射模浇注系统。

1. 主流道

主流道是指注射机喷嘴与型腔（单型腔模）或与分流道连接的进料通道，也是塑料熔体进入模具最先经过的部位，它与注射机喷嘴位于同一轴心线上。主流道的结构形式及与注射机喷嘴的连接如图 7-45 所示。

2. 分流道

选用多型腔或单型腔多浇口（塑件尺寸大）时应设置分流道。分流道是连接主流道和浇口的进料通道，主要用于分流和转向。为便于分流道的加工和凝料脱模，分流道大都设置在分型面上。

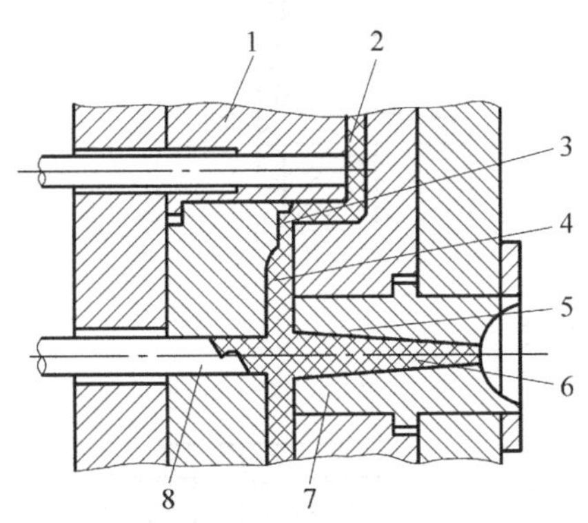

1—型芯；2—塑件；3—浇口；4—分流道；
5—冷料穴；6—主流道；7—浇口套；8—拉料杆

图 7-44　常见的注射模浇注系统

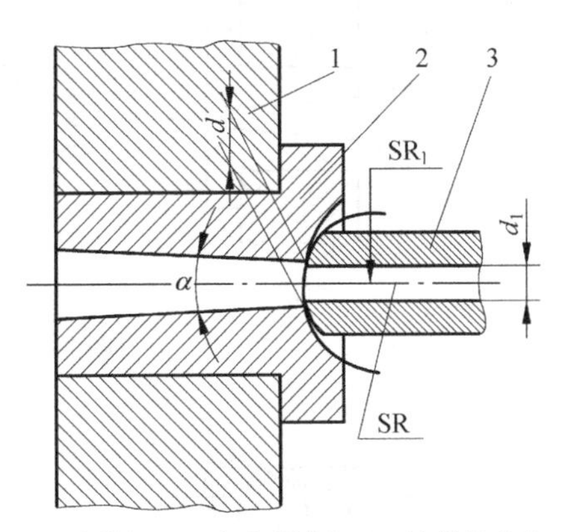

1—定模板；2—主流道衬套；3—注射机喷嘴

图 7-45　主流道的结构形式及与注射机喷嘴的连接

3. 冷料穴

在主流道末端一般应设置冷料穴。其作用是防止冷料进入浇注系统和型腔而影响塑件性能。冷料穴底部应设置拉料杆，以便开模时将主流道凝料从主流道衬套中拉出。

4. 浇口

浇口是连接分流道和型腔的进料通道，它是浇注系统中截面尺寸最小且长度最短的部分。由于塑料熔体为非牛顿液体，通过浇口时剪切速率增高，同时熔体的内摩擦加剧，使料流的温度升高、黏度降低，从而提高了塑料的流动性，有利于充型；并且在注射过程中，塑料充型后在浇口处及时凝固，能够防止熔体倒流，成形后也便于塑件与整个浇注系统的分离。但是浇口的尺寸过小会使压力损失增大，冷凝加快，补缩困难。

二、浇注系统设计

1. 主流道设计

主流道需要设计成锥角 α 为 $2^\circ \sim 6^\circ$ 的圆锥形，表面粗糙度值 $Ra \leqslant 0.8\mu m$，以便使浇注系统凝料从中顺利抽出。因为主流道与高温塑料和喷嘴反复接触、碰撞，所以主流道常设置在可拆卸的主流道衬套(俗称浇口套)内，衬套一般选用碳素工具钢，如 T8A、T10A 等，热处理要求 53～57HRC，衬套与定模扳的配合可采用 H7/m6。

为便于模具安装时与注射机的定位，模具上应设有定位圈。小型模具可将主流道衬套与定位圈设计成整体式，如图 7-46(a)所示。在大多数情况下，主流道衬套和定位圈是分开设计的，再配合固定在模板上，如图 7-46(b)、(c)所示。衬套与定位圈的配合可采用 H9/f9。

2. 冷料穴设计

图 7-47(a)所示为“Z”形拉料杆的冷料穴，应用较普遍，但当塑件被推出后无法做侧向移动时不能采用；图 7-47(b)、(c)是图 7-47(a)的两种变异形式。图 7-47(a)、(b)、(c)所示的 3 种冷料穴，其拉料杆或推杆是固定在推杆固定板上的。图 7-47(d)所示为带球形头拉料杆的冷料穴，它一般用于脱模板脱模的注射模中；图 7-47(e)、(f)是图 7-47(d)的两种变异形式。

图 7-47(d)、(e)、(f)所示的 3 种冷料穴，其拉料杆固定在动模板上。

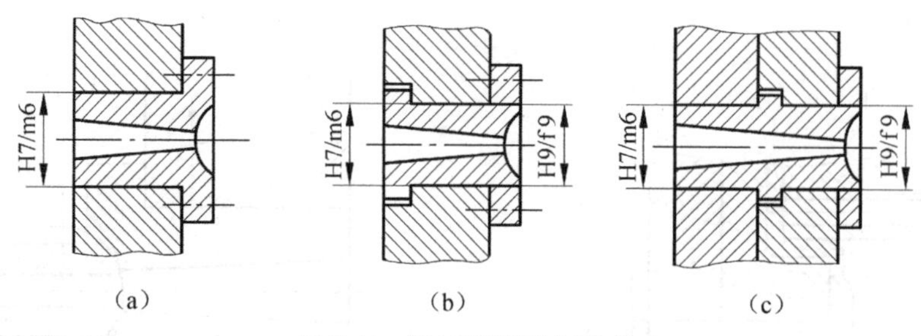

图 7-46 浇口套的固定形式

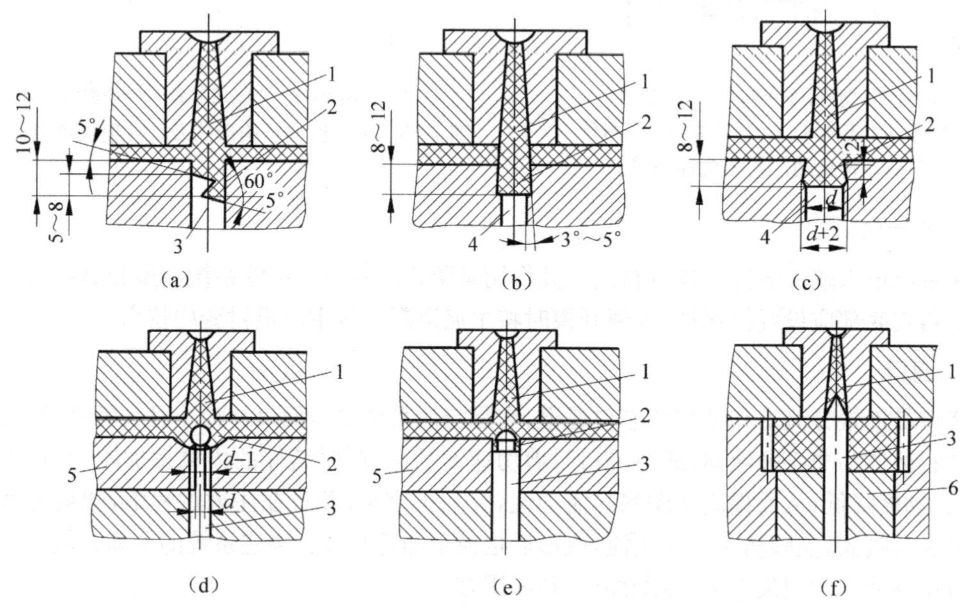

1—主流道；2—冷料穴；3—拉料杆；4—推杆；5—脱模板；6—推块

图 7-47 常见的拉料杆和冷料穴

3. 分流道设计

(1) 分流道的截面形状及尺寸。分流道的常用截面形状为圆形、梯形、U 形、半圆形及矩形等，如图 7-48 所示。圆形和正方形截面流道的比表面积（流道表面积与体积之比）最小，效率最高，但加工困难且正方形截面流道不易脱模，因而在实际生产中常用梯形、U 形及半圆形截面。

梯形截面的尺寸：$H=(2/3)D$，$\alpha=5°\sim10°$。

U 形截面尺寸：$H=1.25R$，$R=0.5D$，$\alpha=5°\sim10°$。

(2) 分流道的布置形式。分流道的布置形式有平衡式和非平衡式两种。

平衡式布置是指分流道到各型腔浇口的长度、截面形状及尺寸都相同，如图 7-49 所示。这种布置形式的优点是可实现均衡送料和同时充满各型腔，使各型腔的塑件力学性能基本一致，但是这种形式的分流道比较长，造成材料浪费。

非平衡式布置是指分流道到各型腔浇口的长度不相等，如图 7-50 所示。这种布置形式使塑料熔体进入各型腔有先有后，不利于均衡进料。在型腔较多时采用这种布置形式，可缩短流道的总长度，为了实现各个型腔同时充满的要求，必须将浇口制成不同的尺寸。有时往往需要多次修改，才能达到目的。因此，质量要求高的塑件不宜采用非平衡式布置形式。

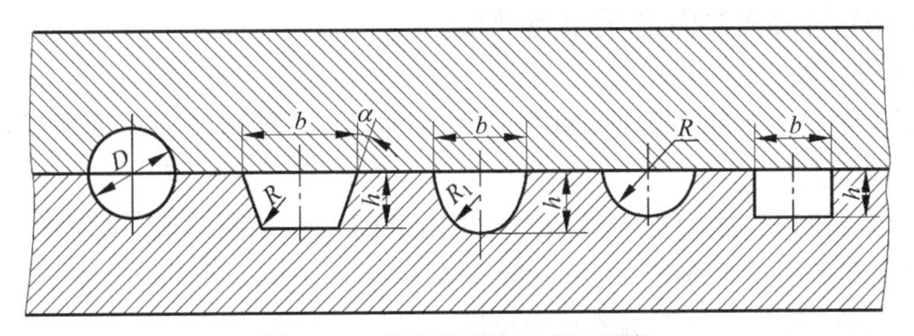

图 7-48　分流道的常用截面形状

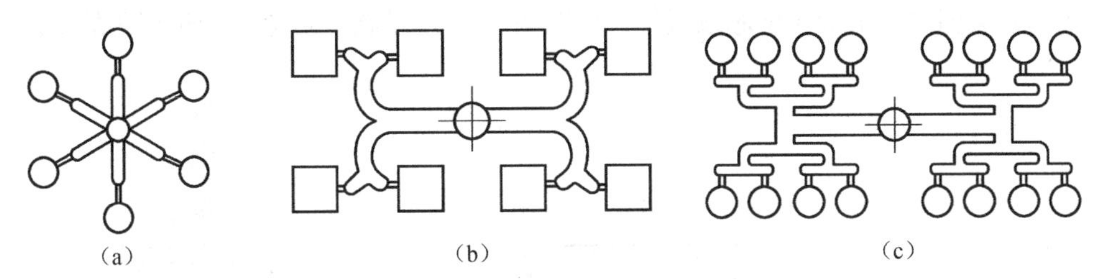

图 7-49　分流道平衡式布置示意图

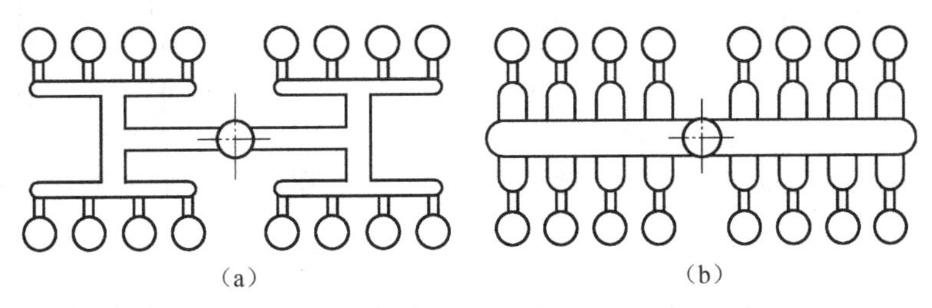

图 7-50　分流道非平衡式布置示意图

(3) 分流道的长度。根据型腔在分型面上的排布情况，分流道可分为一次分流道、二次分流道和三次分流道。

① 分流道的长度应尽可能短，且弯折少，以便减小压力损失和热量损失，节约原材料和降低能耗。图 7-51 所示为分流道长度的设计尺寸，其中 $L_1=6\sim10$mm，$L_2=3\sim6$mm，$L_3=6\sim10$mm，L 的尺寸应根据型腔的数目和大小确定。

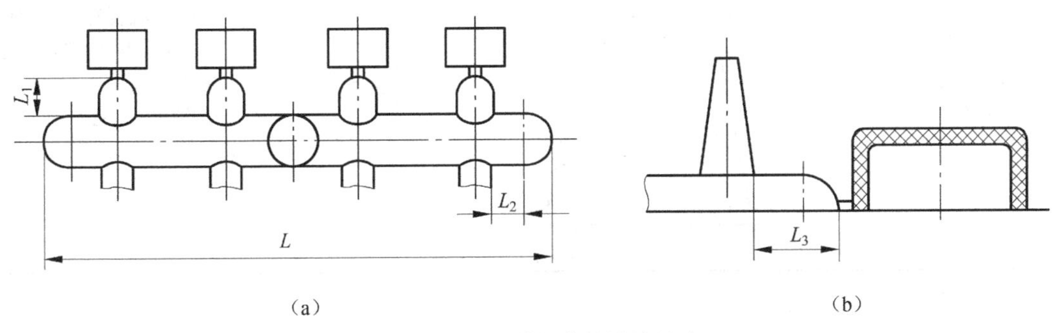

图 7-51　分流道长度的设计尺寸

② 由于分流道中与模具接触的外层塑料迅速冷却，只有内部的熔体流动状态比较理想，因此分流道表面粗糙度要求不能太低，一般 Ra 取 1.6μm 左右，这可增加对外层塑料熔体的流动阻力，使外层塑料冷却皮层固定，形成绝热层。

(4) 分流道设计要点。

① 分流道通常开设在分型面上，如图 7-52(a)所示，可单独开在动模板或定模板上，也可同时开在动、定模板上。

② 分流道与浇口连接处应加工成斜面，并用圆弧过渡，如图 7-52(b)所示。

③ 分流道表面粗糙度值不能太低，一般有 $Ra=1.6\mu m$，以保证与分流道接触的外层塑料迅速冷却，形成绝热层，只有内部熔体平稳流动。

④ 分流道较长时，在其末端应开设冷料穴，如图 7-47 所示。

⑤ 应避免侧面冲击细长型芯或嵌件。而图 7-53 所示结构就可避免细长型芯的变形。

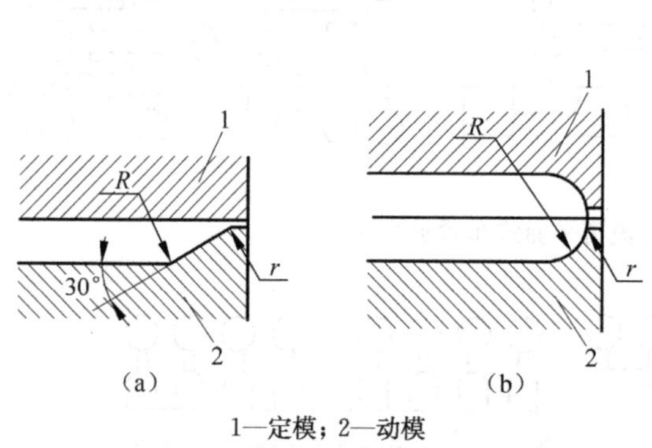

1—定模；2—动模

图 7-52　分流道与浇口的连接形式

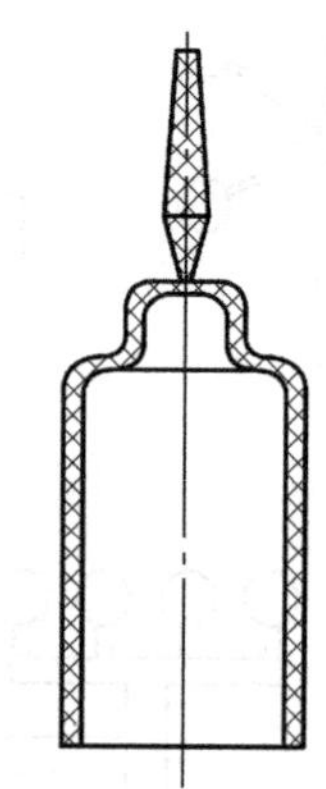

图 7-53　浇口位置对细长型芯的影响

4. 浇口设计

浇口的设计十分重要，实际使用时，浇口的尺寸通常需要通过试模，按成形情况酌情修正。浇口的形式有很多，尺寸也各不相同，常见的浇口形式、特点及尺寸见表 7-1。

表 7-1　常见的浇口形式、特点及尺寸

序号	名　称	简　　图	尺寸/mm	说　　明
1	直接浇口（主流道型浇口）		$\alpha=2°\sim4°$	塑料流程短，流动阻力小，进料速度快，适用于黏度高且大而深的塑件。浇口去除不便

续表

序号	名　称	简　　图	尺寸/mm	说　　明
2	侧浇口（边缘浇口）	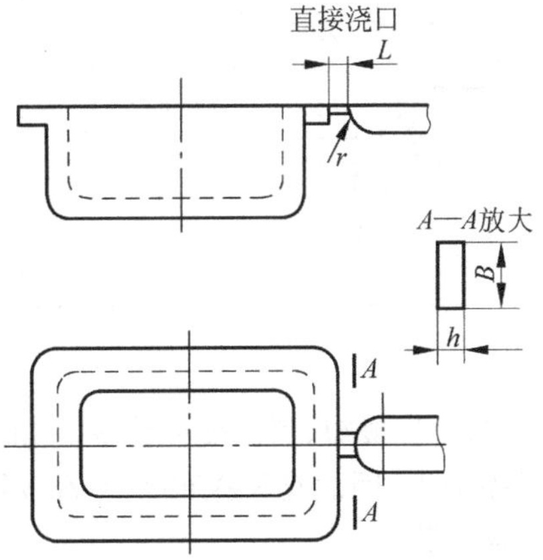 直接浇口 A—A放大	B=1.5～5 h=0.5～2 L=0.7～2	浇口流程短、截面小、去除容易，模具结构紧凑，加工维修方便，适用于各种形状的塑件
3	扇形浇口	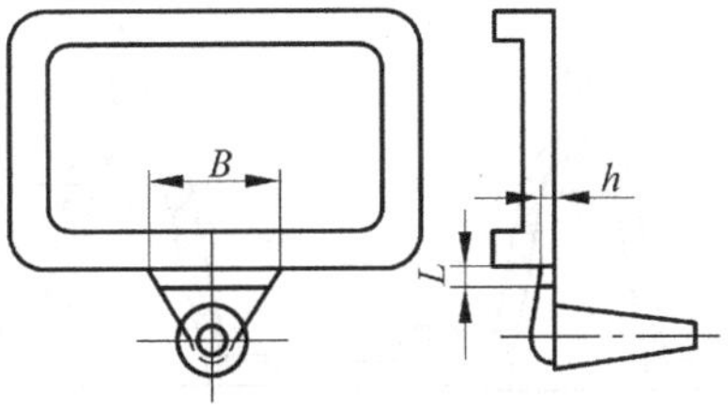	h=0.25～1.0 B为塑件长度的1/4 L=1	适用于宽度较大的薄片塑件
4	平缝式浇口	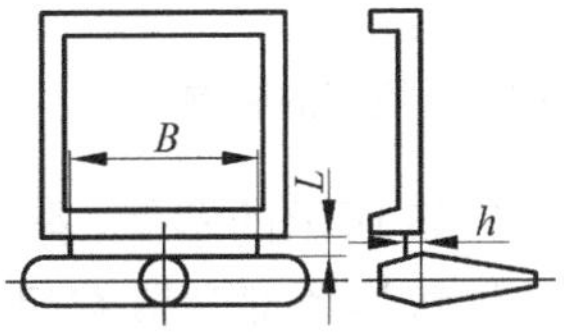	h=0.20～1.5 B为型腔长度的1/4至全长 L=1.2～1.5	适用于大面积扁平塑件
5	环形浇口	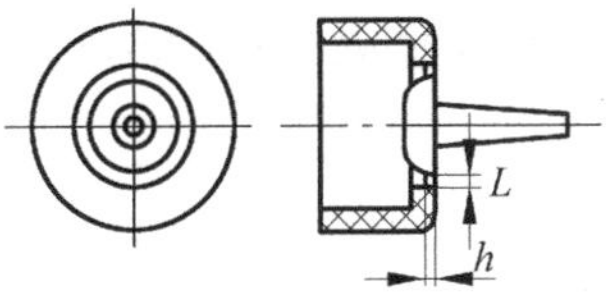	h=0.25～1.6 L=0.8～1.8	适用于圆筒形或中间带孔的塑件
6	轮辐式浇口	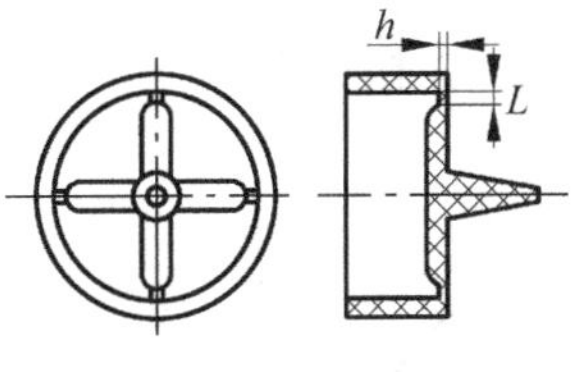	h=0.5～1.5 宽度视塑件大小而定 L=1～2	浇口去除方便，适用范围同环形浇口，但塑件留有熔接痕
7	点浇口（橄榄形、菱形浇口）	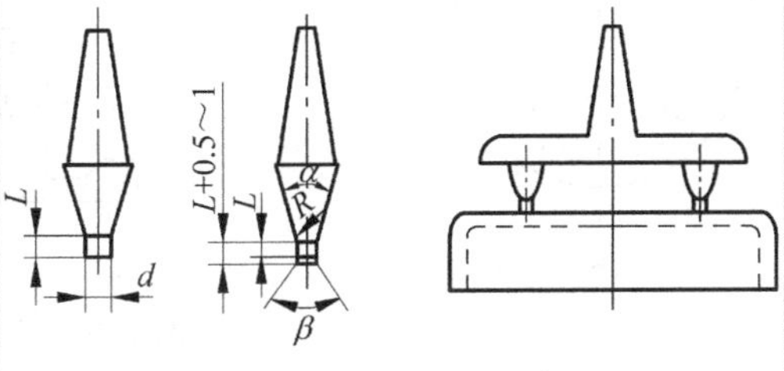	d=0.5～1.5 L=1.0～1.5 α=6°～15° β=60°～90°	截面小，塑件剪切速度高，开模时浇口可自动拉断，适用于盒形及壳体类塑件

续表

序号	名　称	简　　图	尺寸/mm	说　　明
8	潜伏式浇口（隧道式）		$\alpha=30°\sim45°$ $\beta=5°\sim20°$ $L=2\sim3$	属于点浇口的变异形式，容易脱模，塑件表面不留痕迹，模具结构简单

浇口位置选择须遵循以下原则：

(1) 浇口位置应使塑料熔体填充型腔的流程最短、料流变向最少。如图 7-54(a)所示的浇口位置，塑料流动距离长、曲折较多，能量损失大，因而充型条件差。若改用图 7-54(b)、(c)所示的浇口形式与位置，则能很好地弥补上述缺陷。

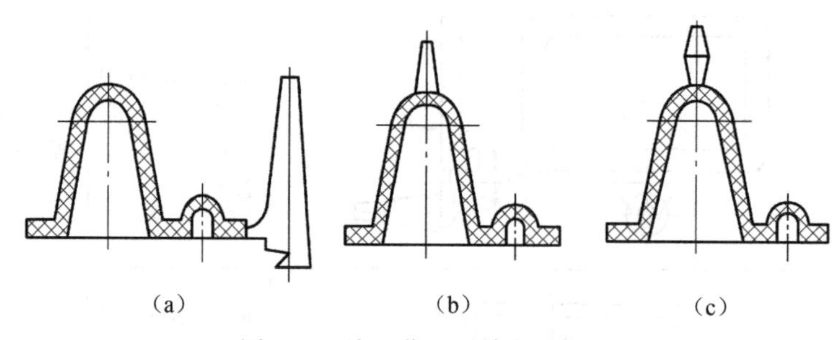

图 7-54　浇口位置对填充的影响

(2) 浇口位置应有利于排气和补缩。如图 7-55 所示的塑件，若采用侧浇口(图 7-55(a))，则在成形时顶部会形成封闭气囊(图中 A 处)，使塑件顶部常留有明显的熔接痕；采用点浇口(图 7-55(b))，则有利于排气，塑件质量较好。图 7-56 所示的塑件壁厚相差较大，若将浇口开在薄壁处(图 7-56(a))，则不合理；若将浇口设在厚壁处(图 7-56(b))，则有利于补缩，可避免缩孔、凹痕产生。

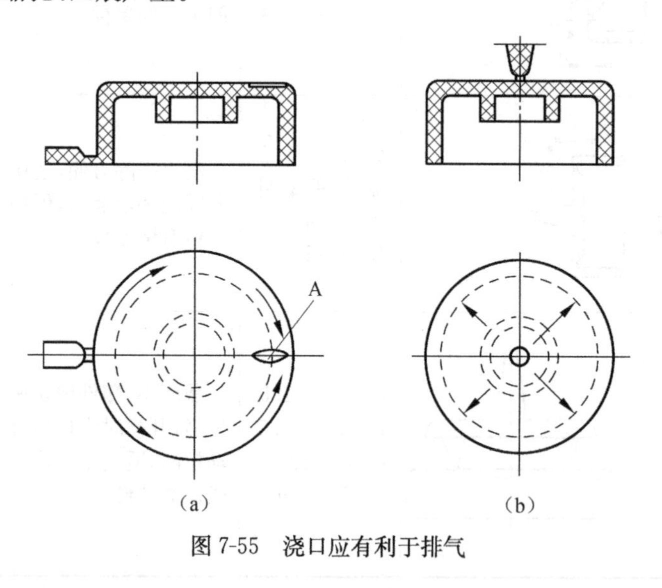

图 7-55　浇口应有利于排气

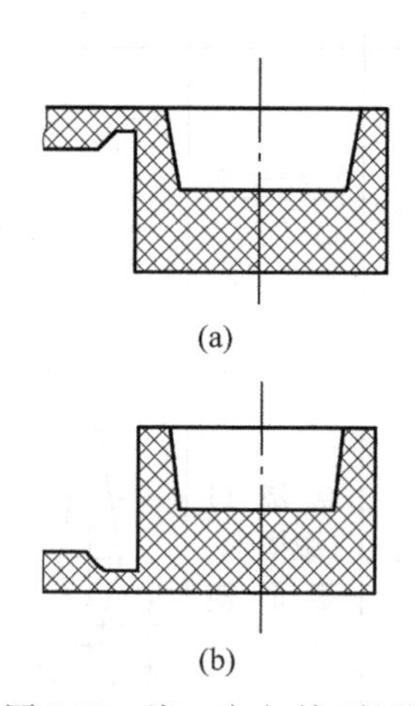

图 7-56　浇口应有利于补缩

(3) 浇口位置应避免塑件变形。如图 7-57 所示的平板形塑件，只用一个中心浇口(图 7-57(a))，塑件会因内应力较大而翘曲变形；若采用多个点浇口(图 7-57(b))，则可克服翘曲变形缺陷。

(4) 浇口位置应减小或避免产生熔接痕并提高熔接强度。熔接痕是充型时前端较冷的塑流在型腔中的对接部位，它的存在会降低塑件的强度。如果采用图 7-58(a)所示的形式，塑件的浇口数量多，产生的熔接痕也多；改用图 7-58(b)所示的形式，则可以减少熔接痕的数量。对于大型框形塑件，图 7-59(a)所示的浇口位置会使料流的流程过长，熔接处料温过低，熔接痕的强度低；此时可增设过渡浇口(图 7-59(b))，使料流的流程缩短，熔接痕的强度提高。为提高熔接痕的强度，也可在熔接痕处增设溢流槽，使冷料进入其中，如图 7-60 所示。

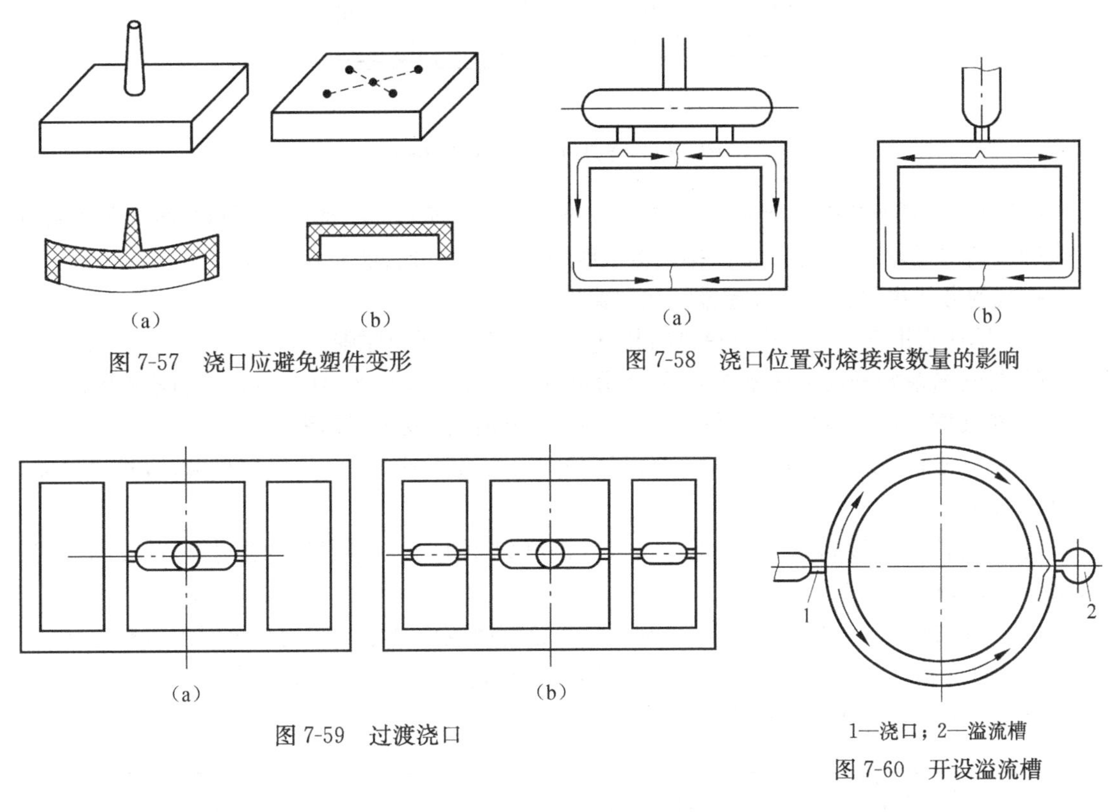

图 7-57　浇口应避免塑件变形

图 7-58　浇口位置对熔接痕数量的影响

图 7-59　过渡浇口

1—浇口；2—溢流槽

图 7-60　开设溢流槽

(5) 考虑分子定向的影响。塑料熔体在充填模具型腔期间，会在其流动方向上出现聚合物分子和填料的取向，导致垂直于流向的方位强度变低，容易产生应力开裂。如图 7-61(a)所示的塑件，由于其底部圆周带有一金属环形嵌件，如果浇口开设在 A 处(直接浇口或点浇口)，则此塑件使用不久就会开裂，因为塑料与金属环形嵌件的线收缩系数不同，嵌件周围的塑料层有很大的周向应力。若浇口开设在 B 处(侧浇口)，由于聚合物分子沿塑件圆周方向定向分布，应力开裂的机会就会大大减少。图 7-61(b)所示的塑件为一带有铰链的聚丙烯盒体，为了使该铰链达到几千万次弯折而不断裂的要求，就要在铰链处高度定向。因此，将两个点浇口开设在图示位置，有意识地让铰链部位高度定向。

三、排溢系统设计

1. 排气系统设计

在塑料熔体向注射模型腔填充过程中，必须考虑将气体排出，否则，不仅会引起物料注射压力过大，熔体填充型腔困难，导致充不满模腔，还会使部分气体渗入塑料，使塑件产生气泡，致使组织疏松、熔接不良。甚至由于气体受到压缩，温度急剧上升，进而引起周围熔体烧灼，使塑件局部炭化和烧焦。因此在模具设计时，应充分考虑排气问题。

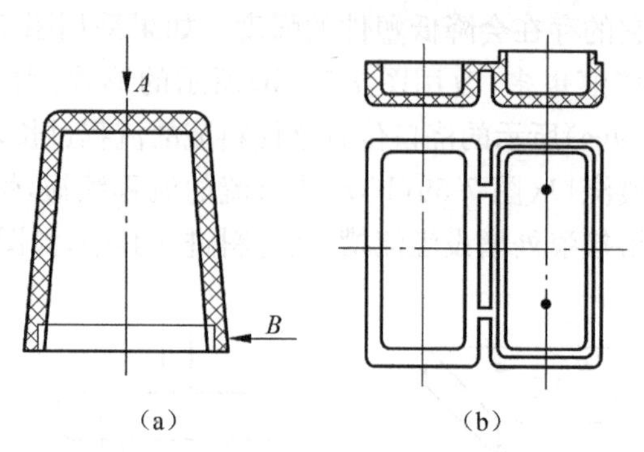

图 7-61 浇口位置对定向的影响

一般来说，对于结构复杂的模具，事先较难估计发生气阻的准确位置，因此，通常需要通过试模确定其位置，然后开排气槽。排气槽一般开设在型腔最后被充满的部位。

排气的方式主要包括排气槽排气和间隙排气。

(1) 排气槽排气。开设排气槽进行排气，通常应遵循下列原则：

① 排气槽最好开设在分型面上，因为分型面上因排气槽而产生的飞边，易随塑件脱出。

② 排气槽的排气不能正对操作人员，以防熔料喷出而发生工伤事故。

③ 排气槽最好设在靠近塑件和嵌件最薄处，因为这种部位最易形成熔接痕，宜排出气体，并排出部分冷料。

④ 排气槽的宽度可取 1.5～6.0mm，其深度以不大于所用塑料的溢边值为限，通常为 0.02～0.04mm。

(2) 间隙排气。大多数情况下，可利用模具分型面或模具零件间的配合间隙自然地排气，可不另设排气槽。模具结构应采用镶拼方法，可在镶件上制作排气间隙。

分型面上的排气槽的结构形式及尺寸如图 7-62 所示。

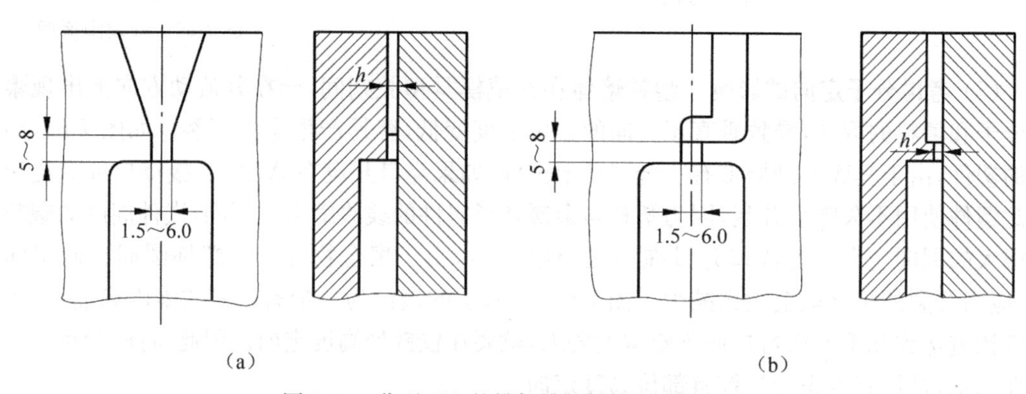

图 7-62 分型面上的排气槽的结构形式及尺寸

(3) 利用排气塞排气。如果型腔最后充填的部分不在分型面上，而其附近又没有活动型芯或推杆，则在型腔深处镶入排气塞进行排气，如图 7-63 所示。

注意：无论采用何种排气方式，均应与大气相通。

2. 溢流槽设计

在注射模中，为避免在塑件上可能产生熔接痕而在模具上开设用于排溢的沟槽，称为溢流槽，如图 7-64 所示。

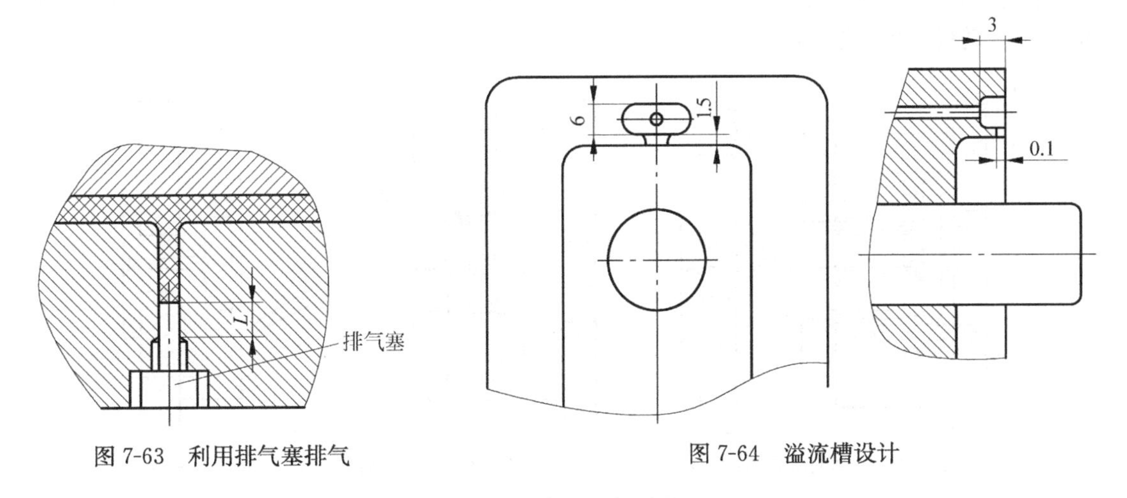

图 7-63　利用排气塞排气

图 7-64　溢流槽设计

一般情况下，热塑性塑料注射模不用设置溢流槽。除非个别塑件在其边缘处不允许发生熔接痕，可以在融合部位设置溢流槽，使两股料流在溢流槽内融合，同时溢流槽处可设置推杆。溢流槽设置推杆可以使其进行良好的排气，也便于推出溢流槽内的冷凝料。

课题五　推出机构设计

【知识目标】

1. 掌握推出机构的组成、分类。
2. 掌握推杆推出机构的设计要点。
3. 熟悉推管、推件板推出机构的设计。
4. 了解联合推出机构的作用。

【技能目标】

1. 学会推杆推出机构的设计。
2. 熟练设计给定塑件的推出方式及结构。
3. 正确设计推出机构的复位。

【知识学习】

将注射成形后的塑件从模具中脱出的机构称为推出机构。推出机构的工作原理如图 7-63 所示，左图为合模成形后的状态，右图为开模后塑件被推出的状态。

一、推出机构的组成

图 7-65 所示的推杆推出机构，主要由复位杆 1、推杆固定板 2、推板 3、推杆 4、限位钉 5、浇道推杆 6、导套 7 及导柱 8 等组成。其他形式的推出机构，组成部件有所不同。

在此推出机构中，推杆与塑件接触，将塑件推出模外。推杆固定板 2 与推板 3 由螺钉连接，用来固定推出零件。对于推杆推出机构。为了保证推杆推出塑件后在合模时能回到原来的位置，需设置复位机构，即复位杆1。推出机构中，从保证推出平稳、灵活的角度考虑，通常设有导向装置，即推出机构专用的导柱8和导套7。限位钉5的作用是使推扳3与动模板之间形成间隙，既保证平面度的要求，又利于废料、杂物的去除。另外，通过调整其厚度还能控制推出的距离。此外，在一模多腔时还设有拉料杆，以保证浇注系统主流道的凝料从定模浇口套中抽出，留在动模一侧，便于取出。

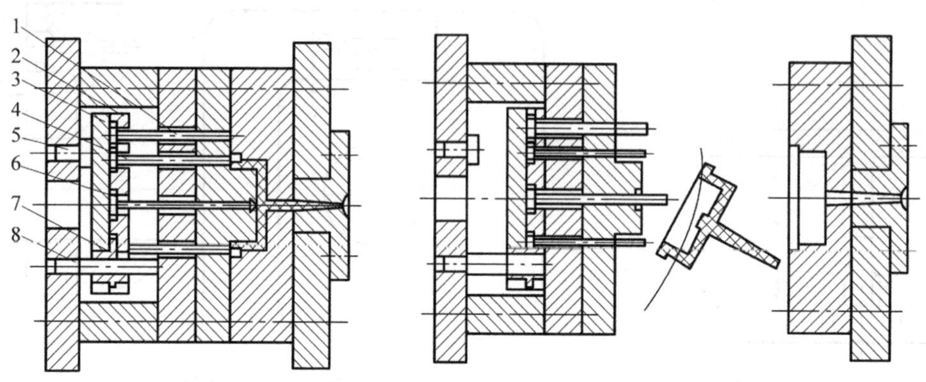

1—复位杆；2—推杆固定板；3—推板；4—推杆；5—限位钉；6—浇道推杆；7—导套；8—导柱

图7-65 推杆推出机构

二、推出机构的分类及结构要求

1. 推出机构的分类

(1) 按动力来源分类。

① 手动推出机构：开模后，依靠人工操纵推出机构推出塑件。

② 机动推出机构：利用注射机的开模动作驱动模具上的推出机构，实现塑件的自动脱模。

③ 液压与气动推出机构：利用注射机上的专用液压和气动装置，将塑件推出或从模具中吹出。

(2) 按推出零件的类型分类。可分为推杆推出机构、推件板推出机构、推管推出机构及联合推出机构。

(3) 按模具结构分类。可分为简单推出机构(又称一次推出机构)、二次推出机构、双向推出机构、点浇口自动脱模机构，以及带螺纹塑件的推出机构。

2. 推出机构的结构要求

(1) 模具的推出机构必须有足够的强度和刚度，使塑件出模后不会变形。

(2) 推力须均匀，推力面应尽可能大。推力应设计在塑件承受力较大的部位，如筋部、凸缘及壳体壁等。

(3) 推件不应设计在零件外表面，以免影响塑件外观质量。

(4) 推出系统应动作灵敏可靠、工作平稳且便于更换与维修。

3. 常用推出机构

在所有注射模的推出机构中，常用的典型推出机构有推杆推出机构、推管推出机构和推件板推出机构，此外还有活动镶件推出机构等。

(1) 推杆推出机构。该种推出机构由于制造修配方便、推杆推出时运动阻力小、推出动作灵活可靠，以及推杆损坏后便于更换等原因，成为简单推出机构中最简单、最常用的一种形式。

① 推杆的结构形式。推杆形式多种多样，如图 7-66 所示。

图 7-66(a)所示为直通式圆推杆，其尾部用台肩固定，是最常用的一种推杆形式，主要用于对推杆无特殊要求的场合，这种推杆已有国家标准(GB/T 4169.1—2006)，若给出推出段直径和总长度，可在模具标准件市场直接购买。图 7-66(b)所示为阶梯式推杆，由于工作部分较细，故将其后部加粗以提高刚性，一般在直径≤2.5mm 时采用。图 7-66(c)所示的半圆形推杆和图 7-66(d)所示的镶嵌式矩形推杆，均属于异形推杆。图 7-66(e)所示为锥面推杆，加工比较困难，装配时从型腔前端插入，背面用螺钉固定在推杆固定板上，适用于深筒形且顶部无孔塑件的推出。

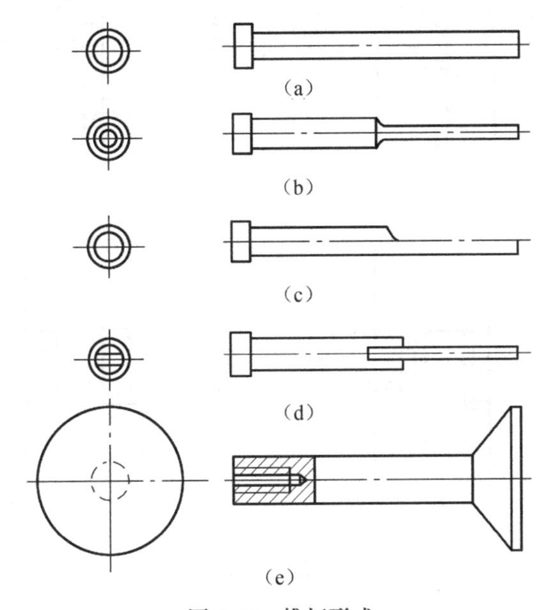

图 7-66　推杆形式

推杆工件端面形状的选择是根据塑件推出部位的形状来确定的。

② 推杆的固定形式。推杆在模具中的固定包括定位和紧固两方面。

推杆的定位形式如图 7-67 所示，直径为 d 的推杆 3 与凸模 4 中的推杆孔采用 H7/h7 或 H8/h7 配合定位，配合间隙参考塑料不溢料间隙值确定；配合段长度为直径 d 的 1.5～2 倍，但至少不小于 15mm。推杆与推杆固定板之间、推杆与凸模的非配合段部分采用大间隙(0.5～1mm)配合，以便加工且不干涉推杆移动。

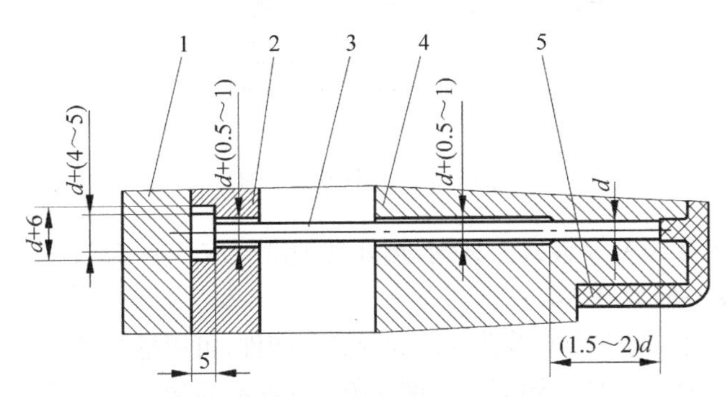

1—推板；2—推杆固定板；3—推杆；4—凸模；5—塑件

图 7-67　推杆的定位形式

推杆的紧固形式如图 7-68 所示。其中图 7-68(a)所示为最常用的一种形式，即推杆台肩沉在推杆固定板内，端面被推板压紧；图 7-68(b)所示为采用垫块或垫圈代替图 7-68(a)中固定板上沉孔的形式，这样可使加工方便；图 7-68(c)所示为推杆底部采用螺塞拧紧的形式，它适用于推杆固定板较厚的场合；图 7-68(d)所示为较粗推杆镶入推杆固定板后采用螺钉固定的形式。

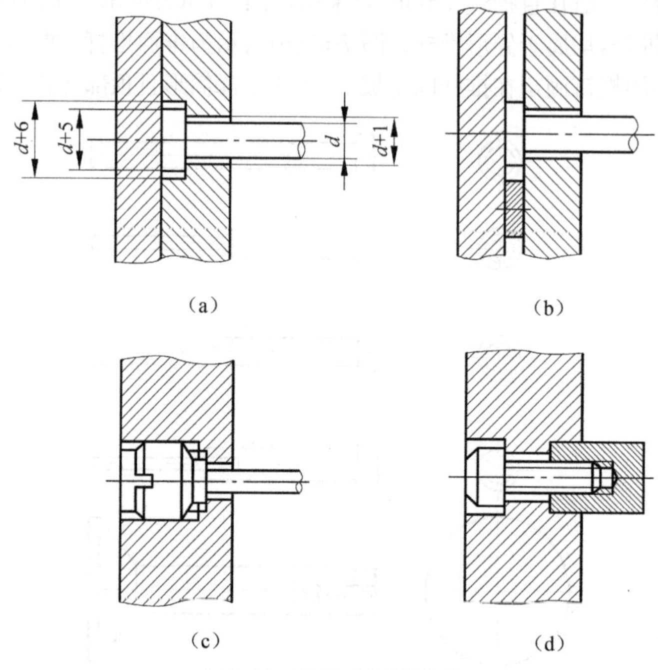

图 7-68　推杆的紧固形式

③ 推杆的装配要求。注射成形时，推杆的工作端面直接与塑件接触，会在塑件表面留下推杆痕迹。为使推杆痕迹不影响塑件的使用和美观，推杆在制造时工作端面不允许留中心孔，端面四周保持尖角，推杆装入模具后端面应与型腔底面保持平齐或高出底面 0.05～0.1mm，如图 7-69 所示。

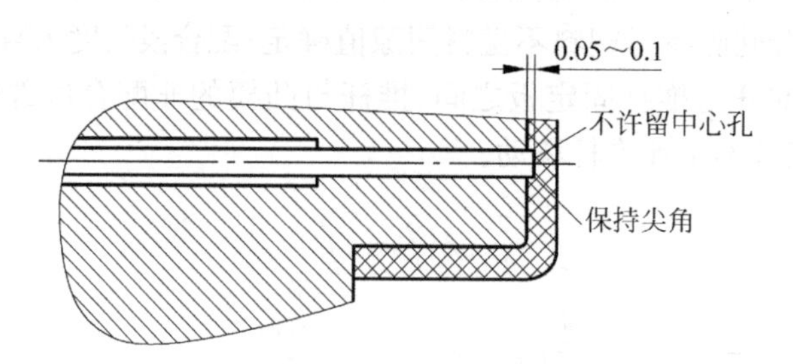

图 7-69　推杆端面高度

推杆的材料常用 T10A 等碳素工具钢，热处理硬度要求 50～55HRC。推杆工作端配合部分的表面粗糙度 Ra 一般取 0.8μm。

(2) 推管推出机构。对于中心有孔的薄壁圆筒形塑件，可用推管推出机构，如图 7-70 所示。

推管推出机构主要有 3 种结构形式。图 7-70(a)所示的形式是最简单、最常用的一种，即型芯固定在动模座板上，其特点是型芯较长、结构可靠，适用于推出距离不大的场合。图 7-70

(b)所示形式是用键将型芯固定在动模板上，因为推管推出时要让开键，所以推管上开槽，从而影响了推管的强度，不适用于推管尺寸小和推出力大的场合。图 7-70(c)所示的形式是将型芯固定在动模支承板上、推管在动模板内滑动，型芯和推管均较短，但刚性好，制造与装配方便，适用于动模板厚度较大的场合。

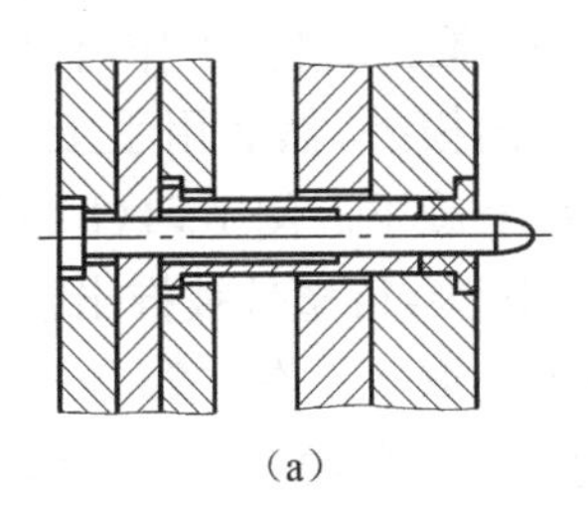

(a)

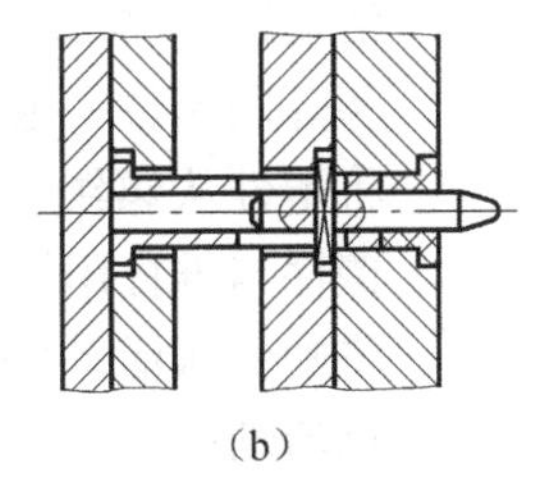

(b)

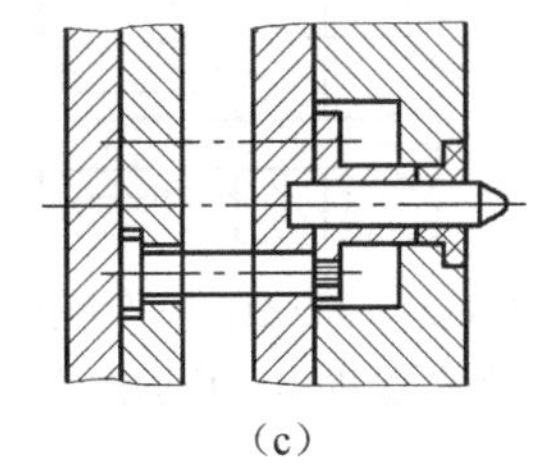

(c)

图 7-70　推管推出机构

推管的紧固方式同推杆一样，其定位部分的配合如图 7-71 所示。推管外径与推管固定板之间采用单边 0.5～1mm 的大间隙配合；推管外径与凸模内孔的配合选用 H8/h7，配合长度一般取推管外径 D 的 1.5～2 倍；推管内径与型芯之间的配合选用 H7/f7，配合长度应比推出行程 L 大 3～5mm；为了保证推管在推出时不影响型芯及塑件的成形表面，推管外径一般比塑件外径尺寸双边小 0.5mm 左右，而推管内径一般略大于塑件内径。

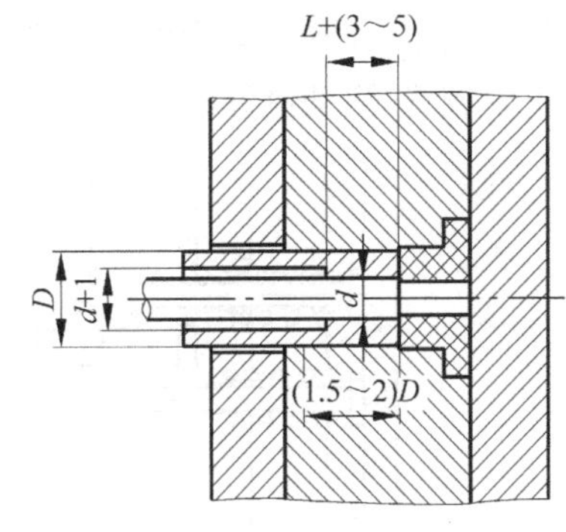

图 7-71　推管定位要求

推管厚度一般不小于 1.5mm。推杆的材料常用 T10A 等碳素工具钢，热处理硬度要求 50～5HRC。推管内、外工作端配合部分的表面粗糙度 Ra 一般取 0.8μm。

(3) 推件板推出机构。罩、壳、盒类深腔、薄壁和不允许有推杆痕迹的塑件，适宜采用图 7-72 所示的推件板推出机构。开模后，推杆推动推件板，推件板推动塑件，将塑件从型芯上推出。推件板推出机构的特点是推出面积大、推出力均匀、推出平稳，且塑件上没有推出痕迹，不用设置复位杆，但型芯周边外形复杂时，推件板的型孔加工困难。

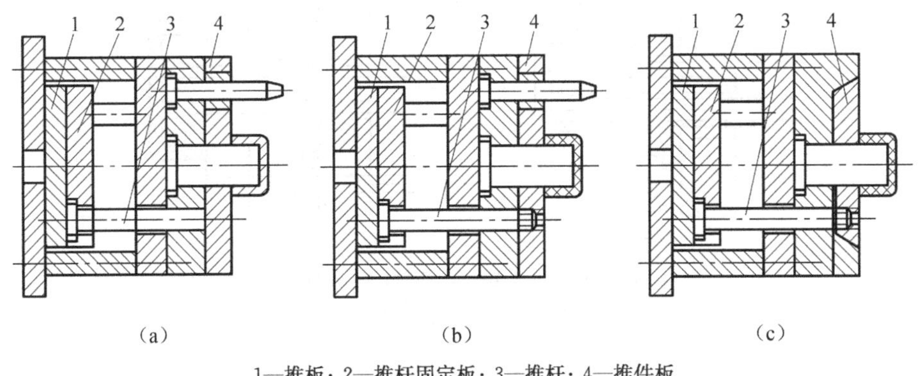

1—推板；2—推杆固定板；3—推杆；4—推件板

图 7-72　推件板推出机构

图 7-73 所示为改进结构，其推件板的内形尺寸比型芯成形部分周边增大 0.2～0.5mm，并用 3°～5°锥面配合。这样既能起到辅助定位的作用，又可防止推件板因偏心而溢料，还避免

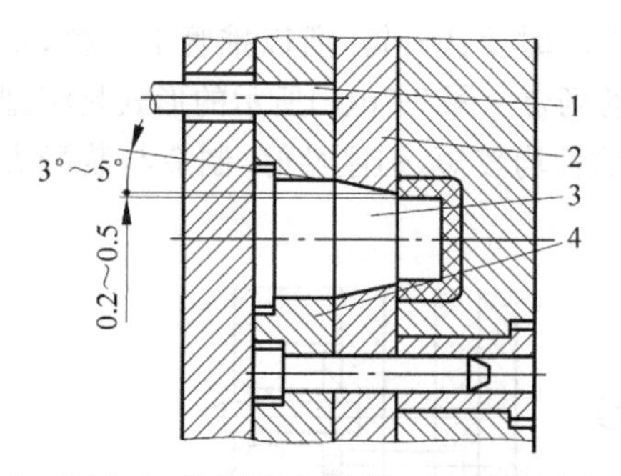

1—推杆；2—推件板；3—凸模；4—凸模固定板

图 7-73　推件板推出结构的改进

了摩擦。

推件板常用的材料为45钢，热处理硬度要求28～32HRC。

（4）活动镶件推出机构。图7-74(a)所示为利用活动镶件（螺纹型环）推出塑件，工作时，推杆将螺纹型环同塑件一起推出模外，然后用手工或专用工具将塑件从螺纹型环上旋下。图7-74(b)所示为活动镶件与推杆用螺纹连接，待塑件被推出模具后，手工将塑件从活动镶块上取下。图7-74(c)所示也是利用活动镶件推出塑件，工作时，推杆将活动镶件连同塑件一起推出模外，然后用手工或专用工具把塑件从活动镶件上卸下。

活动镶件与其安装定位孔的配合一般选用H8/f8，配合长度为5～10mm。为便于活动镶件顺利装入凸模，其后加工出3°～5°的斜度，如图7-74(c)所示。为便于下一次合模前镶件的正确放置，活动镶件推出机构都需要设计先复位机构，如图7-74(a)中的弹簧装置。

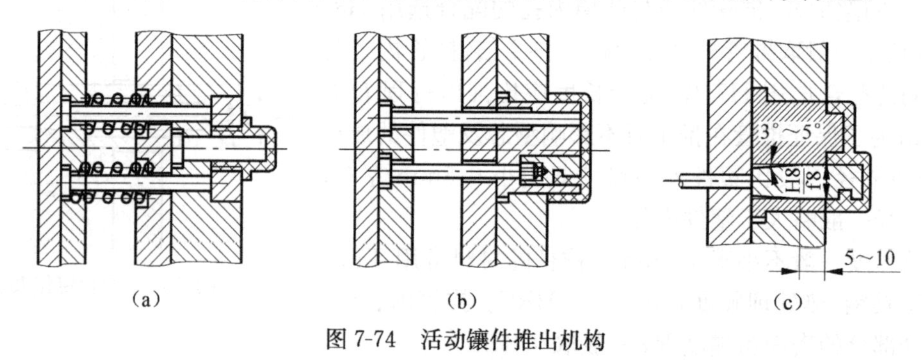

图 7-74　活动镶件推出机构

（5）联合推出机构。对于大型或大中型复杂壳体件，为了保证脱模时塑件不发生变形、开裂，应采用推杆、推管、推件板联合推出机构，如图7-75所示。

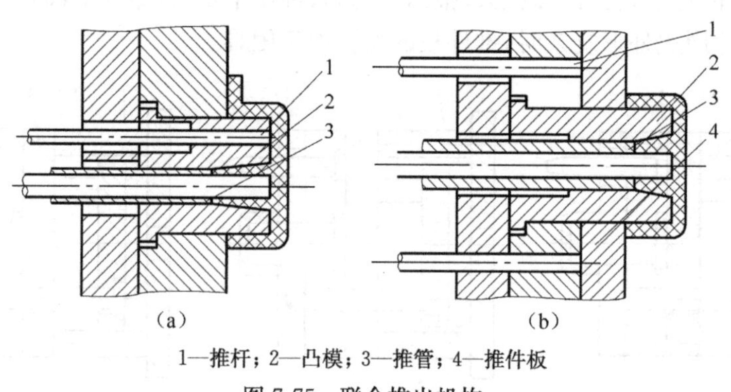

1—推杆；2—凸模；3—推管；4—推件板

图 7-75　联合推出机构

三、推出机构的导向与复位

1. 推出机构的导向零件

对卧式注射机使用的模具，当推杆较细时，推杆固定板及垫板的重量容易使推杆弯曲以致在推出时不够灵活，甚至折断，故常设导向零件。推出机构的导向零件常采用导柱、导套，导柱的数量一般不少于两个。图 7-76(a)所示的导柱，除了起导向作用，还起支承作用，可以减小注射成形时支承板的弯曲变形。当推杆的数量较多，塑件的产量较大时，只有导柱是不够的，还需要装配导套，如图 7-76(b)所示。

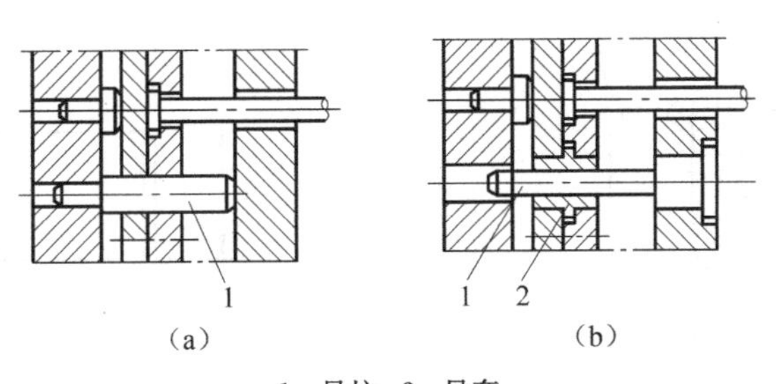

1—导柱；2—导套

图 7-76　推出机构的导向零件

对于生产批量小、推杆数量少的小型模具，不需专设导向装置，可直接利用复位杆进行导向，但应增大复位杆直径和配合段长度。

2. 推出机构的复位

推出机构在开模推出塑件后、合模前或再次合模时，必须使推杆、推管等推出零件回到原来的位置，以为下一次注射做准备，因而推杆或推管推出机构中常设有复位机构。

推杆或推管的复位是在推杆固定板上安装复位杆，合模时由定模分型面反推复位杆，带动推出系统返回原来的位置，如图 7-77 所示。复位杆必须和推杆固定在同一块板上，其长度必须一致，分布必须均匀，端面要与所在动模的分型面齐平。

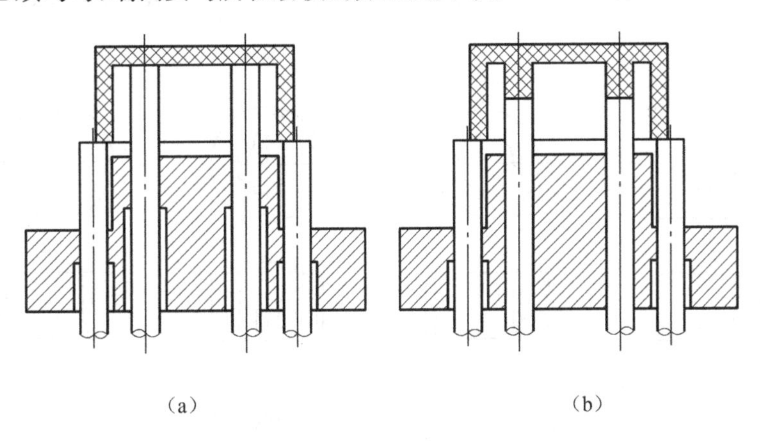

1—推杆；2—复位杆；3—动模板；4—定模板

图 7-77　推杆复位

复位杆的截面为圆形，技术要求与直通台肩式圆推杆完全相同。每副模具中一般设置 4 根复位杆，应对称布置在推杆固定板的四周，以便推出机构在合模时受力均衡、复位平稳，同时组装后的 4 根复位杆应高度一致，并与动模分型面平齐或凹入分型面 0.1mm，但严禁高出分型面，如图 7-78 所示。

3. 推出机构的限位

最常见的推出机构限位零件是限位钉。推出机构在复位时，会遇到限位钉而停止运动。

因为限位钉头部与推板所形成的空隙可容纳一些异物(油污、粉尘)，所以限位钉头部除了将推出机构限定在正确位置，还可以防止推出机构在复位时受异物阻碍。

限位钉是标准件(GB/T 4169.9—2006)，其具体结构如图7-79所示。限位钉用45钢制造，热处理硬度要求40～45HRC。装配时台肩高度S要求一致。

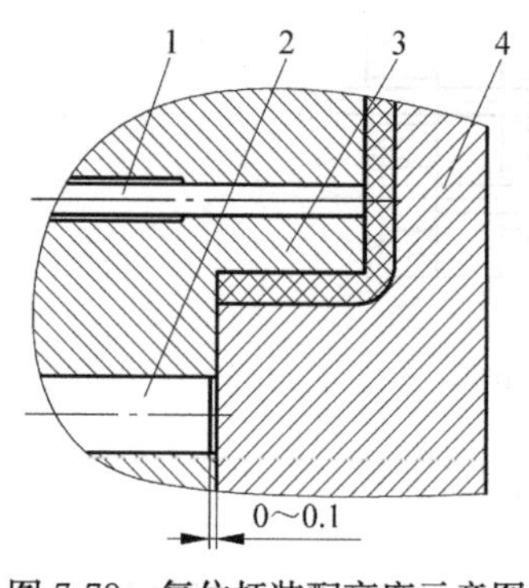

图7-78　复位杆装配高度示意图

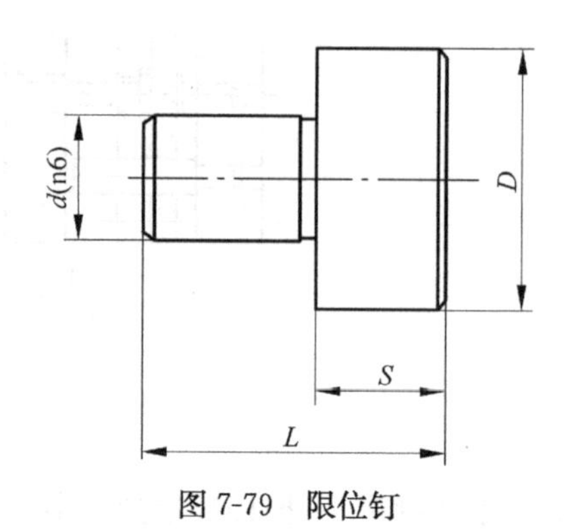

图7-79　限位钉

四、带螺纹塑件的脱模机构

通常塑件上的内螺纹由螺纹型芯成形，而塑件上的外螺纹则由螺纹型环成形。为了使塑件从螺纹型芯或螺纹型环中脱出，塑件和螺纹型芯或螺纹型环之间除了要有相对转动，还必须有相对的轴向移动。因此，在塑件设计时，应注意塑件上必须带有止转结构，塑件不同形式的止转结构如图7-80所示。其中，图7-80(a)、(b)所示为内螺纹塑件外形上的止转结构形式；图7-80(c)所示为外螺纹塑件端面上的止转结构形式；图7-80(d)所示为外螺纹塑件内形上的止转结构形式。

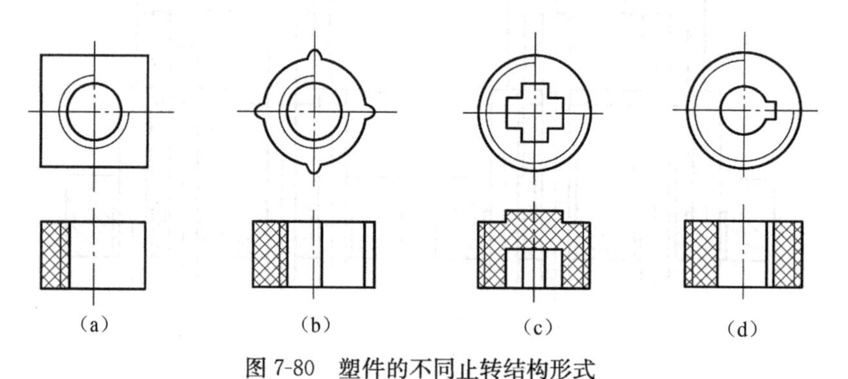

图7-80　塑件的不同止转结构形式

根据塑件上螺纹精度要求和生产批量的不同，塑件的螺纹常用以下3种方法来脱模。

1. 强制脱模

这种脱模方式多用于螺纹精度要求不高的场合，采用强制脱模，可使模具的结构比较简单。

(1) 利用塑件的弹性强制脱模。这种方式适用于聚己烯、聚丙烯等软性塑料。当塑件上有深度不大的半圆形粗牙螺纹时，就可以采用推件板将塑件从螺纹型芯上强制脱出。

(2) 利用硅橡胶螺纹型芯强制脱模。这种方式是利用有弹性的硅橡胶作螺纹型芯成形塑件上的内螺纹。由于硅橡胶螺纹型芯使用寿命较短，故这种方法适用于小批量生产。

2. 手动脱模

手动脱出螺纹主要有两种形式，一种为机内型，即塑件成形后，需要先用工具将螺纹型芯卸下，然后由推出机构将塑件推出模外；另一种为机外型，即开模时螺纹型芯或螺纹型环随塑件一起脱出模外，然后在模外使用专用工具由人工将塑件从螺纹型芯或螺纹型环上取下。这种形式的模具虽然结构简单，但操作麻烦，不适用于大批量生产。

3. 机动脱模

这种脱模方式是利用开合动作使螺纹型芯脱出和复位，下面以一个齿轮齿条脱螺纹型芯的机构为例进行简单介绍。如图 7-81 所示，开模后，导柱齿条 9 带动固定于轴 10 右端的小齿轮，使锥齿轮 1 旋转，再通过与锥齿轮 1 相啮合的锥齿轮 2 传动，使螺纹拉料杆 8 和齿轮 3 旋转，进而使齿轮 4 带动螺纹型芯 5 旋转，塑件即可顺利脱出。这类机动脱螺纹的模具，生产率较高，但结构复杂，模具的制造成本一般较高。

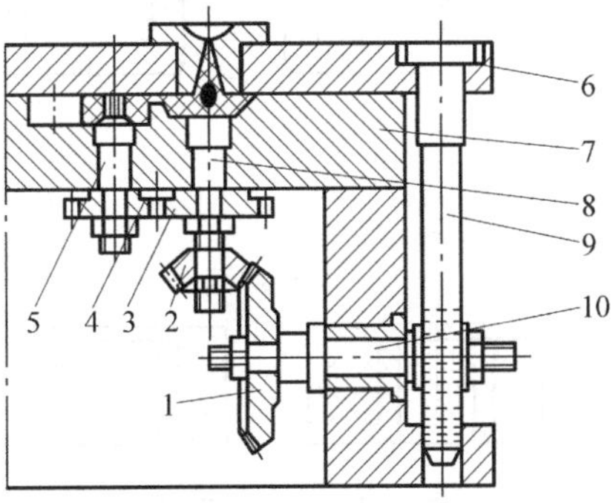

1,2—锥齿轮；3,4—齿轮；5—螺纹型芯；6—定模座板；7—型腔板；8—螺纹拉料杆；9—导柱齿条；10—轴

图 7-81 齿轮齿条脱螺纹型芯机构

五、合模导向机构设计

合模导向机构是保证动模和定模或上模和下模合模时正确定位和导向的装置。合模导向机构主要有导柱导向和锥面定位两种装置。导柱导向装置的主要零件是导柱和导套。有的不用导套而是在模板上镗孔，这种孔称为导向孔。

1. 导向装置的作用

导向装置的主要作用是定位、导向及承受一定的侧压力，现分述如下：

(1) 定位作用。即避免模具装配时因方位弄错而损坏模具，并且在模具闭合后使型腔保持正确的形状，不致因位置偏移而引起塑件壁厚不均。

(2) 导向作用。即动、定模合模时，让导向机构先接触，以引导动、定模正确闭合，避免凸模或型芯先进入型腔，从而保证不损坏成形零件。

(3) 承受一定的侧压力。塑料注入型腔时会产生单向侧压力，或由于注射机精度的限制，使导柱在工作中承受一定的侧压力。当侧压力很大时，不能仅靠导柱来承担，需要增设锥面定位装置。

2. 导柱导向装置的设计原则

(1) 导向零件应合理地均匀分布在模具的周围或靠近边缘部位，其中心至模具边缘应有足够的距离，以保证模具的强度，防止压入导柱和导套时发生变形。

(2) 根据模具的形状和大小，一副模具一般需要 2～3 个导柱。对于小型模具，通常只用两个直径相同且对称分布的导柱(图 7-82(a))；如果模具的合模有方位要求，则用两个直径不同的导柱(图 7-82(b))，或用两个直径相同，但错开放置的导柱(图 7-82(c))；对于大中型模具，可采用 3 个或 4 个直径相同的导柱，但不对称分布(图 7-82(d))，或导柱位置对称，但中心距不同(图 7-82(e))。对于多分型面的模具，最好采用阶梯形导柱，每阶高度应比它所固定的模板厚度小约 0.5mm，每阶直径之差推荐选用 2mm。

(3) 导柱可设置在定模，也可设置在动模。在不防碍脱模取件的条件下，导柱通常设置在型芯高出分型面的一侧。

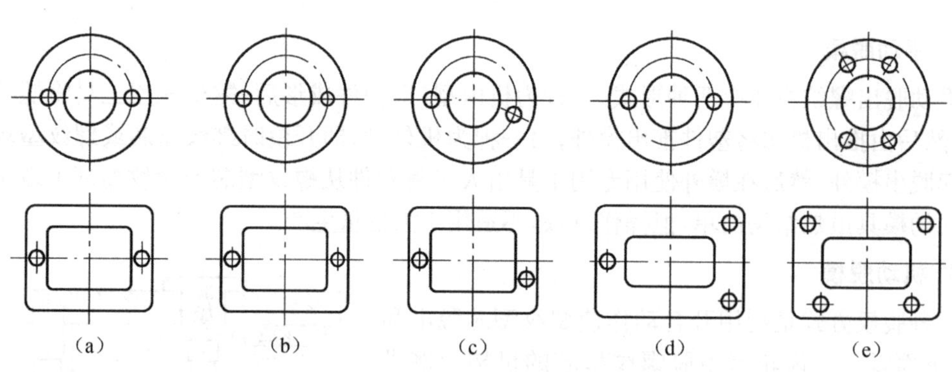

图 7-82　导柱的分布形式

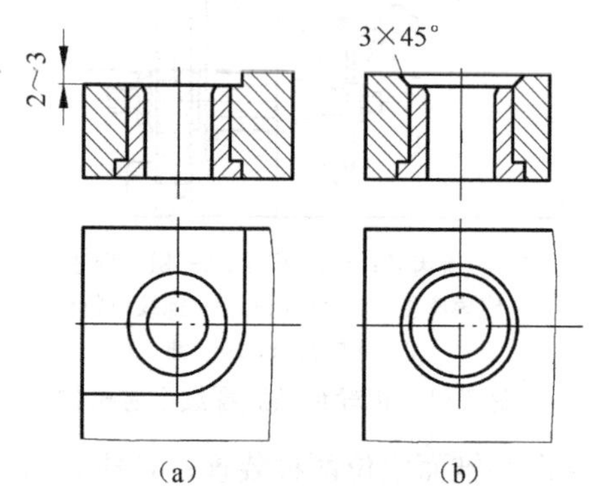

图 7-83　导柱的承屑槽形式

(4) 当上模板与下模板采用合模加工工艺时，导柱装配处的直径应与导套外径相等。

(5) 为保证分型面有良好的接触，导柱和导套在分型面处应制有承削槽，一般都是削去一面（图 7-83(a)），或在导套的孔口倒角（图 7-83(b)）。

(6) 各导柱、导套（导向孔）的轴线应保证平行，否则会影响合模的准确性，甚至损坏导向零件。

3. 导柱的结构、特点及用途

导柱的结构形式随模具结构、大小及塑件生产批量的不同而不同。目前，在生产中常用的结构有以下几种：

(1) 台阶式导柱。注射模常用的标准台阶式导柱一般有两类，一类是带头导柱，另一类是带肩导柱。压缩模也采用类似的导柱。图 7-84 所示为台阶式导柱导向装置。小批量生产时，带头导柱通常不需要导套，而是直接与模板导向孔配合，如图 7-84(a)所示；当然也可以与导套配合（图 7-84(b)），带头导柱一般用于简单模具。带肩导柱一般与导套配合使用（图 7-84(c)），导套外径与导柱直径相等，以便于导柱固定孔和导套固定孔的加工。如果导柱固定板较薄，可采用图 7-84(d)所示的肩导柱，其固定部分有两段，分别固定在两块模板上。

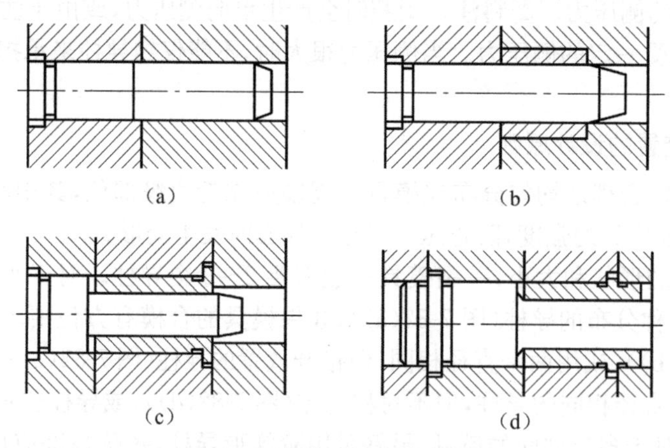

图 7-84　台阶式导柱导向装置

(2) 铆合式导柱。其不同结构如图 7-85 所示。对于图 7-85(a)所示结构，由于导柱的固定不够牢固，稳定性较差，因此，可将导柱沉入模板 1.5～2mm，如图 7-85(b)所示。铆合式导柱结构简单、加工方便，但导柱损坏后更换麻烦，因而主要用于小型简单的移动式模具。

(3) 合模销。如图 7-86 所示，在垂直分型面的组合式凹模中，为了保证锥模套中的拼块相对位置准确，常采用两个合模销。分模时，为了使合模销不被拔出，其固定端部分采用 H7/k6 过渡配合，另一滑动端部分采用 H9/f8 间隙配合。

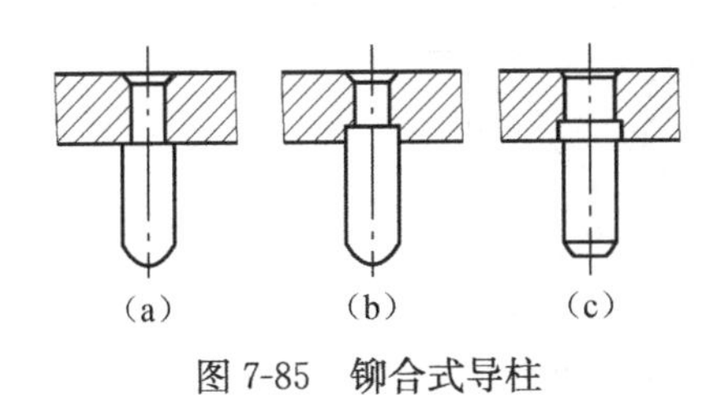

图 7-85　铆合式导柱

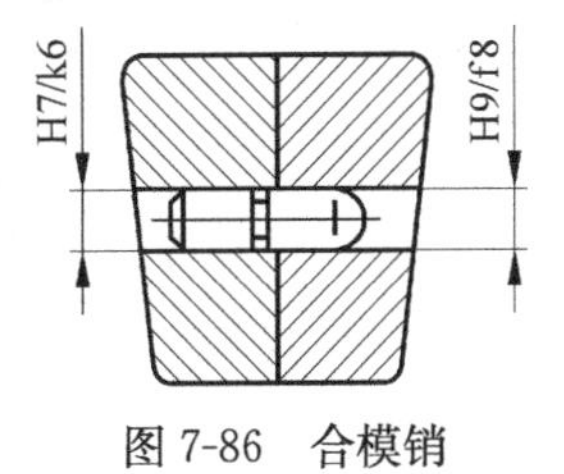

图 7-86　合模销

导柱固定端与模板之间一般采用 H7/k6 配合，导柱导向部分通常采用 H7/f8 或 H8/f7 配合。

导柱应具有良好的耐磨性，材料可用 20 钢表面渗碳 0.5～0.8mm，淬火处理硬度 50～55HRC，也可用 T8、T10 钢淬硬到 50～55HRC。

4. 导套和导向孔的结构、特点及用途

(1) 导套。注射模常用的标准导套有直导套和带头导套两类，压缩模也可采用类似结构的导套。

导套的固定方式如图 7-87 所示。图 7-87(a)、(b)、(c)所示为直导套的固定方式，其结构简单、制造方便，用于小型简单模具；图 7-87(d)所示为带头导套的固定方式，其结构复杂、加工较难，主要用于精度要求高的大型注射模或压缩模。根据生产需要，也可在导套的导滑部分开设油槽。

直导套用 H7/r6 配合压入模板，带头导套固定部分用 H7/k6 配合镶入模板。

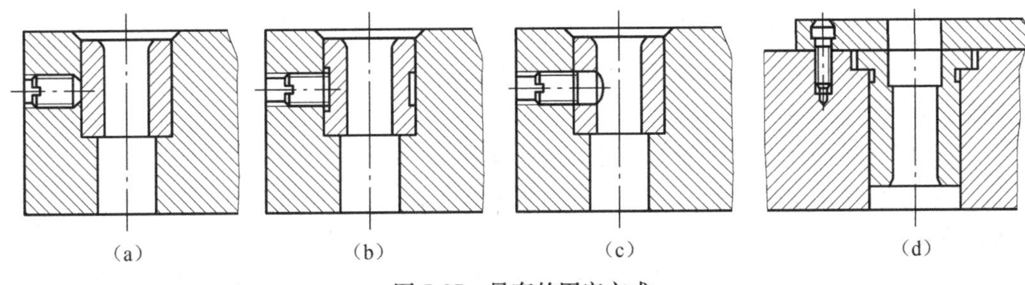

图 7-87　导套的固定方式

导套壁厚一般为 3～10mm，根据内孔大小和总长尺寸确定。导套孔工作部分长度为(1～1.5)d。导套的材料、硬度与导柱相同。

(2) 导向孔。导向孔直接开设在模板上，它适用于生产批量小、精度要求不高的模具。在穿透的导向孔中，除按其直径大小需要一定长度的配合外，其余部分孔径可以扩大，以减少配合精加工面，并改善配合状况。

5. 锥面定位结构

普通注射模具通过导柱导向机构即可满足动、定模之间的导向和定位，但导柱和导套之间存在配合间隙，因此对于成形薄壁、精密塑件的注射模具，仅有导柱导向机构是不够的，还必须在模具上加工出锥面进行定位，如图7-88所示。这种结构一般适用于模塑成形时侧向压力很大的模具。其锥面配合有两种形式：一种是两锥面之间镶入经淬火的零件；另一种是两锥面直接配合，此时两锥面均应通过热处理达到一定硬度，以增加耐磨性。

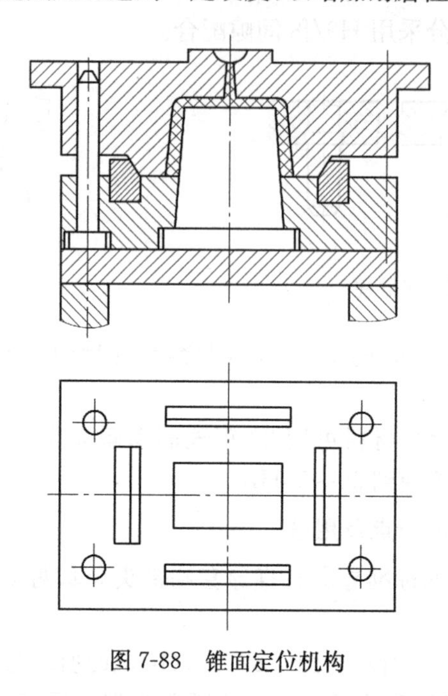

图7-88　锥面定位机构

课题六　侧向分型与抽芯机构设计

【知识目标】

1. 掌握斜导柱侧向分型与抽芯机构的设计要点。
2. 了解斜滑块侧向分型与抽芯机构的结构特点。

【技能目标】

1. 熟练掌握斜导柱侧向分型与抽芯机构的设计。
2. 正确分析给定塑件的侧向分型与抽芯机构及其设计。

【知识学习】

当塑件侧面有凸台、凹槽及侧孔时，为一次成形，模具上成形该处的零件必须制成可侧向移动的，以便在塑件脱模推出之前，先将侧向成形零件抽出，然后将塑件推出模外，否则无法脱模。具有侧向分型与抽芯和复位的机构称为侧向分型与抽芯机构。

一、侧向分型与抽芯机构的分类

根据动力源的不同，侧向分型与抽芯机构一般可分为机动、液压（液动）或气动及手动三大类。

1. 机动侧向分型与抽芯机构

机动侧向分型与抽芯机构是利用注射模的开模力为动力，通过相关传动零件（如斜导柱、弯销等）将力作用于侧向成形零件，使其侧向分型或将其侧向抽芯，合模时又靠相关传动零件使侧向成形零件复位。这类机构结构比较复杂，但能实现自动化生产，生产效率高，在模具的设计与制造中应用广泛。根据传动零件的不同，这类机构又可分为斜导柱、弯销、斜导槽、斜滑块和齿轮齿条等多种类型的侧向分型与抽芯机构，其中以斜导柱侧向分型与抽芯机机构最为常用。

2. 液压或气动侧向分型与抽芯机构

液压或气动侧向分型与抽芯机构是以液压力或压缩空气作为动力进行分型与抽芯，同样靠液压力或压缩空气使侧向成形零件复位。该类抽芯机构靠液压缸或气缸的活塞往复运动实现抽芯与复位，抽芯的动作比较平稳，多用于抽拔力大、抽芯距较长的场合。有的注射机本身带有抽芯的液压管路，因而采用液压做侧向分型与抽芯也十分方便。

3. 手动侧向分型与抽芯机构

手动侧向分型与抽芯机构是利用人力将模具侧向分型或抽芯，这类机构操作不方便，工人劳动强度大，生产效率低，但模具结构简单、成本低，常用于产品的试制、小批量生产或无法采用其他侧向抽芯机构的场合。手动侧向分型与抽芯又可分为两类，即模内手动分型抽芯和模外手动分型抽芯，其中模外手动分型抽芯机构就是前述的带有活动镶件模具的结构。

4. 抽拔力计算

由于塑件包紧侧向型芯或粘附在侧向型腔上，故在各种类型的侧向分型与抽芯机构进行侧向分型与抽芯时，必然会遇到抽拔阻力，侧向分型与抽芯的力或称抽拔力一定要大于抽拔阻力。

侧向抽拔力的计算公式为

$$F_t = Ap(\mu\cos\alpha - \sin\alpha) \tag{7-14}$$

式中，F_t——侧向分型与抽芯的力（抽拔力）（N）；

μ——塑件对钢的摩擦系数，取 0.1～0.3；

α——脱模斜度（°）；

A——塑件包紧型芯的面积（mm^2）；

p——塑件对型芯单位面积上的包紧力（N）。

一般情况下，对于模外冷却的塑件，p 取 2.4×10^7 Pa；模内冷却的塑件，p 取 0.8×10^7～1.2×10^7 Pa。

如图 7-89 所示，在设计侧向分型与抽芯机构时，除了计算侧向抽拔力，还必须考虑侧向抽芯距（又称拔模距）的问题。侧向抽芯距一般比塑件上侧凹、侧孔的深度或侧向凸台的高度大 2～3mm，其计算公式表示为

$$S = S' + (2 \sim 3)\text{mm}$$

式中，S'——塑件上侧凹、侧孔的深度或侧向凸台的高度（mm）；

S——抽芯距（mm）。

二、斜导柱侧向分型与抽芯机构

1. 斜导柱侧向分型与抽芯机构的工作原理

斜导柱侧向分型与抽芯机构的工作过程是：图 7-90(a)所示为注射结束后的合模状态，侧型芯 8 用销钉固定在侧滑块 5 上，侧滑块 5、侧向成形块 12 分别由楔紧块 6、13 锁紧。开模时，动模部分和包在凸模上的塑件向左运动，侧滑块 5 带动侧型芯 8 由斜导柱 7 驱动沿推件板上

导滑槽向上做侧向抽芯运动；侧向成形块12在斜导柱11的驱动下沿推件板上导滑槽向下做侧向抽芯运动。待侧向型芯安全抽出后，斜导柱脱离侧滑块，同时侧滑块5在弹簧3的作用下停留在挡块2上，侧向成形块12由于自重停靠在挡块14上，以便下次合模时斜导柱能准确地插入侧滑块5和侧向成形块12的斜孔中，如图7-90(b)所示。

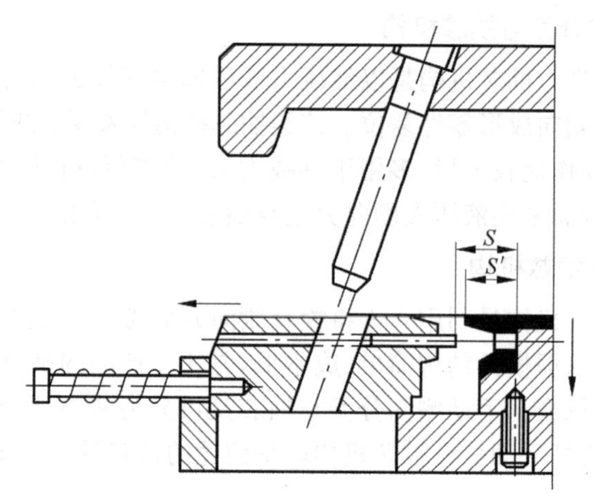

图7-89　侧向抽芯机构的抽芯距

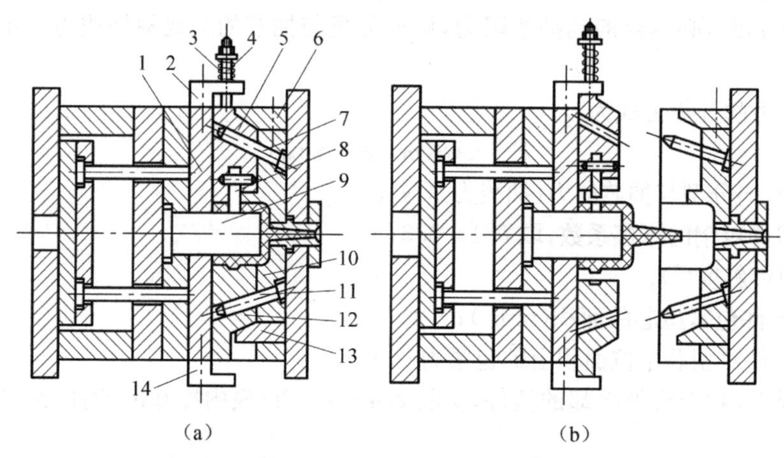

1—推件板；2,14—挡块；3—弹簧；4—拉杆；5—侧滑块；6,13—楔紧块；7,11—斜导柱；8—侧型芯；9—凸模；10—定模板；12—侧向成形块

图7-90　斜导柱侧向分型与抽芯机构的组成

2. 斜导柱抽芯机构的零部件设计

(1) 斜导柱设计。斜导柱的设计要点主要包括斜导柱的形状及技术要求、倾斜角。

① 斜导柱的形状及技术要求。斜导柱的结构形状如图7-91所示。其前端可以是半球形，也可以是锥台形，因为车削半球形较困难，所以绝大部分斜导柱设计成锥台形。设计成锥台形时，其斜角θ应大于斜导柱的倾斜角α，一般有$\theta=\alpha+(2^\circ\sim3^\circ)$，否则，其锥台部分也会参与侧向抽芯，导致侧滑块停留位置不符合设计要求。斜导柱的固定端可设计成图7-91所示的形式。斜导柱固定端与模板之间可选用H7/m6过渡配合；斜导柱工作部分与滑块斜导孔之间可采用H11/b11配合，或是两者之间采用0.4～0.5mm的大间隙配合。在某些特定情况下，为了让滑块的侧向抽芯迟于开模动作，即开模分型一段距离后再做侧向抽芯，可将斜导柱

与侧滑块斜导孔之间的间隙增加至 2～3mm。斜导柱的材料多为 T8、T10 等碳素工具钢，也可采用 20 钢渗碳淬火。热处理硬度要求≥55HRC，表面粗糙度值 $Ra \leqslant 0.8\mu m$。

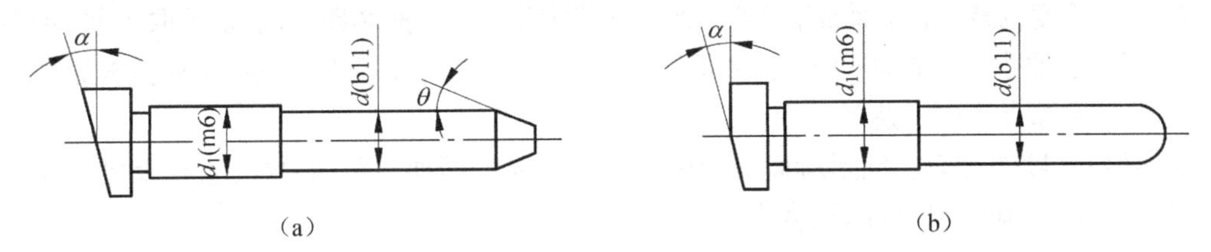

图 7-91　斜导柱的结构形式

② 斜导柱的倾斜角。斜导柱轴向与开模方向的夹角称为斜导柱的倾斜角 α。如图 7-92 所示，α 对斜导柱的工作长度、抽芯距和受力状况等具有重要影响，因此它是决定斜导柱抽芯机构工作效果的重要参数。

由图 7-92 可知：

$$L = S/\sin\alpha \tag{7-15}$$

$$H = S/\tan\alpha \tag{7-16}$$

式中，L——斜导柱的工作长度(mm)；

S——抽芯距(mm)；

α——斜导柱的倾斜角(°)；

H——完成抽芯距 S 所需的开模行程(mm)。

由此可知，在抽芯距 S 一定的情况下，α 值越小，则斜导柱的工作长度 L 和开模行程 H 均需增加，但 L 值过大会使斜导柱的刚性下降，H 值增大会受到注射机行程的限制。

图 7-93 所示为侧型芯滑块抽芯方向与开合模方向垂直情况下的斜导柱抽芯受力示意图，由该图可知：

$$F_w = F_t/\cos\alpha \tag{7-17}$$

$$F_k = F_t\tan\alpha \tag{7-18}$$

式中，F_w——侧抽芯时斜导柱所受的弯曲力(N)；

F_t——侧抽芯时的脱模力(N)，其大小等于抽芯力 F_c；

F_k——侧抽芯时所需的开模力(N)。

由此可知，当 α 值增大时，若想得到相同的抽芯力 F_c，则斜导柱所受的弯曲力应增大，同时开模力 F_k 也应增大。

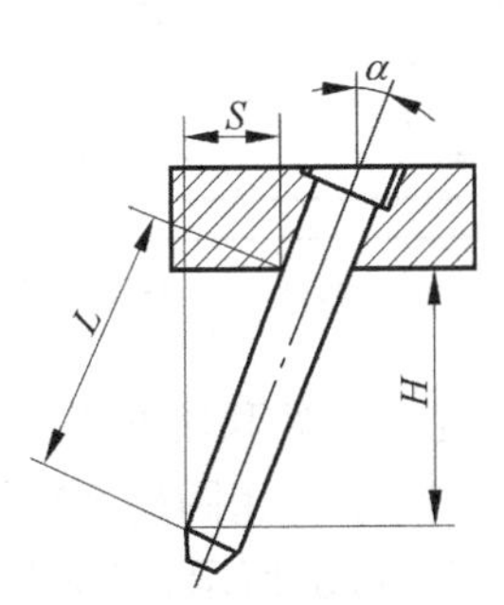

图 7-92　斜导柱的倾斜角与工作长度、抽芯距及开模行程的关系

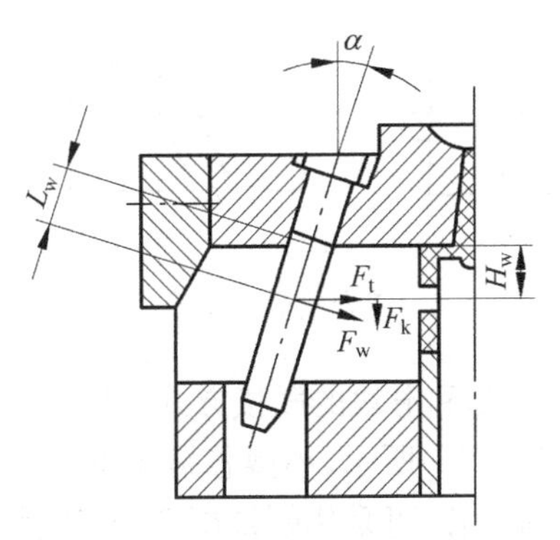

图 7-93　斜导柱抽芯受力示意图

斜导柱倾斜角 α 与侧型芯开模所需的抽芯力、斜导柱所受的弯曲力、抽芯距和开模行程等有关。α 大则抽芯力大，斜导柱受到的弯曲力也大，但为完成抽芯所需的开模行程将减小，斜导柱的工作长度也减小。α 通常取 12°～20°，不能大于 25°。抽芯距长时，α 可取大些；抽芯距短时，α 可适当取小些。抽芯力大时，α 可取小些；抽芯力小时，α 可取大些。因此，斜导柱倾斜角值的确定应综合考虑上述各方面。

③ 导柱长度的计算。圆形端面斜导柱的长度主要根据抽芯距、斜导柱直径及倾斜角来确定。由图 7-94 可知，斜导柱的长度为

$$L = L_1 + L_2 + L_3 + L_4 + L_5 = (D/2)\tan\alpha + h/\cos\alpha + (d/2)\tan\alpha + S/\sin\alpha + (5 \sim 10)\,\text{mm} \tag{7-19}$$

式中，L——斜导柱的总长度(mm)；

D——斜导柱的台肩直径(mm)；

d——斜导柱工作部分的直径(mm)；

h——斜导柱固定板的厚度(mm)；

S——抽芯距(mm)；

α——斜导柱的倾斜角(°)。

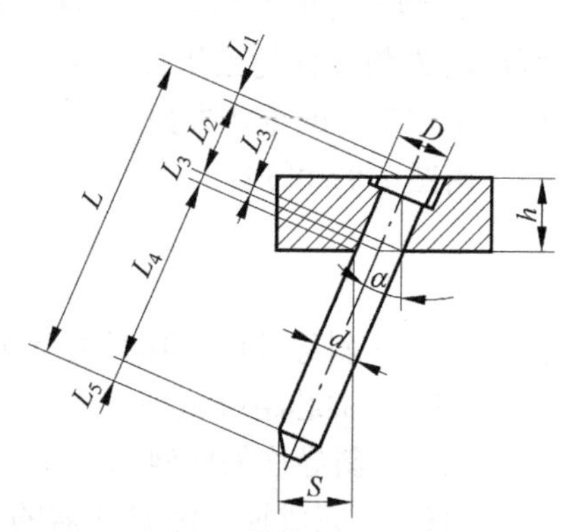

图 7-94　斜导柱的长度

(2) 侧滑块设计。滑块是斜导柱侧向分型与抽芯机构中的一个重要零件，注射成形塑件尺寸的准确性和移动的可靠性都需要它来保证。

① 侧滑块的结构形式。侧滑块的结构分为组合式(图 7-95)和整体式(图 7-96)两种。

如图 7-95 所示，侧滑块与侧型芯(或侧向成形块)是两个独立的个体，通过装配合成一体，称为组合式侧滑块结构。T 形导滑面设计在滑块底部的形式(图 7-95(a))，常用于较薄的滑块；T 形导滑面设计在滑块中间的形式(图 7-95(b))，适用于较厚的滑块。

如图 7-96 所示，在侧滑块上直接制出侧型芯的结构称为整体式侧滑块结构。这种结构仅适用于形状十分简单的侧向移动零件，尤其适用于瓣合式侧向分型机构。

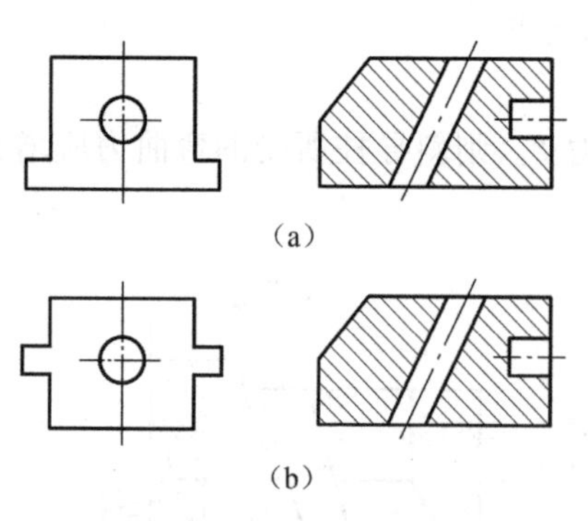

图 7-95　组合式侧滑块形式

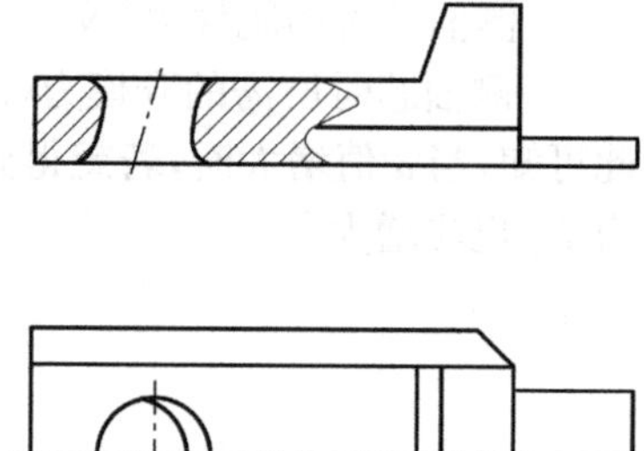
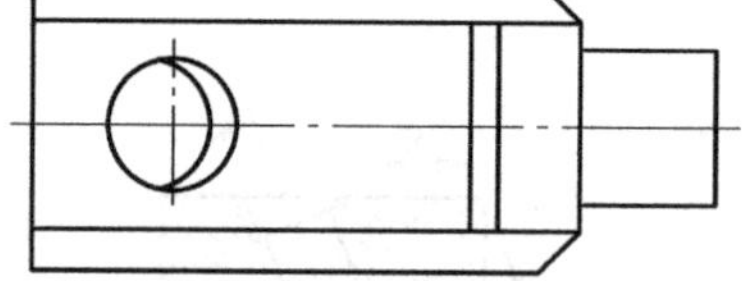
图 7-96　整体式侧滑块形式

② 侧型芯和滑块的联接方式。图 7-97 所示为常见的滑块与侧型芯联接方式。

如图 7-97(a)所示，小型芯是在非成形端面尺寸放大后嵌入滑块，并用圆柱销定位；对于尺寸较大的圆型芯，可采用螺纹配合，并用销钉止转的形式，如图 7-97(b)所示；当型芯直径较小时，可采用螺钉顶紧的方式，如图 7-97(c)所示；而当型芯尺寸较大时，也可采用燕尾槽联接方

式，一般要有定位的销钉，如图 7-97(d)所示；对于薄片状的侧型芯也可采用通槽的形式，如图 7-97(e)所示；在有多个侧型芯的场合，可先将型芯镶入一固定板后用螺钉、销钉与滑块联接并定位，如图 7-97(f)所示。

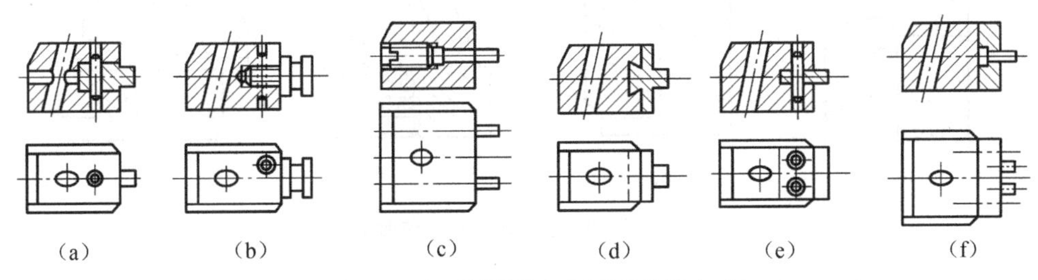

图 7-97 常见的滑块与侧型芯联接方式

③ 滑块的导滑形式。滑块在侧向分型抽芯和复位过程中，须沿一定的方向平稳往复运动。为保证滑块运动平稳、抽芯及复位可靠，滑块在导滑槽内必须很好地导滑。滑块与导滑槽的配合形式因模具大小、结构及塑件产量的不同而不同，如图 7-98 所示。

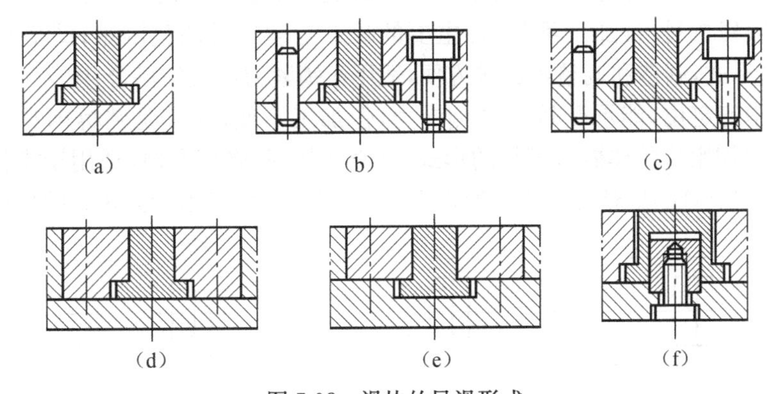

图 7-98 滑块的导滑形式

滑块与导滑槽的配合一般为 H7/f7，也可采用 H8/f8。

④ 滑块的定位装置。合摸时为了保证斜导柱的伸出端可靠地进入滑块的斜孔，滑块在抽芯后的终止位置必须确定，因而需要定位装置，并且必须灵活、可靠、安全。

图 7-99 所示为常见的滑块的定位装置。其中，图 7-99(a)是依靠弹簧的弹力使滑块停靠在挡板上而定位，它适用于任何方向的抽芯动作；图 7-99(b)是利用滑块自重达到定位的目的，一般仅适用于卧式注射机上滑块位于模具下方的情况；图 7-99(c)是利用弹簧、活动定位钉定位，它适用于立式注射机或卧式注射机的横向抽芯动作；图 7-99(d)是以钢球来代替活动定位钉，特点是不易磨损。

⑤ 滑块的导滑长度。滑块在完成抽芯动作后，留在导滑槽内的长度应大于滑块长度的 2/3，否则滑块复位时容易倾斜，损坏模具。

⑥ 斜导柱与滑块的配合间隙。在斜导柱抽芯机构中，斜导柱只起驱动滑块的作用，至于闭模状态下型腔内熔融塑料对滑块的压力应由楔紧块来承受。因此，为了运动灵活，斜导柱与滑块一般采用较松的配合，可制成单边 0.5mm 的间隙，或取 f9 配合。这样做还有个优点，即在开模的瞬间有一个很小的空行程，使侧型芯在未抽出前强制塑件脱离定模的型腔或型芯，并使楔紧块首先离开，再进行侧抽芯。

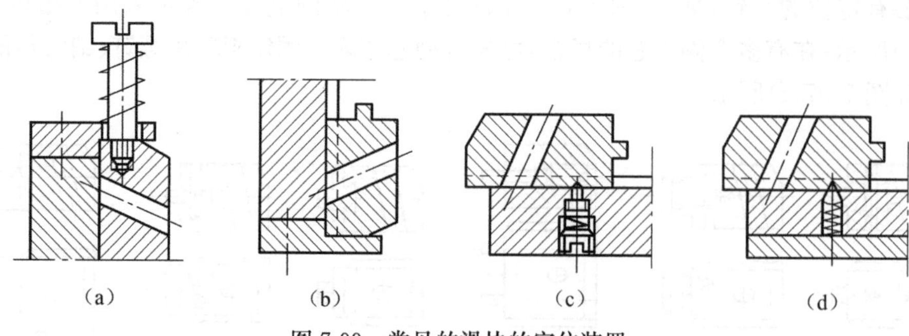

图 7-99　常见的滑块的定位装置

(3) 楔紧块设计。楔紧块的设计要点包括楔紧块的形式和楔角。

① 楔紧块的形式。在注射成形过程中，侧型芯会受到型腔内熔融塑料较大推力的作用，这个力会通过滑块传给斜导柱，而一般的斜导柱为一细长杆，受力后容易变形。因此必须设置楔紧块，以便在合模状态下能压紧滑块，承受型腔内熔融塑料给予侧向成形零件的推力。楔紧块的主要形式如图 7-100 所示。其中，图 7-100(a)是将楔紧块和滑块制成整体，虽然结构、牢固、可靠，但是较费材料，且加工不便，最主要的缺点是磨损后调整困难；图 7-100(b)是用螺钉、销钉固定的形式，制造和调整都比较方便，适用于锁紧力不大的场合；图 7-100(c)是采用 T 形槽固定并用销钉定位，能承受较大的侧向力，但加工不便，尤其是装拆困难，因而不常用；图 7-100(d)是将楔紧块整体嵌入模板的形式，其刚性较好，修配方便，适用于模板尺寸较大的模具；图 7-100(e)、(f)都是对楔紧块起加强作用的结构，适用于锁紧力较大的场合。

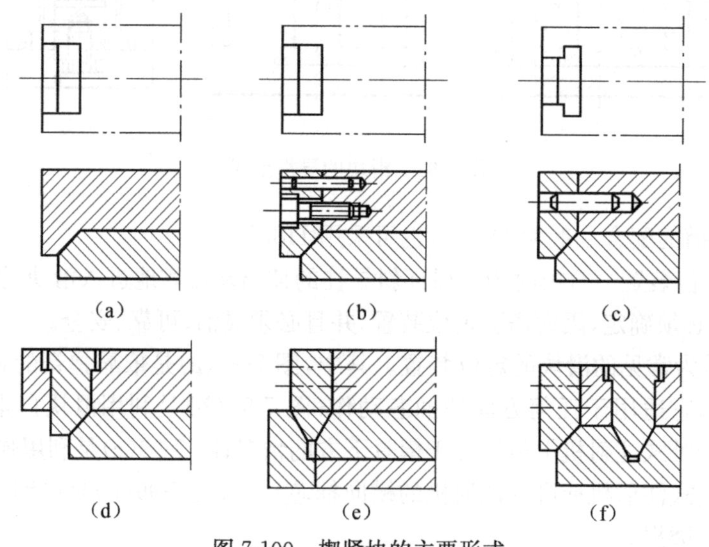

图 7-100　楔紧块的主要形式

② 楔紧块的楔角。在侧向抽芯机构中，楔紧块的楔角是一个重要参数。为了保证合模时能压紧滑块，开模时能迅速脱离滑块，避免楔紧块影响斜导柱对滑块的驱动，楔角一般必须大于斜导柱的倾斜角。如图 7-101 所示，一般有 $\alpha'=\alpha+(2°\sim3°)$。

(4) 侧滑块限位装置设计。侧滑块在抽出后，要求稳固地停留在一确定位置，以便下次合模时斜导柱能准确地插入侧滑块的斜孔中。因此，在开模过程中侧滑块刚脱离斜导柱的瞬间，需设计限位装置。

根据侧滑块所在位置不同，可选择不同的限位方式。图 7-102 所示为常见的侧滑块限位装置。其中，图 7-102(a)是利用压缩弹簧的弹力使侧滑块停留在限位挡块处的结构形式，它适用于任何方位的侧抽芯，压缩弹簧的弹力要求是滑块重量的 2 倍以上，其压缩长度须大于抽芯距。图 7-102(b)是将弹簧安置在侧滑块的内侧，侧抽芯结束后，在此弹簧的作用下，侧滑块停靠在外侧挡块上限位，适用于抽芯距不大的小模具。图 7-102(c)所示适用于向下侧抽芯的结构形式，待侧抽芯结束后，侧滑块凭其自重停靠在挡块上限位。图 7-102(d)所示为采用弹簧顶销限位的形式，俗称弹簧顶销式，对于水平方向侧抽芯机构较为适用。

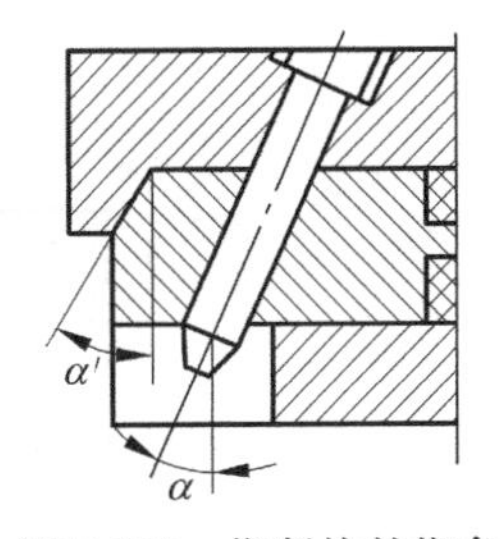

图 7-101 楔紧块的楔角

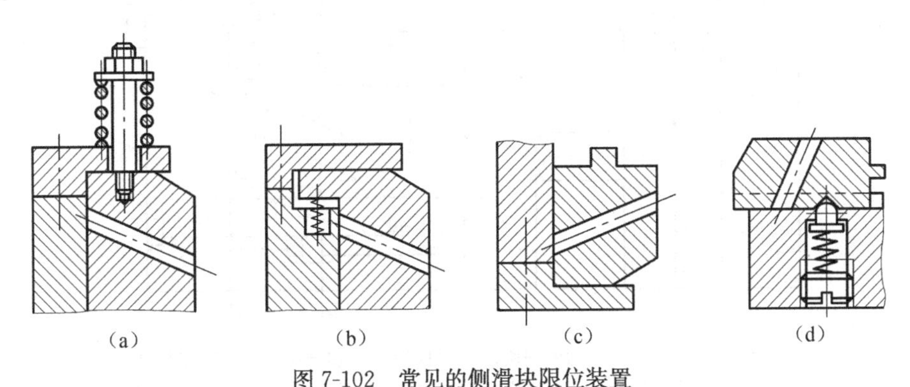

图 7-102 常见的侧滑块限位装置

3. 斜导柱侧向分型与抽芯机构的形式

(1) 斜导柱在定模、滑块在动模的结构。这种结构应用非常广泛，它既可用于单分型面注射模，也可用于双分型面注射模。

图 7-103 所示的结构属于双分型面侧向分型与抽芯的形式。斜导柱 5 固定在中间板 8 上，为了防止 A 分型面分型后侧向抽芯时斜导柱向后移动，在其固定端设置垫板 10 用于固定。开模时，A 分型面首先分型，当分型面之间达到可从中取出点浇口浇注系统的凝料时，拉杆导柱 11 的左端与导套接触，A 处分模停止。继续开模，B 分型面分型，斜导柱 5 驱动侧型芯滑块 6 在动模板的导滑槽内做侧向抽芯，斜导柱脱离滑块后继续开模，直至推出机构开始工作，推管 2 将塑件从型芯 1 和动模镶块 3 中推出。

这种结构的侧滑块与推杆在合模复位过程中会发生“干涉”现象，如图 7-104(a)所示。干涉现象是在合模过程中侧滑块的复位先于推杆的复位而使活动侧型芯与推杆相碰撞，造成活动侧型芯或推杆损坏的情况。如果受到模具结构的限制而在侧型芯下要设置推杆，应首先考虑能否使推杆在推出一定距离后仍低于侧型芯的最低面，这样才能避免产生干涉。图 7-104(b)、(c)所示即为不发生干涉的临界条件。

在完全不发生干涉的情况下，需要在临界状态时，侧型芯与推杆有一段微小的距离 Δ(一般取 0.5mm)，因此，不发生干涉的条件为

$$h_c\tan\alpha - S_c > 0.5(\text{mm}) \tag{7-20}$$

式中，h_c——完全合模状态下推杆端面离侧型芯的最近距离(mm)；

S_c——在垂直于开模方向的平面上，侧型芯与推杆投影在抽芯方向上重合的长度(mm)；

α——斜导柱的倾斜角(°)。

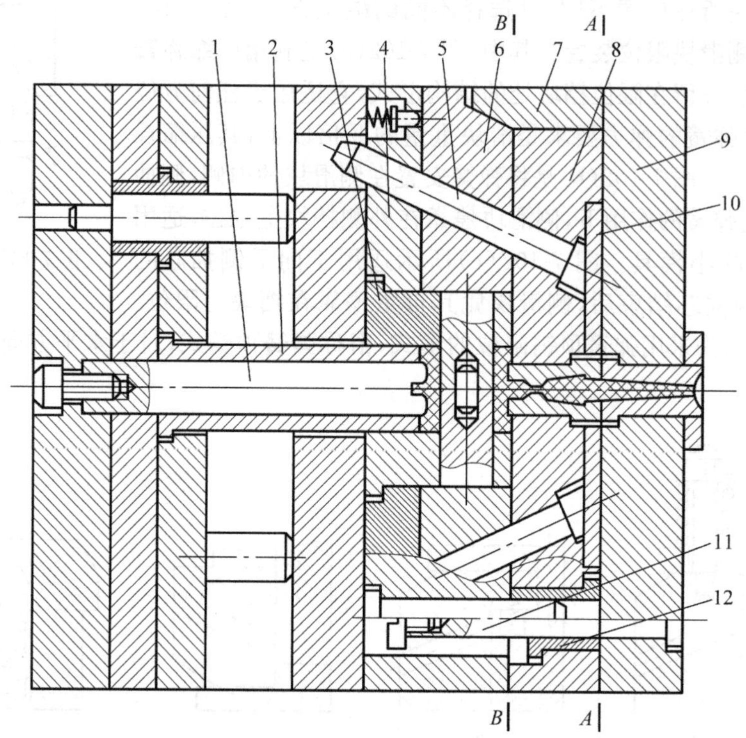

1—型芯；2—推管；3—动模镶块；4—动模板；5—斜导柱；6—侧型芯滑块；7—楔紧块；8—中间板；9—定模座板；10—垫板；11—拉杆导柱；12—导套

图 7-103 斜导柱在定模、滑块在动模的多分型面注射模

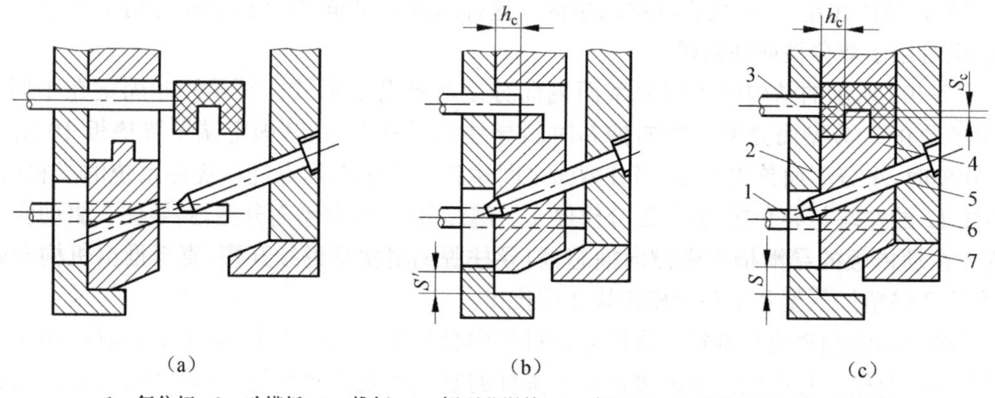

1—复位杆；2—动模板；3—推杆；4—侧型芯滑块；5—斜导柱；6—定模座板；7—楔紧块

图 7-104 干涉及其不发生的临界条件

如果实际情况无法满足上述条件，则必须设计推杆的先复位机构。

① 弹簧式先复位机构。弹簧式先复位机构是利用弹簧的作用力使推出机构在合模前进行复位的一种先复位机构，如图 7-105 所示。弹簧先复位机构结构简单，安装方便，但弹簧力量较小，而且容易疲劳失效，可靠性稍差，一般只适用于复位力不大的场合，并需要定期检查和更换弹簧。

② 楔杆式先复位机构。图 7-106 所示为楔杆三角滑块式先复位机构。在楔杆作用下，位于推管固定板上导滑槽内的三角滑块在向下移动的同时迫使推管固定板向左移动，使推管的

复位先于侧型芯滑块的复位，从而避免两者发生干涉。

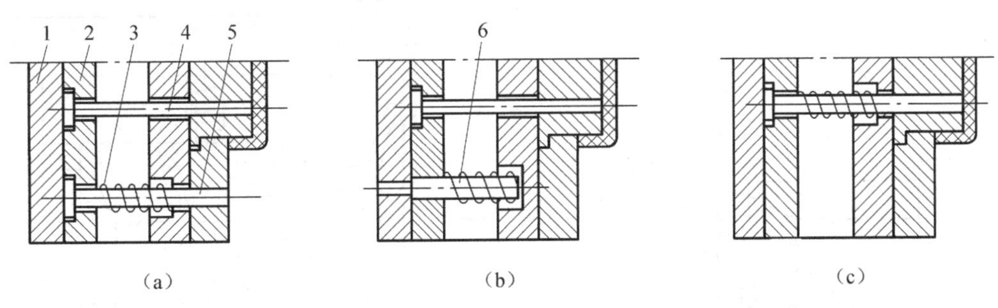

1—推板；2—推杆固定板；3—弹簧；4—推杆；5—复位杆；6—立柱

图 7-105　弹簧式先复位机构

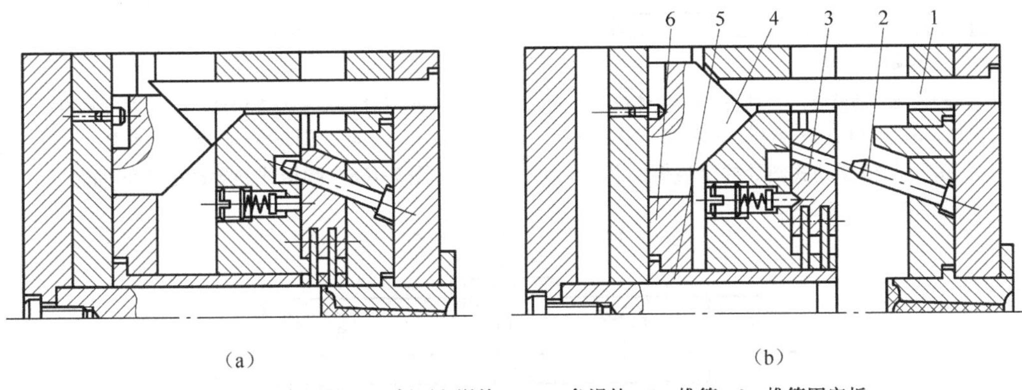

1—楔杆；2—斜导柱；3—侧型芯滑块；4—三角滑块；5—推管；6—推管固定板

图 7-106　楔杆三角滑块式先复位机构

(2) 斜导柱在动模、滑块在定模的结构。图 7-107 所示为先侧抽芯后脱模的一个典型示例，这种机构又称为凸模浮动式斜导柱定模侧抽芯。凸模 3 以 H8/f8 的配合安装在动模板 2 内，并且其底端与动模支承板的距离为 h。开模时，由于塑件对凸模 3 具有足够的包紧力，致使凸模在开模距离 h 内和动模后退的过程中保持静止，即凸模浮动了距离 h，使侧型芯滑块 7 在斜导柱 6 的作用下侧向抽芯移动距离 S。继续开模，塑件和凸模一起随动模后退，推出机构工作时，推件板 4 将塑件从凸模上推出。凸模浮动式斜导柱定模侧抽芯机构在合模时，应考虑凸模 3 复位的问题。

图 7-108 所示也为先脱模后侧抽芯的结构，称为弹压式斜导柱定模侧抽芯。开模时，在弹簧 6 的作用下，A 分型面先分型，在分型过程中，固定在动模支承板 3 上的斜导柱 1 驱动侧型芯滑块 2 进行侧向抽芯。抽芯结束后，由定距螺钉 4 限位，动模继续后退，B 分型面分型，塑件包在凸模 5 上随动模后移，直至推出机构将塑件推出。

(3) 斜导柱与滑块同在定模的机构。图 7-109 所为是弹压式定距顺序分型的斜导柱侧向分型与抽芯机构。定距螺钉 6 固定在定模座板上，合模时，弹簧 7 被压缩。开模时，在弹簧 7 的作用下，A 分型面先分型，斜导柱 2 驱动侧型芯滑块 1 做侧抽芯。侧抽芯结束时，定模板 5 受到定距螺钉 6 限位停止运动，动模继续向后移动，B 分型面打开，塑件留在凸模 3 上。最后推杆 8 推动推件板 4 将塑件从凸模 3 上脱出。

如前所述，只有实现斜导柱与滑块的相对运动才能完成侧抽芯动作，而当斜导柱与滑块同时安装在定模上时，要实现二者的相对运动就需要采用顺序分型机构。

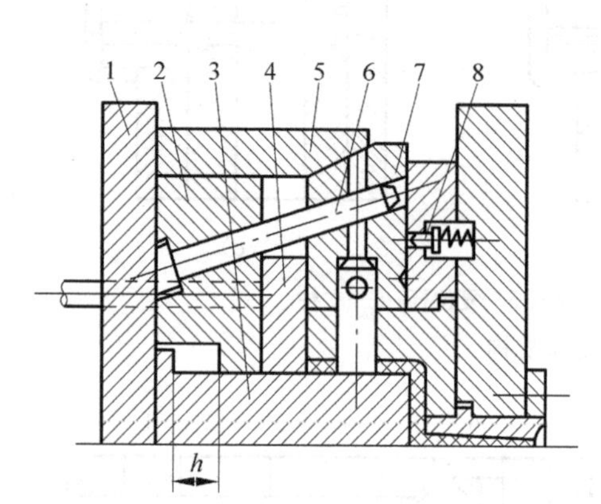

1—支承板；2—动模板；3—凸模；4—推件板；
5—楔紧块；6—斜导柱；7—侧型芯滑块；8—限位销

图 7-107 凸模浮动式斜导柱定模侧抽芯

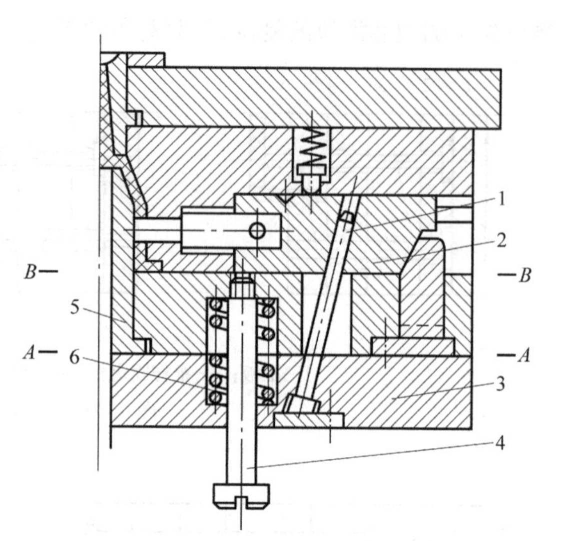

1—斜导柱；2—侧型芯滑块；3—动模支承板；
4—定距螺钉；5—凸模；6—弹簧

图 7-108 弹压式斜导柱定模侧抽芯

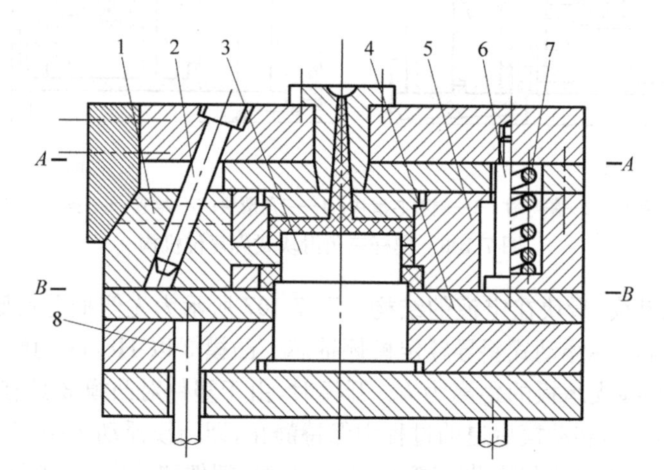

1—侧型芯滑块；2—斜导柱；3—凸模；4—推件板；5—定模板；6—定距螺钉；7—弹簧；8—推杆

图 7-109 弹压式定距顺序分型的斜导柱侧向分型与抽芯机构

(4) 斜导柱与滑块同在动模的结构。这种机构一般可以通过推件板推出机构来实现斜导柱与滑块的相对运动，如图 7-110 所示。侧型芯滑块 2 安装在推件板 4 的导滑槽内。开模时侧型芯滑块 2 与斜导柱 3 并无相对运动，当推出机构开始动作时，浇注系统推杆 6 推动推件板 4，使塑件脱离凸模 7，同时侧型芯滑块 2 在斜导柱 3 的作用下离开塑件，完成抽芯动作。这种结构因为滑块始终不脱离斜导柱，所以滑块不设定位装置。这种结构只适用于抽芯距不大的场合。

(5) 斜导柱的内侧抽芯。图 7-111 所示为斜导柱动模内侧抽芯的结构。斜导柱 2 固定在定模板 1 上，侧型芯滑块 3 安装在凸模固定板 6 的导滑槽内。开模时，在斜导柱 2 的带动下侧型芯滑块 3 向内侧移动实现抽芯，塑件留在凸模 4 上。当侧型芯滑块脱离斜导柱时，由于侧型芯滑块在模具位置的上方，因而可利用侧型芯滑块自重停靠在凸模 4 上定位。

图 7-112 所示为斜导柱定模内侧抽芯的结构。开模时，在大弹簧 5 的作用下，A 分型面先打开，同时斜导柱 3 驱动侧型芯滑块 2 进行塑件的内侧抽芯。内侧抽芯结束后，侧型芯滑块 2

在小弹簧 4 的作用下靠在型芯 1 上定位，同时限位螺钉 6 限位，随之 B 分型面打开，塑件停留在动模上。

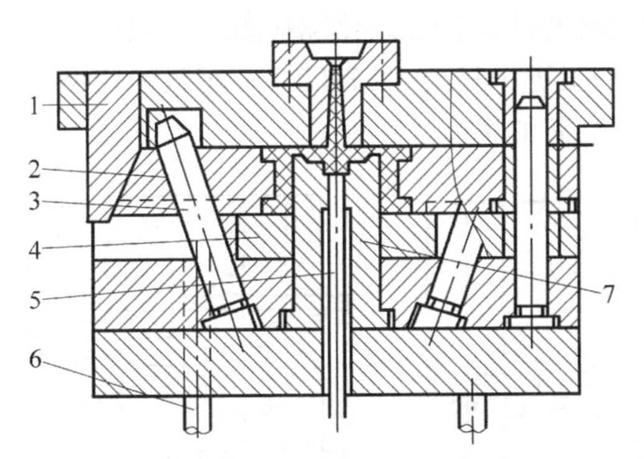

1—楔紧块；2—侧型芯滑块；3—斜导柱；4—推件板；5—推杆；6—浇注系统推杆；7—凸模

图 7-110　斜导柱与滑块同在动模的机构

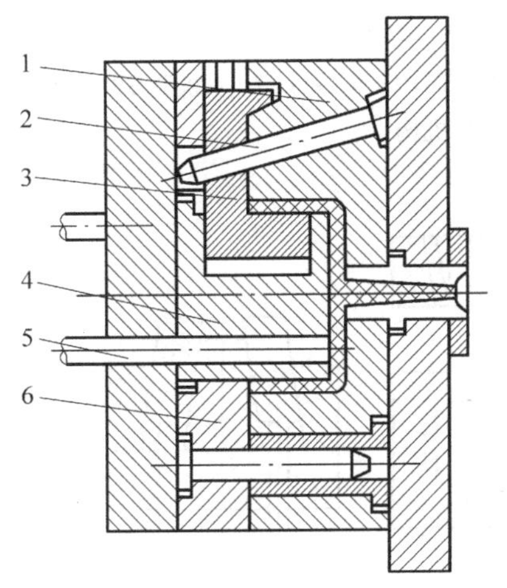

1—定模板；2—斜导柱；3—侧型芯滑块；4—凸模；5—推杆；6—凸模固定板

图 7-111　斜导柱动模内侧抽芯

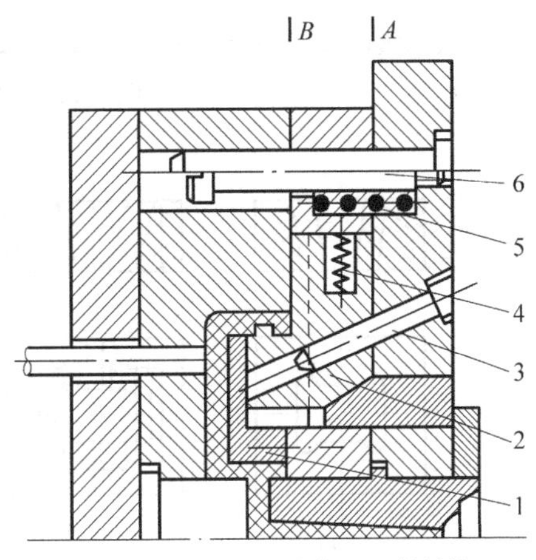

1—型芯；2—侧型芯滑块；3—斜导柱；4—小弹簧；5—大弹簧；6—限位螺钉

图 7-112　斜导柱定模内侧抽芯

三、斜滑块抽芯机构

当塑件的侧凹较浅，所需抽芯距短，但侧凹的成形面积较大时，可采用斜滑块分型抽芯机构。斜滑块抽芯机构与斜导柱抽芯机构相比，具有结构简单、安全可靠及制造方便等优点，因此应用比较广泛。下面介绍两种较常见的结构形式。

1. 滑块导滑的斜滑块抽芯机构

如图 7-113 所示，该塑件为绕线轮，外侧是深度较浅但面积较大的侧凹，因此将斜滑块 2 设计成瓣合式凹模镶块。开模后，斜滑块 2 在推杆 3 的作用下沿导滑槽方向移动，同时向两侧分开，塑件顺势脱离动模型芯 5。注意，这种结构必须用限位钉 6 来限位，否则开模时斜滑块容易脱出锥形模套 1。

(1) 斜滑块的导滑与组合形式。

① 斜滑块的导滑形式。按滑块导滑部分的形状可分为矩形、半圆形及燕尾形等，如图 7-114

所示。整体式导滑槽（图 7-114(a)）的结构较为紧凑，但加工精度不易保证；镶拼式导滑槽（图 7-114(b)），因其导滑部分和分模楔均为单独制造，然后装入模框，故可进行热处理和磨削加工，从而提高了其精度和耐磨性；燕尾式导滑槽（图 7-114(c)），主要用于小模具多滑块的情况，可使模具结构紧凑，但加工更为复杂；图 7-114(d)所示为用型芯的拼块作为斜滑块的导向装置，常被用于斜滑块内侧抽芯的场合。

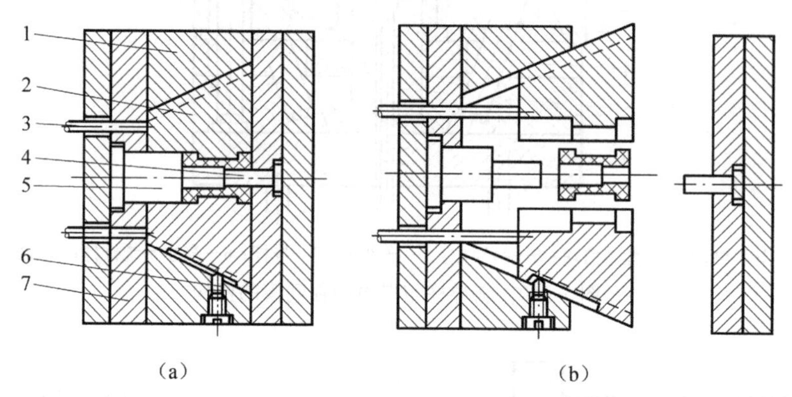

1—锥形模套；2—斜滑块；3—推杆；4—定模型芯；5—动模型芯；6—限位钉；7—动模型芯固定板

图 7-113 斜滑块分型抽芯机构

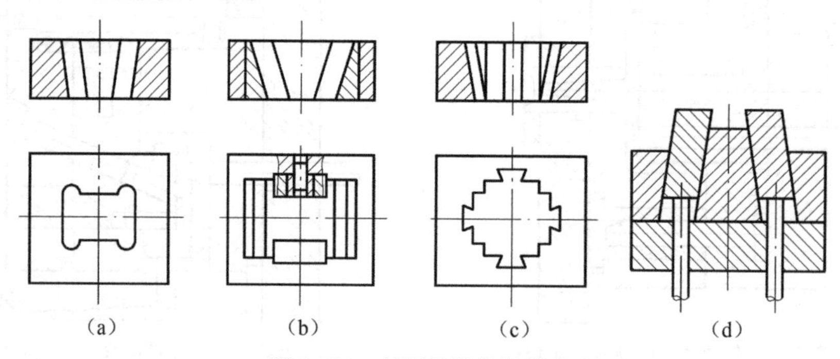

图 7-114 斜滑块的导滑形式

② 斜滑块的组合形式。斜滑块通常用 2～6 块组成瓣合式凹模，其组合形式如图 7-115 所示。斜滑块的组合原则是尽量保证塑件的外观质量，不使塑件表面留有的镶拼痕迹，并且还要保证滑块的组合部分有足够的强度。

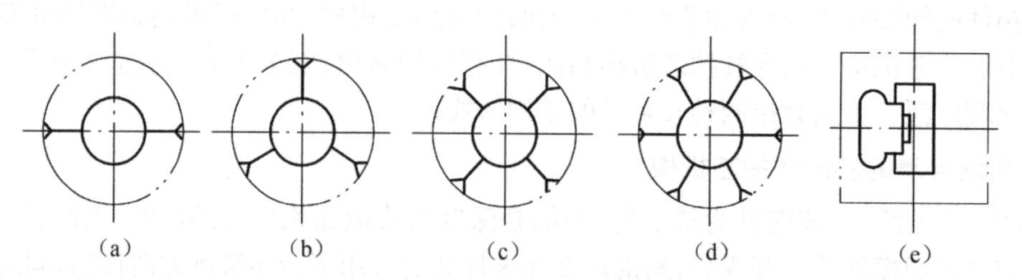

图 7-115 斜滑块的组合形式

(2) 斜滑块侧向分型抽芯机构的设计要点。

① 正确选择主型芯的位置。如图 7-116(a)所示，主型芯安装在定模上，因而开模后，主型芯立即从塑件中被抽出，导致滑块分型时，塑件粘附在附着力较大的斜滑块一侧。正确的形式

应如图 7-116(b)所示，即主型芯装在动模上，这样可以利用较长型芯的定向作用，使塑件顺利脱出。

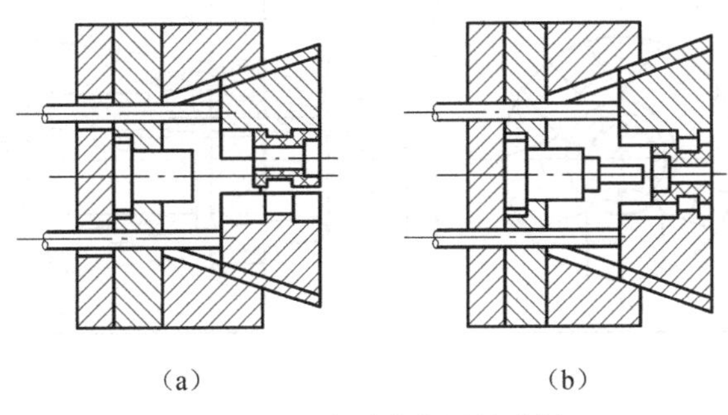

图 7-116　主型芯位置的选择

② 开模时要止动斜滑块。斜滑块通常设计在动模部分，并要求塑件对动模部分的包紧力大于定模部分的包紧力。但有时因为塑件的结构较特殊，定模部分的包紧力会大于动模部分，若如图 7-117(a)所示未设止动装置，则斜滑块 4 可能在开模时被带动，使塑件损坏或留于定模而无法取出。图 7-117(b)所示为设有止动装置的结构，开模时止动钉在弹簧作用下紧压斜滑块，实现斜滑块止动。在塑件脱离定模后，推杆 1 使斜滑块分型。

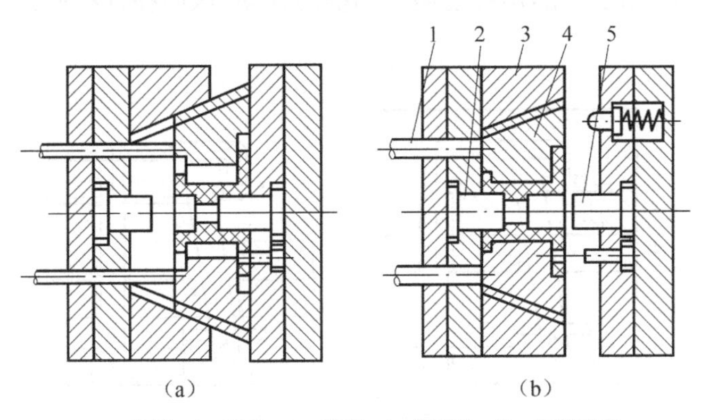

1—推杆；2—型芯；3—模套；4—斜滑块；5—定模型芯

图 7-117　弹簧钉制动装置

③ 合理选择斜滑块的斜角和推出行程。由于斜滑块的强度较高，斜滑块的斜角可比斜导柱的斜角大一些，一般在 30°内选取。斜滑块推出模套的行程，立式模具不大于斜滑块高度的 1/2，卧式模具不大于斜滑块高度的 1/3，如果要求更长的推出距离，则可使用加长斜滑块导向方法。

④ 斜滑块的装配要求。为了保证斜滑块在合模时其拼合面密合，避免产生飞边现象，斜滑块装配后必须使其底面离模套有 0.2～0.5mm 的间隙，并且上面高出模套 0.4～0.6mm，这样可以在斜滑块与模套的配合面发生磨损时，保证拼合面的紧密性。

2. 斜杆导滑的斜滑块抽芯机构

(1) 斜杆导滑的外侧分型抽芯机构。图 7-118 所示为数字轮模，其由 5 个成形滑块构成，每个成形滑块负责成形两个较浅的凹字。成形滑块 1 与方形斜杆 2 连接，斜杆在锥形模套 6 底部的方形孔内滑动，推杆用固定扳 4 推动斜杆，带动成形滑块沿斜杆倾斜方向移动，完成抽芯动作，并在推杆的作用下推件。

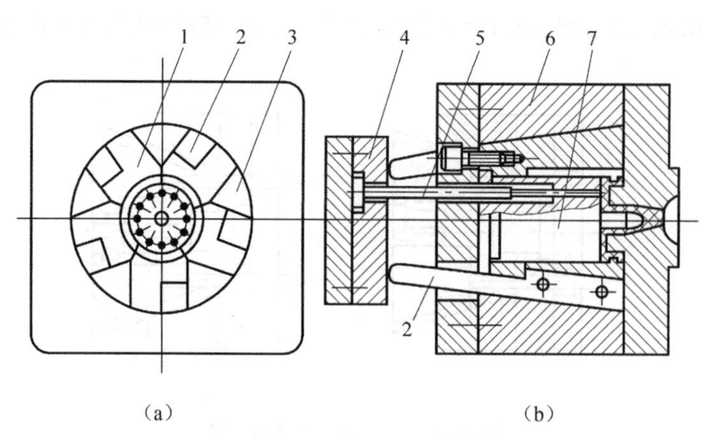

1—成形滑块；2—方形斜杆；3—滑座；4—推杆固定板；5—推杆；6—锥形模套；7—型芯

图 7-118　斜杆导滑的外侧分型抽芯机构

(2) 斜杆导滑的内侧分型抽芯机构。如图 7-119 所示，斜杆 2 的头部为成形滑块，它安装在凸模 3 的斜孔中，其下端与滑座 6 的转销 5 连接(转销可以在滑座的滑槽内滑动)，并能绕转销转动，滑座 6 固定在推杆固定扳 7 中。开模后，注射机的顶出装置通过推板 8 使推杆 4 和斜杆孔向上运动，由于斜孔的作用，斜杆还向内侧抽芯移动，从而在推杆推出塑件的同时斜杆完成内侧抽芯的操作。

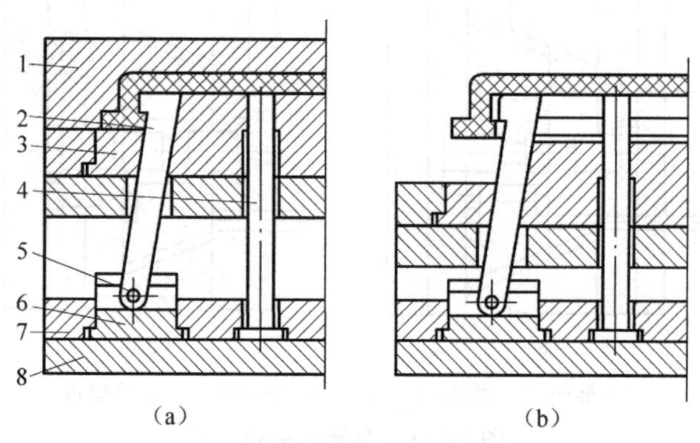

1—定模板；2—斜杆；3—凸模；4—推杆；5—转销；6—滑座；7—推杆固定板；8—推板

图 7-119　斜杆导滑的内侧分型抽芯机构

四、其他形式的抽芯机构

1. 斜导槽抽芯机构

斜导槽抽芯机构是由固定模板外侧的斜导槽板与固定在滑块上的柱销连接而成的，它适用于抽芯距较大的场合。如图 7-120 所示，斜导槽板与安装在定模板 9 的外侧，开模时，滑块的侧向移动受到固定其上的柱销在斜导槽内的运动轨迹的限制。当槽与开模方向没有斜度时，滑块无侧抽芯动作；当槽与开模方向成一定角度时，滑块可以实现侧抽芯。

2. 齿轮齿条抽芯机构

当抽芯距较长或有斜向侧抽芯时，可采用齿轮齿条抽芯机构，这种机构的侧抽芯可以获得较长的抽芯距和较大的抽芯力。如图 7-121 所示，开模时，动模部分向下移动，齿轮 4 在传动

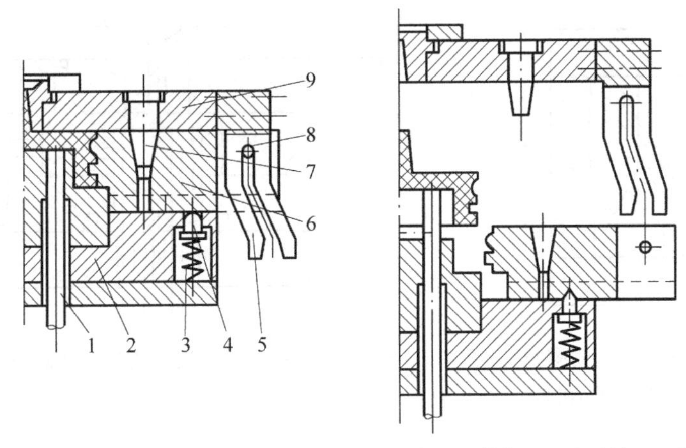

1—推杆；2—动模板；3—弹簧；4—顶销；5—斜导槽板；6—侧型芯滑块；7—止动销；8—滑销；9—定模板

图 7-120　斜导槽侧向分型与抽芯机构

齿条 5 的作用下沿逆时针方向转动，从而使与之啮合的齿条型芯 2 向右下方运动而抽出塑件。合模时，传动齿条 5 插入动模板对应孔内与齿轮啮合，按顺时针方向转动的齿轮带动齿条型芯 2 复位，然后锁紧装置将齿轮或齿条型芯锁紧。

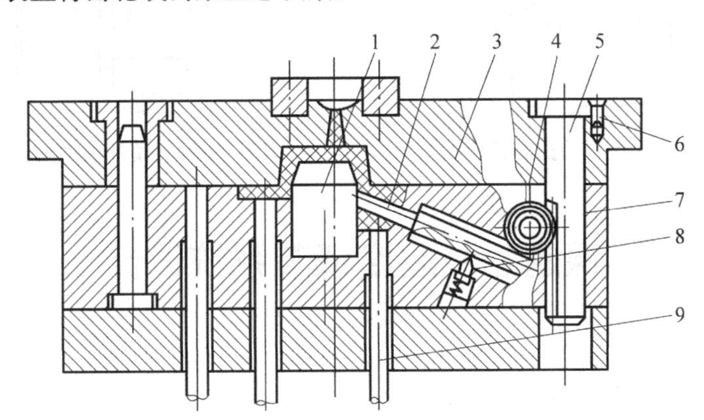

1—凸模；2—齿条型芯；3—定模板；4—齿轮；5—传动齿条；6—止转销；7—动模板；8—导向销；9—推杆

图 7-121　齿轮齿条抽芯机构

3. 弹性元件侧抽芯机构

图 7-122 所示为硬橡皮侧抽芯机构，合模时，楔紧块 1 使侧型芯 2 移至成形位置。开模后，楔紧块脱离侧型芯滑块，侧型芯在硬橡皮的弹性作用下脱离塑件，完成侧抽芯动作。

4. 液压或气动式侧抽芯机构

图 7-123 所示为液压或气动式侧抽芯机构。控制系统控制液压缸（或气压缸）在开模前先将侧型芯抽出，然后开模取件，而侧型芯的复位是在闭模后由液压缸（或气压缸）的驱动来完成的。

5. 手动抽芯机构

图 7-124 所示为模内手动抽芯机构，它是在开模前手工卸下侧型芯。图 7-125 给出了模外手动抽芯机构的示例。成形后推出机构推出带有活动镶件的塑件，在模外用手工方法将活动镶件从塑件上取下。

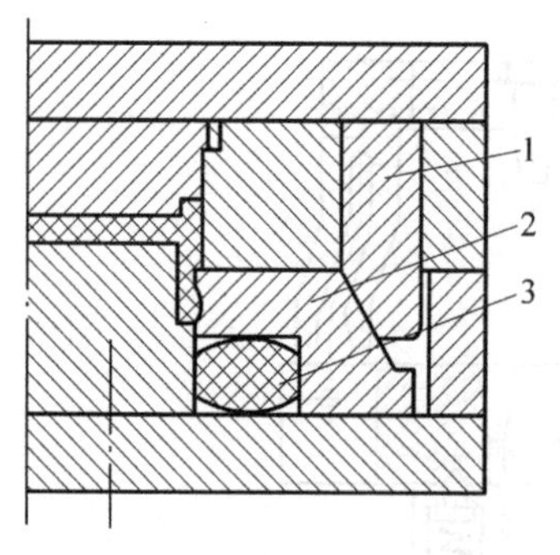

1—楔紧块；2—侧型芯；3—硬橡皮

图 7-122 硬橡皮侧抽芯机构

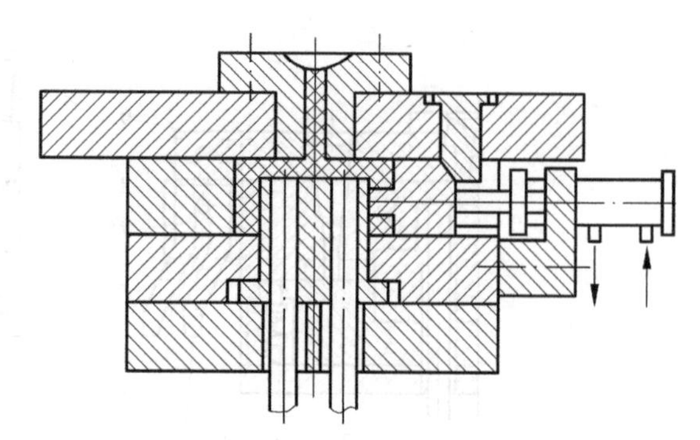

图 7-123 液压或气动动侧抽芯机构

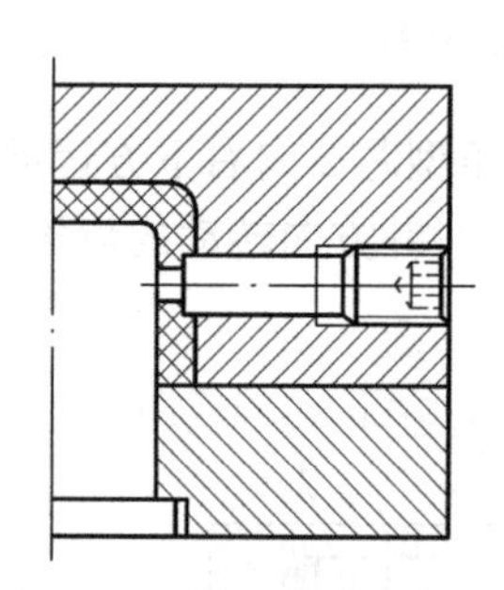

图 7-124 模内手动抽芯机构

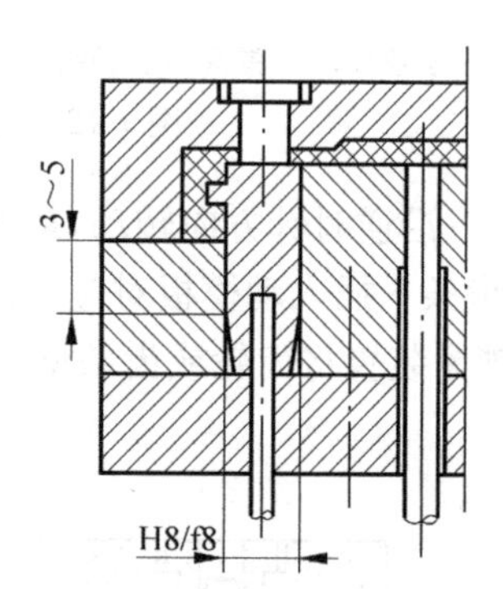

图 7-125 模外手动抽芯机构

课题七 温度调节系统设计

【知识目标】

1. 掌握冷却系统的设计要点。
2. 了解调节温度系统的方法。

【技能目标】

熟练掌握冷却系统的设计方法。

【知识学习】

注射模温度调节能力的好坏，直接影响塑件的质量和生产效率。塑件在型腔内的冷却力求做到均匀、快速，以减小塑件的内应力，使塑件的生产达到优质、高效。对于热固性塑料和一些流动性较差的热塑性塑料（如 PC、POM 等）都要求模具有较高的温度，需要设置加热装置。对于黏度低、流动性好的塑料（如聚乙烯、聚丙烯、聚苯乙烯及聚酰胺等），因成形工艺要求模具温度不能过高，所以常用温水或冷水对模具进行冷却处理。部分塑料的成形温度与模具温度见表 7-2。

表 7-2 部分塑料的成形温度与模具温度

塑料名称	成形温度/℃	模具温度/℃	塑料名称	成形温度/℃	模具温度/℃
LDPE	190～240	20～60	PS	170～280	20～70
HDPE	210～270	20～60	AS	220～280	40～80

续表

塑料名称	成形温度/℃	模具温度/℃	塑料名称	成形温度/℃	模具温度/℃
PP	200～270	20～60	ABS	200～270	40～80
PA6	230～290	40～60	PMMA	170～270	20～90
PA66	280～300	40～80	硬 PVC	190～215	20～60
PA610	230～290	36～60	软 PVC	170～190	20～40
POM	180～220	60～120	PC	250～290	90～110

对于小型薄壁塑件，当成形工艺要求模温不高时，可以不设置冷却装置而靠自然冷却。

一、加热装置设计

当模具温度要求在 80℃以上时，模具就要设加热装置。

1. 模具加热方式

(1) 电阻丝直接加热。将选择好的电阻丝放入绝缘瓷管中，再装入模板的加热孔中，通电后即可对模具进行加热。这种方法结构简单、成本低廉，但电阻丝与空气接触后易氧化，寿命较短，也不够安全，因而不常用。

(2) 电热棒加热。电热棒是一种标准加热组件，它由具有一定功率的电阻丝和带有耐热绝缘的金属密封管组成。使用时只需将其插入模板的加热孔内通电即可，如图 7-126 所示。这种方法使用和安装都很方便，较为常用。

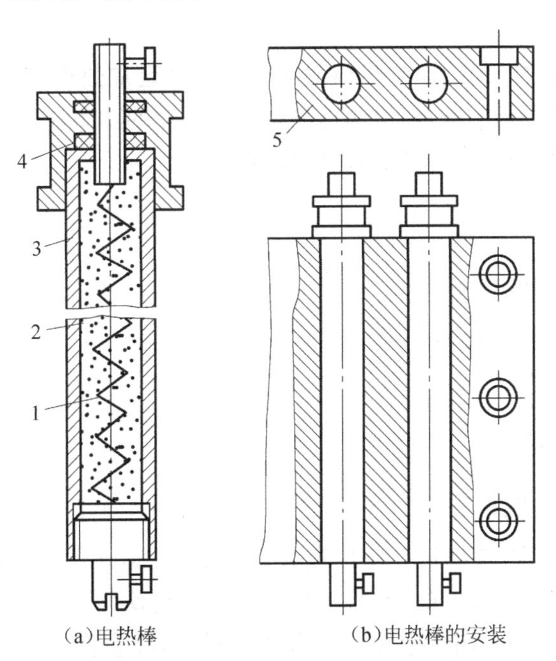

(a)电热棒　(b)电热棒的安装

1—电阻丝；2—耐热填料；3—金属密封管；4—耐热绝缘垫片；5—加热板

图 7-126　电热棒及其安装

(3) 电热圈加热。将电阻丝缠绕在云母片上，并装夹在特制的金属外壳中，电阻丝与金属外壳之间用云母片绝缘，构成电热圈。如图 7-127 所示，可以将它围在模具外侧对模具进行加热。这种方法结构简单、更换方便，但耗电量过大，并不常用，更适合压缩模和压注模。

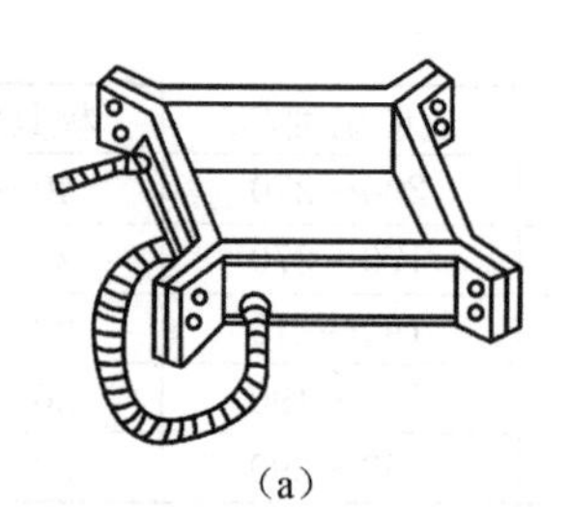
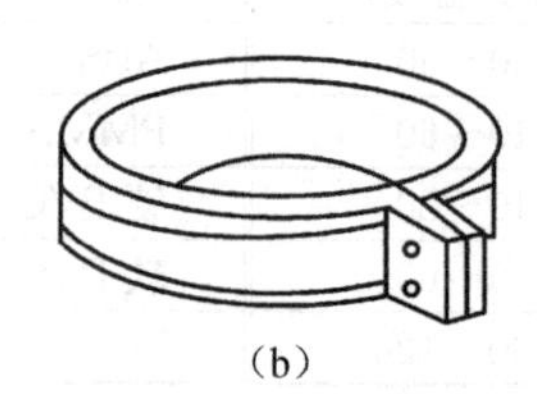
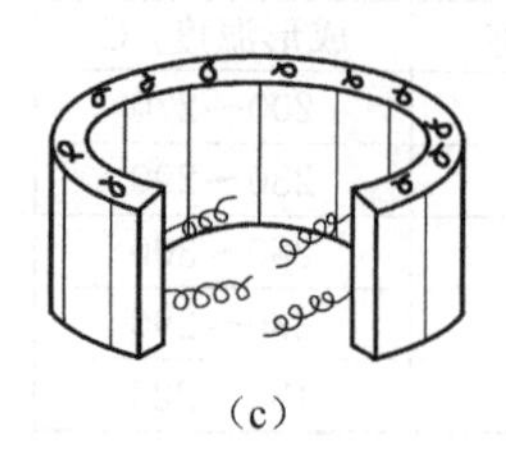

(a)　　(b)　　(c)

图 7-127　电热圈的形式

2. 模具加热装置的计算

(1) 计算加热模具所需的总功率。加热模具所需的总功率为

$$P=\frac{mC_{\mathrm{p}}(\theta_2-\theta_1)}{3\,600\eta\cdot t} \tag{7-21}$$

式中，P——加热模具所需的总功率(kW)；

m——模具的质量(kg)；

C_{p}——模具材料的比热容(kJ/(kg·℃))，碳钢为 0.6kJ/(kg·℃)；

θ_1——模具初始温度(℃)；

θ_2——模具要求加热后的温度(℃)；

η——加热元件的效率，通常为 0.3～0.5；

t——加热时间(h)。

(2) 确定电热棒的数目和单根电热棒的功率。在确定加热模具所需的总功率之后，可根据电热板的尺寸确定电热棒的数量，进而算出单根电热棒的功率；或是可以先查阅电热棒的标准，选择适当功率的电热棒，再计算电热棒的数量。

设电热棒采用并联式，则有

$$P_{\mathrm{r}}=P/n \tag{7-22}$$

式中，P_{r}——单根电热棒的功率(W)；

P——加热模具所需的总功率(W)；

n——电热棒的数量。

二、冷却系统设计

1. 冷却系统的设计原则

① 冷却水道应尽量多、截面尺寸应尽量大。由图 7-128(a)可知，采用 5 个较大的水道孔时，型腔表面温度比较均匀(60～60.05℃)，塑件冷却也较均匀，这样成形的塑件变形小，尺寸精度可以保证；而同一型腔采用 2 个较小的水道孔时，型腔表面温度出现 53.33～58.38℃的变化，如图 7-128(b)所示，则塑件冷却不均匀，这样成形的塑件变形大，尺寸精度难以保证。

② 冷却水道离型腔表面的距离应尽量相等。当塑件壁厚均匀时，冷却水道与型腔表面最好距离相当，如图 7-128(a)所示；当塑件壁厚不均匀时，壁厚处冷却水道与型腔表面的距离应近一些，间距也可适当小一些，如图 7-129 所示。

③ 浇口处加强冷却。在塑料熔体充填型腔的过程中，浇口附近的温度最高，距浇口越远，温度越低，因此浇口附近应加强冷却。

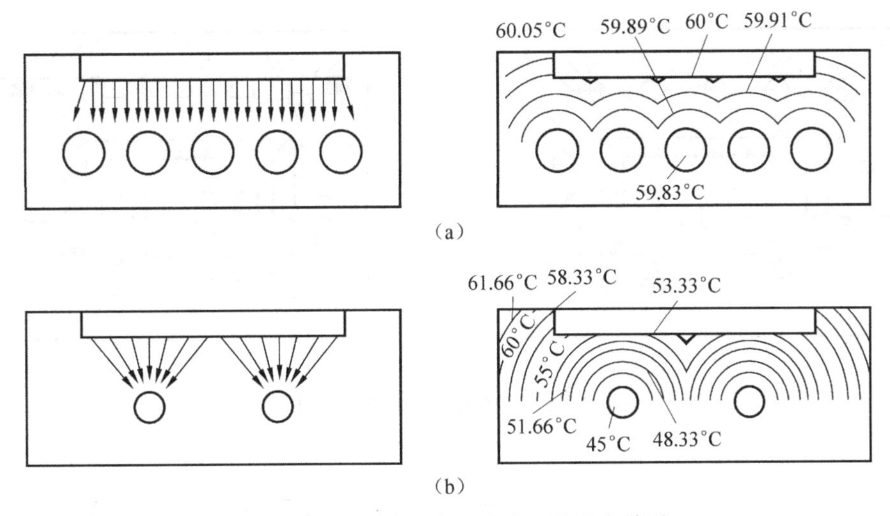

图 7-128　水道布置与型腔表面的温度关系

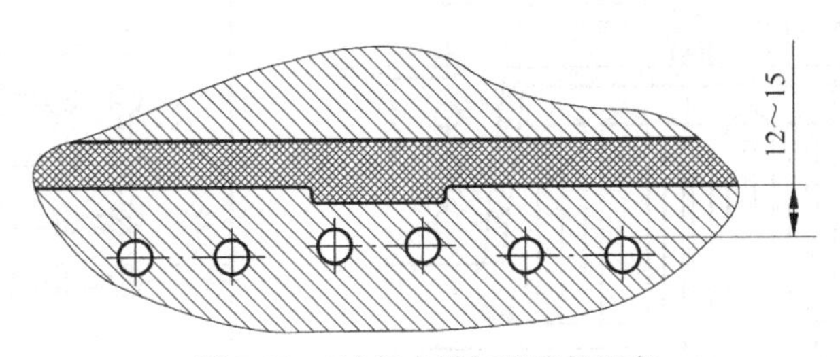

图 7-129　冷却水道与型腔的距离

2. 冷却系统的常见形式

(1) 浅型腔塑件。对于浅型腔塑件,采用侧浇口时冷却水道的结构形式如图 7-130(a)所示;采用直接浇口时冷却水道的结构形式如图 7-130(b)所示。

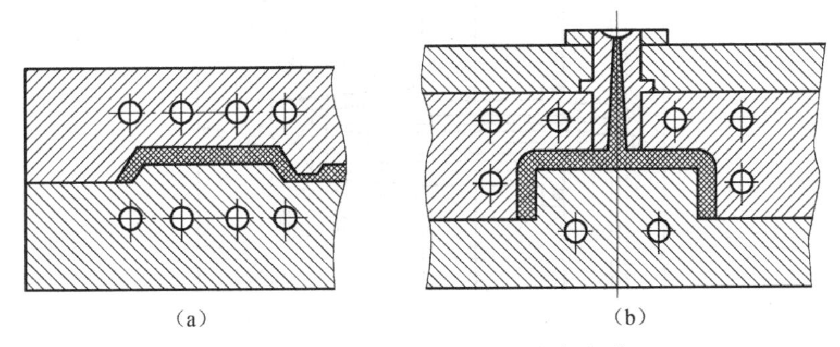

图 7-130　浅型腔扁平塑件的冷却水道

(2) 中等深度的塑件。对于侧浇口进料的中等深度的壳形塑件,冷却水道的结构形式如图 7-131 所示。

(3) 深型腔塑件。对于深型腔塑件,冷却水道的结构形式如图 7-132 所示。

(4) 细长塑件。对于空心细长塑件,冷却水道的结构形式(喷射式)如图 7-133 所示。

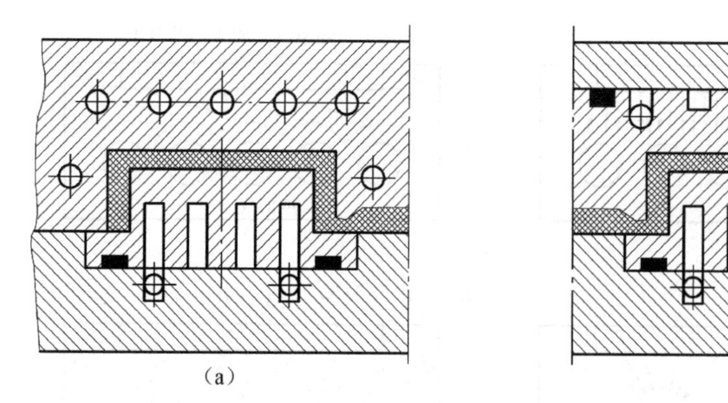

图 7-131　中等深度塑件的冷却水道

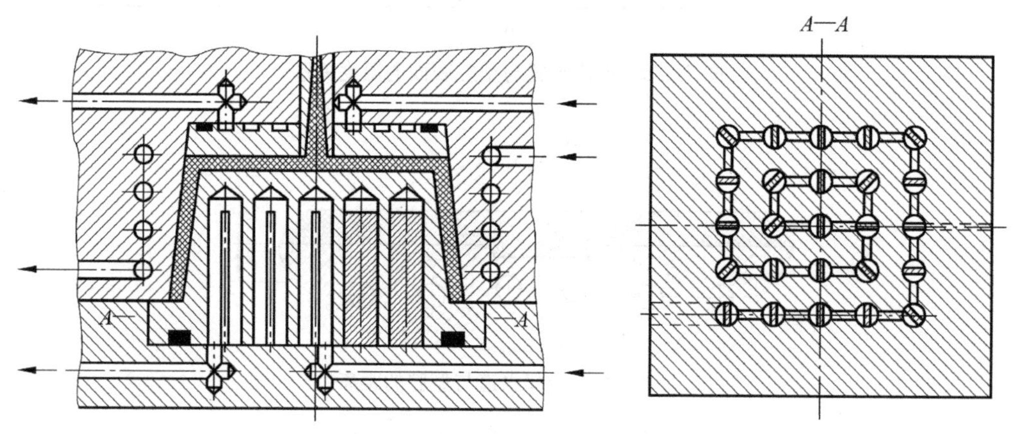

图 7-132　深型腔塑件的冷却水道

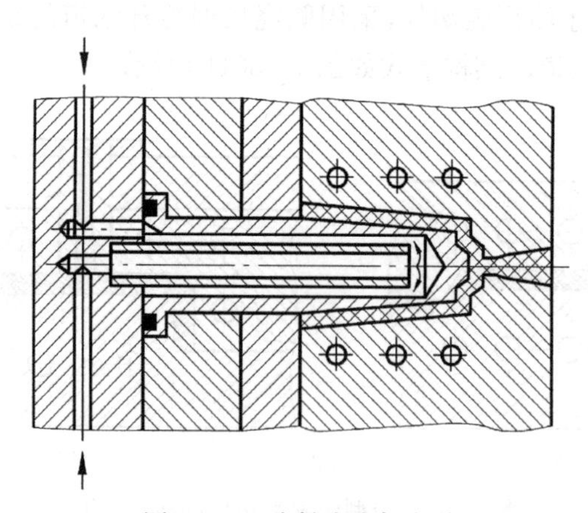
图 7-133　喷射式冷却水道

3. 冷却系统的密封

当模具的冷却水道穿过两块以上模板或镶件时，在其接合面处一定要用密封圈或橡胶皮加以密封，以防止模板之间、镶拼零件之间渗水，影响模具的正常工作，如图 7-134 所示。

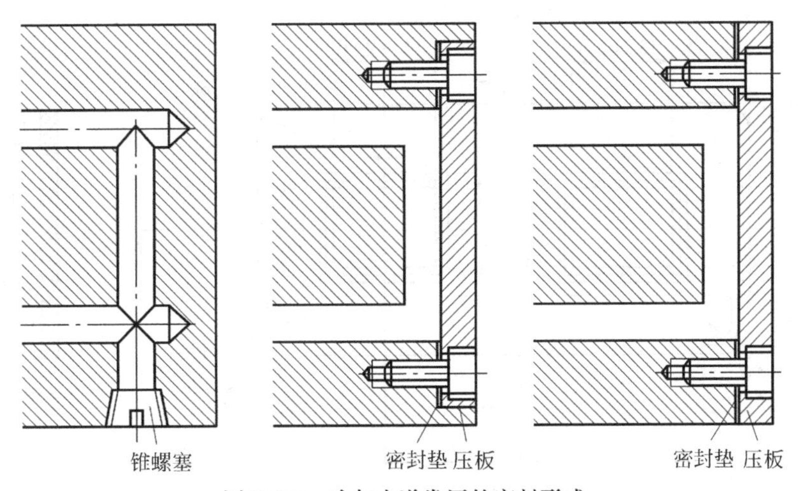

图 7-134 冷却水道常用的密封形式

【技能训练】

注射模设计步骤与实例

一、注射模设计基本程序

1. 了解塑件的技术要求。
2. 根据塑件形状尺寸,估算塑件体积和质量。
3. 分析塑件,确定成形方案。
4. 绘制方案草图。
5. 设计计算。
6. 绘制模具设计总装图。
7. 绘制零件工作图。
8. 经过全面审核后投产加工。

二、注射模设计示例

在塑料制品大批量生产前,试进行塑件的成形工艺和模具设计,其结构尺寸如图 7-135 所示。

1. 塑件的工艺分析

(1) 塑件的原材料分析。塑件的材料采用增强聚丙烯,属热塑性塑料。从使用性能角度看,该塑料具有刚度好、耐水及耐热性强的特点,其介电性能与温度和频率无关,是理想的绝缘材料;从成形性能角度看,该塑料吸水性小,熔料的流动性较好,成形容易,但收缩率大。此外,该塑料成形时易产生缩孔、凹痕及变形等缺陷,成形温度低时,方向性明显,凝固速度较快,易产生内应力。因此,成形时应注意控制成形温度,浇注系统应缓慢散热,冷却速度不宜过快。

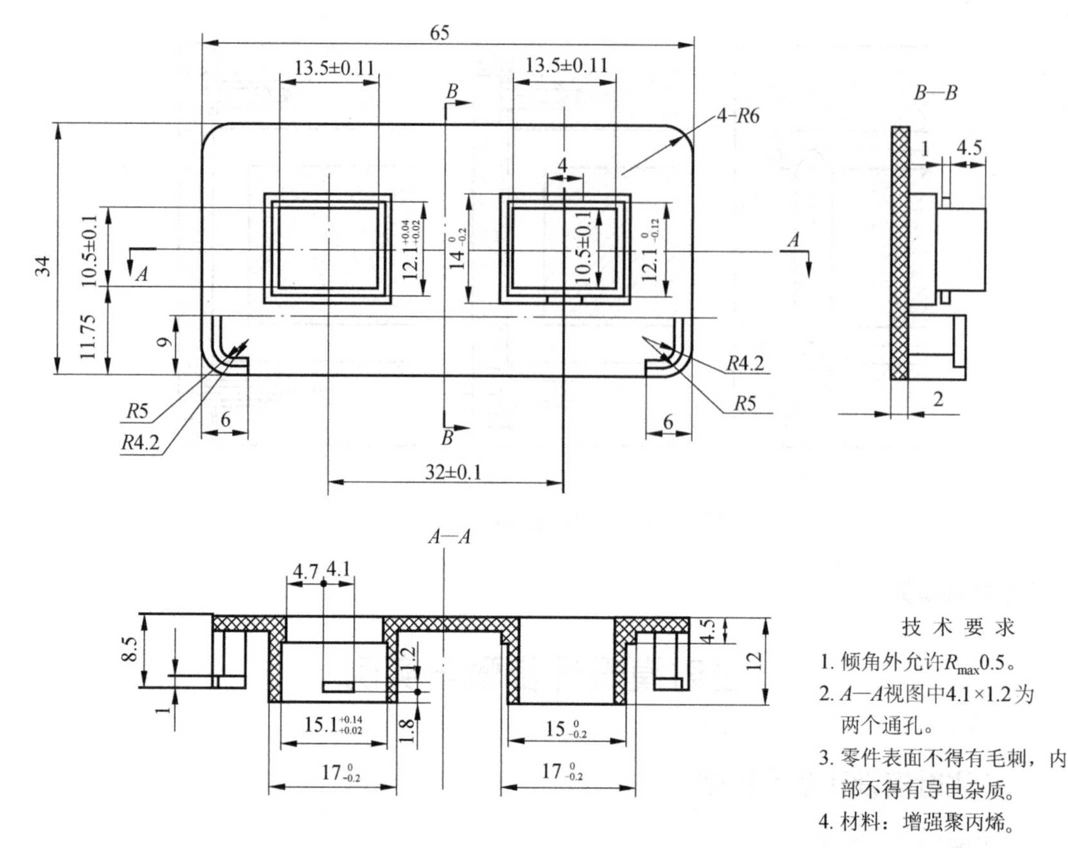

图 7-135 塑件的结构尺寸

（2）塑件的结构和尺寸精度、表面质量分析。

① 结构分析。分析图样可知，该塑件总体形状为长方形，在宽度方向的一侧有两个高度为 8.5mm、半径为 5mm 的凸耳；对称分布的两个高度为 12mm、长×宽为 17mm×14mm 的凸台，其中一个带有凹槽，另一个带有 4mm×1mm 的凸台。因此，模具设计时必须设置侧向分型抽芯机构，该塑件属于中等复杂程度。

② 尺寸精度分析。该塑件的重要尺寸，如 12.1mm、15.1mm 及 15mm 等的精度为 3 级，次重要尺寸如 13.5mm、17mm、10.5mm 及 14mm 等的精度为 4～5 级。

③ 从塑件的壁厚来看，壁厚最大值为 1.3mm，最小值为 0.95mm，两者之差为 0.35mm，较均匀，有利于塑件成形。

④ 表面质量分析。该塑件的表面除要求没有缺陷、毛刺，内部不得有导电杂质外，无其他特别要求，因而比较容易实现。

2. 计算塑件的体积和质量

计算塑件的质量是为了确定注射机及型腔数。经计算，塑件的体积 $V=4087\text{mm}^3$，根据设计手册可查得增强聚丙烯的密度 $\rho=1.04\text{kg/cm}^3$，故塑件的质量为 $W=V\rho=4.25g$。采用一模两件的模具结构，考虑其外形尺寸、注射所需压力和工厂现有设备等情况，初步选用 XS-Z-60 型注射机。

3. 塑件注射工艺参数的确定

根据设计手册并参考工厂实际使用情况，增强聚丙烯的成形工艺参数可选择如下：成形温度为 230～290℃；注射压力为 70～140MPa。上述工艺参数在试模时可适当调整。

4. 注射模的结构设计

(1) 选择分型面，如图 7-136 所示。

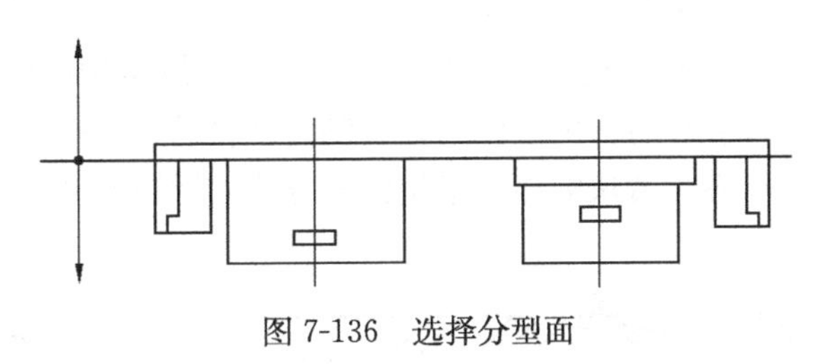

图 7-136　选择分型面

(2) 确定型腔的排列方式，如图 7-137 所示。

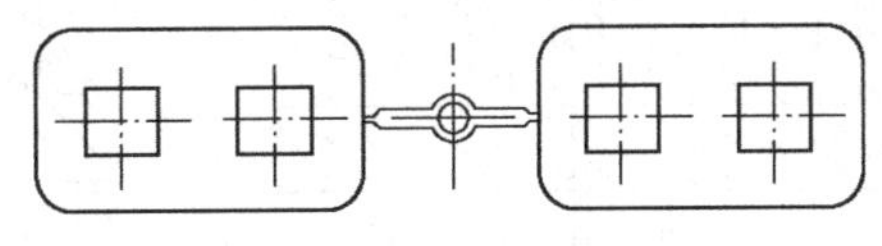

图 7-137　确定型腔的排列方式

(3) 浇注系统设计。

① 主流道设计。根据设计手册查得 XS-Z-60 型注射机喷嘴的具体尺寸如下：喷嘴前端孔径 $d_1=4$mm；喷嘴前端球面半径 $SR_1=12$mm。

根据模具主流道与喷嘴的尺寸关系：$SR=SR_1+(1\sim2)$mm 及 $d=d_1+(0.5\sim1)$mm，取主流道球面半径 $SR=13$mm，小端直径 $d=4.5$mm。

为了便于将凝料从主流道中抽出，主流道被设计成圆锥形，其斜度为 1～3°，经换算得主流道大端直径 $D=8.5$mm。为了使熔料顺利进入分流道，可在主流道出料端设计半径 $r=5$mm 的圆弧过渡。

② 分流道设计。分流道的形状及尺寸，应根据塑件的体积、壁厚、形状的复杂程度、注射速率和分流道长度等因素来确定。示例中的塑件形状不算太复杂，熔料填充型腔比较容易。根据型腔的排列方式可知分流道的长度较短，为了便于加工，选用截面形状为半圆形的分流道，取 $R=4$mm。

③ 浇口设计。根据塑件的成形要求及型腔的排列方式，选用侧浇口较为理想。设计时考虑从壁厚为 1.3mm 处进料，料由厚处流向薄处，并且采用镶拼式型芯，有利于填充、排气。综上采用截面为矩形的侧浇口，初选尺寸为 1mm×0.08mm×0.6mm($b\times l\times h$)，试模时再修正。

(4) 抽芯机构设计。示例中的塑件侧壁有一对小凹槽和小凸台，它们均垂直于脱模方向，阻碍成形塑件从模具中脱出。因此成形小凹槽的零件必须制成活动的型芯，即须设置抽芯机构。本模具采用斜导柱抽芯机构。

① 确定抽芯距。抽芯距一般应大于成形孔(或凸台)的深度。示例中的塑件，其小孔壁厚、小凸台高度相等，均为(14－12.1)/2＝0.95(mm)。另加 3～5mm 的抽芯安全系数，可取抽芯距 $S=4.9$mm。

② 确定斜导柱倾斜角。斜导柱的倾斜角是斜抽芯机构的主要技术参数之一，它与抽拔力和抽芯距有直接关系，一般取 $\alpha=15°\sim20°$，本例中选取 $\alpha=20°$。

③ 确定斜导柱的尺寸。斜导柱的直径取决于抽拨力及其倾斜角度，可按设计资料的有关

公式进行计算，本例采用经验估值，取斜导柱的直径 $d=14\text{mm}$。斜导柱的长度可根据抽芯距、固定端模板的厚度、斜销直径及斜角大小确定（参见本章第六节斜导柱长度计算）。

由于上模座板和上凸模固定板尺寸尚不确定，初定 $\delta=25\text{mm}$，$D=20\text{mm}$，经计算，取 $L=55\text{mm}$。如果以后 δ 有变化，则修正 L 的值。

④ 滑块与导槽设计。滑块与侧型芯（孔）的连接方式设计：本例中的侧向抽芯机构主要是用于成形零件的侧向孔和侧向凸台，由于侧向孔和侧向凸台的尺寸较小，考虑型芯强度和装配问题，采用组合式结构。型芯与滑块的连接采用镶嵌方式，其结构如图 7-138 所示。

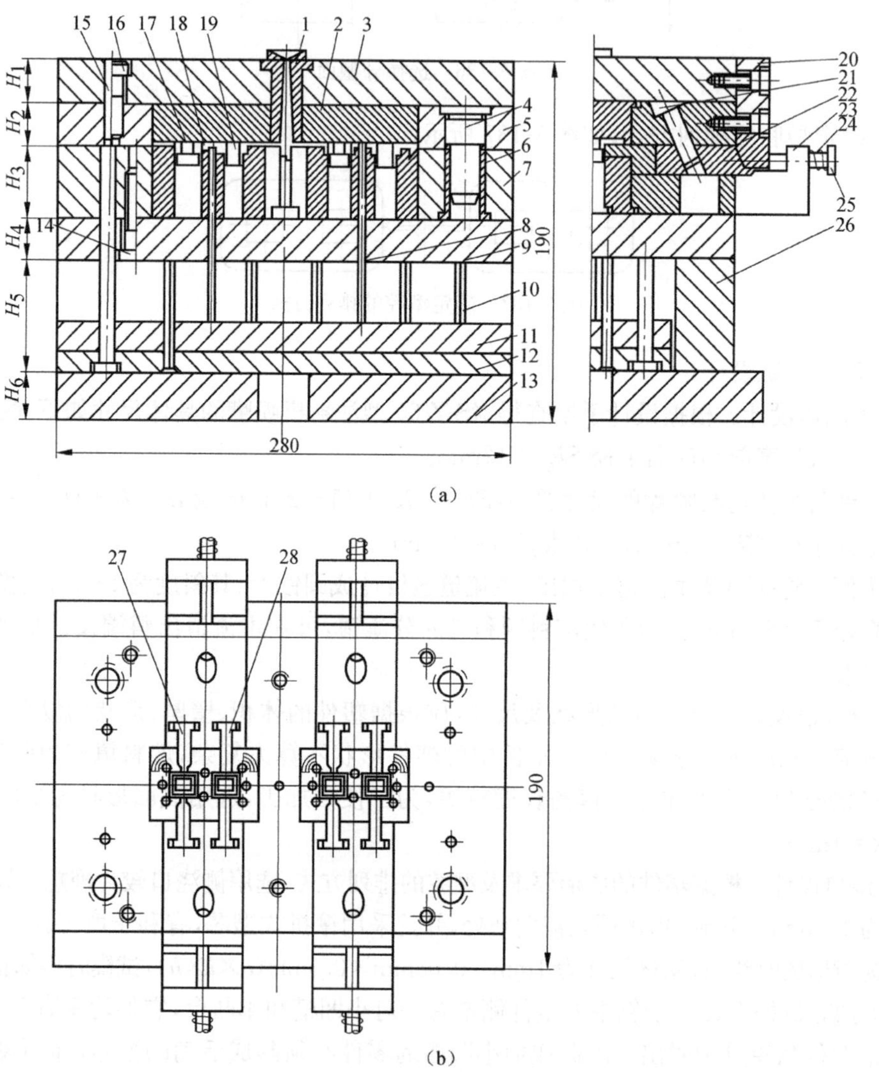

1—浇口套；2—上凹模镶块；3—定模座板；4—导柱；5—上固定板；6—导套；7—下固定板；8—推杆；9—支承板；10—复位杆；11—推杆固定板；12—推板；13—动模座板；14、16、25—螺钉；15—销钉；17—型芯；18—下凹模镶块；19—型芯；20—楔紧块；21—斜销；22—侧抽芯滑块；23—限位挡块；24—弹簧；26—整块；27、28—侧型芯

图 7-138　注射模的结构

滑块的导滑方式：本例中为使模具结构紧凑，降低模具装配复杂程度，拟采用整体式滑块和整体导向槽的形式，其结构如图 7-138 所示。为提高滑块的导向精度，装配时可对导向槽或滑块采用配磨、配研的装配方法。

滑块的导滑长度和定位装置设计：本例中由于侧芯距较短，故导滑长度只需符合滑块在开模时的定位要求即可。滑块的定位装置采用弹簧与台阶的组合形式，如图 7-138 所示。

(5) 成形零件结构设计。

① 凹模结构设计。本例中模具采用一模二件的结构形式，考虑加工的难易程度和材料的价值利用等因素，凹模拟采用镶嵌式结构，其结构形式如图 7-138 所示，图中下凹模镶块 18 上的两对凹槽用于安放侧型芯。根据本例的设计要求，分流道和浇口均设在凹模镶块上。

② 凸模结构设计。凸模主要是与凹模结合构成模具的型腔，其凸模和侧型芯的结构形式如图 7-138 所示。

③ 下凹模镶块型腔侧壁厚度计算。下凹模镶块型腔为组合式矩形型腔，根据组合式矩形侧壁厚度计算公式：

$$S_{强}=\sqrt{\frac{pH_1l^2}{2H[\sigma]}} \tag{7-23}$$

取 p=40MPa（选定值）；b=12mm，h=25mm，l=16.95mm，H_1=(12－1.3)mm=10.7mm，$H=H_1+h$=35.7mm；$[\sigma]$=160MPa（底板材料选定为 45 钢）。代入公式计算可得 $S_{强}$=3.28mm。

考虑到下凹模镶块还需安放侧型芯机构，故取下凹模镶块的外形尺寸为 80mm×50mm。

5. 模具设计计算

本例中成形零件工作尺寸均采用平均法计算。查表得增强聚丙烯的收缩率为 S_{min}=0.4%，S_{max}=0.8%，故平均收缩为 S_{cp}=(0.4%+0.8%)/2=0.6%，考虑到工厂模具制造的现有条件，模具制造公差取 $\delta_z=\Delta/3$。

(1) 型腔和型芯工作尺寸计算。具体计算方法见表 7-3。

表 7-3　型腔和型芯工作尺寸计算

类别	序号	模具零件名称	塑件尺寸/mm	计算公式	型腔或型芯的工作尺寸/mm
型腔的计算	1	下凹模镶块	$17_{-0.2}^{0}$	$L_m=(L_s+L_sS_{cp}-\frac{3}{4}\Delta)_{0}^{+\delta_z}$	$16.95_{0}^{+0.07}$
			$15_{-0.2}^{0}$		$15_{0}^{+0.04}$
			$14_{-0.2}^{0}$		$13.93_{0}^{+0.07}$
			$12.1_{-0.12}^{0}$		$12.08_{0}^{+0.04}$
			$4.5_{-0.1}^{0}$	$H_m=(H_s+H_sS_{cp}-\frac{3}{4}\Delta)_{0}^{+\delta_z}$	$4.4_{0}^{+0.03}$
	2	凸耳对应的型腔	$R5_{-0.1}^{0}$	$L_r=(L_{rs}+L_{rs}S_{cp}-\frac{3}{4}\Delta)_{0}^{+\delta_z}$	$4.95_{0}^{+0.03}$
			$R4.2_{-0.1}^{0}$		$4.15_{0}^{+0.03}$
			8.5±0.05	$H_m=(H_s+H_sS_{cp}-\frac{3}{4}\Delta)_{0}^{+\delta_z}$	$8.44_{0}^{+0.03}$
			1±0.05		$0.98_{0}^{+0.03}$
	3	上凹模镶块	$65_{-0.2}^{0}$	$L_m=(L_s+L_sS_{cp}-\frac{3}{4}\Delta)_{0}^{+\delta_z}$	$64.4_{0}^{+0.07}$
			$34_{-0.2}^{0}$		$33.95_{0}^{+0.07}$
			$R6_{-0.1}^{0}$		$5.96_{0}^{+0.03}$
			$1.3_{-0.06}^{0}$	$H_m=(H_s+H_sS_{cp}-\frac{3}{4}\Delta)_{0}^{+\delta_z}$	$1.26_{0}^{+0.02}$

续表

类别	序号	模具零件名称	塑件尺寸/mm	计算公式	型腔或型芯的工作尺寸/mm
型芯的计算	1	右型芯	10.5 ± 0.1	$L_m=(L_s+H_sS_{cp}+\frac{3}{4}\Delta)^{+\delta_z}_{0}$	$10.61_{-0.07}^{0}$
			13.5 ± 0.11		$13.63_{-0.07}^{0}$
			$12^{+0.16}_{0}$	$h_m=(h_s+h_sS_{cp}+\frac{3}{4}\Delta)^{+\delta_z}_{0}$	$12.17_{-0.05}^{0}$
	2	左型芯	$15.1^{+0.14}_{+0.02}$	$L_m=(L_s+L_sS_{cp}+\frac{3}{4}\Delta)^{+\delta_z}_{0}$	$15.3_{-0.04}^{0}$
			$12.1^{+0.04}_{+0.02}$		$12.20_{-0.02}^{0}$
			$4.5^{+0.1}_{0}$	$h_m=(h_s+h_sS_{cp}+\frac{3}{4}\Delta)^{+\delta_z}_{0}$	$4.59_{-0.03}^{0}$
孔腔	型孔之间的中心距		32 ± 0.1	$C_m=(C_s+C_sS_{cp})\pm\frac{\delta_z}{2}$	32.19 ± 0.03

(2) 型腔侧壁厚度和底板厚度计算。

① 下凹模镶块底板厚度计算。根据组合式型腔底板厚度计算公式：

$$h_{强}=\sqrt{\frac{3pbl^2}{4B[\sigma]}}$$

取 $p=40$MPa；$b=13.83$mm，$l=90$mm（初选值），$B=190$mm（根据模具初选外形尺寸确定）；$[\sigma]=160$MPa（底板材料选定为45钢）。经计算可得 $h_{强}=10.5$mm。

考虑模具的整体结构协调，取 $h=25$mm。

② 上凹模型腔侧壁厚度计算。上凹模镶块型腔为矩形整体式型腔，可根据矩形整体式型腔侧壁厚度计算公式进行计算。由于型腔高度 $a=1.26$mm 很小，故而所需的 h 值也较小，此处不作计算，而是根据下凹模镶块的外形尺寸确定。上凹模镶块的结构及尺寸如图7-139所示。

6. 模具加热和冷却系统的计算

塑件在注射成形时不要求有过高的模温，因而模具上可不设加热系统。对于是否需要冷却系统，可进行如下设计计算：设模具平均工作温度为40℃，用常温20℃的水作为模具冷却介质，其出口温度为30℃，单位时间注射质量 $m=0.26$kg/h。

查资料得聚丙烯单位时间放出热焓量 $q=59\times10^4$J/kg。

冷却水的体积流量 q_V 计算公式为

$$q_V=\frac{mq}{60\rho c(t_1-t_2)}=\frac{0.26\times59\times10^4}{60\times10^3\times4.187\times10^3\times(30-20)}=0.61\times10^{-4}(\text{m}^3/\text{min})$$

由上述计算可知，由于模具每分钟所需的冷却水体积流量较小，故可不设冷却系统，只依靠空冷方式冷却模具。

7. 模具闭合高度的确定

根据支承与固定零件设计中提供的经验数据，可以确定定模座板：$H_1=25$mm；上固定板：$H_2=25$mm；下固定板：$H_3=40$mm；支承板：$H_4=25$mm；动模座板：$H_6=25$mm。根据推出行程和推出机构的结构尺寸确定垫块：$H_5=50$mm。因而模具的闭合高度为

$$H=H_1+H_2+H_3+H_4+H_5+H_6=(25+25+40+25+25+50)\text{mm}=190\text{mm}$$

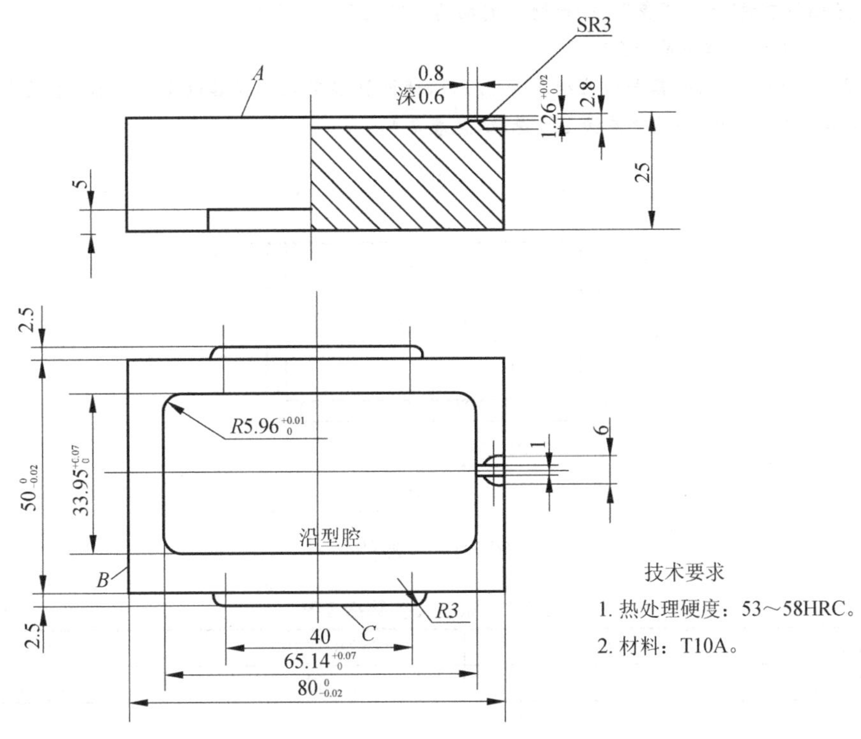

图 7-139　上凹模镶块的结构及尺寸

8. 注射机有关参数的校核

本模具的外形尺寸为 280mm×190mm×190mm。XS-Z-60 型注射机模板最大安装尺寸为 350mm×280mm，故能满足模具的安装要求。

上述计算所得模具的闭合高度 H＝190mm，XS-Z-60 型注射机所允许模具的最小厚度 H_{min}＝70mm，最大厚度 H_{max}＝200mm，即模具满足 $H_{min} \leqslant H \leqslant H_{max}$ 的安装条件。

经查资料知 XS-Z-6 型注射机的最大开模行程 S＝180mm，满足出件要求，即

$$S \geqslant H_1 + H_2 + (5 \sim 10) = 10 + 12 + 10 = 32(\text{mm})$$

此外，由于侧分抽芯距较短，不会过大增加开模距离，注射机的开模行程足够。

经验证，XS-Z-60 型注射机能够满足使用要求，故可采用。

练习与思考

1. 注射模具按其零部件所起作用，一般包括哪几部分？

2. 浇注系统有哪些基本形式？设计和选择原则是什么？

3. 凸凹模的结构有哪些？绘出组合式凹模和凸模的两种结构，并注明配合精度。

4. 什么是注射模的推出机构？推出机构分几类？为什么要设置推出机构的复位装置？

5. 试述推管推出机构和推件板推出机构的优点和适用场合。

6. 支承板是如何进行校核的？如果选定的支承板厚度不能满足要求，应采用哪些措施？

7. 说明导柱、导套的分类，指出其固定部分和导向部分的配合精度，并说明材料的选用和热处理要求。锥面定位机构设计的要点有哪些？它适用于什么场合？

8. 斜导柱设计中有哪些技术问题？应采取什么措施？

9. 什么是侧抽芯的“干涉现象”？如何避免侧抽芯时发生干涉现象？

10. 温度调节系统的作用是什么？

11. 如图7-140所示塑件，其平均收缩率为1.1%，试计算确定相应模具的型芯直径、型腔内径、型腔深度、型芯高度和两孔中心距（制造公差按IT9选取，见表7-4）。

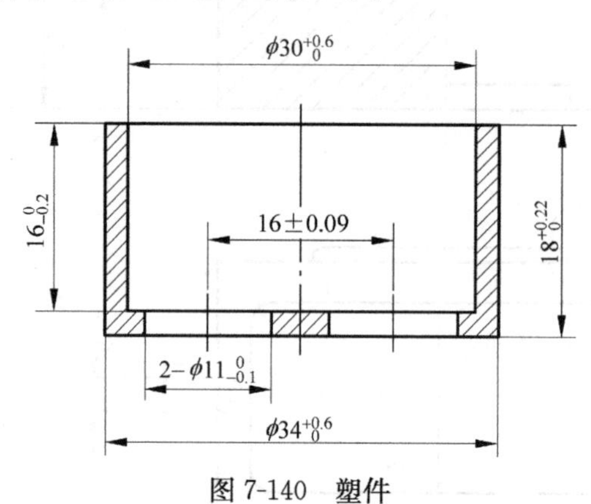

图7-140 塑件

表7-4 标准公差等级IT9 单位：mm

基本尺寸	>10～18	>18～30	>30～50
标准公差	0.043	0.052	0.062

模块八　其他塑料成形模具设计

塑料成形除了应用广泛的注射成形，还有其他多种成形方法，目前生产中常用的主要有压缩成形、压注成形和挤出成形 3 种方法。

课题一　塑料压缩成形

【知识目标】

1. 熟悉压缩成形原理及模具结构特点。
2. 了解压缩模的设计原则。

【知识学习】

塑料压缩成形方法主要用于成形热固性塑料制件，某些热塑性塑料也可用压缩方法成形。压缩成形的方法适宜成形大型塑料制件，且塑件的收缩率较小、变形小，各项性能比较均匀。

一、压缩成形原理

压缩成形是热固性塑料的主要成形方法之一，其成形原理如图 8-1 所示。先将塑料加入已预热至成形温度的模具加料室内，如图 8-1(a)所示，再由液压机通过模具的上模部分带动凸模，对型腔中的塑料施加很高的压力，使塑料在高温、高压下先由固态转变为黏流态而充满型腔如图 8-1(b)所示。之后树脂产生交联反应，经一定时间使塑料固化定型后，即可开模取出制件。

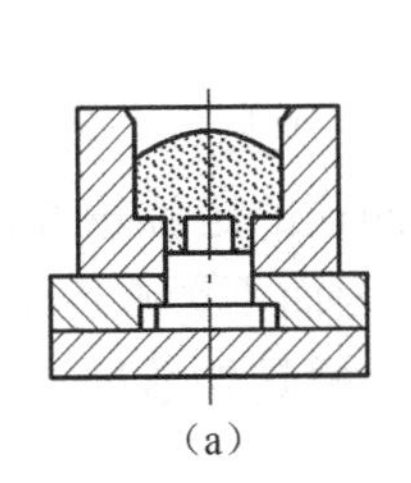

(a)

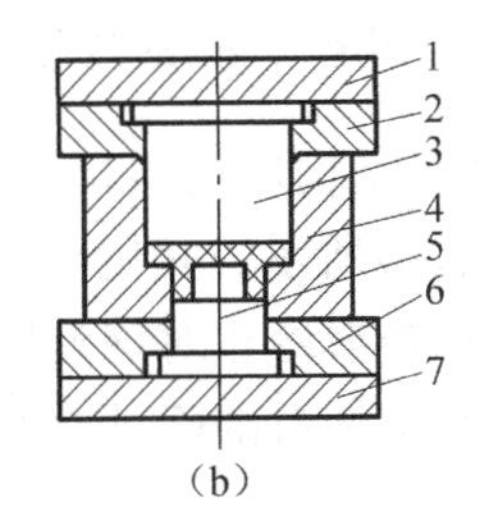

(b)

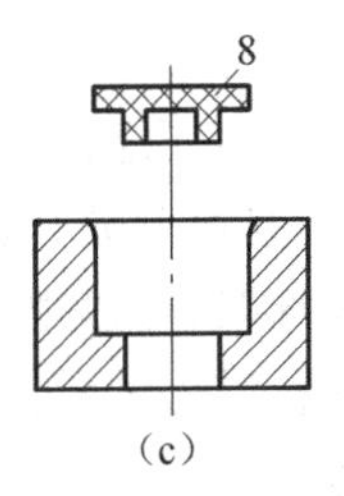

(c)

1—上垫板；2—凸模固定板；3—凸模；4—凹模；5—型芯；6—型芯固定板；7—下垫板；8—塑件

图 8-1　压缩成形原理

二、压缩模的结构及类型

1. 压缩模的结构

图 8-2 所示为固定式压缩模的典型结构。模具的上模部分安装在压力机的上压板上，下模部分固定在压力机的下压板上。压力机顶部的液压缸可使上、下工作台分别进行向上和向下的运动。下工作台中间有通孔，内设推件和顶料装置。压力机顶出杆与模具推板用尾轴相连，可以使推出机构复位。上、下模闭合使装于加料室和型腔中的塑料受热受压，成为熔融态且充满整个型腔；当制件固化成形后，上、下模打开，利用顶出装置顶出制件。

压缩模的主要组成部分如下所述。

(1) 成形零部件。该部分包括凸模、凹模及各种型芯、型环、成形镶块和瓣合模块等。它们直接成形塑料制件的形状和尺寸，如图8-2中的件2和件9～11等；直接成形制品的部位，加料时与加料室共同起装料的作用。

(2) 加料室。即型腔的上半部分，在图8-2中为型腔断面尺寸扩大部分。由于塑料与制品相比具有较大的比容，成形前单靠型腔往往无法容纳全部原料，因此在型腔之上设有一段加料室。

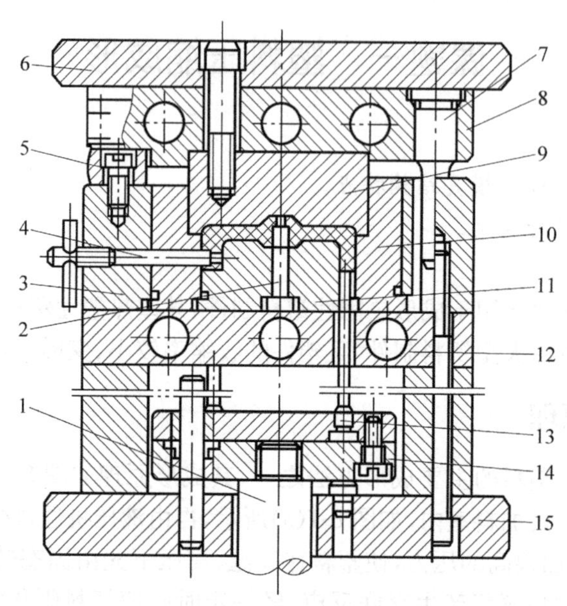

1—尾轴；2—型芯；3—型腔固定板；4—侧型芯；5—承压块；6—上模座；7—导柱；8,12—加热板；9—上凸模；10—型腔；11—下凸模；13—推杆；14—推板；15—下模座

图8-2 固定压缩模的典型结构

对于多型腔压缩模，其加料室有两种结构形式，如图8-3所示。一种是每个型腔都有自己的加料室，并且彼此分开，如图8-3(a)、(b)所示。其优点是凸模对凹模的定位较方便，且当某一个型腔损坏时，可以很方便地修理、更换或停止对该型腔的加料，因而不影响压缩模的继续使用。但这种结构的模具要求每个加料室加料准确，因而加料费时，模具外形尺寸较大，装配精度要求也高。

另一种结构形式是多个型腔共用一个加料室，如图8-3(c)所示。其优点是加料方便且迅速，飞边把各个塑件连成一体便于一次推出，模具轮廓尺寸较小。但个别型腔损坏时，会影响整副模具的使用。而且，当共用加料室面积较大时，塑料流至端部或边角处流程较长，导致生产中等以上尺寸的塑料制件时，容易形成缺料。

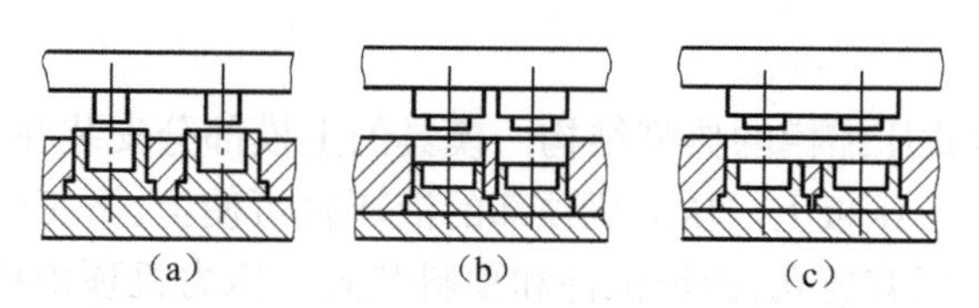

图8-3 多型腔模及其加料室

(3) 导向机构。图 8-2 中的导向机构由布置在模具上模周边的 4 根导柱 7 和下模的导向套组成。导向机构用来保证上、下模合模的对中性。为保证顶出机构水平运动,该模具在底板上还设有两根导柱,在顶出板上有导向孔。

(4) 侧向分型抽芯机构。与注射模具一样,压制带有侧孔或侧凹的制件时,压缩模具必须设有侧向分型抽芯机构,便于制件脱出。例如,图 8-2 所示制件带有侧孔,在顶出前需用手动丝杆抽出侧型芯 4。

(5) 脱模机构。固定式压缩模必须设置脱模机构,如图 8-2 所示,它由推杆 13 和推板 14 构成。常用的推出零件有推杆、推管、推板、推块及凹模型腔板等。

移动式压缩模通常在成形后,将模具移出压力机,并用专用卸模工具(如卸模架等)使塑件脱模。

(6) 加热系统。热固性塑料压缩成形需在较高的温度下进行,因此模具必须加热,常见的加热方法有电加热、蒸汽加热及煤气或天然气加热等。如图 8-2 所示,加热板 8、12 分别对上凸模、下凸模和凹模进行加热,加热板圆孔中装有电加热棒。压缩成形热塑性塑料时,在型腔周围开设温度控制通道,在塑化和定型阶段,分别通入蒸汽进行加热或通入冷水进行冷却。

2. 压缩模的类型

压缩模的分类方法有很多,包括:按模具在压力机上的固定方式分类,按上、下模闭合形式分类,按分型面特征分类,按型腔数目分类,以及按制品顶出方式分类等。

(1) 按模具在压力机上的固定方式,压缩模具可分为移动式压缩模、半固定式压缩模和固定式压缩模。

① 移动式压缩模。这种模具不固定在压力机上,压缩成形前,打开模具将塑料加入型腔,再将上、下模闭合,送入压力机工作台对塑料进行加热加压,使其成形固化。成形完毕后,将模具移出压力机,开模时,在专用 U 形支架上撞击上、下模板,使模具分开脱出塑件,如图 8-4(a)所示。图 8-4(b)所示模具在压力机外用卸模架开模,模具分开后用推杆推出塑件。

这种模具结构简单,但劳动强度大、生产率低且容易磨损,适用于生产批量不大的中、小型塑件。

② 半固定式压缩模。如图 8-4(c)所示,该模具的上模一般与压力机上的滑块固定连接,下模可通过导轨移动,在压力机外进行加料并在专用的卸模架上脱出塑件。开模与合模在压力机内进行,合模由导向机构保证上、下模对中。这种模具的结构比较简单,由于上模不需移出压力机,可减轻劳动强度。

③ 固定式压缩模。固定式压缩模如图 8-2 所示。其上、下模分别固定在压力机的上、下模板上,开模时,上模部分向上移动,当上、下模分开一定距离后,先用手动丝杆抽出侧型芯 4,压力机的下顶出缸再开始工作,顶出缸活塞经尾轴推动推板 14,使推杆 13 将塑件从型腔 10 中推出。因为开模、合模及推出等工序均在压力机内进行,所以其生产效率高,劳动强度小,操作简单,模具寿命长。但这种模具结构复杂,嵌件安装不便,因而适用于生产批量大、尺寸大且尺寸精度要求高的塑件。

(2) 按上、下模配合特征,压缩模具可分为溢式压缩模、不溢式压缩模、半溢式压缩模、半不溢式压缩模和带加料板的压缩模等。

① 溢式压缩模。这种模具又称为敞开式压缩模。如图 8-5(a)所示,它无加料室,型腔总高度 H 基本就是制件高度。由于凸模与凹模无配合部分,压制时过剩的物料极易溢出。环形面积 B 是挤压面,其宽度较窄,以减薄制件的飞边。

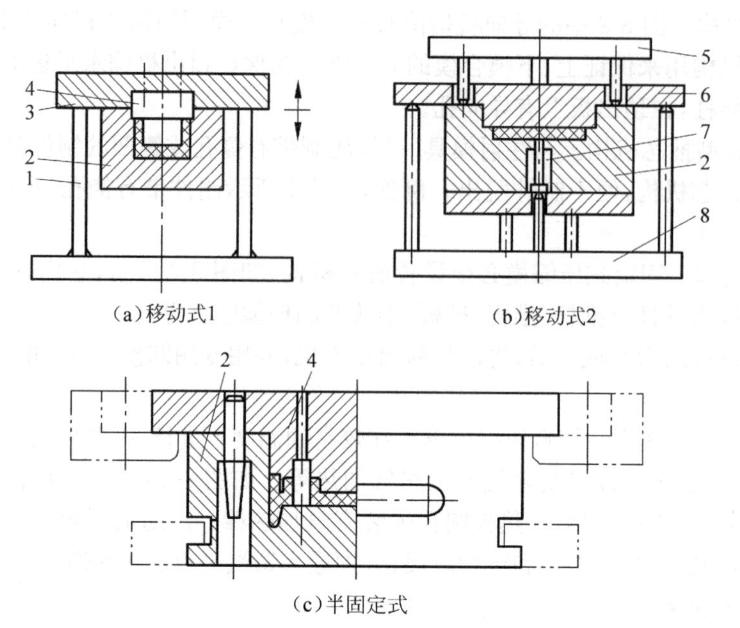

(a)移动式1　(b)移动式2

(c)半固定式

1—U形支架；2—凹模；3—凸模固定板；4—凸模；5—上卸模架；6—凸模板；7—推杆；8—下卸模架

图8-4　移动式与半固定式压缩模

溢式模具的优点是：结构简单，造价低廉，耐用（凸模与凹模无直接摩擦），制品容易取出，特别是扁平制品可以不设顶出机构，需用手工取出或用压缩空气吹出制件。这种模具适于压制扁平的盘形制件，特别是对强度和尺寸无严格要求的制件，如纽扣、装饰品及各种小零件等。

② 不溢式压缩模。这种模具又称为密闭式压缩模、正压缩模、全压式压缩模。如图8-5(b)所示，其加料室为型腔上部断面的延伸，无挤压面，理论上压力机所施压力将全部作用于制件，塑料的溢出量很少。不溢式压缩模的非配合部分与型腔每边约有0.075mm的间隙，配合部分高度不宜过大，非配合部分可以如图中所示部件那般将凸模上部端面减小，也可将凹模对应部分尺寸逐渐增大而形成锥面(15′～20′)。

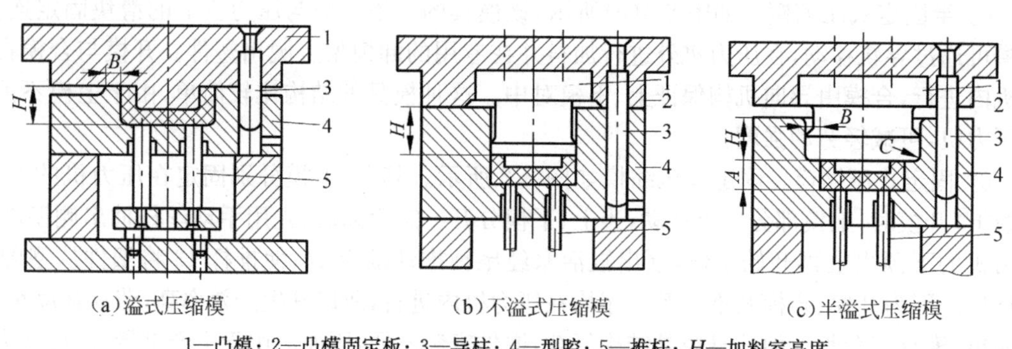

(a)溢式压缩模　(b)不溢式压缩模　(c)半溢式压缩模

1—凸模；2—凸模固定板；3—导柱；4—型腔；5—推杆；H—加料室高度

图8-5　压缩模配合结构特征分类

不溢式模具，由于塑料的溢出量极少，加料量直接影响制品的高度尺寸，每模加料量都必须准确称量，因此流动性好、容易按体积计量的塑料一般不采用该种模具。不溢式模具必须设置顶出装置，否则制品难以取出，它一般用于单型腔。

③ 半溢式压缩模。这种模具又称为半密闭式压缩模。如图8-5(c)所示，其特点是在型腔

上方设一断面尺寸大于制件尺寸的加料室，凸模与加料室呈间隙配合，加料室与型腔分界处有一环形挤压面，其宽度为 4～5mm，凸模下压至挤压面接触时停止，每一循环中的加料量稍有过量，过剩的原料通过配合间隙或在凸模上开设专门的溢料槽排出。半溢式压缩模操作方便，加料时只需按体积计量，而制品的高度尺寸由型腔高度 A 决定，可达到每模基本一致，因而半溢式压缩模在生产中被广泛采用。

三、压缩模的设计

1. 凸、凹模结构设计

凸、凹模各组成部分的参数及作用如图 8-6 所示。

(1) 引导环。它是引导凸模进入凹模的部分，如图 8-6 所示的 L_1，除加料室较浅(高度小于 10mm)的凹模外，一般均设有引导环。引导环有一斜度为 α 的锥面，并设有圆角 R，其作用是使凸模顺利进入凹模，减少两者之间的摩擦，避免推出塑件时擦伤其表面，并可提高模具使用寿命，减小开模阻力，还可进行排气。一般情况下，圆角 R 可取 1～2mm。移动式压缩模的引导环斜角可取 $30'$～$1°30'$；固定式压缩模的引导环斜角可取 $20'$～$1°$；有上、下凸模时，为加工方便，压缩模的引导环斜角可取 4°～5°。引导环的长度 L_1 可取 10～20mm，其值应保证物料熔融时，凸模已经进入配合环。

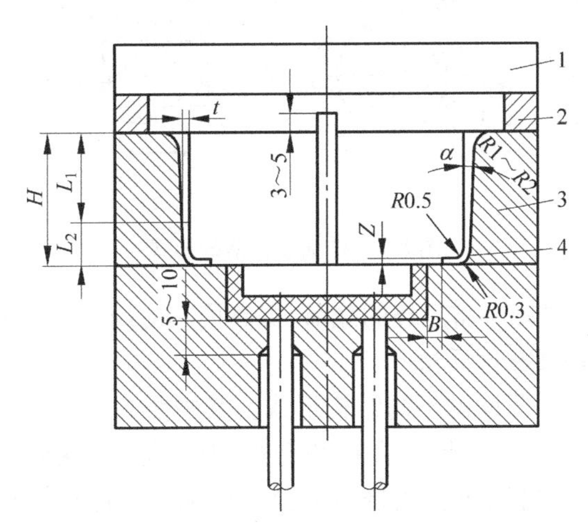

1—凸模；2—承压块；3—凹模；4—排气槽

图 8-6　凸、凹模各组成部分的参数及作用

(2) 配合环。它是凸模和凹模的配合部分，即图 8-6 中的 L_2。其作用是保证凸模定位准确，防止塑料溢出并保障向外排气通畅。

凸、凹模的配合间隙，以不发生溢料和双方侧壁不擦伤为前提。通常可采用 H8/f7 或 H8/f8 的间隙配合，或取单边间隙 $t=0.025$～0.075mm。一般来讲，对于移动式模具间隙可取小些，固定式模具间隙可取大些。

凸、凹模配合环的长度 L_2 应按凸、凹模的间隙而定，间隙小则长度取短些。一般移动式压缩模取 $L_2=4$～6mm。对于固定式压缩模，当加料室高度 $H\geqslant30$mm 时，可取 $L_2=8$～10mm。

(3) 挤压环。其作用是限制凸模下行位置，并保证水平方向的最小飞边。挤压环宽度 B 的大小应按塑件尺寸大小和模具材料而定。一般中小型模具取 $B=2$～4mm，大型模具可取 $B=3$～5mm。挤压环主要适用于溢式和半溢式压缩模。

(4) 储料槽。其作用是供压缩时排出余料，使余料不易通过间隙进入型腔，并减少凸模和凹模的直接摩擦，并有利于塑件脱模。储料槽的尺寸一般可取 $Z=0.5\sim1\text{mm}$。

(5) 排气溢料槽。为了减小飞边，保证塑件精度和质量，压缩成形时须将产生的气体和余料排出，这就是排气溢料槽的作用。

排气溢料槽的大小应根据成形压力和溢料量而定。排气溢料槽的形式如图 8-7 所示。其中图 8-7(a)为圆形凸模上开设 4 条 0.2～0.3mm 的凹槽，凹槽与凹模间形成排气溢料槽。图 8-7(b)为圆形凸模上磨出 0.2～0.3mm 的 3 个平面进行排气和溢料。图 8-7(c)、(d)为矩形截面凸模上开设排气溢料槽的结构。排气溢料槽应开通至凸模的顶端，以便余料排出模外。注意，无论采用何种形式的排气溢料槽，排出余料时都不应使余料连成一片或包住凸模，避免造成清理困难。

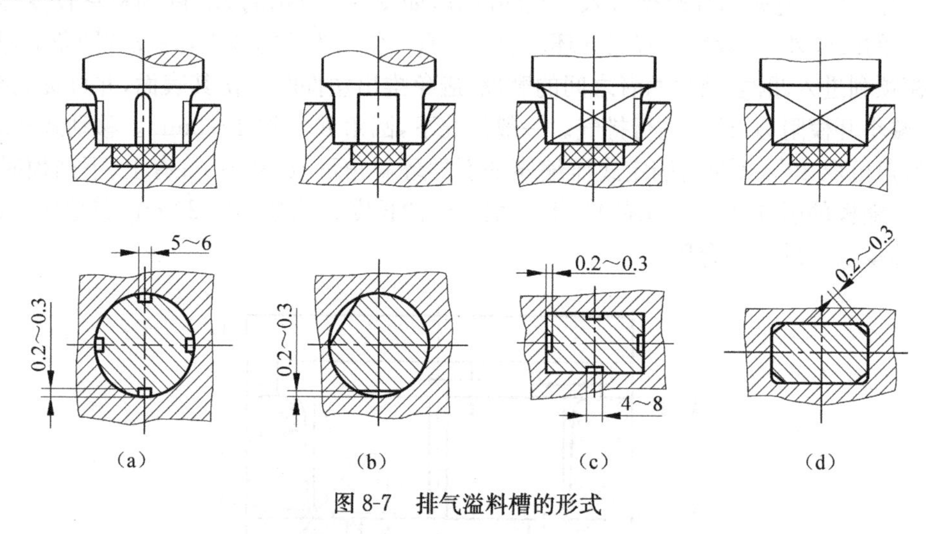

图 8-7 排气溢料槽的形式

(6) 承压面。其作用是减小挤压环的载荷，提高模具使用寿命。模具承压面的结构形式，将直接影响模具使用寿命及塑件质量。

图 8-8 所示为压缩模承压面的不同结构形式。其中图 8-8(a)为用挤压环作为承压面，飞边较薄，但模具容易损坏。图 8-8(b)为用凸模台肩与凹模上的端面作承压面，凸模与凹模之间留有 0.03～0.05mm 的间隙，可防止挤压部分变形损坏。这种结构的模具寿命长，但飞边较厚。对于固定式压缩模，常采用图 8-8(c)所示的承压块结构形式，通过调节承压块的厚度，可控制凸模进入凹模的深度，从而减小飞边的厚度，有时还可用来调节塑件的高度。

2. 凸、凹模的配合形式

(1) 溢式压缩模。这种模具的凸、凹模配合形式如图 8-9(a)、(b)所示。它没有单独的加料室，凸模与凹模没有配合部分，而是依靠导柱和导套进行定位和导向。凸模与凹模的接触面既是分型面，又是承压面。为了减小飞边的厚度，接触面积不宜过大，通常是单边宽度为 3～5mm 的环行面，如图 8-9(a)所示。为了提高承压面积，可在溢料面外开设溢料槽 e_1，也可在溢料槽外增设承压面 e_2，如图 8-9(b)所示。

(2) 半溢式压缩模。这种模具的凸、凹模配合形式如图 8-9(c)所示。它的特点是其上加工出一个环形挤压面，称为挤压环。同时，凸模与加料室之间的配合间隙(单边间隙为 0.025～0.075mm)或溢料槽起排气和溢料作用。

为了便于凸模进入加料室，除设计有引导段外，凸模前端应加工成圆角或 45°倒角，加料室对应的转角也应呈圆弧过渡，以增加模具强度和便于清理废料。其圆弧半径应小于凸模圆角，一般取 R=0.3～0.5mm。

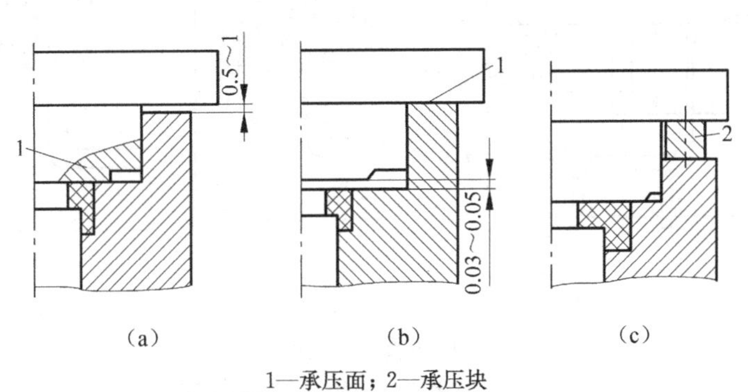

1—承压面；2—承压块

图 8-8　压缩模承压面的不同结构形式

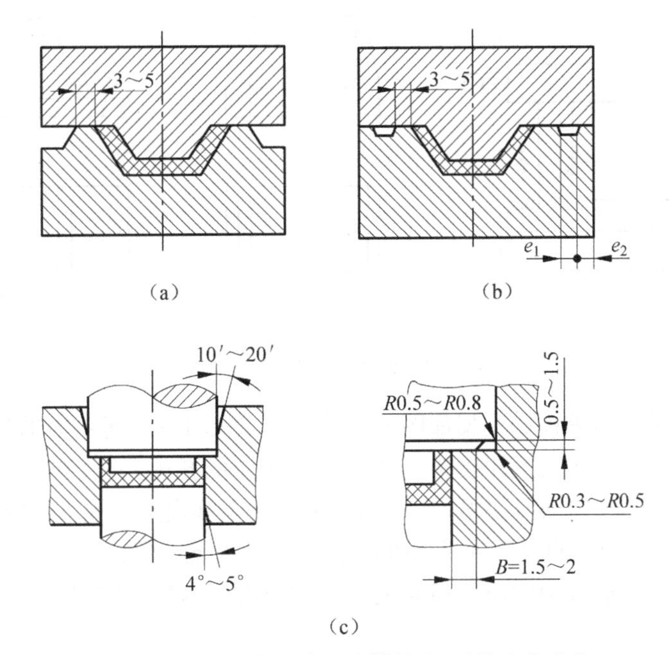

图 8-9　溢式和半溢式压缩模的凸、凹模配合形式

(3) 不溢式压缩模。这种模具的凸、凹模配合形式如图 8-10 所示。其加料室是型腔的延伸部分，两者截面尺寸相同，基本无挤压边。但两者之间有引导段 L_1 和配合段 L_2，配合段的配合精度为 H8/f7，或取单边间隙为 0.025～0.075mm，使凸模与凹模精确对准。

图 8-10(b)所示即为改进后的不溢式压缩模。其主要特点是扩大了加料室并取 45°的倾斜角度，这样就增加了加料室的面积，使复杂形状或较深的型腔，加工比较方便，同时也利于脱模。图 8-10(c)所示为把凹模型腔延长 0.8mm 后，每边向外扩大 0.3～0.5mm，从而减小了塑件推出时的摩擦。同时，凸模与凹模形成空间，供排除余料用。

3. 移动式压缩模的脱模机构

移动式压缩模的脱模分为撞击架脱模和卸模架卸模两种形式。

(1) 撞击架脱模。该种脱模方法是将压缩模从压力机取出后，放置在特制的脱模撞击架上，如图 8-11(a)所示。常用的撞击架包括固定式(图 8-11(b))和可调式(图 8-11(c))两种形式。

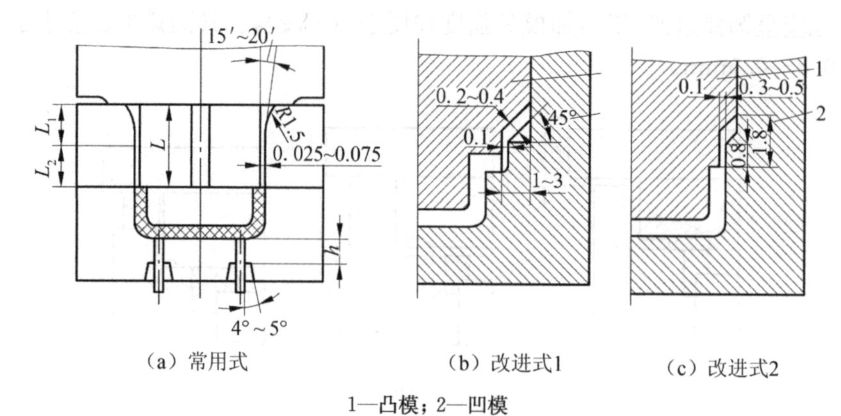

（a）常用式　（b）改进式1　（c）改进式2

1—凸模；2—凹模

图 8-10　不溢式压缩模的凸、凹模配合形式

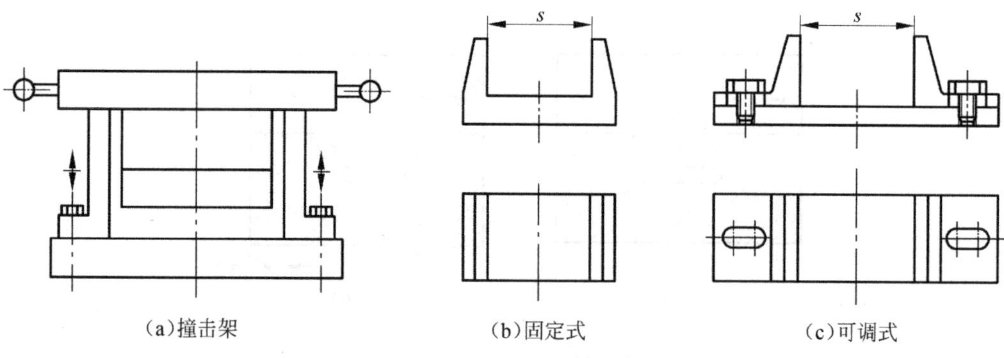

（a）撞击架　（b）固定式　（c）可调式

图 8-11　撞击架及其常用形式

（2）卸模架卸模。压缩模卸模架如图 8-12 所示。图 8-12(a)所示为单分型面压缩模卸模架。卸模时，先将上卸模架 1、下卸模架 6 插入模具相应的孔内，并放在压力机上。当压力机的活动横梁压到上卸模架 1 或下卸模架 6 时，压力通过上卸模架 1 或下卸模架 6 传递给模具，使上凸模 2 和凹模 3 分开，同时下卸模架推动推杆 7，从而推出塑件。

图 8-12(b)所示为双分型面压缩模卸模架。卸模时，先将上卸模架 1、下卸模架 6 的推杆

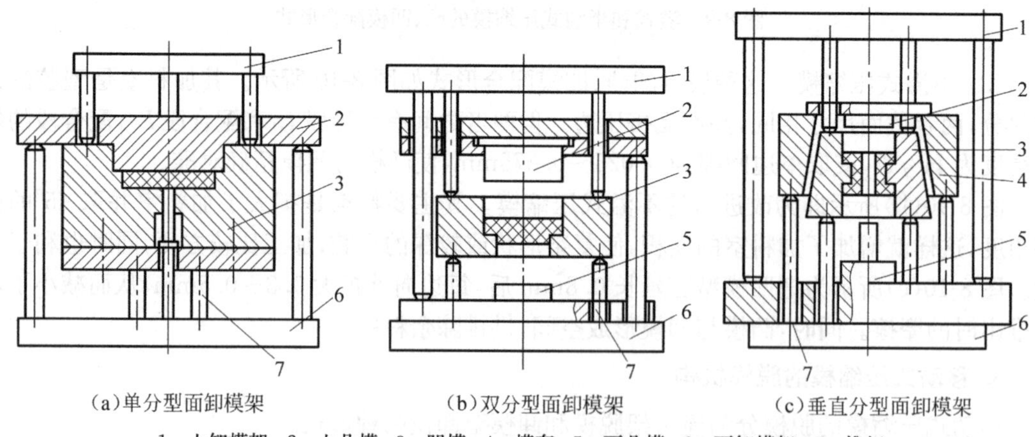

（a）单分型面卸模架　（b）双分型面卸模架　（c）垂直分型面卸模架

1—上卸模架；2—上凸模；3—凹模；4—模套；5—下凸模；6—下卸模架；7—推杆

图 8-12　压缩模卸模架

插入模具相应的孔内。当压力机的活动横梁压到上卸模架或下卸模架时，它们之上的长推杆使上凸模 2、下凸模 5 和凹模 3 分开。开模后，凹模留在上、下卸模架的短推杆之间，最后从凹模中取出塑件。

图 8-12(c)所示为垂直分型面压缩模卸模架。

课题二　塑料压注成形

【知识目标】

1. 熟悉压注成形原理及模具结构特点。
2. 熟悉压柱及浇注系统设计。

【知识学习】

压注模又称传递模或挤塑模，主要用于成形热固性塑料制品。

压注成形是将塑料加入独立于型腔的加料室内，经初步受热后，在液压机压力作用下，通过压料柱塞将塑料熔体经由浇注系统压入封闭的型腔，在型腔内迅速固化成为塑料制件的成形方法。

一、压注模的结构特点

压注模主要由加料室、成形零部件、浇注系统、导向机构和加热系统等部分组成，如图 8-13 所示。

(1) 加料室。加料室由压柱 2 和加料室 3 等组成。移动式压注模的加料腔在开模时，须从模具上取下。

(2) 成形零部件。成形零部件主要包括凸模、凹模、型芯和侧向型芯等，如图 8-13 所示压注模的成形零部件包括浇口板 4、型芯 6 和凹模 7。

(3) 浇注系统。图 8-13 所示压注模的浇注系统由浇口板 4 和凹模 7 等形成。

(4) 导向机构。该机构一般由导柱和导套组成，有时也可省去导套，直接由导柱和模板上的导向孔进行导向。在压柱和加料室之间、型腔和各部分分型面之间及推出机构中，均应设置导向机构。图 8-13 中的导柱 5 起导向作用。

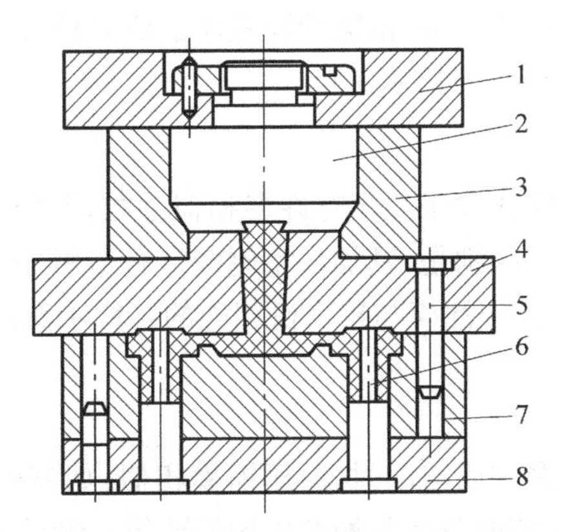

1—上模板；2—压柱；3—加料室；4—浇口板；5—导柱；6—型芯；7—凹模；8—型芯固定板

图 8-13　压注模的结构

(5) 加热系统。在固定式压注模中，应采用加热系统对压柱、加料室和上、下模部分分别加热，一般为电加热或蒸汽加热。

二、压注模的类型

目前生产中常用的压注模一般可分为料槽式压注模、柱塞式压注模和螺杆预塑式压注模3种。

1. 料槽式压注模

图8-14所示为移动式压注模，其特点是加料室（相当于料槽）和模具主体部分可独立分离。成形后，先从模具上移开加料室，并对加料室底部进行清理，同时从分型面处打开模具脱出塑件。移动式压注模适用于小型塑件的生产。其压料柱塞是一个活动零件，不需要连接到压力机的上压板。

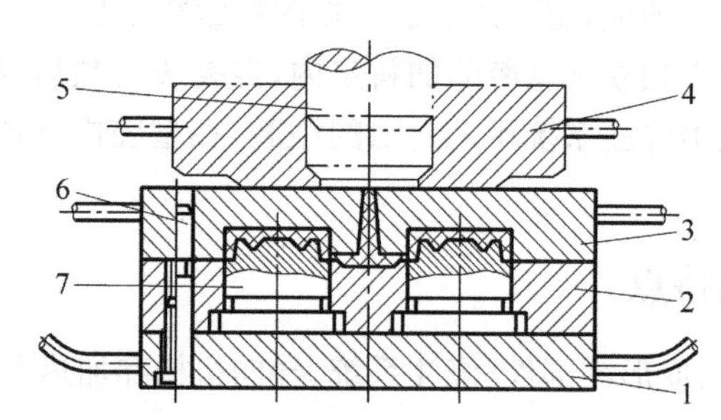

1—下模板；2—型芯固定板；3—凹模；4—加料室；5—压料柱塞；6—导柱；7—型芯

图8-14　移动式压注模

2. 柱塞式压注模

柱塞式压注模所用的液压机是专用压注成形液压机，由于锁紧模具和压注塑料由两个单独的液压缸分别完成，使模具结构与料槽式压注模有所不同。其主要特点是：

(1) 加料室不再位于模具主体部分之上，而改设在模体之中。

(2) 主浇道消失，塑料耗量减少，同时节省了清理加料室底部的时间。

(3) 对加料腔水平投影面积无严格要求。

柱塞式压注模一般为固定式结构，根据辅助液压缸所处位置不同，可分为上柱塞和下柱塞两种类型，分别如图8-15和图8-16所示。

3. 螺杆预塑式压注模

螺杆预塑式压注模与下柱塞式压注模有许多相似之处，其加料室也位于模具主体的下模部分。但与下柱塞式压注模的区别是，其加料室侧壁带有与螺杆预塑挤出机料筒相连的孔。

图8-17所示为螺杆预塑式压注模与挤出机相连的结构示意图。

三、压注模结构设计

压注模的结构设计在很多方面与注射模、压缩模相似，如型腔总体设计、分型面位置确定及合模导向机构、脱模机构和侧向分型与抽芯机构设计等。设计时可参考前面有关章节内容。这里仅介绍压注模特殊结构设计。

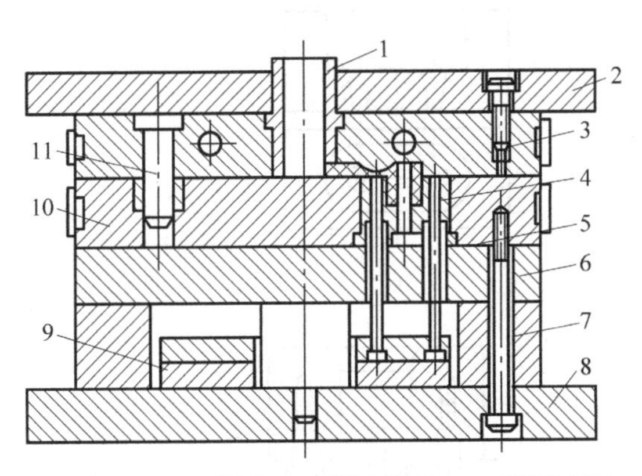

1—加料室；2—上模板；3—型腔上模板；4—型腔下模板；5—推杆；6—支承板；7—垫块；8—下模板；9—推板；10—型腔固定板；11—导柱

图 8-15　上柱塞式压注模

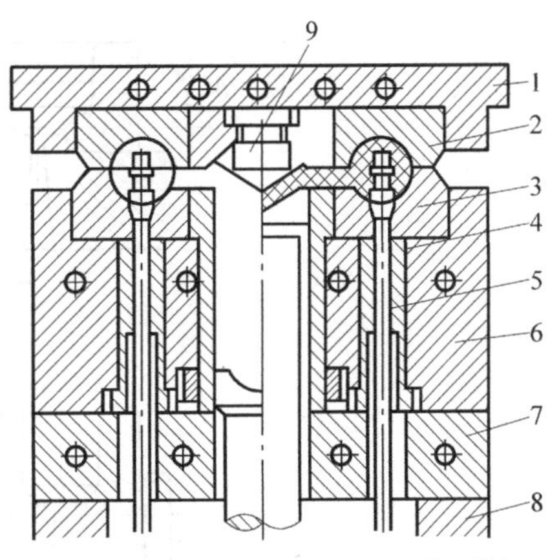

1—上模板；2—型腔上模板；3—型腔下模板；4—加料室；5—推杆；6—下模板；7—加热板；8—垫块；9—分流锥

图 8-16　下柱塞式压注模

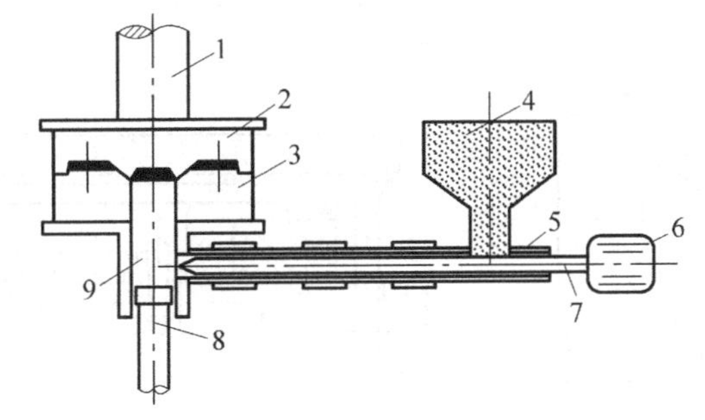

1—锁模活塞；2—上半模；3—下半槽；4—料斗；5—料筒；6—电动机；7—预塑螺杆;8—压料柱塞；9—加料室

图 8-17　螺杆预塑式压注模与挤出机相连的结构示意图

1. 加料室结构设计

压注模加料室的结构因压注模类型不同而有不同的形式。

(1) 移动式压注模的加料室。这种加料室的特点是可以与模具本体分离,并从模具上单独取下。最常见的一种为底部呈台阶状的加料室,如图 8-18 所示。

图 8-18(a)所示为单腔模所用结构,其截面为圆形,通常在加料室底部设计 40°～45°的斜角台阶。当加料室内的塑料受压时,压力也作用在台阶的环形投影面上,加料室便能紧压在模具的上模板上,避免塑料从加料室底部和上模板结合面间溢出。

图 8-18(b)所示的加料室,其截面呈长圆形,适用于加料室底部有两个或多个主流道的压注模。当加料室与上模板之间需精确定位时,可以采用挡料销(或定位销)定位。

图 8-18(c)所示为采用挡料销定位的结构,挡料销紧固在上模板上并分布在加料室外圆面的四周。图 8-18(d)所示为采用定位销定位的结构,定位销固定在加料室上,与上模板的导向孔呈间隙配合。这种形式适用于普通压力机的压注模。

(2) 固定式压注模的加料室。这种加料室与上模板连为一体,在其底部开设一个或多个流道与型腔联通,如图 8-19 所示。

图 8-19(a)所示为垂直分型面压注模加料室的结构,加料室位于瓣合模块上,通过主流道

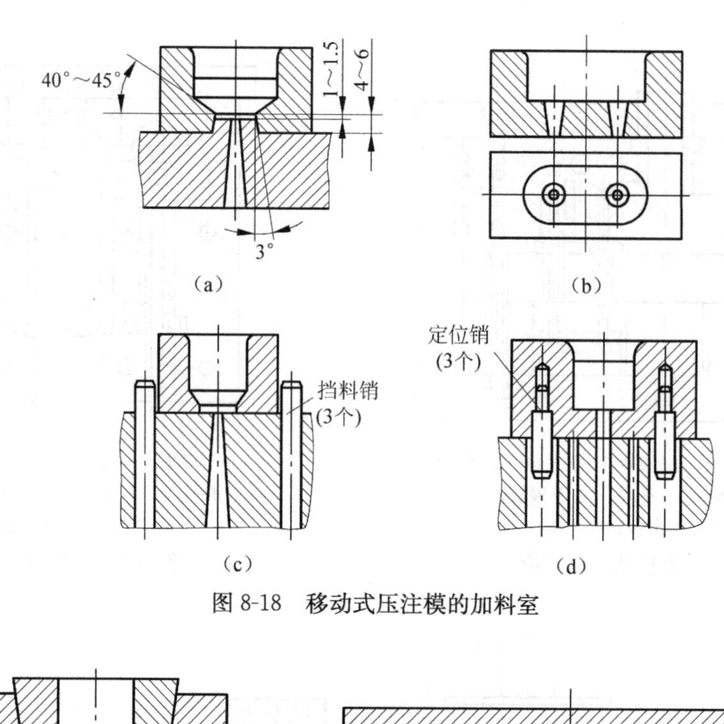

图 8-18 移动式压注模的加料室

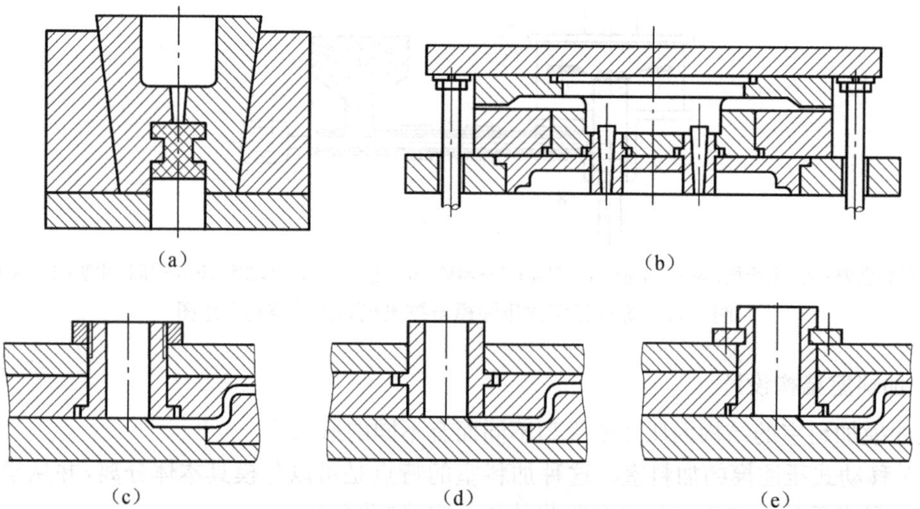

图 8-19 固定式压注模的加料室

与型腔相连，并一起装入模套中，瓣合模块与模套以锥面定位。图 8-19(b)所示为两个以下主流道的加料室结构。以上两种形式主要用于普通压力机的压注模。

专用压力机所用的压注模，其加料室结构如图 8-19(c)、(d)、(e)所示。这类加料室的特点是:浇注系统与加料室合为一体，不设主流道。上述 3 种结构在模具上的固定方式并不相同，如图 8-19(c)为螺母锁紧固定，图 8-19(d)为轴肩压板固定，图 8-19(e)为对剖半环固定。

2. 压柱结构设计

压注模的压料柱简称压柱，其作用是将加料室内的塑料经浇注系统压入型腔，典型结构如图 8-20 所示。

图 8-20(a)所示为不带凸缘的压柱结构，主要用于移动式压注模。图 8-20(b)所示为底部带凸缘的压柱结构，其承压面积大，工作平衡，可用于移动式和固定式压注模。图 8-20(c)所示

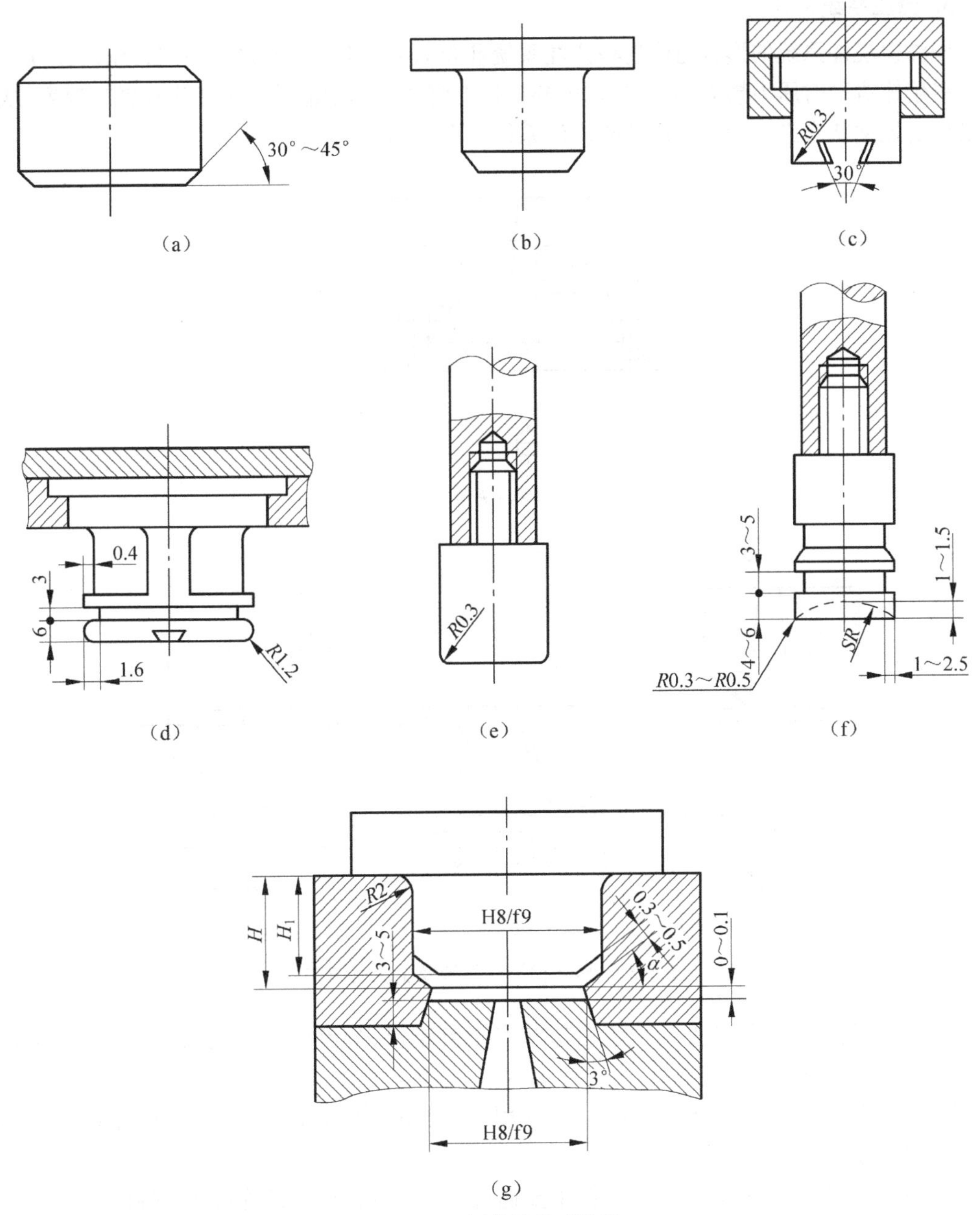

图 8-20　压柱的典型结构

为组合式结构，一般用于固定式压注模。图 8-20(d)所示为压柱上开设环槽的结构，工作时环槽中充满溢料并固化，继续使用时起到活塞环的作用，可以阻止塑料从间隙溢出。图 8-20(e)、(f)所示为柱塞式压注模的压柱结构，其一端带有螺纹，可直接拧在液压缸的活塞杆上，如图 8-20(e)所示。也可在压柱上加工出环形沟槽，以便使溢出的塑料在其中固化从而起到活塞环的作用，如图 8-20(f)所示。

压柱与加料室的配合如图 8-20(g)所示。压柱高度 H_1 应比加料室高度 H 小 0.5～1mm，底部转角处应留 0.3～0.5mm 的储料间隙。

3. 浇注系统设计

压注模浇注系统的形状与注射模浇注系统相似，但两者的要求并不相同。压注模除了要求塑料熔体流动时压力损失小，还要求塑料熔体在浇注系统中能进一步塑化和提高温度，从而以最佳的流动状态进入型腔。压注模浇注系统如图8-21(a)所示。

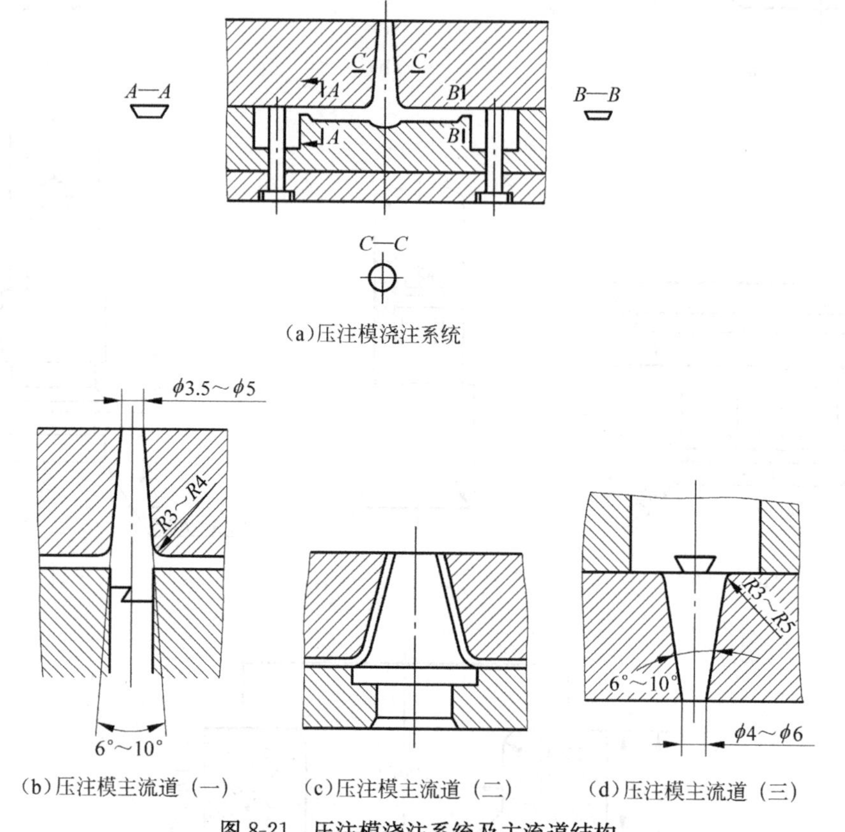

(a)压注模浇注系统

(b)压注模主流道（一） (c)压注模主流道（二） (d)压注模主流道（三）

图8-21 压注模浇注系统及主流道结构

(1) 主流道。压注模常见的主流道形状有正圆锥形、分流锥形和倒圆锥形3类，分别如图8-21(b)、(c)、(d)所示。

图8-21(b)所示为正圆锥形主流道，主要用于多腔模，其末端有一个与拉料杆共同构成的顶料腔，用来脱取主流道凝料。

图8-21(c)所示为分流锥形主流道，主要通过分流锥的作用保证物料流动性能。

图8-21(d)所示为倒圆锥形主流道，常用于单型腔或多点浇口的结构。开模时，主流道凝料与塑件在浇口处被拉断，并分别从不同分型面脱出。

(2) 分流道。由于热固性塑料流动性差，要求塑料在流动过程中压力损失小，并能进一步塑化和提高温度，从而以最佳流动状态进入型腔，因此压注模的分流道应设计得浅而宽，以达到较好的传热效果。生产中常用梯形截面的分流道，如图8-22(a)所示。

(3) 浇口。压注模常采用梯形截面的侧浇口，其尺寸如图8-22(b)、(c)所示。

(4) 排气槽。压注成形时，为排除型腔内原有空气及成形过程中产生的低分子气体，需在模具中开设排气槽。从排气槽溢出的少量塑料，有利于提高塑料熔接强度。从分型面排气槽溢出的少量塑料与塑件连在一起，可在成形后去除。

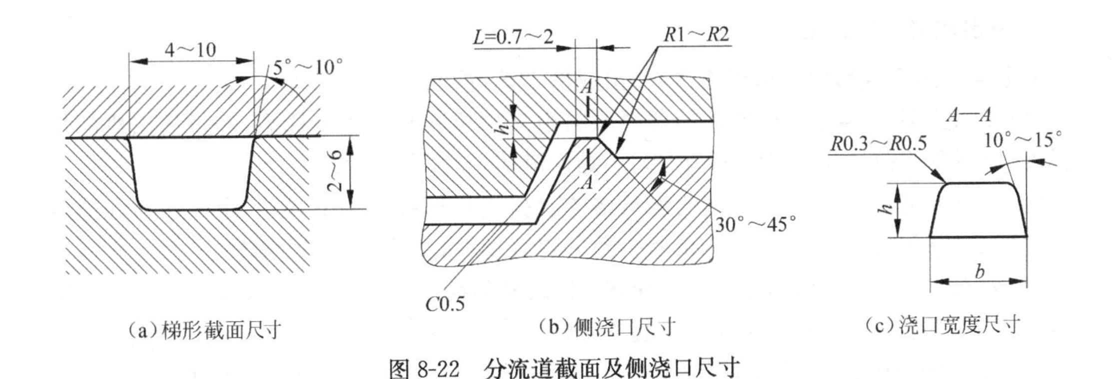

(a)梯形截面尺寸　(b)侧浇口尺寸　(c)浇口宽度尺寸

图 8-22　分流道截面及侧浇口尺寸

课题三　塑料挤出成形

【知识目标】

1. 掌握管材挤出机头的设计要点。
2. 熟悉挤出成形的特点及应用。

【知识学习】

塑料挤出成形所用的模具一般简称为挤塑模，也称为挤出成形机头。塑料挤出成形因生产过程连续、加工效率高、材料利用率高、操作简便且工艺条件容易控制，成为具有广阔发展前景的塑料成形方法。挤出成形广泛用于塑料管材、棒材、板材、薄膜及电缆包层等。

一、挤出成形原理及工艺过程

1. 挤出成形原理

挤出成形是使塑料在一定温度和压力下熔融塑化，并连续通过成形模具，形成特定截面型材的过程。挤出成形所用的设备是塑料挤出机，挤出成形机头就是挤出成形的模具。当挤出机配用不同的机头和辅机时，可以生产不同的型材。图 8-23 所示为管材的挤出成形原理示意图。首先将颗粒状或粉状的塑料加入挤出机料筒 1 内，由于旋转的螺杆作用，经过加热的塑料沿螺杆的螺旋槽向前方输送。在此过程中，塑料不断被加热，逐渐熔融成黏流态，然后在挤出系统的作用下，塑料熔料通过挤出机头口模及定径、冷却、牵引和切割等一系列辅助装置，最终获得一定截面形状的型材。

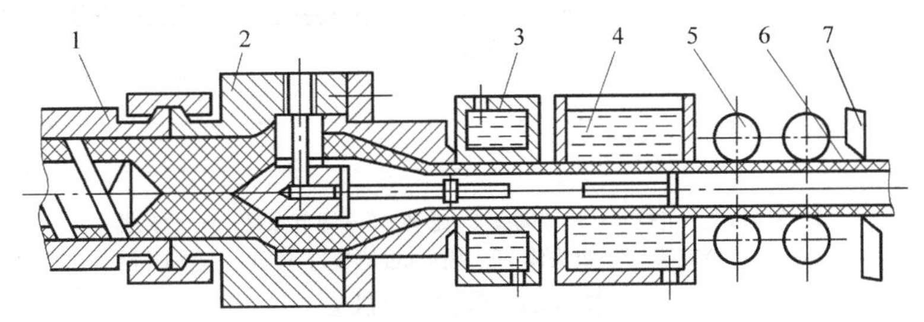

1—挤出机料筒；2—机头；3—定径装置；4—冷却装置；5—牵引装置；6—塑件；7—切割装置

图 8-23　管材的挤出成形原理示意图

2. 挤出成形工艺过程

从上面的挤出成形原理可以看出，挤出成形工艺过程分为4个阶段。

(1) 塑化阶段。经过干燥处理的塑料原料由挤出机料斗加入料筒后，经过挤出机的加热和混炼，由固态的粉料或粒料转变为均匀的黏性流体，此即塑化阶段。

(2) 挤出成形阶段。均匀塑化的塑料熔体在挤出机螺杆作用下，以一定的压力和速度连续通过挤出机头而获得与机头口模形状一致的连续型材，此即挤出成形阶段。

(3) 冷却定型阶段。通过不同的冷却方法使熔融塑料按获得的形状固定，成为所需的塑件，此即冷却定型阶段。塑件的定型由定型装置完成。冷却一般采用空气冷却或水冷却的方式。

(4) 塑件的牵引、卷取和切割。塑件从机头口模挤出后，会因压力突然解除而发生离模膨胀现象，而冷却后又会发生收缩现象，致使塑件的尺寸和形状发生改变。另外，由于塑件被连续不断地挤出，自身的质量越来越大，如果不加以引导，会造成塑件停滞，使其不能顺利挤出。因此，在冷却的同时，应连续均匀地将塑件引出，这个过程就是牵引。牵引由挤出机的牵引装置完成。通过牵引的塑件还要根据使用要求在切割装置上裁剪、切割（如板材、管材等），或在卷取装置上绕制成卷（如薄膜、电缆包层等）。

二、挤出成形模具的组成

挤出成形模具包括机头和定型模两部分。机头是使熔融塑料成形的工作部分，挤出工艺不同，塑件的截面形状不同，机头的结构就不同。

图8-24所示为管材挤出机头，它是挤出成形模具的主要部件。

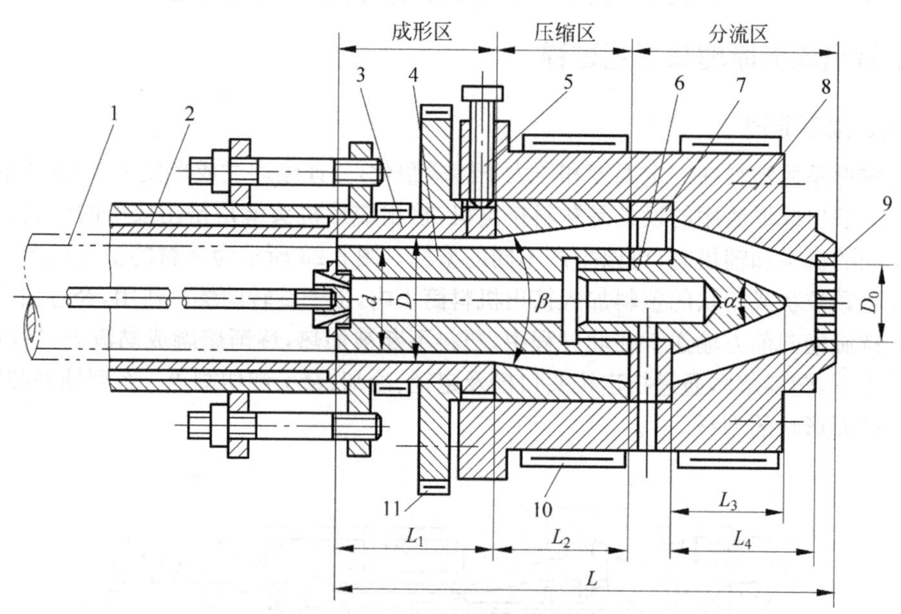

1—管材；2—定径套；3—口模；4—芯棒；5—调节螺钉；6—分流器；7—分流器支架；8—机头体；9—栅板（过滤板）；10、11—电加热圈

图8-24　管材挤出机头

1. 机头的主要作用

机头的主要作用如下：

（1）使来自挤出机的塑料熔体由螺旋运动转变为直线运动。

（2）通过几何形状与尺寸的变化，产生所需的成形压力，保证塑件的密实。

（3）当塑料熔体通过机头时，由于剪切流动，使熔体得到进一步塑化。

（4）通过机头可以成形所需形状和尺寸的连续塑件。

2. 机头的主要组成

机头主要由口模、芯棒、分流器及其支架、过滤网和过滤板、机头体、电加热圈、调节螺钉及定径套等组成。

（1）口模和芯棒。口模用于成形塑件的外表面，芯棒用于成形塑件的内表面。

（2）分流器和分流器支架。分流器又称鱼雷头（或分流梭），塑料通过分流器变成薄环状而平稳地进入成形区，得到进一步塑化和加热。分流器支架主要用于支承分流器和芯棒，同时也使塑化后的塑料熔体料流分束，以加强剪切混合作用，小型机头的分流器支架可与分流器设计成一体。

（3）过滤网和过滤板。过滤板又称多孔板，与过滤网一起将熔融塑料由螺旋运动转变为直线运动，并过滤杂质。过滤板还起到支承过滤网的作用，并且增加了塑料流动阻力，使塑件更加密实。

（4）机头体。机头体用来组装并支承机头的各零部件，使机头与挤出机相连接。

（5）电加热圈。为保证塑料熔体在机头中的正常流动及挤出质量，机头上设计有加热装置。

（6）调节螺钉。它用来调节控制成形区的口模和芯棒的间隙及同轴度，以保证挤出塑件壁厚均匀，通常调节螺钉的数目为 4～8 个。

（7）定径套。离开口模的制件虽已成形，但由于塑料温度仍较高，在自重的作用下，会产生变形，因此设置定径套，以对其进行冷却定型，从而获得良好的表面质量、准确的尺寸和几何形状。

三、管材挤出机头的设计

由于管材挤出机头在机头中具有代表性，掌握管材挤出机头的设计方法，对其他机头也可以通用。因此，这里以管材挤出机头设计为例，说明挤出机头的设计过程。

管材挤出机头的设计，主要是确定机头内口模、芯棒、分流器和分流器支架的形状及尺寸。在设计管材挤出机头时，需要一些已知条件，如挤出机的出口直径，塑料制品的内径、外径，以及制品所用的材料等。

1. 口模

口模是用于成形管材外表面的成形零件。如图 8-24 所示，口模的主要尺寸为口模的内径和定型段长度。

（1）口模内径 D。口模的内径尺寸不等于管材的外径尺寸。这是因为挤出的管材在脱离口模后，由于压力突然降低，导致管径增大，此即巴鲁斯效应。另外，也可能由于牵引和冷却收缩而使管径变小。内径 D 的大小可根据经验公式确定，也可通过调节口模和芯棒间的环隙达到合理值。经验公式为

$$D=\frac{D_{\text{管}}}{K} \tag{8-1}$$

式中，$D_{管}$——口模内径(mm)；

D——管材外径(mm)；

K——补偿系数，取值见表8-1。

表8-1 补偿系数K

塑料品种	内径定径	外径定径
聚氯乙烯(PVC)	—	0.95～1.05
聚酰胺(PA)	1.05～1.10	—
聚乙烯(PE)、聚丙烯(PP)	1.20～1.30	0.90～1.05

(2) 口模定型段长度L_1。口模和芯棒的平直部分长度称为定型段长度，如图8-24所示的L_1。定型段长度不宜过长或过短。过长则使料流阻力增加很多；过短则无法定型。口模定型段长度L_1，可按下述经验公式计算：

$$L_1 = (0.5 \sim 3)D_{管} \tag{8-2}$$

一般情况下，当管材直径较大时，定型段长度取$0.5D_{管}$；反之，则取$3D_{管}$。

按管材壁厚计算：

$$D_1 = nt \tag{8-3}$$

式中，t——管材壁厚(mm)；

n——系数，取值见表8-2。

表8-2 口模定型段长度与管材壁厚关系系数

塑料品种	硬聚氯乙烯(HPVC)	软聚氯乙烯(SPVC)	聚酰胺(PA)	聚乙烯(PE)	聚丙烯(PP)
系数n	18～33	15～25	13～23	14～22	14～22

2. 芯棒

芯棒是管材内表面的成形零件，芯棒与分流器之间一般为螺纹联接，如图8-24所示。芯棒的结构应利于物料流动，并且容易制造。芯棒的主要尺寸包括芯棒外径、压缩段长度和压缩角。

(1) 芯棒外径。芯棒外径由管材的内径决定，但由于离模膨胀和冷却收缩效应，芯棒的外径尺寸并不等于管材的内径尺寸。芯棒外径可按下述经验公式计算：

$$d = D \sim 2\delta \tag{8-4}$$

式中，d——芯棒外径(mm)；

D——口模内径(mm)；

δ——口模与芯棒的单边间隙(mm)，$\delta=(0.83\sim0.94)t$。

(2) 定型段长度。芯棒定型段长度等于或略大于口模的定型段长度L_1。

(3) 压缩段长度L_2。压缩段长度L_2可按下述经验公式计算：

$$L_2 = (1.5 \sim 2.5)D \tag{8-5}$$

式中，D——口模内径(mm)。

(4) 芯棒收缩角β。芯棒收缩角β(图8-24)由物料流动特性决定。对于低黏度塑料，$\beta=45°\sim60°$；对于高黏度塑料，$\beta=30°\sim50°$。并且扩张角$\alpha>$收缩角β。

3. 分流器和分流器支架

分流器是挤出机头的重要组成部分，熔体经多孔板、分流器初步形成管状。但分流器受到很大的流体压力，须有强力的支承—分流器支架。图8-25所示为分流器和分流器支架的结构，大型挤出机的分流器中还设置加热装置。

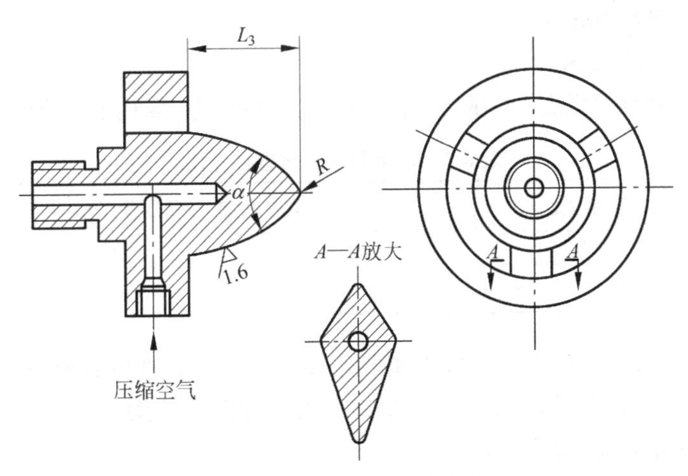

图 8-25　分流器和分流器支架的结构

(1) 分流器的扩张角 α。α 过大时料流的流动阻力大，熔体易过热分解；α 过小时不利于机头对其内部的塑料熔体均匀加热，机头体积也会增大。α 的选取原则：对于低黏度塑料，$\alpha=45°\sim80°$；对于高黏度塑料，$\alpha=30°\sim60°$。

(2) 分流器长度 L_3。其计算公式为

$$L_3=(1\sim1.5)D \tag{8-6}$$

式中，D——螺杆直径(mm)。

(3) 分流器尖角处圆弧半径 R。R 不宜过大，否则熔体容易在此处发生滞留。一般 $R=0.5\sim2$mm。

(4) 分流器表面粗糙度 Ra。其值一般为 $Ra=0.4\sim0.2\mu$m。

(5) 多孔板(栅板)与分流器锥顶间隔。分流锥与多孔板(栅板)之间的空腔具有汇集和稳定料流的作用，因此其顶尖与多孔板端面距离不宜过小，一般取 10～20mm，或等于螺杆直径的 1/10～1/5。

(6) 分流器形式及分流肋个数。分流器和分流器支架通常制成一体，再通过螺纹将分流器和口模组合在一起。小型机头中也有将口模与分流器制成整体的。支架上的分流肋断面应做成流线型，在满足强度要求的条件下，其宽度和长度应尽可能小些，以减小阻力。出料端角度应小于进料端角度。分流肋个数尽可能少，以免产生过多的熔接痕。

通常，分流肋的数量是：小型机头 3 根，中型机头 4 根，大型机头 6～8 根。

4. 拉伸比和压缩比

拉伸比和压缩比是与口模和芯棒尺寸相关的工艺参数，一般根据拉伸比和管材断面尺寸确定口模环隙截面尺寸。

(1) 拉伸比 I。管材的拉伸比是口模和芯棒的环隙面积与管材成形后的截面积之比。其计算公式如下：

$$I=\frac{D^2-d^2}{D_{管}^2-d_{管}^2} \tag{8-7}$$

式中，I——拉伸比；

D——口模内径(mm)；

d——芯棒外径(mm)；

$D_{管}$——管材外径(mm)；

$d_{管}$——管材内径(mm)。

拉伸比较大时，可明显提高管材的力学性能，并能提高产量。常用塑料的挤管拉伸比见表8-3。

表 8-3 常用塑料的挤管拉伸比

塑料品种	硬聚氯乙烯（HPVC）	软聚氯乙烯（SPVC）	聚酰胺(PA)	高压聚乙烯（PE）	低压聚乙烯（PE）	ABS	聚碳酸酯（PC）
拉深比	1.00～1.08	1.10～1.35	0.90～1.05	1.20～1.50	1.10～1.20	1.00～1.10	0.90～1.05

(2) 压缩比ε。管材的压缩比是机头和多孔板连接处最大进料截面积与口模和芯棒的环隙截面积之比，它反映塑料熔体的压实程度。一般可按以下原则选取：对于低黏度塑料，ε=4～10；对于高黏度塑料，ε=2.5～6.0。

四、管材定型模的设计

当管材被挤出口模时，它仍具有相当高的温度，但没有足够的强度和刚度来承受自重和变形。为了使管材获得良好的表面粗糙度、准确的尺寸和几何形状，管材离开口模时，必须立即进行定径和冷却。管材的定径和冷却由定型模完成。经过定型套定径和初步冷却的管子进入水槽继续冷却，待其离开水槽时已经完全定型。

管材的定型一般有外径定径和内径定径两种方法。

1. 外径定径

外径定径，即定型模控制管材的外径尺寸及圆度，借助压缩空气作用使半熔体的管坯紧贴于定型模的内径冷却定型。如果管材外径尺寸精度高，则使用外径定径。外径定径分为内压法和真空法两种。

(1) 内压法外径定径。如图8-26所示，在管材内通入一定压力的压缩空气(预热，0.02～0.1MPa)，为保持管内压力，可用浮塞堵住，防止漏气，浮塞用绳索系于芯模上。定径套的内径和长度一般根据经验确定，具体尺寸见表8-4。

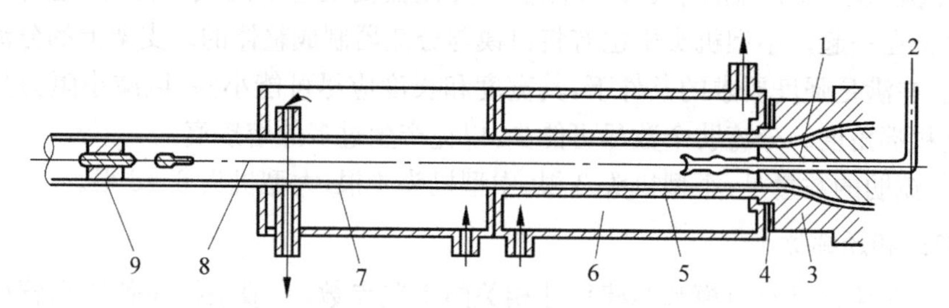

1—芯模；2—气道；3—机头体；4—绝热垫圈；5—定型模；6—冷却水；7—管材；8—绳索；9—浮塞

图 8-26 内压法外径定径

表 8-4 内压法外径定径的定径套尺寸

管材材料	定径套的内径/mm	定径套的长度/mm
聚氯乙烯	(1.00～1.02)D	10D
聚乙烯、聚丙烯	(1.02～1.04)D	10D

注：D为管材的公称直径。

① 当管材直径 $D>40$mm 时，定径套的长度 $L<10D$，定径套的内径 $d>(1.008\sim1.012)D$。

② 当管材直径 $D>100$mm 时，定径套的长度 $L=(3\sim5)D$，定径套的内径 d 不得小于口模内径。

(2) 真空法外径定径。如图 8-27 所示，定径套内壁上留有很多小孔，用于在软性管材外壁和定径套内壁之间抽取真空，借助真空吸附力使管材外壁紧贴定径套内壁冷却定型。这种方法的定径装置比较简单，但需要抽真空设备，常用于生产小口径管材。

真空定径套与机头口模不能连在一起，应有 20～100mm 的距离，以使口模中挤出的管材先行离模膨胀并经过一定程度的空冷收缩，然后进入定径套中冷却定型。

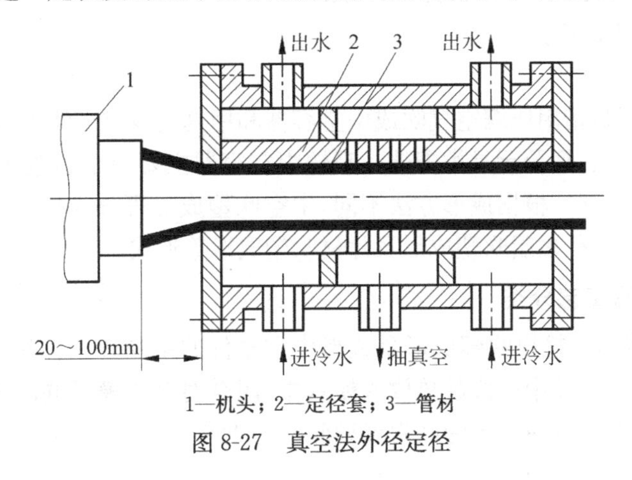

1—机头；2—定径套；3—管材

图 8-27 真空法外径定径

定径套内的真空度一般为 53～66kPa。真空孔径与塑料黏度和管材壁厚有关，一般在 $\phi0.6\sim\phi1.2$mm 的范围内选取。塑料黏度大或管壁厚，取大值；反之，则取小值。

2. 内径定径

内径定径是定型模控制管材的内径尺寸及圆度，使仍呈半熔体的塑料管坯包紧定型模，控制管材的内径冷却硬化的一种定径方法。这种方法适用于旁侧式机头或直角挤管机头。内径定径装置如图 8-28 所示，定径芯模与挤管芯模相连，在定径芯模内通入冷却水。管坯通过定径芯模后，便可获得内径尺寸准确、圆柱度较好的塑料管材。因为管材的标准化系列多以外径为准，所以这种方法应用较少。

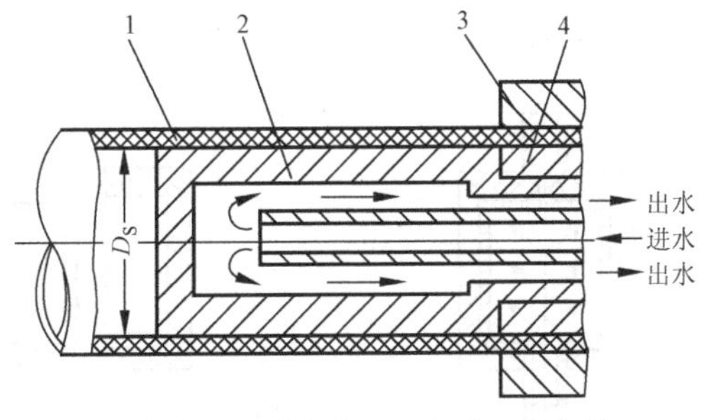

1—管材；2—定径套；3—机头；4—芯棒

图 8-28 内径定径装置

内径定径的定型模沿其长度方向应带有一定的锥度，一般在 0.6∶100～1.0∶100 的范围内选取。定型模的长度根据管材壁厚和牵引速度而定，一般取80～300mm。牵引速度较大或管材壁较厚时，取大值；反之，则取小值。定型模外径应比管材内径大2%～4%，管材定型后的收缩波动也在此范围内得到补偿。另外，通过一段时间的磨损也能保证管材内径的尺寸公差，延长定型模的寿命。

课题四　中空吹塑成形模具

【知识目标】

1. 熟悉中空吹塑成形原理及模具结构特点。
2. 熟悉吹塑模具设计。

【知识学习】

塑料的中空成形是指用压缩空气吹成中空容器和用真空吸成壳体容器。吹塑中空容器主要用于制造薄壁塑料瓶、桶及玩具类塑件。吸塑中空容器主要用于制造薄壁塑料包装用品及杯、碗等一次性使用容器。根据成形方法不同，中空吹塑成形可分为挤出吹塑成形、注射吹塑成形、注射拉伸吹塑成形、多层吹塑成形及片材吹塑成形等形式。

1. 中空吹塑成形工艺分类

(1) 挤出吹塑成形。挤出吹塑成形是成形中空塑件的主要方法。其成形过程是：①挤出机挤出管状型坯；②截取其中一段趁热放入模具中，闭合对开式模具同时夹紧型坯上下两端；③向型腔内通入压缩空气，使型坯膨胀附着型腔壁而成形，并保压；④经冷却定型，排除压缩空气并开模取件，如图8-29所示。

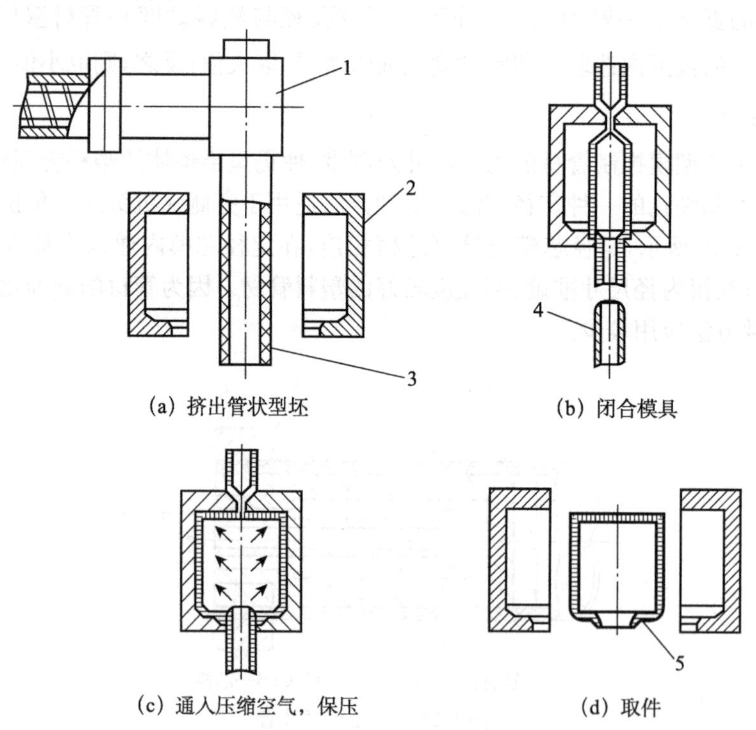

(a) 挤出管状型坯　(b) 闭合模具

(c) 通入压缩空气，保压　(d) 取件

1—挤出机头；2—吹塑模；3—管状型坯；4—压缩空气吹管；5—塑件

图8-29　挤出吹塑成形过程

(2) 注射吹塑成形。注射吹塑成形是用注射机在注射模中制成型坯，再把热型坯移入中空吹塑模具中进行中空吹塑的成形方法。经过注射吹塑成形的塑件具有以下优点：壁厚均匀，无飞边，不需要后加工；并且由于注射型坯有底，故其底部没有拼和缝；强度高，生产效率高。其缺点是设备与模具的价格昂贵。这种方法多用于小型塑件的大批量生产，其成形过程如图 8-30 所示。

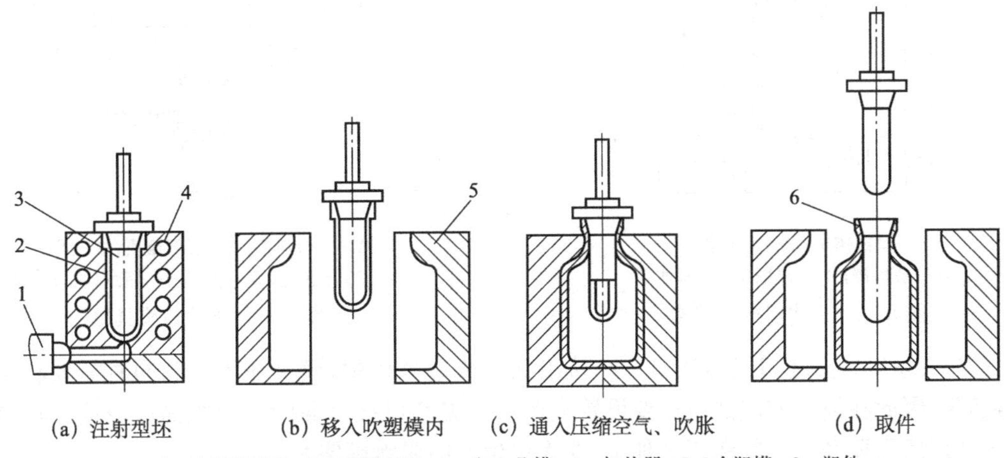

1—注塑机喷嘴；2—注塑型坯；3—空心凸模；4—加热器；5—吹塑模；6—塑件

图 8-30　注射吹塑成形过程

(3) 注射拉伸吹塑成形。注射拉伸吹塑成形与注射吹塑成形相比，增加了延伸工序。其成形过程是：①注射一空心有底的型坯；②型坯移至拉伸和吹塑工位，进行拉伸；③吹塑成形，保压；④冷却后开模取出塑件，如图 8-31 所示。

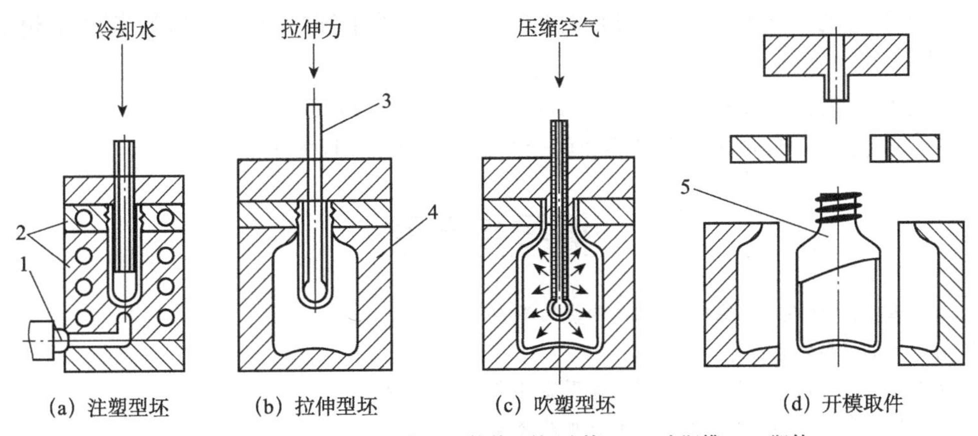

1—注塑机喷嘴；2—注塑模；3—拉伸芯棒(吹管)；4—吹塑模；5—塑件

图 8-31　注射拉伸吹塑成形过程

2. 吹塑模具设计

图 8-32 和图 8-33 所示分别为上、下吹口模具结构，其设计要点如下：

(1) 模口。模口位于瓶颈板上，既吹管的入口，也是塑件的瓶口，吹塑后对瓶口尺寸进行校正和切除余料。口部内径由装在吹管外面的校正芯棒，通过模口的截断部分同时进行校正和截断。

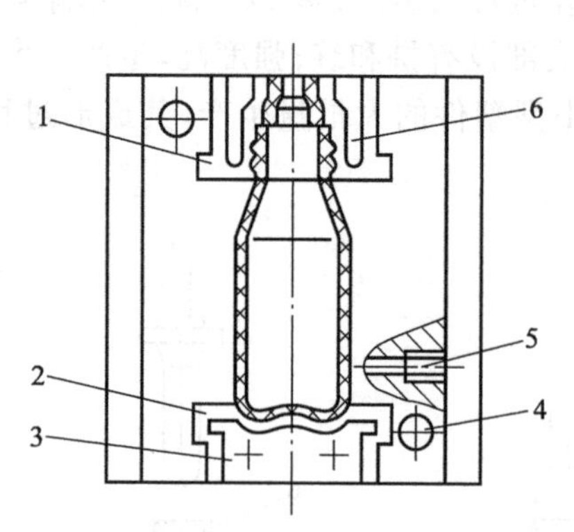

1—口部镶块；2—底部镶块；
3,6—余料槽；4—导柱；5—冷却水道

图 8-32　上吹口模具结构

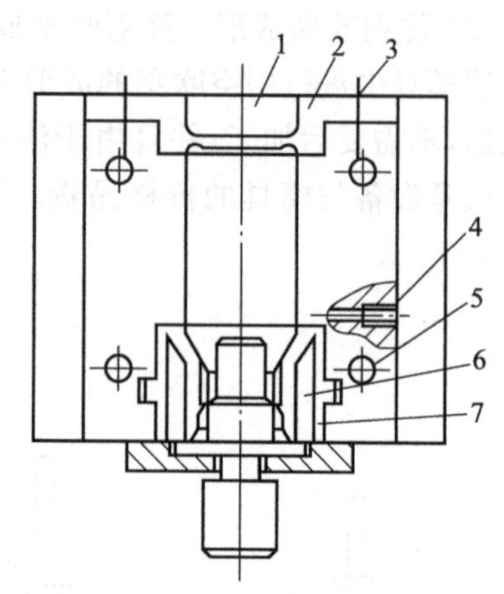

1,6—余料槽；2—底部镶块；3—螺钉；
4—冷却水道；5—导柱；7—瓶颈(吹口)镶块

图 8-33　下吹口模具结构

(2) 夹坯口。夹坯口又称切口。在挤出吹塑成形过程中，模具在闭合的同时需要将型口余料切除，因此在模具相应部位需要设置夹坯口。夹坯口接合面的表面粗糙度值应尽可能减小，热处理后需要经过磨削和研磨加工，在大量生产中应镀硬铬抛光。

(3) 余料槽。型坯在刃口的切断作用下，会被切除多余的塑料，而这些塑料将留在余料槽内。余料槽通常设在切口的两侧，其大小应根据型坯夹持后余料的宽度和厚度确定，须以模具能严密闭合为准。

(4) 排气孔(槽)。模具闭合后，型腔呈封闭状态，应考虑型坯吹胀时，模具内原有空气的排出问题。排气不良会使塑件表面出现斑纹、麻坑和成形不完全等缺陷。因此，吹塑模还应考虑设置一定数量的排气孔(槽)，一般开设在模具的分型面上和"死角部位"(如多面角部位或圆瓶的肩部)。

(5) 冷却。吹塑模具的温度一般控制在 20～50℃，冷却要求均匀。

(6) 锁模力。锁模力的大小应能使两个半模闭合严密，且大于胀模力。

练习与思考

1. 简述压缩、压注成形的原理，并比较两者的不同之处。
2. 简述挤出成形的原理和工艺过程。
3. 挤出成形时为何要设置牵引装置？牵引速度应如何控制？
4. 挤出机头由哪几部分组成？各自的作用是什么？
5. 管材挤出成形机头有哪些类型？各有何特点？
6. 简述中空吹塑成形原理及模具结构特点。
7. 简述吹塑模具设计参数。

模块九　模具制造技术

在一定的制造装备和制造工艺条件下，直接对模具零件材料(一般为金属材料)进行加工，以改变其形状、尺寸、相对位置和性质，使之成为符合要求的零件，并将这些零件进行配合、定位、连接及固定而形成模具的过程，称为模具制造。

课题一　模具制造工艺

【知识目标】

1. 了解模具制造工艺过程，熟悉各阶段的主要任务。
2. 熟悉模具制造特点。
3. 了解模具制造工艺规程制定原则；熟悉工艺规程编制的基本步骤。

【技能目标】

能够制定模具主要零件的加工工艺规程。

【知识学习】

一、模具技术要求

模具作为现代工业生产的重要工艺装备，与其他机械产品相比，它在设计、制造及使用过程中有特殊的要求，具体表现在以下方面：

(1) 模具零件应具有较高的强度、刚度、耐磨性、耐冲击性、淬透性和较好的切削加工性。由于模具零件，特别是凸模和凹模都是在强压、高温及连续使用和很大冲击的情况下工作的，故要求模具零件在工作过程中应不变形、不磨损，并能保证一定的使用寿命，因而模具零件应选用质量较好、可以保证耐用度的材料。

(2) 模具零件的形状、尺寸精度要求高，表面粗糙度数值要求低。模具零件的形状和精度直接决定成形件的形状和精度。冲模的凸模垂直度公差等级、模架形位公差等级及模具精度分级指标分别见表 9-1、表 9-2 和表 9-3。一般来说，模具成形表面粗糙度 $Ra<0.2\mu m$，连接表面粗糙度 $Ra<0.8\mu m$。

表 9-1　凸模垂直度公差等级

间隙值/mm	垂直度公差等级	
	单　凸　模	多　凸　模
薄料、无间隙(≤0.02)	5	6
>0.02～0.06	6	7
>0.06	7	8

表 9-2　模架形位公差等级

检测项目	被测尺寸/mm	模架精度等级	
		0Ⅰ级、Ⅰ级	0Ⅱ级、Ⅱ级
		公差等级	
上模座上平面对下模座下平面的平行度	≤400	5	6
	>400	6	7
导柱轴心线对下模座下平面的垂直度	≤400	4	5
	>400	5	6

表 9-3　模具精度分级指标

检测项目	主尺寸/mm		精度分级		
			Ⅰ	Ⅱ	Ⅲ
			公差等级		
定模座板上平面对动模座板下平面的平行度	周界	≤400	5	6	7
		>400～900	6	7	8
模板导柱孔的垂直度	厚度	≤200	4	5	6

模具零件的标准化直接影响模具的制造周期、制造成本及制造质量。模具标准化程度的提高，意味着模具的制造周期可以缩短、成本下降及互换性好。一般来说，模具中的许多标准件（如模架、推杆及浇口套等）都是由专业厂商按标准生产的，并且随着模具制造技术的发展，越来越多的模具零件采用标准化生产。

二、模具制造工艺过程

模具制造工艺过程指通过一定的加工工艺和工艺管理对模具进行加工、装配的过程。

模具制造工艺过程包括5个阶段：技术准备，备料，零、组件加工，装配，以及试模鉴定，如图9-1所示。

(1) 技术准备。该阶段主要完成模具产品投入生产前的各项生产和技术准备工作，具体包括模具产品的试验研究设计、工艺设计和专用工艺装备的设计与制造、各种生产资料的准备、材料定额和加工工时定额制定、模具成本估算及生产组织等方面。

(2) 备料。该阶段主要确定模具零件毛坯的种类、形式、大小及有关技术要求。

(3) 零、组件加工。该阶段涉及诸如模具的机械加工、特种加工、焊接、热处理和其他表面处理等工作。

(4) 装配。该阶段包括组件装配、总装及试模等。

(5) 试模鉴定。该阶段主要对模具设计及制造质量进行合理性与正确性的评估，以评价模具能否达到预期的功能要求。

由上述过程不难看出，模具产品的生产过程是相当复杂的。为了便于组织生产和提高劳动生产率，现代模具工业的发展趋势是自动化、专业化生产，以使各工厂的生产过程变得简单，有利于保证质量、提高效率和降低成本。

三、模具制造特点

由于模具制造难度较大，与一般机械制造相比，其有许多特殊性。

(1) 模具零件形状复杂，加工要求高。模具的工作部分通常都有二维或三维的复杂曲面，因此，模具加工除采用一般的机械加工方法外，也采用特种加工、数控加工、CAD/CAM 及快速成形等现代加工方法。

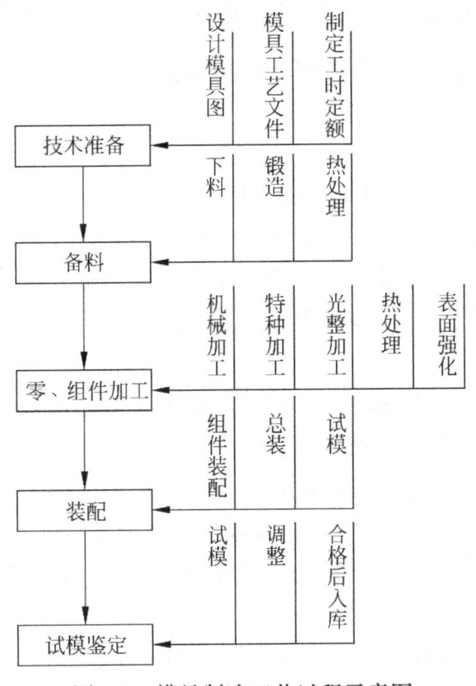

图 9-1　模具制造工艺过程示意图

(2) 模具零件加工过程复杂，加工周期长。模具零件加工包括毛坯下料、锻造、粗加工、半精加工及精加工等工序，其间还需要热处理、检验等工序配合。同时，每个零件加工需要多台机床、多个工人、多个车间甚至多个工厂协作完成。

(3) 模具零件加工属于单件小批量生产。通常，生产一个制品，一般只需要一、二副模具，因而模具制造一般都是单件生产。因此，就其工艺过程而言，应具备以下特点：

① 不用或少用专用工具，而尽量采用通用工具、夹具。

② 原则上采用通用刀具，尽可能避免使用非标准刀具。但根据模具的特点有时也会使用专用刀具，如加长的立铣刀、加长的钻头和特殊的成形刀具。

③ 尽可能采用通用的量具检验。但根据模具的特点，在模具制造过程中，也常用一些诸如样板之类的专用量具。

④ 模具加工大都使用通用机床，而很少使用专用机床。加工时多采用工序集中原则，即尽可能在少的机床上用增加附件的办法组织生产。

(4) 模具加工精度高。模具的加工精度要求主要体现在两方面：一是模具零件本身的加工精度要求高；二是相互关联的零件的配合精度要求高。当模具加工时，常采用配合加工方法来降低模具的加工难度，即加工时，某些零件的基本尺寸允许稍大或稍小，但与其相配的零件则必须相应调整，这样既能保证模具的质量，又可避免不必要的零件报废。

(5) 模具零件需要反复修配、调整。模具在试模后，根据试模情况，需要重新调整其形状及尺寸。例如弯曲模由于回弹而修整间隙，塑料模浇注系统需要调整等。为了方便模具零件的修配、调整，在加工过程中，有时将热处理、表面处理等工序放在零件加工的最后，即试模后进行。

(6) 考虑模具在工作过程中的磨损及热胀冷缩的影响，在模具零件加工中经常有意识地控制模具零件的取值方向。例如冲裁模中，凸模的尺寸大于工件孔的名义尺寸；塑料模中，型腔的尺寸略大于塑件的名义尺寸等，从而保证模具的工作要求，延长使用寿命。

四、模具制造工作内容及工艺规程的编制

1. 模具制造工作内容

与其他机械加工工艺一样，模具制造的工作内容包括：

(1) 编制工艺文件。模具工艺文件主要包括模具零件加工工艺规程、模具装配工艺要点或工艺规程、原材料清单、外购件清单和外协清单等。模具工艺技术人员应在充分理解模具结构、工件原理和要求的情况下，结合现有设备条件、生产和技术状态等条件编制模具零件加工和装配等工艺文件。

(2) 二类工具的设计和工艺编制。二类工具指加工和装配模具时所用的各种专用工具，一般由模具工艺技术人员负责设计和编制工艺(特殊部分由专业技术人员完成)。二类工具的质量和效率对模具质量和生产进度具有重要影响。二类工具在客观允许的条件下可以利用通用工具进行改制，但应将其数量和成本降至客观允许的最小强度。

经常设计的二类工具包括非标准的铰刀、型面检验样板、非标准量规、仿形加工用靠模、电火花成形加工电极及型面检验放大图等。

(3) 处理加工现场技术问题。在模具零件加工和装配过程中，处理技术、质量和生产管理等问题是模具工艺技术人员的主要工作之一，如解释工艺文件和进行技术指导、调整加工方案和方法，以及处理尺寸超差和代料等。在处理加工现场技术问题时，既要保证质量又要保证生产进度。

(4) 各种模具在装配后的试冲和试压。作为模具生产的重要环节，模具工艺技术人员和其他有关人员通过试冲和试压来分析技术问题和提出解决方案，并对模具的最终技术质量状态做出正确结论。

2. 模具制造工艺规程的编制

(1) 工艺规程的概念。规定产品或零件制造工艺过程和操作方法等的工艺文件称为工艺规程。机械加工工艺规程一般应规定工序的加工内容、检验方法、切削用量、时间定额及所采用的机床和工艺装备等。编制工艺规程是生产准备工作的重要内容之一。合理的工艺规程对保证产品质量、提高劳动效率、降低原材料和动力消耗，以及改善工人的劳动条件等具有十分重要的意义。

(2) 工艺规程的作用。工艺规程是在总结实践经验的基础上，依据科学的理论和必要的工艺试验而制定的，它反映了加工中的客观规律。其在生产过程中的作用包括下述3方面。

① 工艺规程是用于指导生产的重要技术文件。合理的工艺规程是在总结广大工人和技术人员长期实践经验的基础上，结合工厂具体生产条件，根据工艺理论和必要的工艺试验而制定的。按照工艺规程进行生产，可以保证产品的质量和较高的生产效率及经济性。经批准生效的工艺规程在生产中应得到严格执行，否则会使产品质量下降、生产效率降低。但是，工艺规程也不应是固定不变的，工艺技术人员应注意及时总结广大工人的创新经验，并吸收国内外先进工艺技术，以对现行工艺规程进行改进和完善，使其能更好地指导生产。

② 工艺规程是生产组织和生产管理工作的基本依据。有了工艺规程，在产品投产前，就

可以进行以下工作：原材料、毛坯的准备和供应；机床设备的准备和负荷调整，专用工艺装备的设计和制造；生产作业计划的编制；组织劳动力及核算生产成本等，以使整个生产按计划进行。

③ 工艺规程是新建或扩建工厂或车间的基本资料。在新建或扩建工厂或车间的工作中，根据产品零件的工艺规程及其他资料，可以统计出所建车间应配备机床设备的种类和数量，计算出车间所需面积和各类人员数量，并确定车间的平面布置和厂房基建的具体要求，从而提出有根据的筹建或扩建计划。

(3) 工艺规程的制定原则。工艺规程的基本制定原则是：在一定的生产条件下编制的工艺规程能够保证以最低的生产成本和最高的生产效率，可靠地加工出符合设计图样要求及技术要求的产品零件。一个合理的工艺规程应体现以下几方面的基本要求：

① 产品质量的可靠性。工艺规程应充分考虑和采取一切确保产品质量的必要措施，以期能全面、可靠、稳定地达到设计图样所要求的精度、表面质量和其他技术要求。

② 工艺技术的先进性。工艺规程的先进性是指在工厂现有条件下，除了采用本厂成熟的工艺方法，还应尽可能地吸收适合本厂情况的国内外先进工艺技术和工艺装备，以提高工艺技术水平。

③ 经济性。在一定生产条件下，可能会出现几个均能保证工件技术要求的工艺方案。此时应对其进行全面考虑，并通过相关核算或评比来选择经济上最合理的方案，以使劳动量、物资和能力消耗最少，从而使企业获得良好的经济效益。

④ 良好的劳动条件。制定的工艺规程必须保证工人具有良好而安全的劳动条件。应尽可能采用机械化或自动化的途径，以减轻部分体力劳动。

(4) 模具制造工艺规程编制的步骤。模具制造工艺规程编制的步骤主要如下：

① 模具工艺性分析。认真研究模具的装配图和零件图，在充分理解模具结构、用途、工作原理和技术条件的基础上，分析模具材料及零件形状、尺寸和精度要求等工艺性是否合理，找出加工难点，提出合理加工方案和技术保证措施。若有问题，应与有关设计人员共同研究，并按规定的手续对图样进行修改或补充。

② 确定毛坯形式。在确定毛坯时，应熟悉工厂毛坯车间(或专业毛坯厂)的技术水平和生产能力及各种钢材、型材的品种规格。根据零件的材料类别及其作用和要求等确定哪些零件属于自制件、外购件和外协件，并分别填写外购件清单和外协件清单。对于自制件应根据产品零件图和加工工艺要求(如定位、夹紧、加工余量和结构工艺性)，确定毛坯形式、技术要求及制造方法，并填写自制件毛坯备料清单。

③ 拟定工艺路线。工艺路线指产品或零部件在生产过程中，从毛坯准备到成品包装入库所经历的企业相关部门或工序的先后顺序。拟定工艺线路是制定工艺规程十分关键的一步，需要提出几种不同的方案进行分析对比，从而获得一个最佳工艺路线。

④ 确定各工序的加工余量，计算工序尺寸及其公差。

⑤ 选择各工序使用的机床设备及刀具、夹具、量具和辅助工具。

⑥ 确定切削用量及时间定额。

⑦ 填写工艺文件。

生产中常见的工艺文件格式包括机械加工工艺过程卡片、机械加工工艺卡片及机械加工工序卡片，它们分别适用于不同生产情况。模具工艺文件的填写，应做到文字简洁、内容明确且符合工厂用语。对于关键工序的技术要求和保证措施、检验方法应做出必要的说明，并根据需要绘制工序加工简图。

课题二　模具零件毛坯选择

【知识目标】

1. 了解模具零件毛坯的主要形式。

2. 掌握毛坯形式的确定原则。

【技能目标】

学会选择模具毛坯的种类。

【知识学习】

一、模具零件的毛坯

毛坯是根据零件(或产品)要求的形状、工艺尺寸等所制成的供进一步加工使用的生产对象。模具零件毛坯的形状和特征，不仅影响毛坯制造的工艺、设备及费用，在很大程度上也决定了模具制造过程中工序的数量，并对零件材料的利用率、机械加工工艺方法及难易程度、劳动量消耗和加工成本等具有重要影响。因此，毛坯的正确选择具有重要的技术经济意义。

在毛坯选择中，首先应考虑毛坯的形式，在决定毛坯形式时主要考虑以下方面：

(1) 模具材料的类别。模具设计中规定的模具材料类别可以确定毛坯形式。例如，精密冲裁模的上、下模座多为铸钢材料，大型覆盖件拉深模的凸、凹模和压边圈零件为合金铸铁时，此类零件的毛坯形式必然为铸件；又如非标准模架的上、下模座材料多为45钢，毛坯形式应为厚钢板的原型材。

(2) 模具零件的类别和作用。对于模具结构中的工作零件，如精密冲裁模和重载冲压模的工作零件，多用高碳高合金工具钢，毛坯形式应为锻件。而对于高寿命冲裁模的工作零件，其多用硬质合金材料，毛坯形式为粉末冶金件。对于模具结构中的一般结构件，多选择原型材毛坯形式。

(3) 模具零件的几何形状特征和尺寸关系。当模具零件的不同外形表面尺寸相差较大时，如凸缘式模柄零件，为了节省原材料和减少机械加工工作量，应选择锻件毛坯形式。

二、毛坯种类确定

模具零件的毛坯形式主要分为原型材、锻件、铸件和半成品件4种。

1. 原型材

原型材指利用冶金材料厂提供的各种截面的棒料、丝料、板料或其他形状截面的型材，经过下料后直接送往加工车间进行表面加工的毛坯。

原型材的主要下料方式有剪切法、锯切法、薄片砂轮切割法及火焰切割法等，此外，还有折断法、电机械切割法及阳极机械切割法。

2. 锻件

在对原型材进行下料后，通过锻造的方法所获得的几何形状和尺寸合理的坯料，称为锻件毛坯。

(1) 锻造的目的。锻造的主要目的如下：

① 通过锻造得到合理的几何形状和机械加工余量，节省原材料和减少机械加工工作量，

并使棒料的疏松和气泡等缺陷得到改善，从而提高材料的致密度，并得到良好的机械加工性能。

② 通过锻造改善材料碳化物分布不合理的状态，打碎共晶网状碳化物，使碳化物分布均匀，细化晶粒组织，使碳化物偏析≤3 级。改善由于碳化物分布不均，导致热处理易开裂、硬度不均、脆性加大及冲击韧度降低的问题，以及碳化物堆聚或呈网状出现在模具刃口处，继而产生崩刃、折断和剥落等现象，从而提高材质的热处理性能和模具的使用寿命。

③ 改善坯料的纤维方向，使纤维方向分布合理，以满足不同类型模具的要求，进而提高模具零件的承载能力。同时通过合理的纤维方向，使模具零件的各向淬火变形趋向一致，以提高材料的力学性能和使用性能。

④ 通过锻造和预处理可以获得机械加工和热处理加工所需的金相组织状态，从而提高模具零件的机械加工和热处理加工工艺性。

(2) 锻件毛坯的设计。由于模具生产属于单件或小批量生产，模具零件锻件的锻造方式为自由锻造。模具零件锻件的几何形状多为圆柱形、圆板形及矩形，也有少数为 T 形、L 形及 Ⅱ 形等。

① 锻件加工余量的确定。锻件应保证合理的机械加工余量。如果锻件机械加工余量过大，不仅会浪费材料，还会造成机械加工工作量过大，使机械加工工时增多；如果锻件机械加工余量过小，则会无法消除锻造过程中产生的锻造夹层、表层裂纹、氧化层、脱碳层和锻造不平现象，难以得到合格的模具零件。

② 锻件下料尺寸的确定。合理选择棒料的尺寸规格和下料方式，对于保证锻件质量和方便锻造操作都有直接的影响。棒料的下料长度 L 和直径 d 的关系应满足 $L=(1.25\sim2.5)d$。在满足上述关系的前提下，应尽量选用小规格的棒料。

第 1 步：计算锻件坯料体积 $V_{坯}$，即

$$V_{坯}=V_{锻}\times K \tag{9-1}$$

式中，$V_{锻}$——锻件体积(mm^3)；

K——损耗系数，$K=1.05\sim1.10$。

锻件在锻造过程中的总损耗包括烧损量、切头损耗及芯料损耗 3 部分。烧损量包括坯料在加热和锻打时产生的氧化皮所形成的材料损耗，它与坯料加热次数及加热条件有关。相关经验表明，当锻件质量<5kg 时，加热次数为 1～2 次；锻件质量为 5～20kg 时，加热次数为 2～3 次；锻件质量为 20～60kg 时，加热次数为 3～5 次。切头损耗是锻造时由于切除锻件两端不平和裂纹部分而产生的损耗，一般较小锻件不考虑此部分损耗。芯料损耗是锻件需要冲孔而产生的损耗。为了计算方便，总损耗量可按锻件质量的 5%～10%选取。在加热 1～2 次锻成且基本无鼓形和切头时，总损耗取 5%。在加热次数较多和有一定鼓形时，总损耗取 10%。

第 2 步：计算锻件坯料尺寸。

理论棒料直径 $D_{理}$ 的计算公式为

$$D_{理}=\sqrt[3]{0.637V_{坯}} \tag{9-2}$$

实际棒料直径按现有钢材棒料的直径规格选取，当 $D_{理}$ 接近实有规格时，$D_{实}=D_{理}$。

棒料的长度应根据锻件毛坯的质量和选定的坯料直径，通过查选棒料长度质量表确定。在计算得出 $D_{实}$ 和 $L_{实}$ 后应验证锻造比，如果不符合要求，则应重新选取 $D_{实}$。

(3) 锻件的质量要求。影响锻件质量的主要因素包括 4 方面：原材料的质量状态和备料情况；锻锤吨位的选择；锻件坯料的加热、冷却温度及每次锻压变形量等工艺参数；锻造方式的

选择和锻造比的大小。

对于锻件的质量要求主要如下：

① 锻件的形状、尺寸要求。锻件的形状和尺寸应符合锻件图样，机械加工余量应符合规定要求。

② 锻件的表面裂纹、折叠等缺陷及脱碳层深度。这部分尺寸应控制在机械加工余量的1/3以下。

③ 碳化物不均匀等级。对于过共析碳工具钢及合金工具钢的残余网状碳化物、带状碳化物及碳化物偏析3项均应不超过2级，形状简单、受力不大的模具零件不应超过3级。高碳高铬工具钢和高速钢模具锻件的共晶碳化物不均匀度一般不超过4级；当共晶碳化物不均匀度超过5级时，零件的工艺性及使用性能将急剧恶化。重载模具零件的锻件应不超过3级。小规格的模具零件可以采用直径≤40mm的棒料改锻，共晶碳化物不均匀度可以控制在2级以内。

④ 纤维方向的合理分布及钢材表面层的正确配置。棒料的表面层组织比较致密，越靠近中心组织越差，圆棒锯切下料后的两端面相当于心部组织，其力学性能差。因此，应将棒料的表面层配置在工作面上。对于型腔尺寸要求严格、淬火后不再加工的精密模具零件，其纤维方向应以淬火变形小为主，锻件的纤维方向应平行于型腔的短轴(图9-2(a))，或垂直于型腔端面呈辐条状放射分布(图9-2(b))。最佳的纤维方向为无定向分布，如图9-2(c)和图9-2(d)所示，这种情况不仅各方向淬火变形量接近一致，便于控制，而且力学性能和耐磨性能均可达到较高水平。

对于重载模具或淬火后继续进行加工的模具，其纤维方向应与最大拉应力方向平行，或者纤维方向在型腔部位不间断。

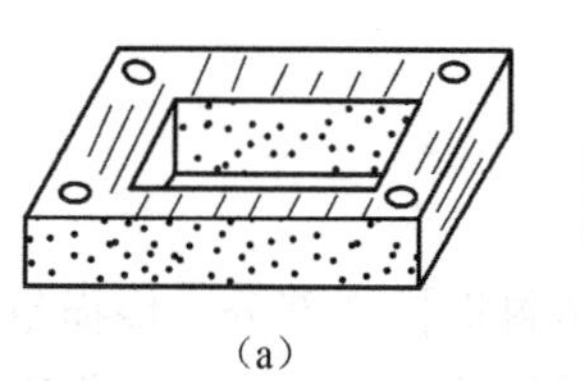

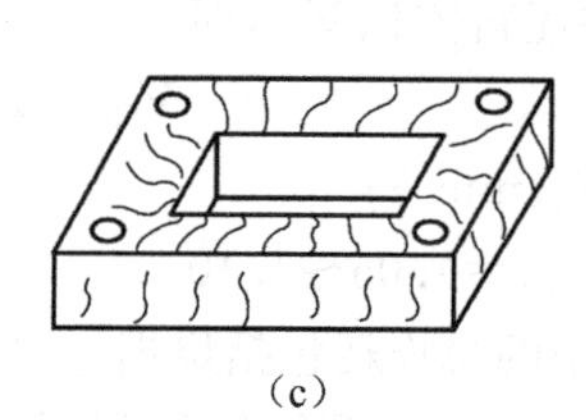

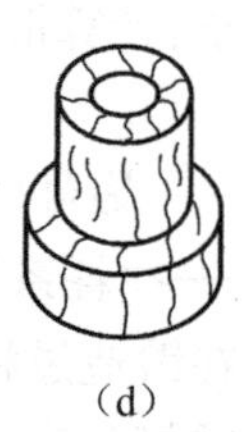

(a) (b) (c) (d)

图9-2 模具零件材料纤维仿形分布图

⑤ 锻件硬度及金相组织。锻件在锻造后应及时进行球化退火等预处理，以消除锻件内残留的片状碳化物，形成有利于强韧性和冷、热加工工艺性的球化组织。一般锻件在退火后，需要磨去脱碳层，并检查布氏硬度，精密复杂和重载模具则检查金相组织。

3. 铸件

模具零件中常见的铸件有冲压模具的上模座、下模座及大型塑料模的框架等，常采用灰铸铁HT200和HT250；精密冲裁模的上模座和下模座，采用铸钢ZG270－500；大、中型冲压成形模的工作零件，其材料为球墨铸铁和合金铸铁。

对于铸件的质量要求主要如下：

(1) 铸件的化学成分和力学性能应符合图样规定的材料牌号标准。

(2) 铸件的形状和尺寸应符合铸件图样的规定。

(3) 铸件的表面应进行清砂处理，以去除砂子和其他杂物；还应去除结疤和飞边毛刺，保证其残留高度不超过3mm。

(4) 铸件内部，特别是靠近工作面处不得有气孔、砂眼及裂纹等缺陷；非工作面不得有严重的疏松和大的缩孔。

(5) 铸件应及时进行热处理，铸钢件以完全退火为主，退火后的硬度≤229HB；铸铁件应进行时效处理，以消除内应力和改善加工性能，热处理后的硬度≤269HB。

4. 半成品件

随着模具专业化发展及模具标准化的提高，以商品形式出现的冲模模架、矩形凹模板、矩形模板、矩形垫板及塑料注射模标准模架等零件日益增多。在采购这些半成品件后，对其进行成形表面和相关部位的加工，对于降低模具成本和缩短模具制造周期都是大有益处的。

三、毛坯选择的影响因素

毛坯选择应根据下列影响因素进行综合考虑：

(1) 模具图样的规定。有些模具零件在图样设计时就规定了毛坯的种类，如模架采用铸件，蝶形弹簧采用冲压件及部分导套、推杆采用冷挤压件等。

(2) 模具零件的结构形状和几何尺寸。模具零件的结构特性和尺寸大小决定了毛坯的种类。如果各台阶直径相差不大，且不超过最大圆钢直径，则可直接采用圆钢棒料作为毛坯，使毛坯准备工作简化。当阶梯轴各台阶直径相差较大或超过最大圆钢直径时，宜采用锻件作为毛坯，以节省材料和减少机械加工工作量。当模块过厚而无法用钢板气割时，也可采用锻件作为毛坯。对于大型模具(如汽车覆盖件模具)，采用合金铸件等。

(3) 生产批量。选择毛坯时应考虑零件的生产批量。大批量生产的零件宜采用精度高的毛坯，并采用生产率较高的毛坯制造工艺，如模锻、压铸等。用于毛坯制造的工装费用，可由毛坯材料消耗减少和机械加工费用降低来补偿。单件小批量生产可采用精度低的毛坯，如自由锻造和手工造型铸造的毛坯。在专业化生产中，对于模架及其他一些标准件(如推杆、卸料螺钉等)，为提高生产效率、降低成本，可采用特殊的手段(如模锻、冷挤压及精铸等)来获得毛坯。

(4) 模具零件材料的工艺性及对材料组织和力学性能的要求。零件材料的工艺性指材料的铸造和锻造等性能。当模具零件的材料确定后，其毛坯也已大体确定，零件材料是决定毛坯种类的主要因素。例如，当材料具有良好的铸造性时，应采用铸件作为毛坯。例如，模座、大型拉深模零件，其原材料常选用铸铁或铸钢，毛坯制造方法也就被确定了。为了保证模具的质量和使用寿命，往往规定模具的主要零件(如凸、凹模)采用锻造方法获得毛坯。通过锻造，使零件材料内部组织细密、碳化物和流线分布合理，从而达到提高模具质量和使用寿命的目的。通常，对于尺寸较大的钢制模具宜采用锻件作为毛坯；对于尺寸较小的零件，一般可直接采用各种型材和棒料作为毛坯。

(5) 工厂生产条件。选择毛坯时应考虑毛坯制造车间的工艺水平和设备情况，同时考虑采用先进工艺制造毛坯的可行性和经济性。注意提高毛坯的制造水平。

四、毛坯尺寸与形状的确定

由于毛坯制造技术有限，零件被加工表面的技术要求还不能由毛坯制造直接实现，因此毛坯上某些面须留有一定的加工余量，以便通过机械加工达到零件的质量要求。毛坯尺寸与零件设计尺寸之差称为毛坯余量或加工总余量，毛坯尺寸的制造公差称为毛坯公差，可根据有关手册或资料确定。

(1) 毛坯尺寸的确定。毛坯尺寸通常是根据模具零件的尺寸加适当的加工余量确定的。

模具零件毛坯应考虑为模具加工提供方便，尽可能根据所需尺寸确定毛坯，以免浪费材料和加工工时，从而降低模具制造成本；同时，确定毛坯尺寸还应考虑毛坯在制造过程中产生的各种缺陷（如锻造夹层、裂纹、脱碳层、氧化皮及表面不平度等）影响，加工时必须完全去除，以免影响模具质量。铸件表面最小机械加工余量见表9-4；矩形、圆形锻件表面的最小机械加工余量分别见表9-5、表9-6。

表9-4　铸件表面的最小机械加工余量

材料	铸造加工表面位置	铸件最大尺寸/mm				
		≤500	500～1000	1000～1500	1500～2500	2500～3150
铸钢	顶面	5～7	7～9	9～12	12～14	14～16
	底面、侧面	4～5	5～7	6～8	8～10	10～12
铸铁	顶面	4～5	5～7	6～8	8～10	10～14
	底面、侧面	3～4	4～6	5～7	7～9	9～12

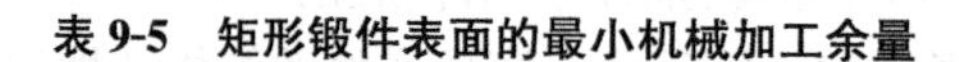
表9-5　矩形锻件表面的最小机械加工余量

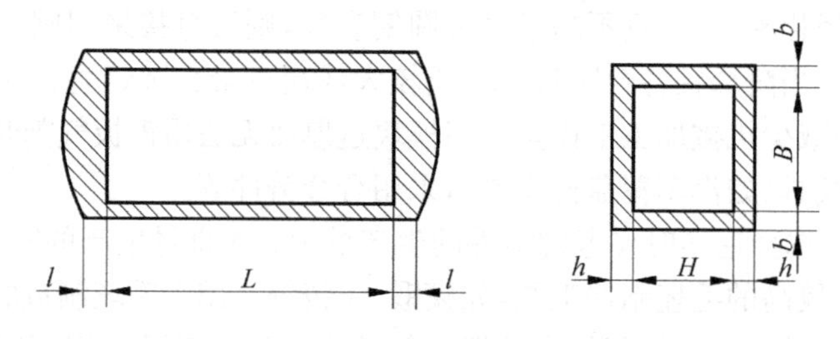

工件截面尺寸 B或H/mm	工件长度L/mm									
	<150		151～300		301～500		501～750		751～1000	
	加工余量2b、2h、2l									
	2b或2h	2l	2b或2h	2l	2b或2h	2l	2b或2h	2l	2b或2h	2l
≤25	4^{+2}_{0}	4^{+4}_{0}	4^{+3}_{0}	4^{+3}_{0}	4^{+3}_{0}	4^{+5}_{0}	4^{+4}_{0}	4^{+5}_{0}	5^{+5}_{0}	5^{+6}_{0}
26～50	4^{+4}_{0}	4^{+4}_{0}	4^{+4}_{0}	4^{+5}_{0}	4^{+4}_{0}	4^{+5}_{0}	4^{+5}_{0}	5^{+5}_{0}	5^{+6}_{0}	6^{+7}_{0}
51～100	4^{+4}_{0}	4^{+5}_{0}	4^{+4}_{0}	5^{+5}_{0}	4^{+4}_{0}	5^{+7}_{0}	5^{+6}_{0}	5^{+7}_{0}	5^{+6}_{0}	7^{+6}_{0}
101～200	5^{+5}_{0}	4^{+5}_{0}	5^{+5}_{0}	5^{+7}_{0}	5^{+5}_{0}	5^{+8}_{0}	6^{+6}_{0}	8^{+8}_{0}	—	—
201～350	5^{+7}_{0}	5^{+8}_{0}	6^{+5}_{0}	9^{+9}_{0}	6^{+6}_{0}	10^{+9}_{0}	—	—	—	—
351～500	9^{+8}_{0}	10^{+8}_{0}	7^{+6}_{0}	13^{+10}_{0}	7^{+7}_{0}	13^{+10}_{0}	—	—	—	—

注：1. 表中加工余量及公差均不包括锻件的凸面及圆弧。

2. 应按H或B的最大截面尺寸选择余量。例如，对于H=50mm，B=120mm，L=160mm的工件，其尺寸H的最小加工余量应按120mm取5mm，而不是按50mm取4mm。

（2）毛坯形状的确定。毛坯的形状应尽可能与模具形状一致，以减少机械加工工作余量。但有时为了适应加工过程中的工艺要求，在确定毛坯形状时，需做小的调整。下面列举几种常见的毛坯形状确定方法。

表 9-6　圆形锻件表面的最小机械加工余量

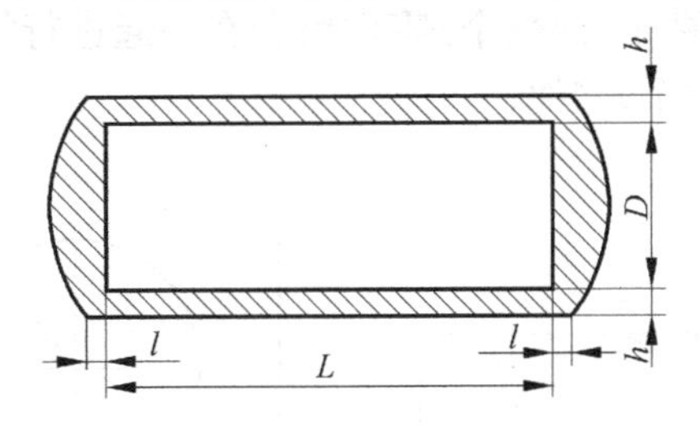

工作直径 D/mm	工件长度 L/mm													
	≤30		31～80		81～180		181～360		361～600		601～900		901～1500	
	加工余量 $2h$、$2l$ 及公差													
	$2h$	$2l$	$2h$	$2l$	$2h$	$2l$	$2h$	$2l$	$2h$	$2l$	$2h$	$2l$	$2h$	$2l$
18～30	—	—	—	—	3^{+2}_{0}	3^{+3}_{0}	3^{+2}_{0}	3^{+3}_{0}	4^{+3}_{0}	4^{+4}_{0}	4^{+3}_{0}	4^{+4}_{0}	4^{+4}_{0}	4^{+4}_{0}
31～50	—	—	3^{+3}_{0}	3^{+4}_{0}	3^{+3}_{0}	3^{+4}_{0}	3^{+3}_{0}	3^{+4}_{0}	4^{+4}_{0}	4^{+4}_{0}	4^{+4}_{0}	4^{+5}_{0}	4^{+4}_{0}	4^{+5}_{0}
51～80	—	—	3^{+3}_{0}	3^{+4}_{0}	4^{+4}_{0}	4^{+4}_{0}	4^{+4}_{0}	4^{+5}_{0}	4^{+4}_{0}	4^{+5}_{0}	4^{+4}_{0}	4^{+5}_{0}	4^{+5}_{0}	4^{+5}_{0}
81～120	4^{+4}_{0}	3^{+3}_{0}	4^{+4}_{0}	3^{+4}_{0}	4^{+4}_{0}	4^{+4}_{0}	4^{+4}_{0}	4^{+5}_{0}	4^{+4}_{0}	4^{+5}_{0}	4^{+5}_{0}	4^{+5}_{0}	—	—
121～150	4^{+4}_{0}	4^{+3}_{0}	4^{+4}_{0}	4^{+3}_{0}	4^{+4}_{0}	5^{+5}_{0}	—	—	—	—	—	—	—	—
151～200	4^{+4}_{0}	4^{+4}_{0}	4^{+5}_{0}	4^{+5}_{0}	5^{+5}_{0}	5^{+5}_{0}	—	—	—	—	—	—	—	—
201～250	5^{+5}_{0}	5^{+4}_{0}	5^{+5}_{0}	4^{+5}_{0}	—	—	—	—	—	—	—	—	—	—
251～300	5^{+6}_{0}	4^{+4}_{0}	6^{+6}_{0}	5^{+5}_{0}	—	—	—	—	—	—	—	—	—	—
301～400	7^{+7}_{0}	5^{+6}_{0}	8^{+7}_{0}	6^{+8}_{0}	—	—	—	—	—	—	—	—	—	—
401～500	8^{+10}_{0}	6^{+8}_{0}	—	—	—	—	—	—	—	—	—	—	—	—

注：1. 表列加工余量均不包括锻件之凸面及圆弧。
　　2. 表列长度方向之余量及公差，不适合锻后再切断的坏料。

① 为了加工时工件装夹方便，有时需要设置工艺搭子。如图 9-3 所示，为了保证凸模磨削时尺寸 $\phi10$ 与尺寸 $\phi14$ 的同轴度，加工时需要在其左端设有 $\phi10\times10$ 的工艺搭子。磨削时，将一夹箍夹持在工艺搭子上，通过磨床的拨杆带动其选装，从而一次完成外圆磨削。

② 为了提高机械加工效率和材料利用率、减少材料消耗，或是为了使毛坯制造方便和易于机械加工，可以采用一坯多件，即将若干小零件制成一个毛坯，经加工后再切割成单个零件，如图 9-4 所示。

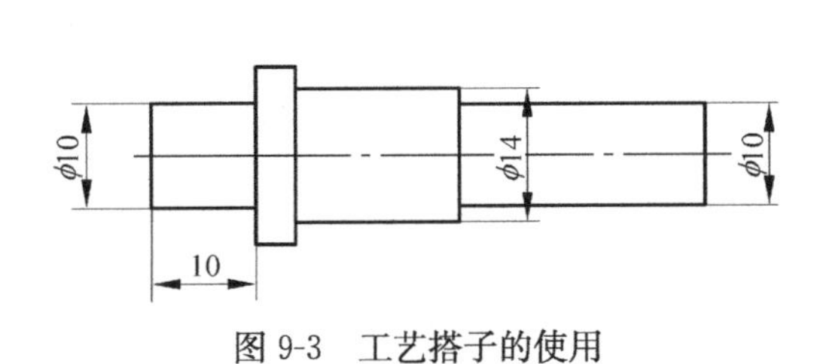

图 9-3　工艺搭子的使用

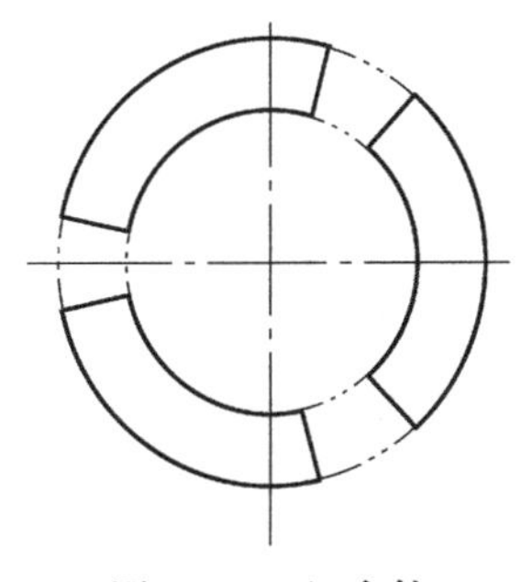

图 9-4　一坯多件

③ 有些模具零件形状比较特殊，单独直接加工比较困难，如图 9-5(a)所示。为了解决这个问题，可在准备毛坯时，将两个(或数个)零件组合在一起进行加工，如图 9-5(b)所示，待加工后再将其切割成两个(或数个)零件。

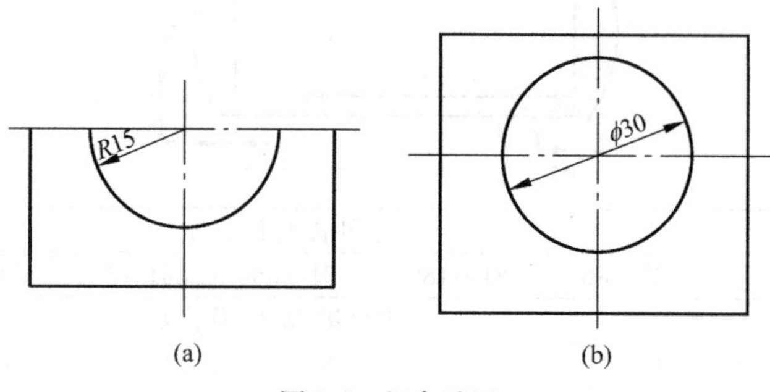

图 9-5　组合毛坯

练习与思考

1. 在模具制造工艺过程中，技术准备阶段的主要任务有哪些？
2. 与一般的机械产品相比，模具制造具有哪些突出特点？
3. 制定模具制造工艺规程的原则有哪些？
4. 模具零件的毛坯主要有哪几种？为什么重载、高寿命的模具零件要用锻件毛坯？
5. 何谓试模鉴定？为什么模具必须进行试模鉴定？

模块十　模具零件表面的机械加工

课题一　车削加工

【知识目标】

1. 了解车削加工在模具零件外形加工中的应用。

2. 熟悉车削加工的经济加工精度及表面粗糙度。

【知识学习】

车削加工是切削加工的主要方式之一。车削用于加工回转体内、外表面及螺旋面、端面、钻孔、镗孔、铰孔和滚花。车削加工在车床上进行，车床的种类有很多，其中卧式车床的通用性最好，应用最为广泛。在模具制造中，卧式车床主要用于加工凸模、凹模、导柱、导套、顶杆、型芯和模柄等零件。

工件的车削加工通常经过粗车、半精车和精车等工序而达到要求。根据模具零件的精度要求，车削一般是回转体表面加工的中间工序，或作为最终工序。经车削加工的工件其标准公差等级精度可达 IT11～IT6，表面粗糙度 Ra＝12.5～0.8μm。精车的公差等级可达 IT8～IT6，表面粗糙度 Ra＝1.6～0.8μm。

除了上述常规的车削加工，还会用到一些特殊的车削加工。

(1) 对拼式型腔的加工。在模具设计中，为了便于取出工件，往往把型腔设计成对拼式，即型腔的形状由两个半片或多个镶件组成。这种情况在注射模、吹塑模、压铸模、玻璃模和胀形模等模具中都较为常见。

加工对拼式型腔时，为了保证型腔尺寸的准确性，通常应预先将各镶件间的接合面磨平，并用工艺销钉固定，组成一个整体再进行车削，如图 10-1 所示。

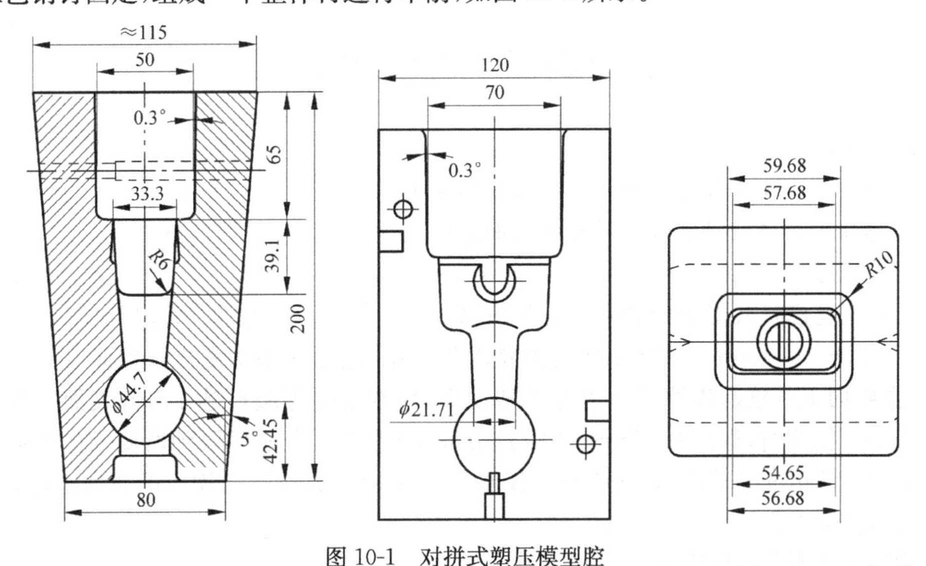

图 10-1　对拼式塑压模型腔

（2）球面的加工。拉深凸模、弯曲模、浮动模柄、球面垫圈和塑料模的型芯等零件，往往带有球面。若在卧式车床上增设一个球面车削工具，则可方便又准确地进行球面加工。如图10-2(a)所示，连杆1是可以调节的，其一端与固定在机床导轨的基准板2上的轴销铰接，另一端与调节板3上的轴销铰接。调节板3用制动螺钉紧固在中滑板上。当中滑板横向自动进给时，由于连杆1的作用，床鞍做相应的纵向移动，则连杆绕基准板上的轴销回转使刀尖也按出圆弧轨迹运动。车制凹球面的工具安装示意图如图10-2(b)所示。

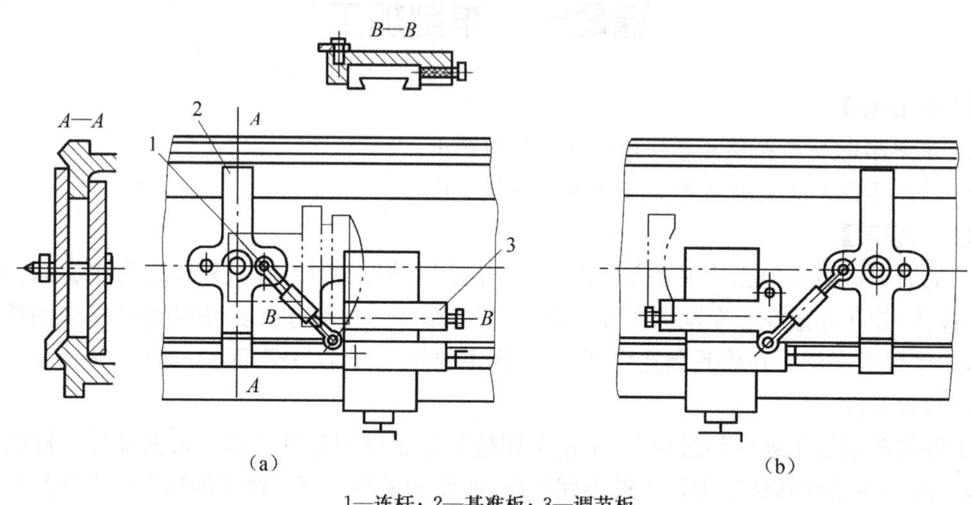

1—连杆；2—基准板；3—调节板

图10-2 球面车削工具

（3）多型腔模具加工。对于多型腔模具，如果其型腔的形状适合车削加工，则可利用辅助顶尖校正型腔中心并逐个车削。图10-3所示为四型腔塑料模的动模。车削加工前，先按图样加工工件的外形，并在四个型腔的中心打样冲眼或中心孔。车削时，把工件初步装夹在车床卡盘上，将辅助顶尖一端顶住样冲眼或中心孔，另一端顶在车床尾座上，用手转动车头，以千分表校正辅助顶尖外圆，调整工件位置，直至校正完成，要求尺寸ϕ16mm与尺寸ϕ10mm的外圆保持同心。

课题二 铣削加工

【知识目标】

1. 了解铣削加工在模具零件外形加工中的应用。
2. 熟悉铣削加工的经济加工精度及表面粗糙度。

【知识学习】

铣削加工是模具成形表面的主要加工方法之一。铣削加工精度可达IT10～IT8，表面粗糙度Ra=12.5～0.40μm。在模具零件的铣削加工中，应用最多的是立式铣床和万能工具铣床加工，主要加工对象是各种模具的型腔和型面，标准公差等级可达IT10，表面粗糙度可达Ra=1.6μm。铣削时，保留0.05mm的修光余量，经钳工修光即可得到所要求的型腔。当型腔或型面的尺寸精度要求高时，铣削加工仅作为中间工序，铣削后需用成形磨削或电火花加工等方法进行精加工。

立铣加工主要包括以下4种：

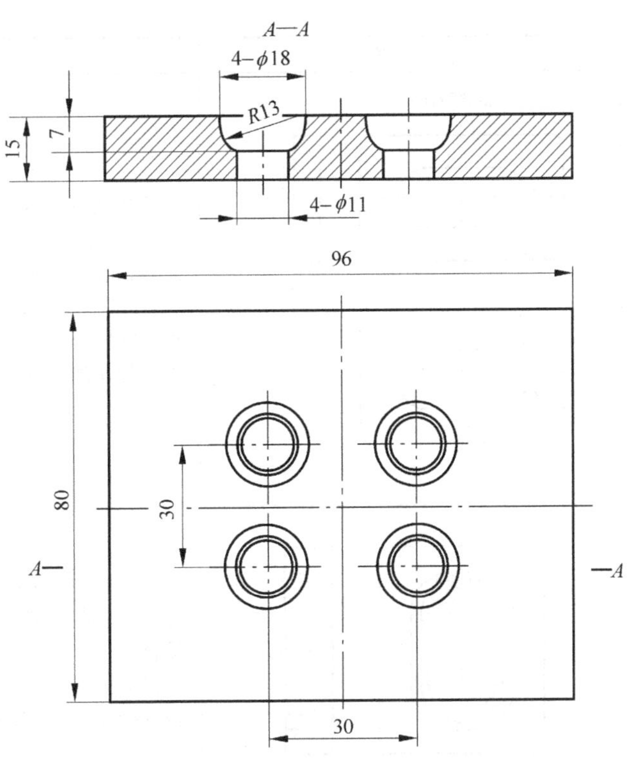

图 10-3　四型腔塑料模的动模

(1) 平面或斜面的加工。在立式铣车上使用面铣刀加工平面或斜面，生产效率高，因此，这种加工方法在模具零件的平面或斜面加工中得到了广泛应用，如图 10-4 所示。

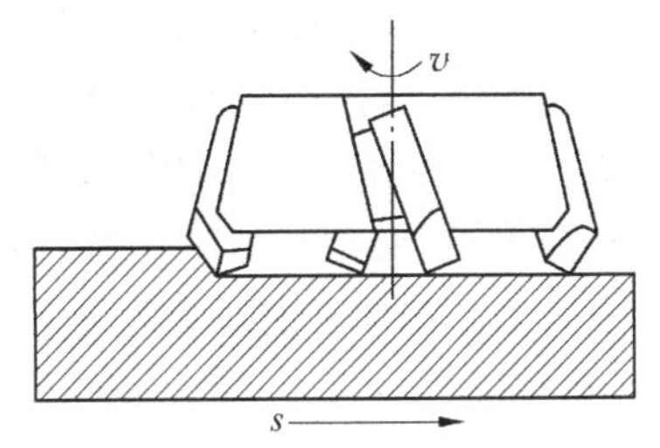

图 10-4　面铣刀加工平面

(2) 圆弧面的加工。圆转台是立铣加工中常用的附件，利用它可进行各种圆弧面的加工。

圆转台安装在立式铣床的工作台上，工件则安装在圆转台上。安装工件时，必须使被加工圆弧中心与圆转台的回转中心重合，并根据工件形状确定铣床主轴中心是否需要与圆转台中心重合。利用圆转台进行立铣加工圆弧面的方式见表 10-1。

表 10-1　利用圆转台进行立铣加工圆弧面的方式

方　　式	简　　图	说　　明
主轴中心不对准圆转台中心	R 立铣刀 R	将工件 R 圆弧中心与圆转台中心重合，转动圆转台，由立铣刀加工 R 圆弧侧面，因为任意转动圆转台都不会致使铣刀切入非加工部位，所以主轴中心不需对准圆转台回转中心

续表

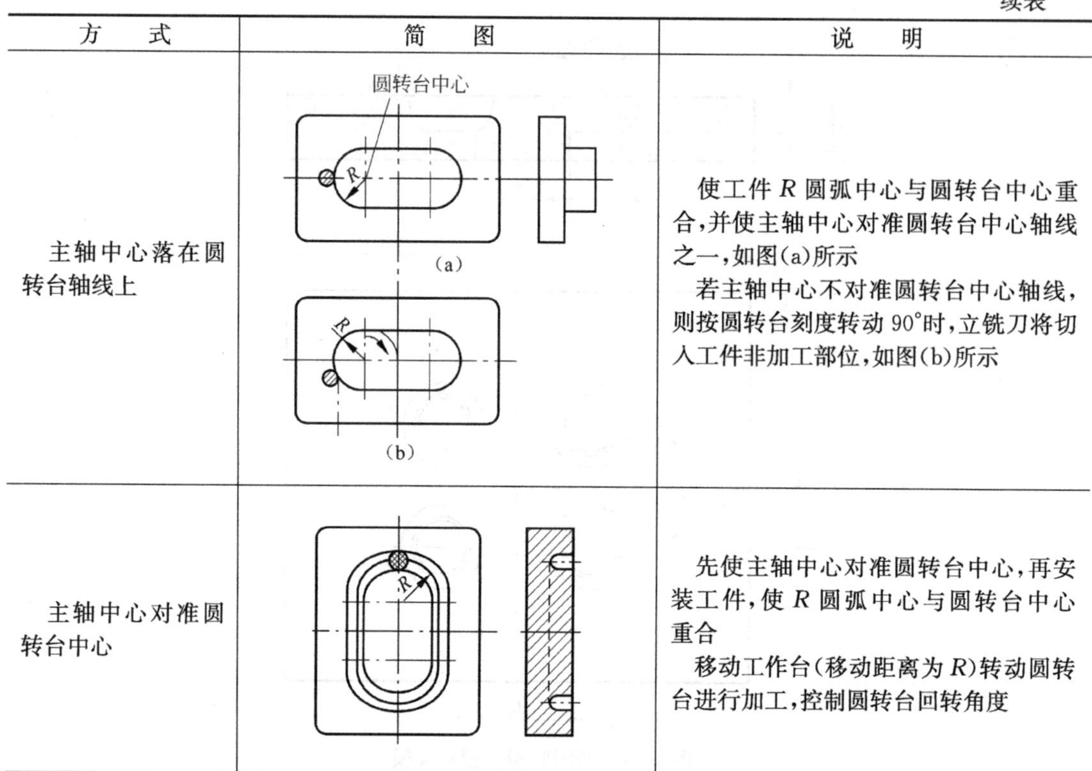

方　式	简　图	说　明
主轴中心落在圆转台轴线上	(a) (b)	使工件 R 圆弧中心与圆转台中心重合，并使主轴中心对准圆转台中心轴线之一，如图(a)所示 若主轴中心不对准圆转台中心轴线，则按圆转台刻度转动 90°时，立铣刀将切入工件非加工部位，如图(b)所示
主轴中心对准圆转台中心		先使主轴中心对准圆转台中心，再安装工件，使 R 圆弧中心与圆转台中心重合 移动工作台(移动距离为 R)转动圆转台进行加工，控制圆转台回转角度

(3) 复杂型腔或型面的加工。对于不规则的型腔或型面，可采用坐标法加工，即根据被加工点的位置，控制工作台的纵横(X,Y)向移动及主轴头升降(Z)进行立铣加工。例如，对于图 10-5 所示的不规则型面，其轮廓一般是按极坐标方法设计的，因而在加工前可按工件的极坐标半径、夹角和加工用铣刀直径计算出铣刀中心在各位置的纵横向坐标尺寸，然后逐点铣削。当立铣加工的对象为复杂的空间曲面时，也可采用坐标法，但需控制 X、Y、Z 三个坐标方向的移动。

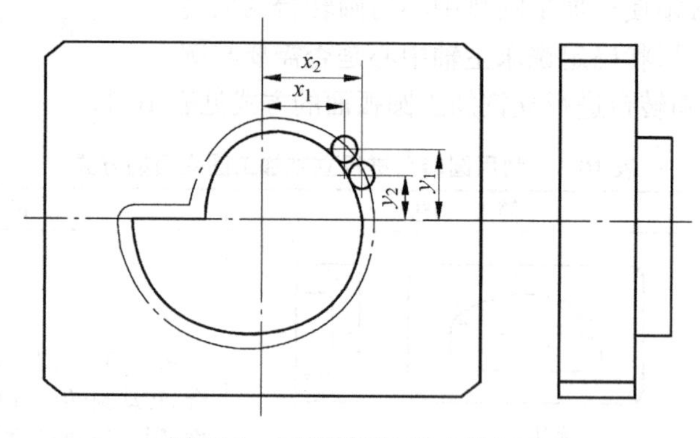

图 10-5　不规则型面的立铣加工

(4) 坐标孔的加工。利用立铣工作台纵向和横向移动，可加工工件上各坐标孔。但因驱动工作台移动的丝杆和螺母之前存在间隙，故孔距的加工精度不高。当孔距尺寸精度要求较高时，可采用坐标铣床。这种铣床以孔加工和立铣加工为主要对象，在机床上装有光电式或数字式读数装置，其加工精度高于立式铣床。

课题三　磨削加工

【知识目标】

1. 了解磨削加工在模具零件外形加工中的应用。
2. 熟悉磨削加工的经济加工精度及表面粗糙度。
3. 了解平面磨削在模具制造中的应用；熟悉并掌握平行平面、垂直平面磨削的工艺要点。
4. 了解坐标磨削及光学曲线磨床磨削在模具制造中的应用；
5. 熟悉常用成形磨削方法及其使用的夹具。

【知识学习】

一、普通磨削加工

磨削是一种精加工方法，为了达到模具的尺寸精度和表面粗糙度等要求，许多模具零件必须经过磨削加工。例如，模具的型腔、型面、导柱外圆、导套内、外圆表面及模具零件之间的接触面等都必须经过磨削加工。磨削加工精度可达 IT6～IT5，表面粗糙度 $Ra \leqslant 0.8\mu m$。

普通磨削加工是在普通平面磨床、内圆磨床、外圆磨床或万能外圆磨床上利用砂轮进行模具零件简单成形表面的精加工方法。其磨削工艺如下：

(1) 平面磨削。用平面磨床加工模具零件时，要求分型面与模具的上、下面平行，同时，还应保证分型面与相关各平面之间的垂直度。加工时，工件通常装夹在电磁吸盘上，用砂轮的圆周对工件进行磨削，两平面的平行度小于 0.01：100，加工精度可达 IT6～IT5，表面粗糙度 $Ra = 0.4 \sim 0.2\mu m$。平面磨削工艺要点见表 10-2。

表 10-2　平面磨削工艺要点

工艺内容及简图		工 艺 要 点
砂轮	磨淬硬钢选用 $R_3 \sim ZR_1$ 磨不淬硬钢选用 $R_3 \sim ZR_2$	砂轮粒度一般为 36# ～60#，常用 46#
周面磨削用量	1. 砂轮圆周速度： 对于钢工件，粗磨 22～25m/s，精磨 25～30m/s 2. 纵向进给量一般选用 1～12m/min 3. 砂轮垂直进给量： 粗磨 0.015～0.05mm，精磨 0.005～0.01mm	1. 磨削时横向进给量与砂轮垂直进给量应相互协调 2. 在精磨前应修整砂轮 3. 精磨后应在无垂直进给下继续光磨 1 或 2 次
平行平面磨削	1. 一般工件磨削顺序： 精磨去除 2/3 余量→修整砂轮→精磨→光磨 1 或 2 次→翻转工件粗精磨第二面 2. 薄工件磨削： ① 垫弹性垫片。在工件与磁力台之间垫一层厚约 0.5mm 的橡皮或海绵，待工件吸紧后磨削，并使工件两平面反复交替磨削，最后直接吸在磁力台上磨平 ② 垫纸法。在工件空余处间隙内垫入电工纸后，反复交替磨削	1. 若工件左右方向平行度有误差，则工件翻转磨第二面时应左右翻。若工件前后方向有误差，则在磨第二面时应前后翻 2. 带孔工件端平面的磨削，要注意选准定位基面，以保证孔与平面的垂直度。一般情况下，前道工序应对基面做上标记 3. 若想提高两平面的平行度，需要反复交替磨削两平面

续表

工艺内容及简图		工 艺 要 点
垂直平面磨削	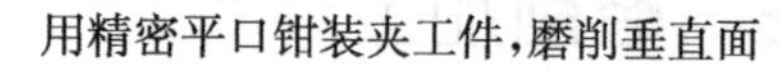用精密平口钳装夹工件,磨削垂直面 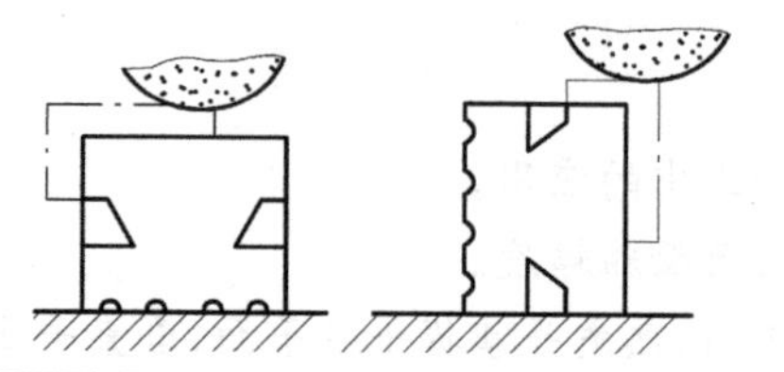	1. 用磨削平行面的方法磨上、下两大平面 2. 用精密平口钳装夹工件,磨相邻两垂直面 3. 以相邻两垂直侧面为基面,用磨削平行面的方法磨出其余两相邻垂直面
	用精密角尺圆柱或精密角尺找正,磨垂直面。找正时用光隙法,借垫纸调整位置后,在磁力台上磨削。该方法能获得比精密平口钳装夹更高的垂直度	1. 磨两平行平面 2. 用精密平口钳装夹工件并磨相邻两垂直面,作为精基准 3. 用光隙法找正,置于磁力台上磨出垂直面 4. 以找正后磨出的垂直面为基面,磨出另外两垂直面
	用精密角铁2和平行夹头装夹工件1,适于磨削较大尺寸平面工件的侧垂直面 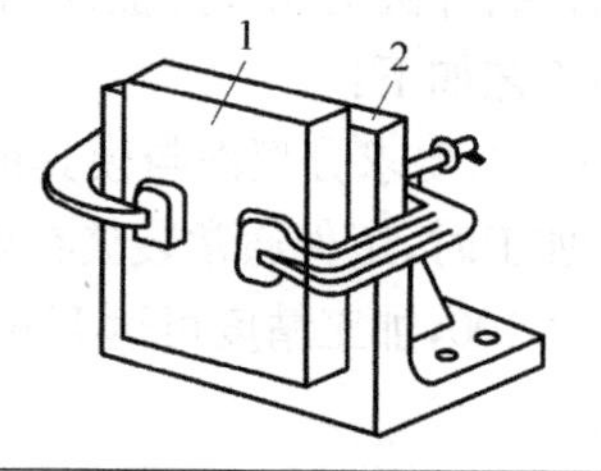	1. 磨两平行大平面 2. 工件装夹在精密角铁上,用百分表找正后磨出垂直面 3. 以磨出的垂直面为基面,在磁力台上磨对称平行面 4. 需要六面对角尺的工件,其余两垂直平面的磨削采用精密角尺找正的方法,在精密角铁上装夹后磨出
	用导磁角铁1和垫铁3装夹工件2磨垂直面,适用于磨削比较狭长的工件 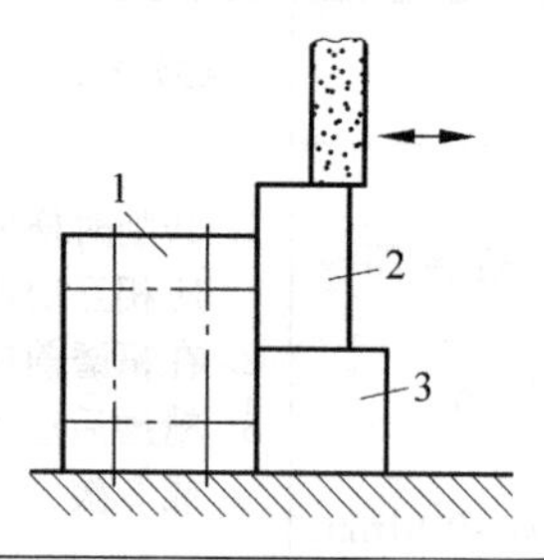	1. 装夹时应将工件上面积较大的平面作为定位基面,并使其紧贴于导磁角铁面 2. 磨削顺序: 磨出一平面→用导磁角铁磨出垂直面→以相互垂直的两平面作基面,磨出对称平行面
	用精密V形铁1和夹紧爪2装夹带台肩或不带台肩的圆柱形工件3,磨削端面 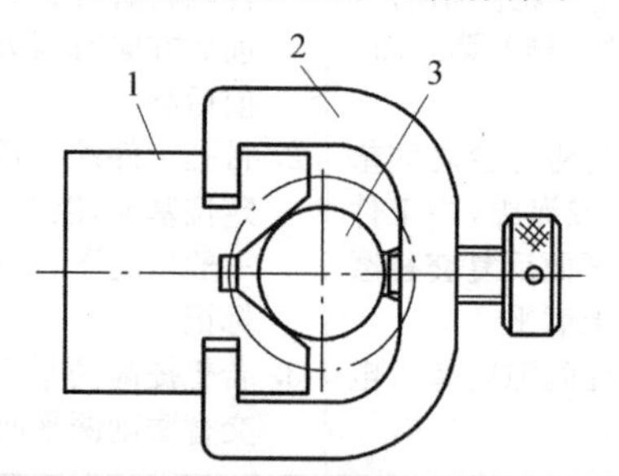	在螺钉夹紧工件圆柱面处垫入铜皮,保护已加工表面

(2) 内圆磨削。在内圆磨床上磨孔的尺寸精度可达 IT7～IT6，表面粗糙度 $Ra=0.8\sim0.2\mu m$。若采用高精密磨削工艺，尺寸精度可控制在 0.005mm 以内，表面粗糙度 $Ra=0.1\sim0.025\mu m$。内圆磨削工艺要点见表 10-3。

表 10-3　内圆磨削工艺要点

工艺内容及简图		工 艺 要 点
砂轮	1. 砂轮直径一般取(0.5～0.9)工件孔径。工件孔径小时取较大值，反之取较小值 2. 砂轮宽度一般取 0.8 孔深 3. 砂轮硬度和粒度 磨削非淬硬钢时，选用棕刚玉，$ZR_2\sim Z_2$，$46^{\#}\sim60^{\#}$；磨削淬硬钢时，选用棕刚玉、白刚玉、单晶刚玉，$ZR_1\sim ZR_2$，$46^{\#}\sim80^{\#}$	1. 表面粗糙度要求 $Ra=1.6\sim0.8\mu m$ 时，推荐采用 $46^{\#}$ 砂轮；要求 $Ra=0.4\mu m$ 时，采用 $60^{\#}\sim80^{\#}$ 砂轮 2. 磨削热导率低的渗碳淬火钢时，采用硬度较低的砂轮
内圆磨削用量	1. 砂轮圆周速度一般为 20～25m/s 2. 工件圆周速度一般为 15～25m/min，要求表面粗糙度小时取较小值，粗磨时取较大值 3. 磨削深度即工作台往复一次的横向进给量，粗磨淬火钢时取 0.005～0.02mm，精磨淬火钢时取 0.002～0.01mm 4. 纵向进给速度，粗磨时取 1.5～2.5m/min，精磨时取 0.5～1.5m/min	内孔精磨时的光磨行程次数应多一些，可使由刚性差的砂轮接长轴所引起的弹性变形逐渐消除，提高孔的加工精度及减小表面粗糙度
工件装夹方法	1. 三爪自定心卡盘一般用于装夹较短的套筒类工件，如凹模套、凹模等 2. 四爪单动卡盘适用于装夹矩形凹模孔和动、定模板型孔 3. 用卡盘和中心架装夹工件，适用于较长轴孔的磨削加工 4. 以工件端面定位，在法兰盘上用压板装夹工件，适用于磨削大型模板上的型孔、导柱及导套孔等	1. 找正方法按先端面后内孔的原则 2. 对于薄壁工件，夹紧力不宜过大，必要时可采用弹性圈在卡盘上装夹工件
通磨孔削	采用纵向磨削法，砂轮超出工件孔口长度一般为$\left(\frac{1}{3}\sim\frac{1}{2}\right)$砂轮宽度	若砂轮超出工件孔口长度过小，孔容易产生中凹；若超出长度过大，孔口形成喇叭形
间断表面孔磨削	对非光滑内孔的磨削，如型孔的磨削，一般采用纵向磨削法。磨削时，应尽量增大砂轮直径，减小砂轮宽度并增大砂轮接长轴刚度 若要求加工精度高和表面粗糙度小时，可在型腔凹槽中嵌入硬木等，变为连续内表面磨削	磨削时选用硬度较低的砂轮及较小的磨削深度和纵向进给量
台阶孔磨削	磨削时通常先用纵磨法磨内孔表面，留余量 0.01～0.02mm。磨完台阶端面后，精磨内孔。凸、凹模台阶孔的磨削方法如下所示：	1. 磨削台阶孔的砂轮应修成凹形，并要求清角，这对磨削不设退刀槽的台阶孔极为重要 2. 对浅台阶孔或平底孔的磨削，在采用纵磨法时应选用宽度较小的砂轮，防止形成喇叭口 3. 对浅台阶孔、平底面和孔口端面的磨削，也可采用横向切入磨削法，要求接长轴有良好的刚性

续表

工艺内容及简图		工艺要点
小直径深孔磨削	对长径比≥8～10的小直径深孔磨削，一般采用CrWMn或W18Cr4V材料制成接长轴，并经淬硬，以提高接长轴刚性。磨削时选用金刚石砂轮和较小的纵向进给量，并在磨削前用标准样棒校正头架轴线与工作台纵行程方向的平行度	1. 严格控制深孔的磨削余量 2. 在磨削过程中，砂轮应在孔中间部位增加几次纵磨行程，以消除砂轮让刀而产生的孔中凸缺陷
内锥面磨削	1. 转动头架磨内锥面，适用于较大锥度的内锥孔磨削 2. 转动工作台磨内锥面，适用于锥度不大的内锥孔磨削	磨削内锥孔时，一般要经数次调整才能获得准确的锥度，试磨时应从余量较大的一端开始

(3) 外圆磨削。外圆磨床主要用于各种零件的外圆加工，如圆形凸模、导柱和导套及顶杆等零件的外圆磨削。其加工方式是以高速旋转的砂轮对低速旋转的工件进行磨削，工件相对砂轮做纵向往复运动。外圆磨削的尺寸精度可达IT6～IT5，表面粗糙度Ra=0.8～0.2μm，若采用高光洁磨削，则表面粗糙度Ra=0.025μm。外圆磨削工艺要点见表10-4。

表10-4 外圆磨削工艺要点

工艺内容		工艺要点
砂轮	磨非淬硬钢：棕刚玉，46#～60#，Z_1～Z_2 磨淬硬钢：HRC>50 棕刚玉、白刚玉、单晶刚玉，46#～60#，ZR_2～Z_2	半精磨时(Ra=1.6～0.8μm)，建议粒度选用36#～46#砂轮 精磨时(Ra=0.4～0.2μm)，建议粒度选用46#～60#
外圆磨削用量	1. 砂轮圆周速度： 陶瓷结合剂砂轮的磨削速度≤35m/s 树脂结合剂砂轮的磨削速度>50m/s 2. 工件圆周速度： 一般取13～20m/min，磨淬硬钢≥26m/min 3. 磨削深度： 粗磨时取0.02～0.05mm，精磨时取0.005～0.015mm 4. 纵向进给量： 粗磨时，取(0.5～0.8)砂轮宽度 精磨时，取(0.2～0.3)砂轮宽度	1. 当被磨工件刚性差时，应将工件转速降低，以免产生振动，影响磨削质量 2. 当要求工件表面粗糙度小和精度高时，在精磨后不进刀的情况下再光磨几次
工件装夹方法	1. 前后顶尖装夹，具有装夹方便、加工精度高的特点，适用于装夹长径比大的工件 2. 用三爪自定心或四爪单动卡盘装夹，适用于装夹长径比小的工件，如凸模、顶块、型芯等 3. 用卡盘和顶尖装夹较长的工件 4. 用反顶尖装夹，磨削细长小尺寸轴夹工件，如小型芯、小凸模等 5. 配用芯轴装夹，磨削有内外圆同轴度要求的薄壁套类工件，如凹模镶件和凸、凹模等	1. 淬硬件的中心孔必须准确刮研，并使用硬质合金顶尖和适当的顶紧力 2. 用卡盘装夹的工件，一般采用工艺夹头装夹，能在一次装夹中磨出各段台阶外圆，保证同轴度 3. 由于模具制造的单件性，通常采用带工艺夹头的芯轴，并按工件孔径配磨，作一次性使用，芯轴定位面锥度一般取1∶7000～1∶5000

续表

工艺内容		工艺要点
一般外圆面磨削	1. 纵向磨削法 工件与砂轮同向转动，工件相对砂轮做纵向运动。在一次纵行程后，砂轮横向进给一次磨削深度。磨削深度小，切削力小，易保证加工精度，适于磨削长而细的工件	1. 台阶轴如凸模的磨削，在精磨时应减小磨削深度，并多作光磨行程，有利于提高各段外圆面的同轴度 2. 磨台阶轴时，可先用横磨法沿台阶切入，留0.03～0.04mm余量，再用纵磨法精磨
	2. 横向磨削法（切入法） 工件与砂轮同向转动，并做横向进给连续切除余量。磨削效率高，但磨削热大，容易烧伤工件，适于磨较短的外圆面和短台阶轴，如凸模、圆型芯等	为消除磨削重复痕迹，减小磨削表面粗糙度并提高精度，应在终磨前对工件做短距离手动纵向往复磨削
	3. 阶段磨削法 它是横磨法与纵磨法的综合应用，先用横磨法去除大部分余量，留有0.01～0.03mm作为纵磨余量，适于磨削余量大、刚度高的工件	在磨削余量大的情况下，可提高磨削效率
台阶端面磨削	1. 轴上带退刀槽的台阶端面磨削 先用纵横法磨外圆面，再将工件靠向砂轮端面 2. 轴上带圆角的台阶端面磨削 先用横磨法磨外圆面，并留小于0.05mm的余量，再纵向移动工件（工作台），磨削端面	1. 磨带退刀槽的台阶端面，砂轮端面应修成内凹形；磨带圆角的台阶端面，则应修成圆弧形 2. 为保证台阶端面的磨削质量，在磨至无火花后，还需光磨一些时间
外圆锥面磨削	1. 转动工作台磨外锥面 受一般外圆磨床工作台最大回转角的限制，只能磨削圆锥角小于14°的圆锥体。其特点是装夹方便，加工质量好 2. 转动头架磨外圆锥面 将工件直接装在头架卡盘上，找正后磨削，适于磨削短而锥度大的工件 3. 转动砂轮架磨外锥面 磨削时，工件用前后顶尖装夹，工件不做纵向运动，砂轮做横向连续进给运动。若圆锥母线大于砂轮宽度，则采用分段接磨。适于磨削长而锥度大的工件	磨削外锥面时，通常采用以内锥面为基准，配磨外锥面的方法

二、模具零件成形表面的磨削加工

成形磨削是精加工成形表面的一种方法。成形磨削是将复杂的成形表面分解成若干平面、圆弧等简单的形状，然后分段磨削，并使其光滑、圆整，最后达到设计图样要求的磨削加工方法。

成形磨削加工精度高，可获得较低的表面粗糙度值，它是淬硬凸模、凹模镶块常见的精加工手段。成形磨削可以在普通平面磨床或专用成形磨床上进行。

常见的成形磨削方法有两种：成形砂轮磨削和夹具磨削。成形砂轮磨削是利用专用的修整砂轮工具，将砂轮修整成与工件型面完全吻合的相反型面，并用砂轮磨削工件（图10-6(a)）的方法。夹具磨削是将工件按一定条件装夹在专用夹具上，加工时通过夹具调整工件的位置，移动或转动夹具进行磨削，从而获得所需形状（图10-6(b)）的方法。成形磨削常用的夹具有正弦精密平口钳、正弦磁力台、正弦分中夹具及万能夹具等。

模具制造中一般以夹具磨削为主，以成形砂轮磨削为辅。为了保证零件质量，提高生产效率，往往需要综合使用这两种方法。

1. 成形砂轮磨削

在采用成形砂轮磨削前，需要先将砂轮修整成所需要的形状，砂轮的修整是成形砂轮磨削的关键环节。成形砂轮的修整，过去常采用专用工具(图 10-7)；目前普遍采用数控车床，用金刚石笔按事先编好的数控程序对砂轮进行修整。

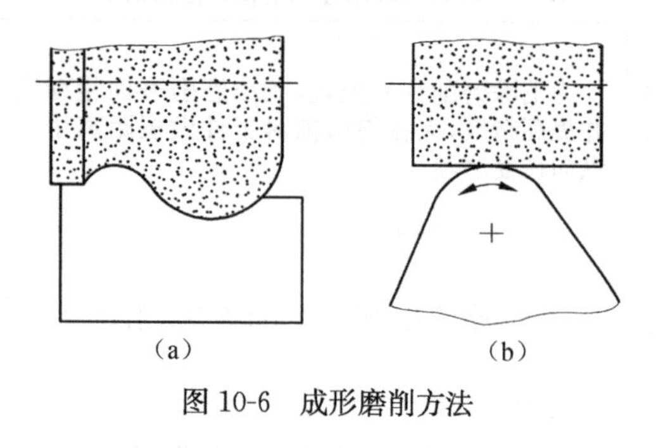

图 10-6 成形磨削方法

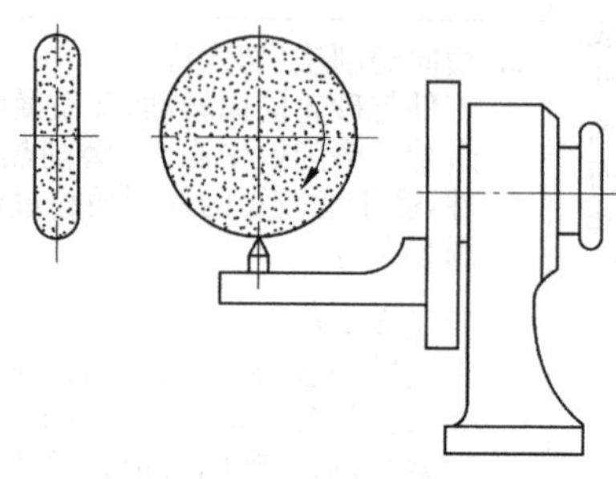

图 10-7 修整圆弧砂轮

2. 夹具磨削

常见的成形磨削夹具包括下述 4 种。

(1) 正弦精密平口钳。它由带有平口钳的正弦尺和底座组成，如图 10-8 所示。工件装夹在平口钳中，为了使工件倾斜一定的角度，需要在正弦圆柱或底座的定位面之间垫入量块。需垫入的量块值可按下式计算：

$$H = L\sin\alpha \tag{10-1}$$

式中，H——需垫入的量块值(mm)；

L——正弦圆柱面的中心距(mm)；

α——工件所需倾斜的角度(°)。

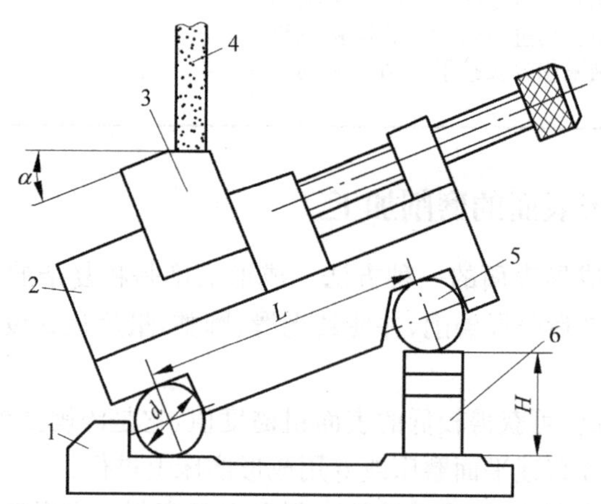

1—底座；2—精密平口钳；3—工件；4—砂轮；5—正弦圆柱；6—量块

图 10-8 正弦精密平口钳

正弦精密平口钳用于磨削工件的斜面，其最大倾斜角度为 45°，若与成形砂轮配合使用，可磨削平面与圆弧面组成的复杂形面。

(2) 正弦磁力台。它与正弦精密平口钳一样都按正弦原理设计，区别仅在于用电磁吸盘代替平口钳装夹工件，方便迅速。正弦磁力台用于磨削工件的斜面，其最大倾斜角度为45°，适于磨削扁平工件。正弦磁力台的结构如图10-9所示。

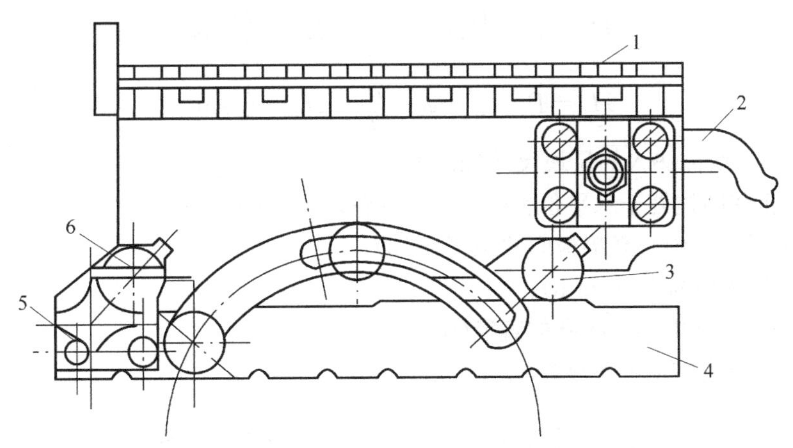

1—电磁吸盘；2—电源线；3、6—正弦圆柱；4—底座；5—锁紧手轮

图10-9　正弦磁力台的结构

(3) 正弦分中夹具。正弦分中夹具可用于磨削具有同一回转中心的圆弧面和斜面，其结构如图10-10所示。工件装在两顶尖之间，后顶尖4装在支架2上。安装工件时，可以根据工件的长度调整支架位置，使其在底座1的T形槽中移动，支架位置调好后，用螺钉锁紧。同时可以旋转后顶尖手轮，使后顶尖4移动，以调节顶尖与工件的松紧。工件通过鸡心夹头和前顶尖7连接，转动前顶尖手轮，通过蜗杆蜗轮传动使主轴回转并由鸡心夹头6带动工件回转。工件的回转是手动的。主轴9的后端装有分度盘12，当磨削精度要求不高时，可直接用分度盘12的刻度和零位指标11来控制工件的回转角度；当磨削精度要求高时，可利用分度盘12上的正弦圆柱13以垫量块的方法控制工件的回转角度。

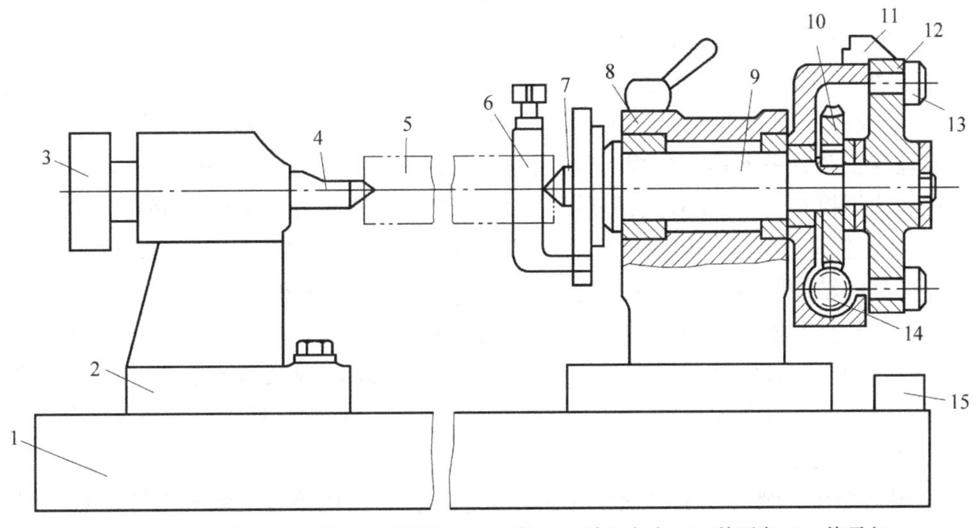

1—底座；2—支架；3—手轮；4—后顶尖；5—工件；6—鸡心夹头；7—前顶尖；8—前顶座；9—主轴；10—蜗轮；11—零位指标；12—分度盘；13—正弦圆柱；14—蜗杆；15—量块垫板

图10-10　正弦分中夹具的结构

在利用分度盘上的正弦圆柱控制工件的转动角度时，垫板和正弦圆柱之间应垫入的量块尺寸(图10-11)可按下式计算：

$$H_1 = P - \frac{D}{2}\sin\alpha - \frac{d}{2} = H_0 - \frac{D}{2}\sin\alpha \tag{10-2}$$

$$H_2 = P + \frac{D}{2}\sin\alpha - \frac{d}{2} = H_0 + \frac{D}{2}\sin\alpha \tag{10-3}$$

式中，H_1、H_2——所需垫入的量块尺寸(mm)；

H_0——正弦圆柱处于水平位置时所需垫的量块尺寸(mm)；

P——夹具主轴中心至垫板间的距离(mm)；

d——正弦圆柱的直径(mm)；

D——正弦圆柱中心所在圆的直径(mm)；

α——工件所需转动的角度(°)。

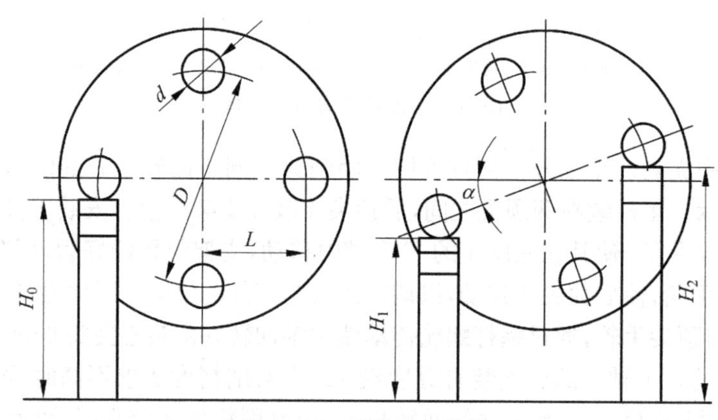

图10-11　量块尺寸计算

(4) 万能夹具。它是从正弦分中夹具发展起来的更为完善的成形磨削夹具，属于成形磨床的主要附件，也可以在平面或万能工具磨床上使用。

① 结构组成及其作用。万能夹具的结构组成如图10-12所示，它主要由分度部分、回转部分、十字拖板部分及工件装夹部分组成。分度部分由分度盘3控制工件的回转角度，其结构及分度原理与正弦分中夹具完全相同，利用分度盘和游标直接分度，其精度可达3′。如果利用正弦圆柱和块规控制转角大小，其精度可达10″～30″。回转部分由主轴6、蜗轮5和蜗杆(图中未画出)组成。摇动手轮13转动蜗杆，蜗杆驱动蜗轮5带动主轴6、分度盘3、十字拖板及工件一起围绕夹具的轴线回转。十字拖板是由固定在主轴6上的拖板座7、中拖板12和小拖板9组成的。转动丝杆8使中拖板12沿拖板座上的导轨上下运动，转动丝杆11使小拖板9沿中拖板12的导轨左右运动，从而形成两个方向互相垂直的运动，使安装在转盘10上的工件可以调整到所需位置。工件装夹部分主要由转盘10和装夹工具组成，其作用是装夹工件。

② 工件装夹方法。

a. 用螺钉与垫柱装夹在工件上预先制作工艺螺孔。使用该方法装夹工件，经一次装夹便可将凸模、型芯轮廓全部磨削出来。

b. 用精密平口钳或磁力台装夹。将精密平口钳或磁力台紧固在转盘10上，用平口钳或磁力台夹紧工件进行磨削，但一次装夹只能磨削工件的部分成形表面。

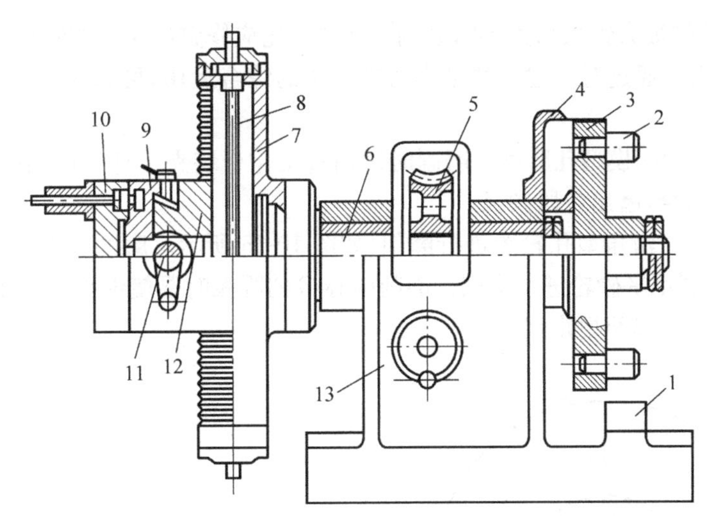

1—块规垫板；2—正弦圆柱；3—分度盘；4—游标；5—蜗轮；6—主轴；7—拖板座；8,11—丝杆；9—小拖板；10—转盘；12—中拖板；13—手轮

图 10-12　万能夹具的结构组成

3. 坐标磨削法

坐标磨削是按准确的坐标位置来保证加工尺寸精度的。它是一种高精度的加工工艺方法，主要用于淬火或高硬度工件的加工，对消除工件热处理变形、提高加工精度尤为重要。坐标磨削范围较大，可以加工直径为 1～200mm 的高精度孔，加工精度可达 0.005mm，表面粗糙度 Ra=0.32～0.08μm。坐标磨削对于位置、尺寸精度和硬度要求高的多孔、多型孔的模板和凹模，是一种较为理想的加工方法。

在坐标磨床上进行坐标磨削加工的基本方法包括下述 4 种。

(1) 内孔磨削。进行内孔磨削时，由于砂轮的直径受到孔径的限制，加工小孔时多取砂轮直径为孔径的 3/4 左右。砂轮高速回转的线速度一般不超过 35m/s，行星运动的速度大约是主运动线速度的 15%。砂轮轴向往复运动的速度与磨削精度有关。粗磨时，行星运动每转 1 周，往复行程的移动距离略小于砂轮高度的 2 倍；精磨时，移动距离应小于砂轮的高度，尤其在精加工结束时应采用很低的行程速度。

(2) 外圆磨削。外圆磨削也是通过砂轮的高速自转、行星运动和轴向直线往复运动实现的，如图 10-13(a)所示。

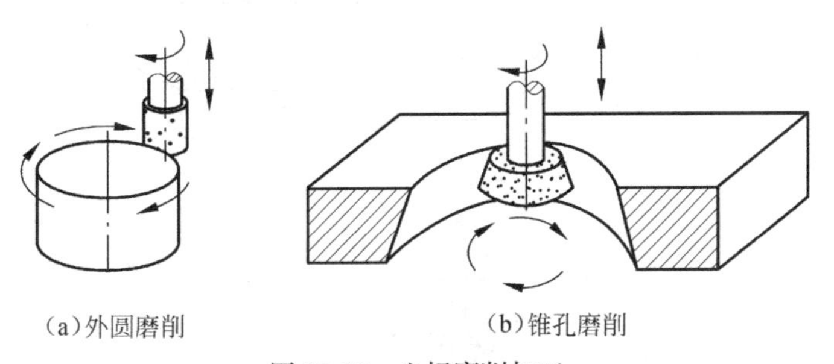

(a)外圆磨削　　(b)锥孔磨削

图 10-13　坐标磨削加工

(3) 锥孔磨削。锥孔磨削是通过利用机床上的专门机构，使砂轮在轴向进给的同时连续改变行星运动的半径实现的，如图 10-13(b)所示。锥孔的锥顶角大小取决于两者的变化比

值，一般磨削锥孔的最大锥顶角为12°，磨削锥孔的砂轮应修整出相应的锥角。

(4) 综合磨削。通过对上述3种基本磨削方法的综合运用，可以对一些形状复杂的型孔进行磨削加工。

图10-14所示为凹模型孔磨削。磨削时用回转工作台装夹工件，逐次找正工件回转中心与机床主轴轴线重合，磨出各段圆弧。

利用磨槽附件对清角型孔轮廓进行磨削，如图10-15所示。磨削时1、4、6采用成形砂轮进行磨削，2、3、5利用平砂轮进行磨削。磨削中心O的圆弧时要使中心O与主轴线重合，操纵磨头来回摆动磨削圆弧至要求尺寸。

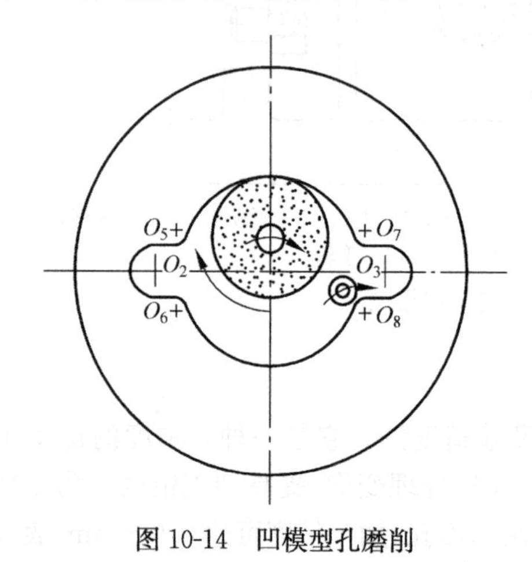

图10-14 凹模型孔磨削

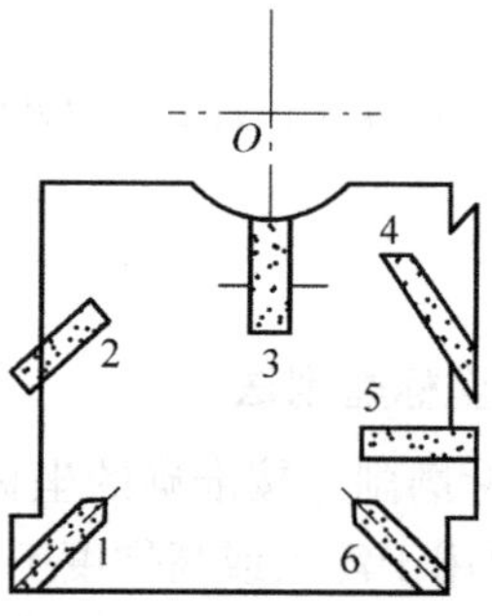

图10-15 清角型孔磨削

4. 曲线光学磨床的磨削

曲线光学磨床是按放大样板或放大图进行磨削加工的，主要用于磨削尺寸较小的凹模拼块、凸模和型芯等。其加工尺寸精度可达±0.01mm，表面粗糙度Ra=0.63～0.32μm。

光学投影的放大原理如图10-16所示。光线从机床下部的光源1射出，将砂轮3和工件2

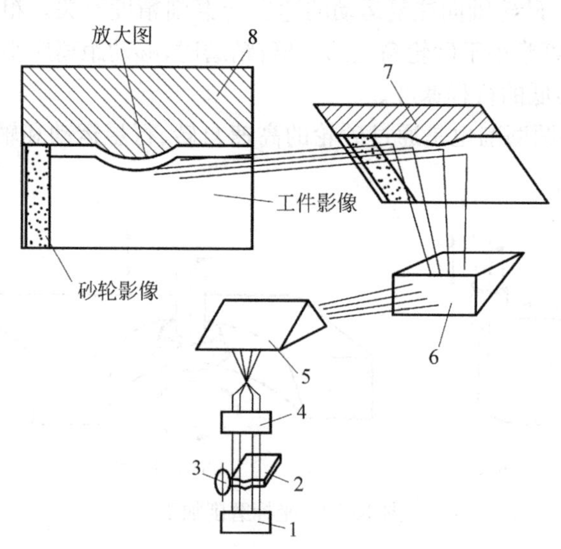

1—光源；2—工件；3—砂轮；4—物镜；5,6—三棱镜；7—平镜；8—光屏

图10-16 光学投影的放大原理

的影像射入物镜。经过棱镜和平面镜的反射，可在光屏上得到放大的影像。将该影像与光屏上的工件放大图进行比较，由于工件留有余量，影像的轮廓将超出光屏的放大图。操作者根据两者的比较结果，操纵砂轮架沿纵横方向运动，使砂轮与工件的切点沿着工件磨削轮廓线将去除加工余量，完成仿形加工。

课题四 刨削和插削加工

【知识目标】

1. 了解刨削和插削加工在模具零件外形加工中的应用。
2. 熟悉刨削和插削加工的经济加工精度及表面粗糙度。

【知识学习】

一、刨削加工

刨削主要用于模具零件外形的加工。中小型零件广泛采用牛头刨床加工；大型零件需用龙门刨床加工。刨削加工精度可达 IT10，表面粗糙度 $Ra=1.6\mu m$。

牛头刨床主要用于平面与斜面的加工。

(1) 平面加工。对于较小的工件，常用平口钳装夹；对于较大的工件，可直接安装在牛头刨床的工作台上。此外，刨削平面时还常用撑板装夹工件，如图 10-17 所示。其优点是：便于进刀和出刀；可避免薄工件发生变形；夹紧力可使工件底面贴实垫板。

(2) 斜面加工。刨削斜面时，可在工件底部垫入斜垫块使之倾斜，并用撑板装夹工件，如图 10-18 所示。斜垫块是预先制成的一批具有不同角度的垫块，也可用两块以上组成其他不同角度的斜垫板。

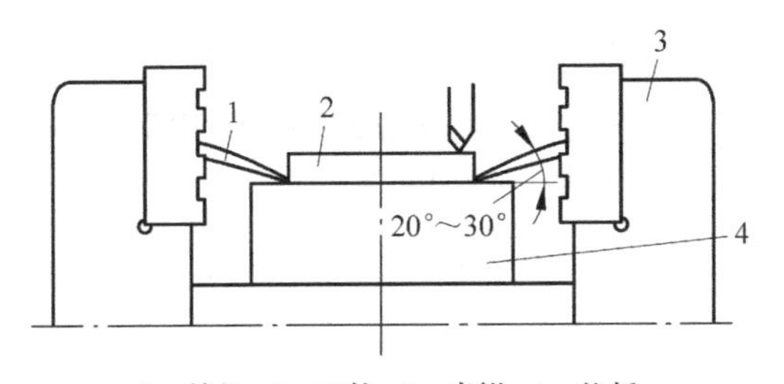

1—撑板；2—工件；3—虎钳；4—垫板

图 10-17 用撑板装夹工件

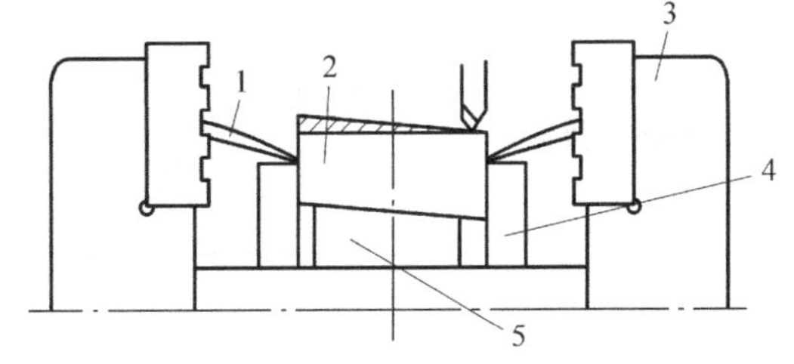

1—撑板；2—工件；3—虎钳；4—垫板；5—斜垫块

图 10-18 利用斜垫块刨削斜面

对于工件的内斜面，一般采用倾斜刀架的方法刨削，如图 10-19 所示的 V 形槽刨削加工过程。

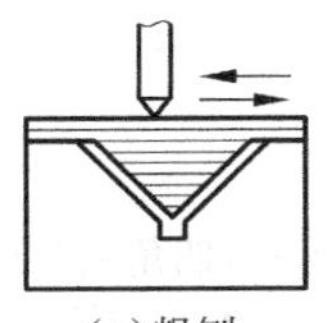

(a)粗刨

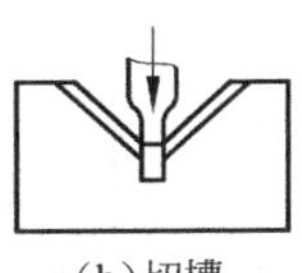

(b)切槽

(c)刨斜面

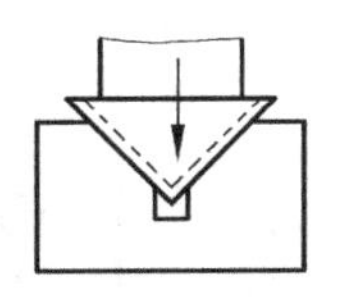

(d)用样板刀精刨

图 10-19 V 形槽刨削加工过程

二、插削加工

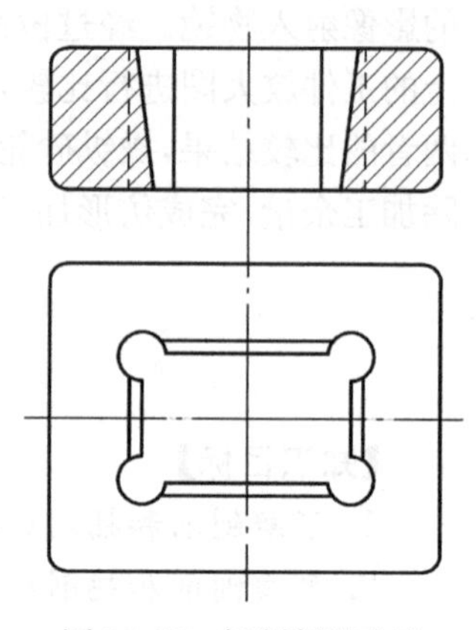
图 10-20　插削斜壁内孔

插床的结构与牛头刨床相似，不同之处在于插床的滑轨是沿垂直方向做往复运动的。在模具制造中，插床主要用于成形内孔的粗加工，有时也用于大工件的外形加工。插床加工时有冲击现象，宜采用较小的切削用量。因此，其生产效率和加工表面粗糙度都不高，加工精度可达 IT10，表面粗糙度 $Ra=1.6\mu m$。

插床的加工方法主要是根据画线形状，利用插床的纵横滑板和回转工作台插出工件的成形孔或外形。所加工的内孔一般都留有加工余量，以供后续精加工。用插床加工直壁外形及内孔的不同形式见表 10-5。此外，还可利用插床滑枕的倾斜，对带有斜度的内孔进行加工，如图 10-20 所示。

表 10-5　用插床加工直壁外形及内孔的不同形式

形　　式	简　　图	说　　明
直壁外形加工	(a)　(b)	图(a)所示工件的外形较大，用插床加工外形基准面 图(b)所示工件的外形较大，用插床加工外形，安装时使尺寸 R 的中心与回转工作台中心重合，加工圆弧面
直壁内孔接角		成形孔在立铣加工后，留下圆角部分用插床加工成清角
直壁内孔加工		成形孔在用钻头排孔后用插床粗加工成形
割孔		大型内孔，四角钻孔后，直接用插床割出。适用于形状较简单的成形孔

课题五　模具零件成形表面的仿形加工

【知识目标】

1. 了解仿形车削的工作原理及其在模具制造中的应用。

2. 了解仿形铣削的工作原理及其在模具制造中的应用。

【知识学习】

对于需要重复生产的型腔、型芯，为了提高加工效率，保证加工质量，经常采用仿形加工，尤其是在数控机床、加工中心未普及之时。

一、回转体表面的仿形车削

仿形车削主要用于加工具有复杂回转体曲面的凸模、型芯及型腔。仿形车削可在带有仿形装置的通用车床上完成，也可在专用仿形车床上完成。一般仿形装置使车刀在纵向走刀的同时，又按预定的轨迹横向走刀，通过纵、横向走刀的复合运动，完成复杂回转体曲面的内、外形加工。

图 10-21 所示为机械式仿形车削示意图。普通车床经改制后，靠模安装在床身后侧，其上有曲线型槽，型槽的形状和尺寸与成形表面的型面曲线的形状和尺寸相同。如图 10-21(a)所示，滚柱 2 通过连接板 3 与床鞍 5 连接，当床鞍沿纵向运动时，滚柱 2 在靠模 1 的型槽内移动，通过连接板 3 带动刀架 4，使车刀产生纵、横向运动完成仿形车削加工。如图 10-21(b)所示，尾座靠模仿形车削主要用于加工端面。从普通车床上拆除小刀架，将装有刀杆 3 的板架 2 装于中滑板上，靠模 4 由靠模支架 5 固定在车床尾座上，车削时中滑板沿横向运动，刀杆 3 在靠模作用下产生纵向运动，完成端面的仿形车削加工。

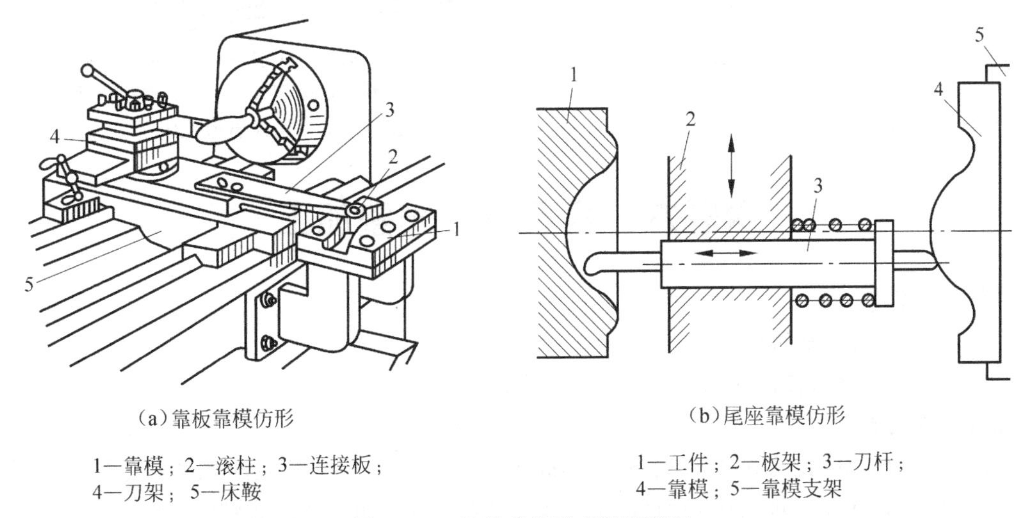

(a)靠板靠模仿形

1—靠模；2—滚柱；3—连接板；4—刀架；5—床鞍

(b)尾座靠模仿形

1—工件；2—板架；3—刀杆；4—靠模；5—靠模支架

图 10-21　机械式仿形车削示意图

二、型腔、型芯的仿形铣削

仿形铣削主要用于加工复杂的凸模、型芯及型腔。仿形铣削可在带有仿形装置的立式铣床上完成，也可在专用仿形铣床上完成。

1. 立式铣床仿形加工

在立式铣床上进行平面轮廓仿形铣削，需要使用简单的靠模装置。如图10-22所示，为仿形铣削凹模型孔。其样板3、垫板4和凹模5一起安装在铣床工作台上，在指状铣刀的刀柄上装有一个淬硬的滚轮1。加工凹模型孔时，手动操纵铣床进行纵向和横向移动，使滚轮始终与样板保持接触，并沿着样板的型面做轮廓运动，从而加工出凹模型孔。利用靠模装置加工时，铣刀的半径应小于型孔转角处的圆角半径，方才能加工出整个轮廓。

2. 仿形铣床加工

对于形状复杂的模具型腔，可采用仿形铣床进行加工。图10-23所示为立式仿形铣床。其工作台可沿机床床身做横向进给运动，工作台上装有支架，支架上又装有靠模和工件。主轴箱可沿横梁的水平导轨做纵向进给运动，还可连同横梁一起沿立柱做上下垂直进给运动。主轴箱上装有铣刀和靠模销，通过横向、纵向及垂直3个方向的进给运动，即可加工出立体成形表面。

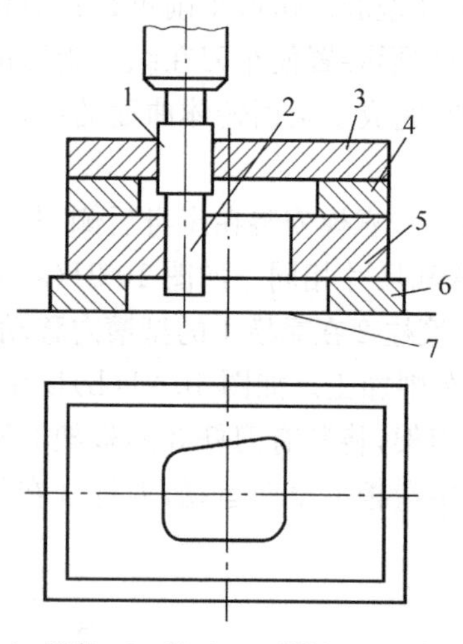

1—滚轮；2—铣刀；3—样板；4—垫板；5—凹模；6—底板；7—工作台

图10-22 平面轮廓仿形铣削

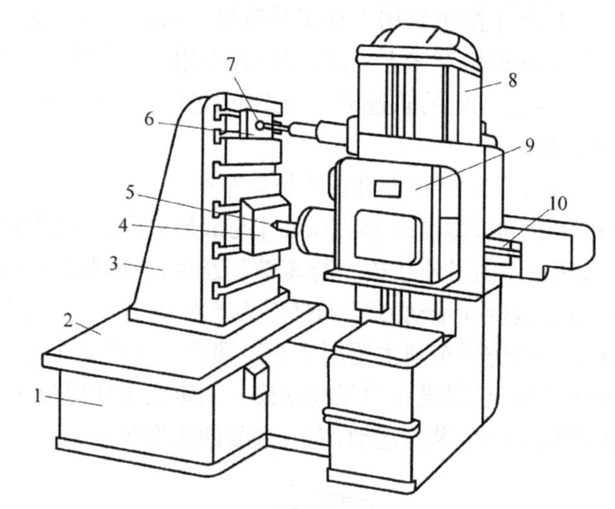

1—床身；2—工作台；3—支架；4—工件；5—铣刀；6—靠模；7—靠模销；8—立柱；9—主轴箱；10—横梁

图10-23 立式仿形铣床

课题六 模具零件光整加工

【知识目标】

1. 了解研磨、抛光的机理。
2. 熟悉光整加工在模具制造中的具体应用。

【知识学习】

光整加工是以降低零件表面粗糙度、提高表面形状精度和增加表面光泽为主要目的的研磨和抛光加工。在模具加工中，光整加工主要用于模具的成形表面，它对提高模具寿命和形状精度，以及保证顺利成形都具有重要影响。

一、研磨和抛光的机理及特点

1. 研磨机理

研磨是使用研具、游离磨料对被加工表面进行微量加工的精密加工方法。在被加工表面和研具之间置以游离磨料和润滑剂，使被加工表面和研具之间产生相对运动并施以一定压力，致使磨料产生切削、挤压等作用，从而去除表面凸起，使被加工表面精度提高、表面粗糙度降低。研磨加工过程示意图如图 10-24 所示。

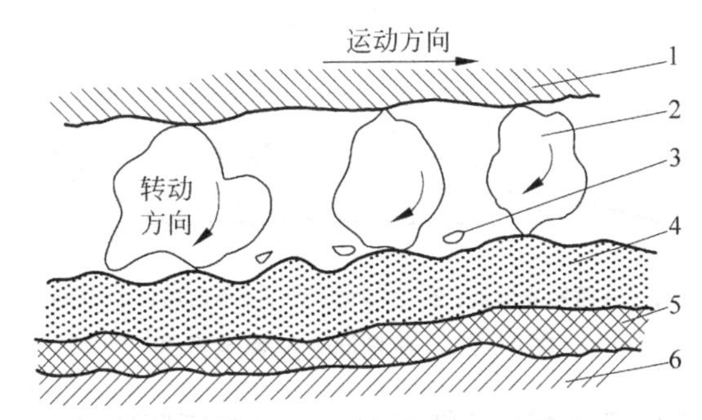

1—研具；2—磨料；3—切屑；4—原加工变质层；5—研磨加工变质层；6—工件基体

图 10-24　研磨加工过程示意图

在研磨过程中，被加工表面发生复杂的物理和化学变化，其主要作用如下：

(1) 微切削作用。即在研具和被加工表面做研磨运动时，在一定压力下对被加工表面进行微量切削。不同加工条件下的微量切削具有不同形式。当研具硬度较低、研磨压力较大时，磨粒可镶入研具，进而产生刮削作用。这种方式有较高的研磨效率。当研具硬度较高时，磨粒不能嵌入研具，只能在研具和被加工表面之间滚动，并以其锐利的尖角进行微切削。

(2) 挤压塑性变形。钝化的磨粒在研磨压力作用下，挤压被加工表面的粗糙凸峰，在塑性变形和流动中使凸峰趋向平缓和光滑，从而使被加工表面产生微挤压塑性变形。

(3) 化学作用。当采用氧化铬、硬脂酸等研磨剂时，研磨剂和被加工表面产生化学作用，形成一层极薄的氧化膜，这层氧化膜很容易被磨掉，而又不损伤材料基体。在研磨过程中，氧化膜不断快速形成，又很快被磨掉，以此循环加快研磨过程，使被加工表面的表面粗糙度降低。

2. 研磨特点

研磨具备以下特点：

(1) 尺寸精度高。研磨采用极细的磨粒，在低速、低压作用下，逐次磨除表面的凸峰金属，并且加工热量少，被加工表面的变形和变质层较少，可稳定获得高精度表面，尺寸精度可达 0.025μm。

(2) 形状精度高。由于微量切削，研磨运动轨迹复杂，并且不受运动精度的影响，因此可获得较高的形状精度。球体圆度可达 0.025μm，圆柱体圆柱度可达 0.1μm。

(3) 表面粗糙度低。在研磨过程中，磨粒的运动轨迹不重复，有利于均匀磨除被加工表面的凸峰，从而降低表面粗糙度。其表面粗糙度可达 0.1μm。

(4) 表面耐磨性提高。由于研磨表面质量提高，使摩擦系数减小，同时使有效接触表面积增大，从而提高了耐磨性。

(5) 疲劳强度提高。由于研磨表面存在残余压应力，这种应力有利于提高零件表面的疲劳强度。

(6) 不能提高各表面之间的位置精度。

(7) 多为手工作业，劳动强度大。

3. 抛光机理及特点

抛光加工过程与研磨加工过程基本相同，如图 10-25 所示。

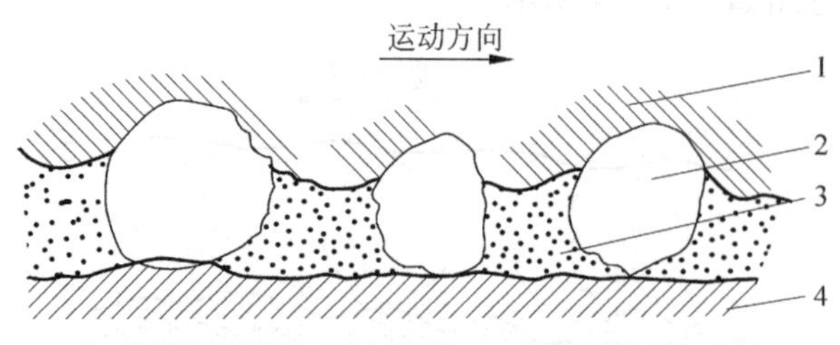

1—软质抛光器具；2—细磨粒；3—微小切屑；4—工件

图 10-25　抛光加工过程示意图

抛光是一种磨削程度比研磨更微的精密加工。研磨所用研具较硬，其微切削作用和挤压塑性变形作用较强，在尺寸精度和表面粗糙度两方面均有明显的加工效果。抛光过程中也存在微切削作用和化学作用，由于抛光所用研具较软，还存在塑性流动作用。这是由于抛光过程中的摩擦现象，使抛光接触点温度上升，引起热塑性流动。抛光的作用是进一步降低表面粗糙度，并获得光滑表面，但不提高表面的形状精度和位置精度。

抛光加工是在研磨之后进行的，抛光后的表面粗糙度 Ra 可达 0.4μm 以下。模具成形表面的最终加工，大都需要研磨和抛光。

二、光整加工在模具中的作用

冲压模具、塑料模具和金属压铸模具的成形表面，除了部分可以采用超精磨削加工达到设计要求，多数成形表面和高精度表面都需要光整加工，并且大部分需要模具钳工手工作业完成。据统计光整加工工作量约占模具整体工作量的 1/3。

模具成形表面的粗糙度对模具寿命和制件质量都有较大影响，在采用磨削方法加工成形表面时，加工表面不可避免地出现细微磨痕、裂纹和伤痕等缺陷，这些缺陷对于某些精密模具的影响尤为突出。在其他条件都不改变的前提下，刃口表面在磨削后进行光整加工，可使表面粗糙度数值下降，磨削缺陷消除，试冲后的冲裁毛刺≤0.05mm，模具寿命得以增加。膜片冲裁模刃口表面粗糙度与模具寿命的关系见表 10-6。

表 10-6　膜片冲裁模刃口表面粗糙度与模具寿命的关系

刃口表面粗糙度 Ra/μm	刃口表面最终加工方式	模具刃磨寿命/万次
0.8	磨削	—
0.4	研磨　抛光	2
0.2～0.1	研磨　抛光	5～8

刃口表面状态和刃口崩刃有直接关系，一般刃口崩刃是由于冲裁疲劳和材料、热处理问题引起的，属于局部损伤；但刃口磨削后的微小裂纹、伤痕等缺陷也会直接造成刃口崩刃。为了消除这些缺陷，应在磨削后进行光整加工，尤其是硬质合金材料，其对这类缺陷的反应最敏感。例如，某冷挤压模具采用 6Cr3SiV 材料，其型腔表面粗糙度 Ra=1.6～0.8μm 时，模具平均寿命为三万次左右；经过光整加工，型腔表面粗糙度 Ra=0.2～0.1μm，模具平均寿命达 4.5 万～5 万次。

三、研磨抛光分类

1. 按研磨抛光过程中人参与的程度分类

(1) 手工作业研磨抛光。它指主要依靠操作者个人技艺或采用辅助工具进行的研磨抛光。加工质量主要依赖操作者个人的技艺水平，而且劳动强度较大，工作效率较低。鉴于目前非手工作业应用范围有限，特别是型腔中窄缝、盲孔、深孔和死角部位的加工，仍然以手工作业法为主导。

(2) 机械设备研磨抛光。它指主要依靠机械设备进行的研磨抛光。它包括一般研磨抛光设备和智能自动抛光设备，是研磨抛光发展的主要方向。机械设备研磨抛光的质量不依赖操作者的个人技艺，而且工作效率较高。具体包括挤压研磨抛光、电化学研磨抛光等。

2. 按磨料在研磨抛光过程中的运动轨迹分类

(1) 游离磨料研磨抛光。在研磨抛光过程中，利用研磨抛光工具系统给予游离状态研磨抛光剂一定的压力，使磨料按不重复的轨迹运动进行微切削和微塑性挤压变形。

(2) 固定磨料研磨抛光。它指研磨抛光工具本身含有磨料，在加工过程中该工具以一定压力直接和被加工表面接触，磨料和工具的运动轨迹一致。

3. 按研磨抛光的机理分类

(1) 机械式研磨抛光。它是利用磨料的机械能量和切削力对被加工表面进行微切削为主的研磨抛光。

(2) 非机械式研磨抛光。它是依靠电能、化学能等非机械能所进行的研磨抛光。

4. 按研磨抛光剂的使用条件分类

(1) 湿研。将由磨料和研磨液组成的研磨抛光剂连续加注或涂敷于研具表面，磨料在研具和被加工表面之间滚动或滑动，形成对被加工表面的切削运动。其加工效率较高，但加工表面的几何形状和尺寸精度不如干研，多用于粗研或半精研。

(2) 干研。将磨料均匀地压嵌在研具表层中，再施以一定压力使嵌砂进行研磨加工。这种方式可获得很高的加工精度和低的表面粗糙度，但加工效率低，一般用于精研。

(3) 半干研。类似湿研，使用糊状研磨膏。粗、精研均可。

四、常见研磨抛光工具

(1) 研具材料。进行研磨抛光时直接和被加工表面接触的研磨抛光工具称为研具。研具的材料有很多，原则上研具材料的硬度应比加工材料的硬度低，但研具材料过软，会使磨粒全部嵌入研具表面而使切削作用降低。总之，研具材料的软硬程度、耐磨性应与被加工材料相适应。

研具材料通常包括低碳钢、灰铸铁、黄铜和紫铜，硬木、竹片、塑料、皮革和毛毡也是常用材料。灰铸铁中含有石墨，因而其耐磨性、润滑性及研磨效率都比较理想。灰铸铁研具主要用于淬硬钢、硬质合金和铸铁材料的研磨，一般为精研磨。硬木、竹片、塑料和皮革等材料常用于窄缝、深槽及非规则几何形状的精研磨和抛光。

精密固定磨料研具的材料是低发泡氨基甲酸(乙)脂油石，其研磨抛光机理也是微切削作用，当加工压力增大时，油石与被加工表面接触压强增大，参加微切削的磨粒增多，加速研磨抛光过程。

（2）普通油石。普通油石一般用于粗研磨，它由氧化铝、碳化硅磨料和粘结剂压制烧结而成。使用时根据型腔形状磨成需要的形状，并根据被加工表面的表面粗糙度和材料硬度选择相应的油石。当被加工零件材料较硬时，应选择较软的油石，否则反之。

（3）研磨平板。研磨平板主要用于单一平面及中小镶件端面的研磨抛光，如冲裁凹模端面、塑料模中的单一平面分型面等。研磨平板采用灰铸铁材料，并在其上开设相交60°或90°，宽1～3mm，距离为15～20mm的槽。进行研磨抛光时应在研磨平板上放些微粉和抛光液。

（4）外圆研磨环。它是在车床或磨床上对外圆表面进行研磨的一种研具。研磨环有固定式和可调式两类，固定式研磨环的研磨内径不可调节，而可调式研磨环的研磨内径可在一定范围内调节，以适应研磨外圆不同或外圆变化的需要，如图10-26所示。一般研磨环的内径尺寸应比被加工零件的外径尺寸大0.025～0.05mm，研磨环长度宜取被加工零件长度的25%～50%。

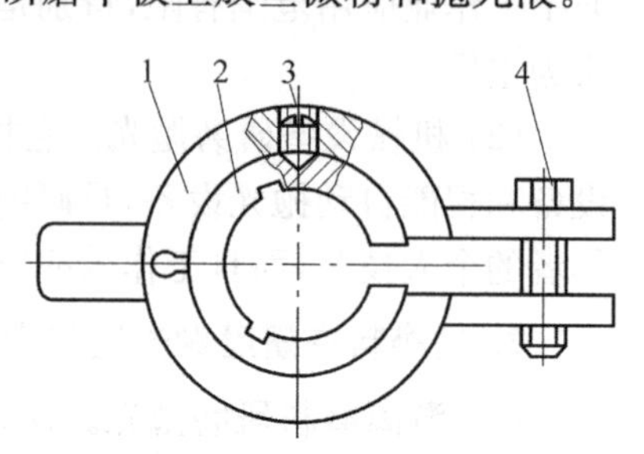

1—研磨套；2—研磨环；
3—限位螺钉；4—调节螺钉

图10-26　外圆研磨环

（5）内圆研磨芯棒。它是研磨内圆表面的一种研具，根据研磨零件的外形和结构不同，分别在钻床、车床或磨床上进行。研磨芯棒有固定式和可调式两类。固定式研磨芯棒的外径不可调节，芯棒外圆表面制有螺旋槽，以容纳研磨抛光剂。固定式研磨芯棒一般由模具钳工在钻床上进行较小尺寸圆柱孔的加工。可调式研磨芯棒如图10-27所示，它借助锥形芯轴的锥面进行外圆直径的微量调节。研磨芯棒的外径尺寸应比研磨孔的直径小0.01～0.025mm，其长度为被加工零件长度的2～3倍。

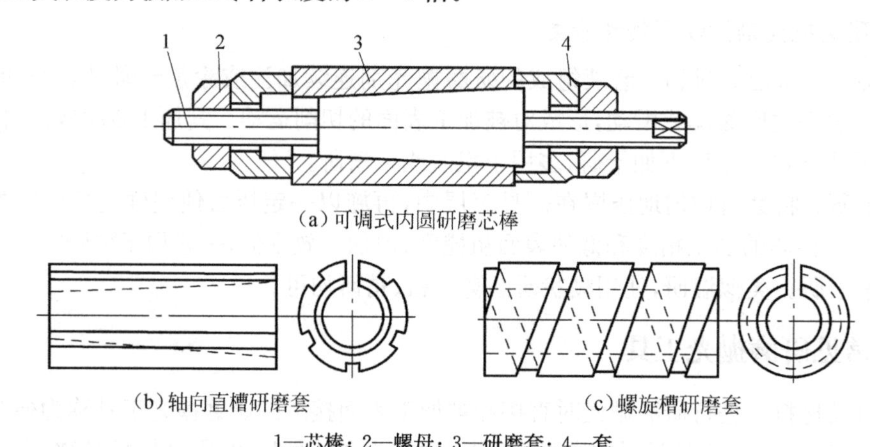

（a）可调式内圆研磨芯棒

（b）轴向直槽研磨套　（c）螺旋槽研磨套

1—芯棒；2—螺母；3—研磨套；4—套

图10-27　可调式研磨芯棒

五、挤压研磨抛光

挤压研磨抛光属于磨料流动加工，又称为挤压研磨。它不仅能对零件表面进行光整加工，还可以去除零件内部通道上的毛刺。

1. 基本原理

图10-28所示为挤压研磨抛光加工过程示意图。工件5安装在夹具4中，夹具和上、下磨料室相通，磨料室内充满研磨抛光剂，由上、下活塞依次轮番对研磨抛光剂施加压力，并做往复

运动，使研磨抛光剂在一定压力作用下，反复从被加工表面滑擦通过，从而达到研磨抛光的目的。

2. 特点

(1) 适用范围广。由于研磨抛光剂是一种半流体状态的弹黏性介质，它可以与任何复杂形状的被加工表面相吻合，因而适用于各种复杂表面的加工。同时加工材料范围广，不仅有高硬度模具材料，还有铸铁、铜及铅等材料，以及陶瓷、硬塑料等非金属材料。

(2) 抛光效果好。抛光后的尺寸精度、表面粗糙度与抛光前的原始状态有关。经过电火花线切割0.0025mm，完全可以去除电火花加工的表面质量缺陷。但是挤压研磨抛光属于均匀“切削”，并不能修正原始加工的形状误差。

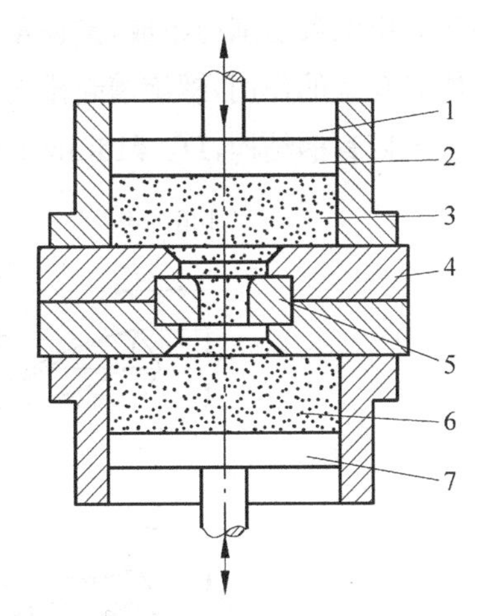

1—上磨料室；2—上活塞；3—研磨抛光剂；4—夹具；5—工件；6—下磨料室；7—下活塞

图 10-28　挤压研磨抛光加工过程示意图

(3) 研磨抛光效率高。挤压研磨抛光的加工余量一般为0.01～0.1mm，所需的研磨抛光时间为几分钟至十几分钟。与手工研磨抛光相比，可大大提高生产率。

3. 弹黏性研磨抛光剂

弹黏性研磨抛光剂又称黏性磨料，它由磨料和特殊的流动介质均匀混合而成。弹黏性研磨抛光剂的性能优劣直接影响抛光效果。对它的基本要求是：具有一定的流动性和弹黏性，以适应不同表面的加工；在通过零件型面时应有足够的切削力，磨料颗粒在流体介质中应均匀分布；介质有很强的内聚力，以防止流体粘到磨料表面形成薄膜，导致磨料丧失切削作用；内摩擦力要小，能使磨料本身很好地传送压力，并顺利通过被加工表面进行往复切削运动；稳定性好，使用寿命长；切削作用强，加工速度快，有明显的抛光和去毛刺作用，且对人体无害；黏性磨料虽然柔软，但不能发黏，更不能粘在零件表面上，给零件清洗造成困难。

课题七　孔及其孔系的加工

【知识目标】

1. 了解钻孔、扩孔、铰孔及镗孔使用的刀具、设备及其在模具制造中的具体应用。

2. 熟悉坐标镗削的应用及常用坐标镗床的附件。

【知识学习】

孔的加工在模具制造中占有很大比例。例如冲裁凹模、凸模固定板和卸料板，以及塑料模中的型芯固定板、推杆固定板等都需要孔的加工。模具零件有圆孔、方孔及不规则的异型孔，本节主要讨论圆孔的加工。

一、孔的常见加工方法

1. 钻孔

钻孔主要用于孔的粗加工。钻孔所用刀具是麻花钻，其结构如图10-29所示。钻头一般由工作部分和夹持部分组成，工作部分又由顶端的切削部分和圆周的导向部分组成。其中切削部分由两条切削刃组成，锥顶角为120°。导向部分有两条对称的棱边和螺旋槽，棱边起导向和修光孔壁的作用，螺旋槽起排屑和输送切削液的作用。一般情况下，尺寸 $D \leqslant \phi 12$mm 的麻花钻采用直柄结构，$D \geqslant \phi 13$mm 的麻花钻采用锥柄结构。

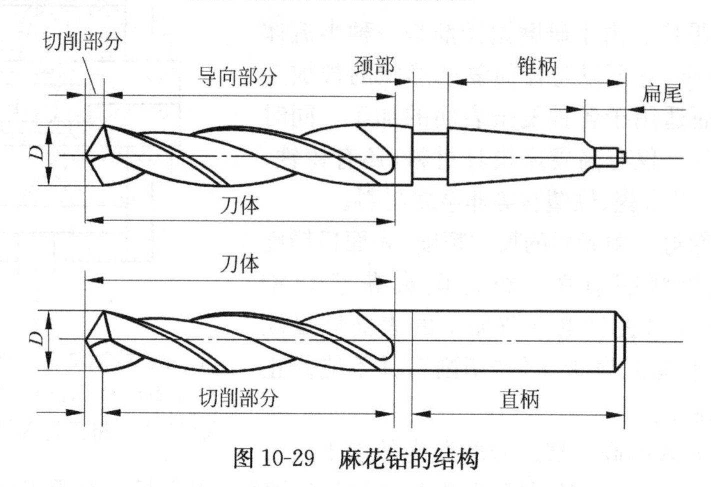

图10-29 麻花钻的结构

钻孔使用的设备主要是钻床。钻床又分为台式钻床、立式钻床及摇臂钻床等种类。摇臂钻床钻孔时不用移动工作，加工范围大，是大型零件钻孔的常用设备。除钻床外，普通车床、立式铣床及镗床也可以完成钻孔工序。

钻孔工序工件常见装夹方式如图10-30所示。几何尺寸较小的工件，可采用平口钳装夹。中型工件可采用压板、螺栓直接固定在工作台上。圆柱表面钻孔可采用V形架。几何尺寸大、质量大的工件，若钻孔孔径偏小，则无须装夹。

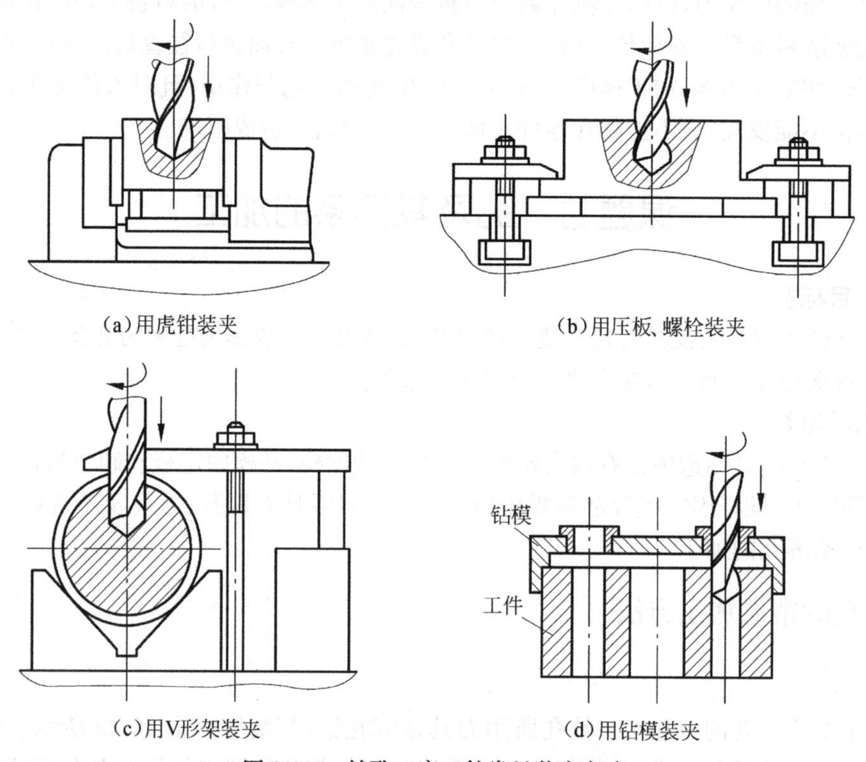

(a)用虎钳装夹　(b)用压板、螺栓装夹

(c)用V形架装夹　(d)用钻模装夹

图10-30 钻孔工序工件常见装夹方式

2. 扩孔

扩孔是对已经加工得到的孔进一步扩大的加工方法。扩孔所用刀具为扩孔钻。由于扩孔钻钻心截面较大、刚性较好，其加工精度和表面状态均优于钻孔。扩孔使用的设备同钻孔。扩孔一般是钻孔的后续工序，也是镗孔、铰孔的预加工。如果采用钻-扩复合工艺，通常，第一次钻孔的孔径应为扩孔孔径的50%～70%。

3. 铰孔

铰孔是对中小孔径进行半精加工、精加工的常见方法。铰刀除前端有一引导锥度外，切削刃是垂直平行布置的。铰削的加工余量小，精铰对双面切削量仅为0.01～0.03mm。铰孔的加工精度高，一般可达IT6～IT10，甚至IT5，表面粗糙粗 Ra=1.6～0.4μm，但铰孔的孔径尺寸受铰刀直径的限制。

模具零件中的定位销孔、小凸模及小型芯固定板中的部分精密孔，多采用铰孔作为精加工手段。

4. 镗孔

镗孔同扩孔一样，也是对已经加工得到的孔进一步扩大的加工方法。镗刀虽然是单刃，镗削加工效率偏低，但加工孔径不受刀具直径的限制。与钻孔、扩孔及铰孔相比，镗孔具有较强的灵活性，加工范围广，常用于大、中孔的半精加工和精加工。

镗孔一般在专用镗床上进行，由于镗刀杆截面大、刚性好，其加工精度较高，可达IT7～IT10。对于精度要求不高的孔，也可在普通车床、铣床上加工。镗削加工可获得的表面粗糙度 Ra=1.6～0.4μm，是孔径>ϕ60mm工件的常见加工方法。

二、孔的坐标镗削加工

模具零件中，诸如连续冲裁模的凹模、多凸模的固定板等，都需要加工许多孔。这些孔不仅孔径有严格的精度要求，而且孔与孔之间也有严格的位置要求。在模具制造中，将同一零件上尺寸精度和位置精度都有较严格要求的一系列孔称为孔系。为保证各孔的相对位置精度要求，对这类零件经常采用坐标镗削的方法进行加工。坐标镗削使用的设备为坐标镗床。如图10-31所示，立式双柱坐标镗床的工作台能在纵、横移动方向上做精密调整，多数工作台移动量的读数最小单位是0.001mm，读取方法可采用光学或数字显示式。镗床定位精度一般可达±(0.02～0.025)mm。

在坐标镗床上按坐标法镗孔，是将各孔间的尺寸转化为直角坐标尺寸，如图10-32所示。加工时先将工件置于工作台上，用百分表找正相互垂直的基准面 a 和 b，使其分别和工作台的纵、横移动方向平行并夹紧。然后使基准 b 与主轴轴线对准，将工作台纵向移动 x_1；再使基准 b 与主轴轴线对准，将工作台横向移动 y_1。此时，主轴轴线与孔Ⅰ的轴线重合，可加工孔至所要求的尺寸。孔Ⅰ加工完成后按坐标尺寸 x_2、y_2 及 x_3、y_3 调整工作台，使孔Ⅱ及孔Ⅲ的轴线依次与主轴轴线重合，镗出孔Ⅱ及孔Ⅲ。

在工件安装调整过程中，为了使工件上的基准 a 或 b 对准主轴轴线，可以采用多种方法。如图10-33所示，当用定位角铁和光学中心测定器找正时，光学中心测定器2以其锥柄定位安装在镗床主轴的锥孔内，在目镜3的视场内有两对十字线。定位角铁的两个工作表面互成90°，其上固定有一个直径约为7mm的镀铬钮，钮上有一条与定位角铁垂直工作面重合的刻线。使用时将定位角铁的垂直工作面紧靠工件4的基准面(a 或 b)，移动工作台，并从目镜观

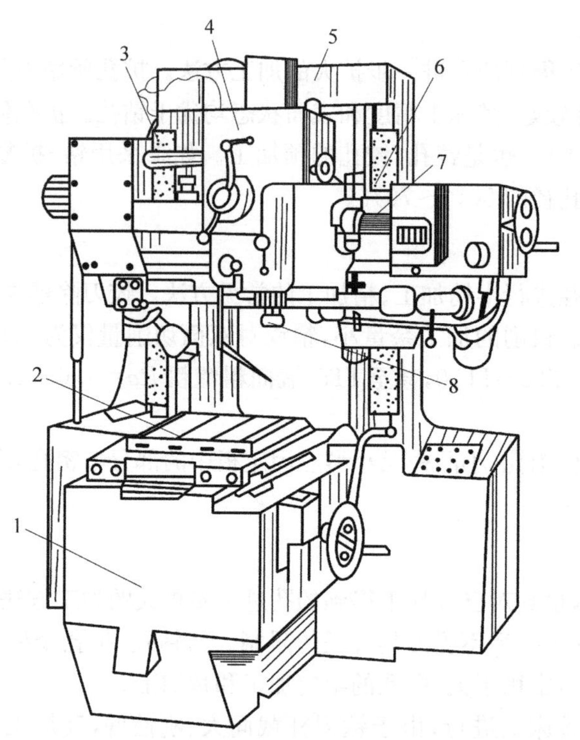

1—床身；2—工作台；3、6—立轴；4—主轴箱；5—顶梁；7—横梁；8—主轴

图 10-31　立式双柱坐标镗床

察，使镀铬钮上的刻线恰好落在目镜视场内的两对十字线之间。

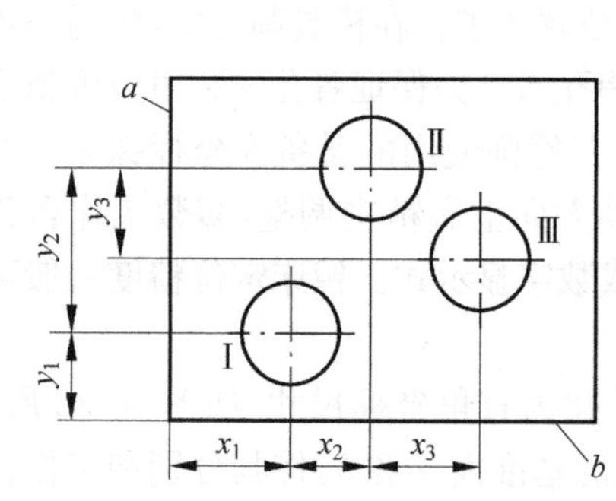

图 10-32　孔系的直角坐标尺寸

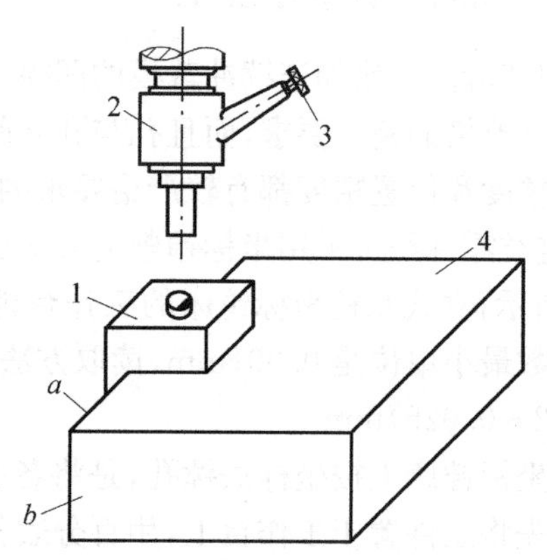

1—定位角铁；2—光学中心测定器；3—目镜；4—工件

图 10-33　用定位角铁和光学中心测定器找正

加工分布在同一圆周上的孔，可以使用坐标镗床的附件——万能回转工作台，如图 10-34 所示。转动手轮 3，转盘 1 便可绕垂直轴旋转 360°，旋转的读数精度为 1″，使用时将转台置于坐标镗床的工作台上。加工时应调整工件，使各孔所在圆的圆心与转盘 1 的回转轴线重合。转动手轮 2，可使转盘 1 绕水平轴在 0°～90°的范围内倾斜，以加工工件的斜孔。

对具有镶件结构的多型孔凹模进行加工，在缺少坐标镗床的情况下，可在立式铣床上按坐标法加工孔系。为此，可在立式铣床工作台的纵、横运动方向上附加量块、百分表测量装置，以调整工作台的移动距离，控制孔间的坐标尺寸，其距离精度一般可达 0.02mm。

在对型孔进行镗孔时，必须使孔系的位置尺寸达到一定精度要求，否则会给坐标镗床加工造成困难。最理想的方法是用加工中心进行加工，这样不仅能保证各型孔间的位置精度要求，而且凹模上所有螺纹孔、定位销孔的加工都可通过一次安装全部完成，极大简化了操作，有利于劳动生产率的提高。

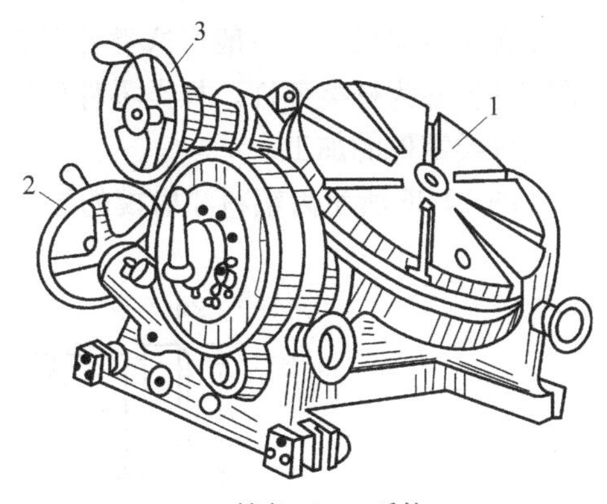

1—转盘；2,3—手轮

图 10-34　万能回转工作台

三、孔系的配合加工

模具零件中，有些零件本身的孔距精度要求不高，但相互之间的孔位要求高度一致；有些相关零件不仅孔距精度要求高，而且要求孔位一致。这些孔常用的加工方法有同镗（合镗）加工法和配镗加工法。

1. 同镗（合镗）加工法

对于上、下模座的导柱孔和导套孔，动、定模模座的导柱孔和导套孔，以及模座与固定板的销钉孔等，可以采用同镗加工法。同镗加工法就是将孔位要求一致的 2 个或 3 个零件用夹钳装夹固定在一起，并对同一孔位的孔同时进行加工的方法，如图 10-35 所示。

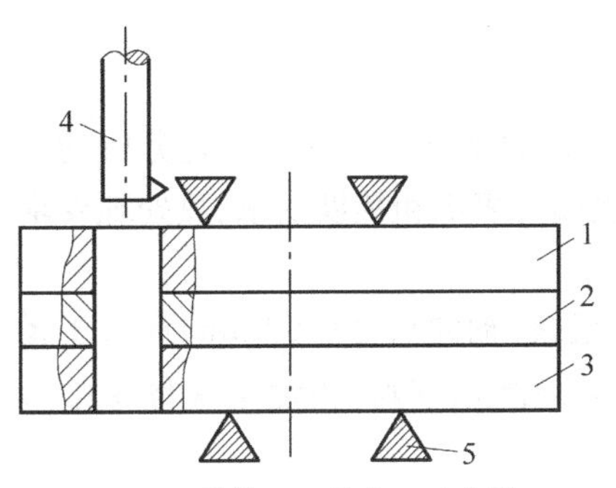

1,2,3—零件；4—钻头；5—夹钳

图 10-35　模具零件的同镗（合镗）加工

2. 配镗加工法

为了保证模具零件的使用性能，许多模具零件都要进行热处理。热处理后的零件会发生变形，使热处理前的孔位精度遭到破坏，如上模与下模中各对应孔的中心会发生偏斜等。在这种情况下，可以采用配镗加工法，即加工某一零件时，不按图样的尺寸和公差进行加工，而是按与之有对应孔位要求的热处理后的零件实际孔位来配做。例如，将热处理后的凹模置于坐标镗床上，并实际测得各孔的中心距，然后以此来加工未经热处理的凸模固定板上的对应孔。通过这种方法可保证凹模和凸模固定板上各对应孔的同心度。

配镗不能消除热处理对零件的影响，加工后的孔位绝对精度不高。为了保证各相关件孔距的一致性和孔径精度，可以采用高精度坐标镗削（未淬硬件）和坐标磨削（淬硬件）来加工孔系，也可采用数控机床、线切割加工孔系，加工精度可达 0.01mm。

课题八　杆类、套类及板类零件的加工工艺分析

【知识目标】

1. 熟悉模具零件图工艺分析的主要内容。
2. 熟悉杆类、套类及板类零件的常见工艺方案。

【知识学习】

一、杆类零件的加工

模具零件中的导柱、圆形凸模、圆形型芯、压入式模柄、圆形推杆及复位杆等，其轴向尺寸

明显大于径向尺寸。一般将这类外形表面由多阶梯状圆柱面组成且轴向尺寸远大于径向尺寸的零件统称为杆类零件。杆类零件外形相似，其加工方案也相近。本节仅以塑料模导柱为例讨论杆类零件的加工。

图10-36所示为塑料注射模的导柱，其材料为T8A，硬度要求50～55HRC。

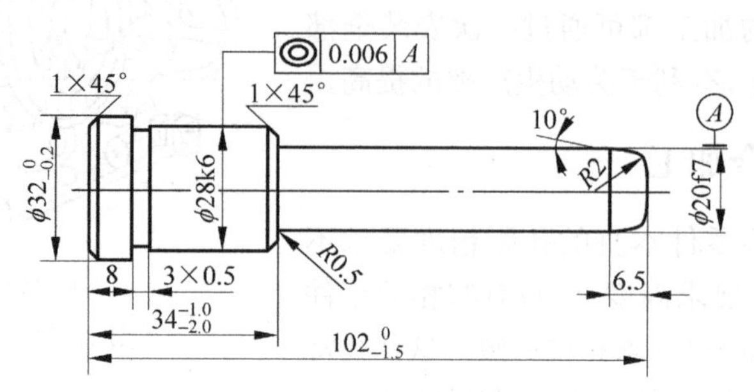

图10-36　塑料注射模的导柱

1. 零件图工艺分析

对模具零件图进行全面认真的分析，是合理制定工艺过程的基础。零件图工艺分析的主要内容一般应包括零件的形状、尺寸精度、位置精度、主要表面的表面粗糙度要求、热处理要求及生产批量。

(1) 形状及尺寸分析。该零件外形表面由阶梯圆柱面组成，轴向尺寸(102mm)远大于径向尺寸(ϕ32mm)，属于细长轴类零件。因此，毛坯应直接采用圆钢下料，粗加工选择车削方法。为了保证加工精度，应采用前后顶尖的装夹形式。

(2) 尺寸精度和表面粗糙度要求分析。尺寸精度最高的圆柱面，其等级是IT6；表面质量要求最高的是导套的配合面，其表面粗糙度Ra=0.2μm。该零件由于需要淬火，其最终精加工应由外圆磨削完成，与导套配合部分磨削后还需进行光整加工，以满足零件表面粗糙度的要求。

(3) 热处理要求分析。T8A材料、硬度要求50～55HRC，表明该零件半精加工后应进行淬火、低温回火，最后磨削外径并研磨抛光。

2. 导柱加工方案的选择

根据上述工艺分析，导柱的加工方案可以拟定为下料→粗车→半精车→淬火、回火→磨外径→光整加工。

3. 导柱加工工艺过程

导柱加工工艺过程见表10-7。

表10-7　导柱加工工艺过程

工序号	工序名称	工 序 内 容	设备	工 序 简 图
1	下料	按图样尺寸 ϕ35×105 切断	锯床	ϕ35 105
2	车端面，打中心孔	车端面保持长度尺寸103.5，打中心孔。调头车端面至尺寸102，打中心孔	车床	102

续表

工序号	工序名称	工 序 内 容	设备	工 序 简 图
3	车外圆	粗车外圆柱面至尺寸 ϕ20.4×68，ϕ28.4×26 并倒角。调头车外圆至尺寸 ϕ32 并倒角。按尺寸 3×0.5 切槽	车床	1×45°　10°　ϕ32　ϕ28.4　3×0.5　26　ϕ20.4
4	检验			
5	热处理	按热处理工艺对导柱进行处理，保证表面硬度 50～55HRC		
6	研中心孔	研中心孔，调头研另一端中心孔	车床	
7	磨外圆	磨外圆柱面至尺寸 ϕ28k6，ϕ20f7，留研磨余量 0.01mm，并磨 10°角	磨床	
8	研磨	研磨外圆柱面 ϕ28k6，ϕ20f7 至尺寸，抛光 $R2$ 和 10°角	磨床	ϕ28.005　ϕ20.01f7
9	检验			

导柱加工过程中为了保证各外圆柱面之间的位置精度和均匀的磨削余量，对外圆柱面的车削和磨削一般采用设计基准和工艺基准重合的两端中心孔定位。因此，在车削和磨削前需要先加工中心孔，以为后续工序提供可靠的定位基准。中心孔加工的形状精度对导柱的加工质量有直接影响，特别是加工精度要求高的轴类零件。另外，保证中心孔与顶尖之间的良好配合也是非常重要的。中心孔的钻削和修正，是在车床、钻床或专用机床上按图样要求的中心定位孔的形式进行的。

磨削虽然可以保证导柱的尺寸精度、形状精度要求，但无法满足表面粗糙度要求。导柱固定部分（ϕ28k6，Ra＝0.4μm）与导套配合部分（ϕ20f7，Ra＝0.2μm）磨削后，须进行研磨抛光，以增加光泽，降低表面粗糙度值。

二、套类零件的加工

套类零件的外形同轴类零件，但中间有孔，且内孔与外形有一定的同轴度要求，如导套、浇口套、定位圈及圆形凸凹模等。现以冲裁模导套为例，分析套类零件的加工工艺。

在机械加工过程中，除保证导套配合表面的尺寸和形状精度外，还要保证内、外圆柱配合表面的同轴度要求。导套的内表面和导柱的外圆柱面为配合面，其在使用过程中运动频繁，为保证耐磨性，需要一定的硬度要求。因此，在精加工前应安排热处理，以提高其硬度。

1. 导套加工方案的选择

根据图 10-37 所示导套的精度和表面粗糙度要求，其加工方案可拟定为下料→粗加工→半精加工→热处理→精加工→光整加工。

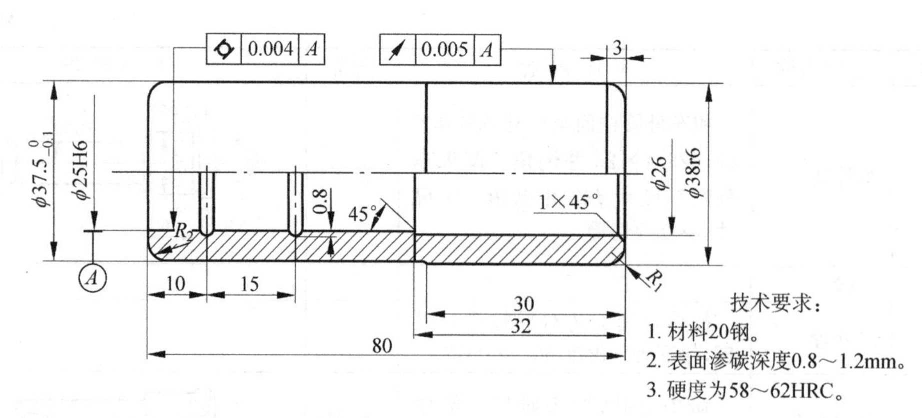

图 10-37　冲压模具滑动式导套

2. 导套加工工艺过程

导套加工工艺过程见表 10-8。

表 10-8　导套加工工艺过程

工序号	工序名称	工 序 内 容	设备	工 序 简 图
1	下料	按尺寸 φ42×85 切断	锯床	φ42　85
2	车外圆及内孔	车断面保证长度尺寸 82.5； 钻 φ25 内孔至 φ23； 车 φ38 外圆至 φ38.4 并倒角； 镗 φ25 内孔至 φ24.6，车油槽至尺寸； 镗 φ26 内孔至尺寸并倒角	车床	φ24.6　φ26　φ38.4
3	车外圆	车 φ37.5 外圆至尺寸，车断面至尺寸	车床	φ37.5　80
4	检验			
5	热处理	进行热处理，保证渗碳层深度为 0.8～1.2mm，硬度为 50～62HRC		
6	磨削内、外圆	磨 φ38 外圆至图样要求； 磨 φ25 内孔，保留研磨余量 0.01mm	万能磨床	φ24.99H6　φ38r6
7	研磨内孔	研磨内孔 φ25 至图样要求；研磨 R2 圆弧	车床	R2　φ25H6
8	检验			

磨削导套时应正确选择定位基准，这对保证内、外圆柱面的同轴度要求是非常重要的。对于单件或小批量生产的导套，工件经热处理后在万能磨床上利用三爪卡盘夹持 $\phi37.5$ 外圆柱面，一次装夹后磨削 $\phi38$ 外圆和 $\phi25$ 内孔。这样可以避免多次装夹而造成的误差，从而保证内、外圆柱面的同轴度要求。对于大批量生产的同一尺寸导套，可先磨好内孔，再将导套套装在专用小锥度磨削心轴上，以心轴两端中心孔定位，使定位基准和设计基准重合。借助心轴和导套内表面间的摩擦力带动工件旋转，磨削导套的外圆柱面，从而获得较高的同轴度。这种方法操作简便、生产率高，但要制造专用高精度心轴。

三、板类零件的加工

1. 板类零件加工要求

板类零件的种类繁多，模座、垫板、固定板、卸料板及推件板等均属此类。不同种类的板类零件其形状、材料、尺寸、精度及性能要求不同，但每一块板类零件都是由平面和孔系组成的。板类零件的加工要求主要包括以下几个方面：

(1) 表面间的平行度和垂直度。为了保证模具装配后各模板能够紧密贴合，对于不同功能和不同尺寸的模板其平行度和垂直度均按 GB/T 1184—1996《形状和位置公差　未注公差值》执行。具体公差等级和公差数值应按冲模国家标准 GB/T 2851—2008 及塑料注射模国家标准(GB 4169—2006 系列)等确定。

(2) 表面粗糙度和精度等级。一般模板平面的加工精度须达到 IT7～IT8，Ra=0.8～3.2μm。对于平面为分型面的模板，其加工精度须达到 IT6～IT7，Ra=0.4～1.6μm。

(3) 模板上各孔的精度、垂直度和孔间距。模板各孔径的常用配合精度一般为 IT6～IT7，Ra=0.4～1.6μm。对安装滑动导柱的模板，孔轴线与上、下模板平面的垂直度要求公差等级为 4 级。模板上各孔的间距应保持一致，一般要求误差在±0.02mm 以内。

2. 冲压模座的加工

(1) 冲压模座加工的基本要求。为了保证模座工作时沿导柱上下移动平稳，且无阻滞现象，模座上、下平面应保持平行。上、下模座的导柱、导套安装孔的间距应保持一致，孔的轴线应与模座的上、下平面垂直。

(2) 冲压模座的加工原则。模座的加工主要包括平面加工和孔系加工。加工过程中为了保证技术要求和加工方便，一般遵循“先面后孔”的原则。模座的毛坯经过刨削或铣削后，再对平面进行磨削可以提高模座平面的平面度和上、下平面的平行度，同时容易保证孔的垂直度。

上、下模座孔的镗削加工，可根据加工要求和工厂的生产条件，在铣床或摇臂钻床等设备上采用坐标法或利用引导元件进行加工。批量较大的可以在专用镗床、坐标镗床上进行加工。为了保证导柱、导套的孔间距离一致，镗孔时经常将上、下模座重叠在一起，利用一次装夹同时镗出导柱和导套的安装孔。

(3) 获得不同精度平面的加工工艺方案。模座平面的加工可采用不同的机械加工方法，其加工工艺方案不同，获得加工平面的精度也不同。具体方案应根据模座的精度要求，结合工厂的生产条件等具体情况进行选择。

(4) 冲裁模上模座的具体工艺方案。模座的结构形式较多，这里以图 10-38 所示的后侧导柱上模座为例，说明其加工工艺过程，详见表 10-9。

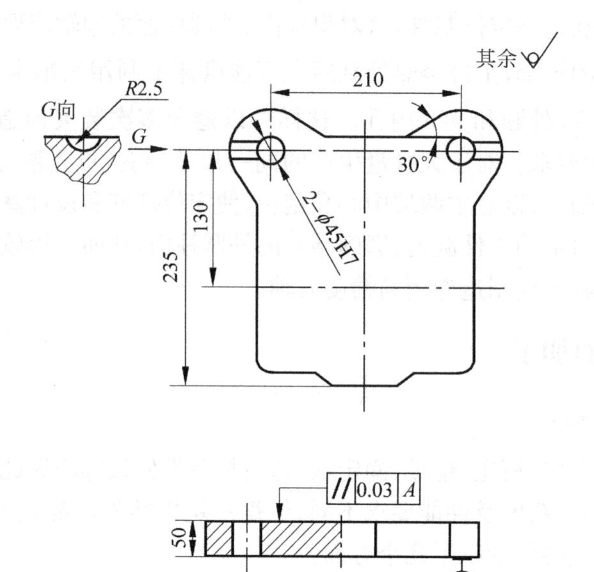

图 10-38 冲裁模上模座板

表 10-9 上模座的加工工艺过程

工序号	工序名称	工 序 内 容	设 备	工 序 简 图
1	备料	铸造毛坯		
2	刨平面	刨上、下平面，保证尺寸 50.8	牛头刨床	50.8
3	磨平面	磨上、下平面，保证尺寸 50	平面磨床	50
4	钳工划线	划前部平面和导套孔中心线		210 130 235
5	铣前部平面	按划线铣前部平面	立式铣床	
6	钻孔	按划线钻导套孔至 ϕ43	立式钻床	ϕ43

续表

工序号	工序名称	工序内容	设备	工序简图
7	镗孔	和下模座重叠，一起镗孔至 ϕ45H7	镗床或立式铣床	ϕ45H7
8	铣槽	按划线铣尺寸为 $R2.5$ 的圆弧槽	卧式铣床	
9	检验			

3. 板类零件的孔系加工

模具中的许多板类零件，如凸模固定板、型芯固定板、整体式凹模、塑料模中的定模底板及冲裁模中的上、下模座都有许多孔。通常这些孔之间有一定的位置精度要求，或与其他相关零件的孔有一定同轴度要求，因而板类零件存在孔系加工的问题。其孔系加工往往安排在上、下底面精加工后进行。

除上文孔系加工中提到的坐标镗削和配合加工方法外，板类零件的孔系，还可以利用划线法、数控铣床和加工中心及线切割等方法来完成。

四、滑块的加工

滑块和斜滑块是塑料注射模具、塑料压制模具及金属压铸模具等广泛采用的侧向抽芯与分型导向零件，它主要用于侧孔或侧凹的分型与抽芯导向。工作时，滑块在斜导柱的驱动下沿导滑槽运动。由于模具不同，滑块的形状、大小也不同，既有整体式也有组合式。

滑块和斜滑块多为平面和圆柱面的组合。斜面、斜导柱孔和成形表面的形状、位置精度及配合要求较高。加工过程中除保证尺寸、形状精度外，还应保证位置精度。对于成形表面还需保证较低的表面粗糙度。滑块和斜滑块的导向表面及成形表面要求具有较高的耐磨性，其常用材料为工具钢或合金工具钢，锻制毛坯在精加工前应安排热处理以达到硬度要求。

这里以图 10-39 所示的组合式滑块为例介绍滑块的加工工艺过程。

1. 滑块加工方案的选择

如图 10-39 所示，由于滑块斜导柱孔的位置和表面粗糙度要求较低，孔的尺寸精度也较低，故而需要重点保证各平面的加工精度和表面粗糙度。另外，滑块的导轨和斜导柱孔要求耐磨性好，必须进行热处理以保证硬度要求。

滑块各组成平面中有平行度、垂直度的要求，对位置精度的保证主要是选择合理的定位基准。组合式滑块在加工过程中的定位基准是宽度为 60mm 的底面和与其垂直的侧面，这样在加工过程中可以准确定位，便于装夹。对于各平面间的平行度则由机床运动精度和合理装夹保证。在加工过程中，各工序间的加工余量应根据零件的大小及不同加工工艺确定。经济合理的加工余量可查阅有关手册或按工序换算得出。为了保证斜导柱孔和模板导柱孔的同轴

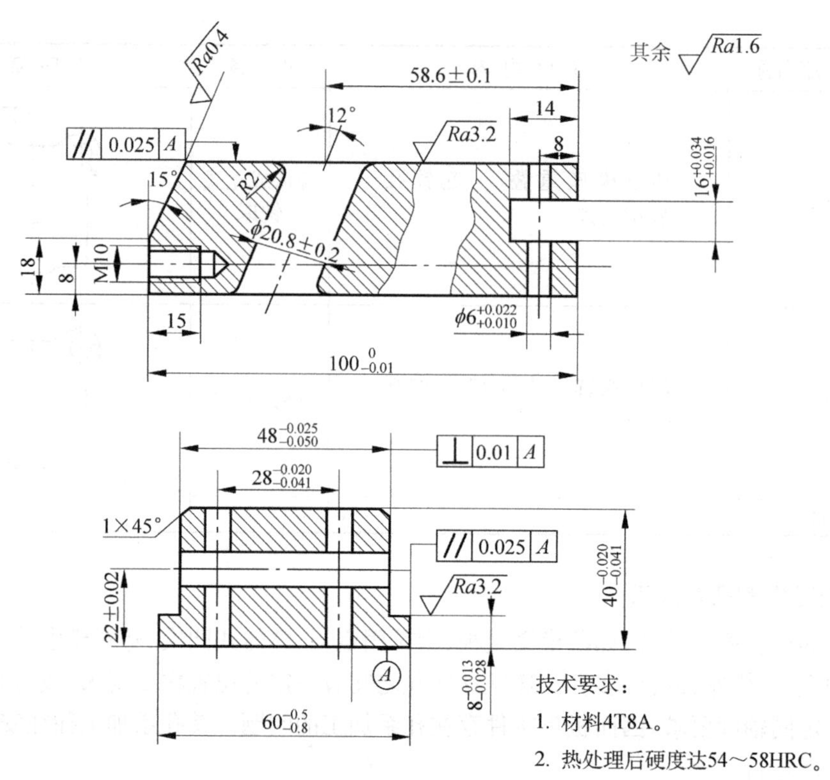

图 10-39　组合式滑块

度，可用模板装配后进行配加工。内孔表面和斜导柱外圆柱表面为滑动接触，要求有较低的表面粗糙度值并有一定的硬度，因此要对内孔研磨以修正热处理变形且降低表面粗糙度。斜导柱孔的研磨方法与导套的研磨方法基本相同。

2. 滑块加工工艺过程

根据滑块的加工方案，组合式滑块(图 10-39)的加工工艺过程见表 10-10。

表 10-10　组合式滑块的加工工艺过程

工序号	工序名称	工 序 内 容	设备	工 序 简 图
1	备料	锻造毛坯		110　70　50
2	热处理	退火后硬度≤240HBS		
3	刨平面	刨上、下平面，保证尺寸 40.6； 刨削两侧面，尺寸 60 达图样要求； 刨削两侧面，保证尺寸 48.6 和导轨尺寸 8.5； 刨削 15°斜面，保证距离面尺寸 18.4； 刨削两端面，保证尺寸 101； 刨削两端面凹槽，保证尺寸 15.8，槽深达图样要求	刨床	101　15°　15.8　40.6　48.6　60

续表

工序号	工序名称	工 序 内 容	设备	工 序 简 图
4	磨平面	磨上、下平面，保证尺寸 40.2； 磨两端面至尺寸 100.2； 磨两侧面，保证尺寸 48.2	平面磨床	100.2　48.2　40.2　$8_{-0.053}^{-0.028}$
5	钳工划线	划 ϕ20、M10 及 2×ϕ6 孔中心线；划端凹槽线		
6	钻孔 镗孔	钻 M10 攻丝底孔并攻螺纹； 钻 ϕ20.8 斜孔至 ϕ18；镗 ϕ20.8 斜孔至尺寸，留研磨余量 0.04mm 钻 ϕ6 孔至 ϕ5.9(2 个)	立式铣床	ϕ20.8
7	检验			
8	热处理	对导轨、15°斜面、ϕ20.8 内孔进行局部热处理，保证硬度为 53～58HRC		
9	磨平面	磨上、下平面至尺寸要求； 磨滑动导轨至尺寸要求； 磨两侧面至尺寸要求； 磨凹槽至尺寸要求； 磨斜角 15°至尺寸要求； 磨端面至尺寸	平面磨床	$100_{-0.01}^{0}$　15°　$16_{+0.016}^{+0.034}$　$48_{-0.050}^{-0.025}$　$40_{-0.041}^{-0.020}$
10	研磨内孔	研磨 ϕ20.8 至要求(可与模板配装研磨)		ϕ20.8
11	钻孔铰孔	与型芯配装后钻 2－ϕ6 孔并配铰孔	钻床	$\phi6_{+0.010}^{+0.022}$
12	钳工装配	对 2－ϕ6 孔安装定位销		
13	检验			

练习与思考

1. 车削加工可以完成哪些基本表面的加工？车削加工的经济加工精度如何？
2. 铣削、刨削都可以加工平面，其应用有什么区别？

3. 简述平行平面、垂直平面磨削的工艺要点。
4. 举例说明钻孔在模具制造中的应用。常见的钻床有哪些类型？其应用范围是什么？
5. 扩孔和镗孔有何相同之处？两者之间又有何差异？
6. 为什么坐标镗床可以保证各孔之间的位置精度？模具中哪些零件需要坐标镗削加工？
7. 举例说明曲线光学磨床在模具加工中的具体应用。
8. 模具零件图工艺分析的主要内容有哪些？
9. 如图10-40所示的冲裁凸凹模，试对其模具零件进行工艺分析，并以列表的形式制定加工工艺过程。

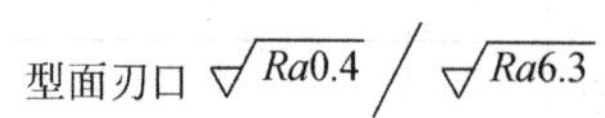

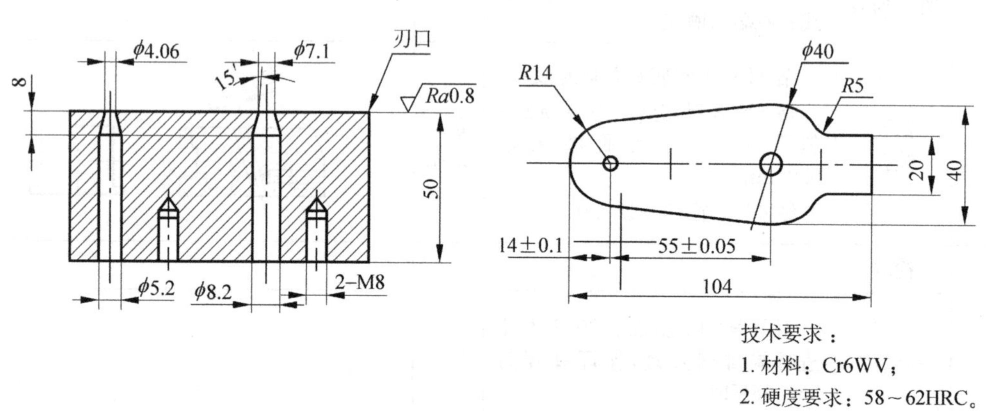

技术要求：
1. 材料：Cr6WV；
2. 硬度要求：58～62HRC。

尺寸由凸模和凹模实际尺寸配做保证双面间隙0.06mm。

图10-40 凸凹模

（凸模和凹模应分别加工到如图所示的基本尺寸）

10. 什么是光整加工？试以塑料模型腔板为例，说明光整加工在注塑模具中的具体应用。

模块十一　模具成形表面的特种加工

尽管传统金属切削加工方法不断进行完善和发展，但仍无法满足迅速发展的模具制造业的需求。对于高硬度、高强度、高脆性、低刚性的材料，以及精密细小、形状复杂和结构特殊的模具零件，用普通切削加工方法很难达到精度、表面粗糙度的要求。因此相继出现了一系列不使用刀具和磨料，主要利用热能、电能、声能、光能及化学能去除材料的新型加工方法——特种加工。目前模具制造中应用较广泛的特种加工有电火花成形加工、电火花线切割加工、电解加工及激光加工等。本章重点介绍电火花成形加工和电火花线切割加工。

课题一　电火花成形加工

【知识目标】

1. 熟悉电火花成形加工的原理及特点。
2. 熟悉电火花成形加工的基本规律。
3. 熟悉电火花型孔、型腔加工的具体方法及应用。

【技能目标】

1. 熟练操作电火花成形加工机床。
2. 掌握电火花加工脉冲电源的选择方法。
3. 依据型腔结构选择电火花加工的工艺规准。

【知识学习】

一、电火花成形加工的原理和特点

1. 电火花成形加工的原理

要使脉冲放电能够用于零件加工，应具备下述基本条件。

(1) 放电间隙：必须使接在不同极性上的工具和工件之间保持一定的距离以形成放电间隙。这个间隙的大小与加工电压、加工介质等因素有关，一般为 0.01～0.1mm。在加工过程中必须保持这个放电间隙，以使脉冲放电能连续进行。

(2) 绝缘介质：放电须在具有一定绝缘性能的液体介质中进行。液体可将电蚀产物从放电间隙排出，并对电极表面进行较好的冷却。

目前，大多数电火花成形加工机床采用煤油作为工作液进行穿孔和型腔加工。在大功率工作条件下（如大型复杂型腔模的加工），为了避免煤油着火，采用燃点较高的机油或煤油与机油混合等作为工作液。近年来，新开发的水基工作液可使加工效率大幅提高。

(3) 单向脉冲：脉冲波形基本是单向的，如图 11-1 所示。放电延续时间 t_i 称为脉冲宽度，应小于 10.3s，以使放电产生的热量来不及从放电点过多地传导扩散至其他位置，从而只在极小范围内使金属局部熔化，直至气化。相邻脉冲的间隔时间 t_0 称为脉冲间隔，可使放电介质有足够的时间恢复绝缘状态（称为消电离），以免引起持续电弧放电，烧伤加工表面而无法用于尺寸加工。脉冲周期 $T=t_i+t_0$。

(4) 足够的能量：应有足够的脉冲放电能量保证放电部位的金属熔化或气化。

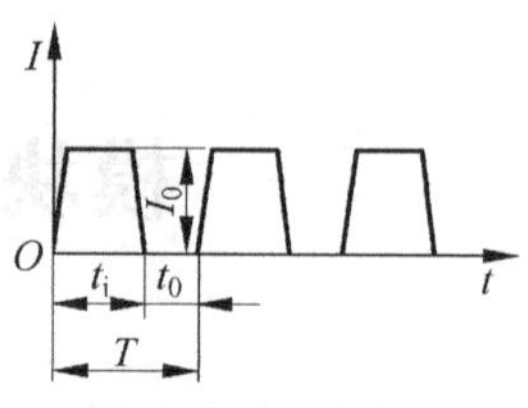

t_i—脉冲宽度；t_0—脉冲间隔；T—脉冲周期；I_0—电流峰值

图 11-1 脉冲波形

图 11-2 所示为电火花成形加工原理图。自动进给装置 3 可使工件 1 和工具电极 4 保持给定的放电间隙。由于脉冲电源输出的电压加在液体介质中的工件和工具电极（以下简称电极）上，当电压升高到介质的击穿电压时，会使介质在绝缘强度最低处被击穿，产生火花放电，如图 11-3 所示。瞬时高温使工件和电极都被蚀掉一小块材料，形成小凹坑。

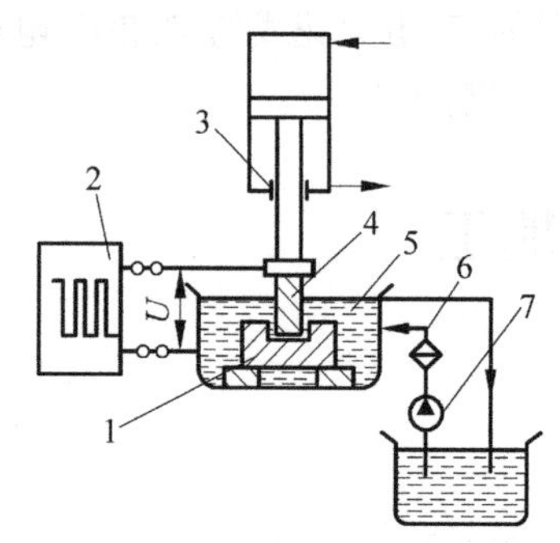

1—工件；2—脉冲电源；3—自动进给装置；4—工具电极；5—工作液；6—过滤器；7—泵

图 11-2 电火花成形加工原理图

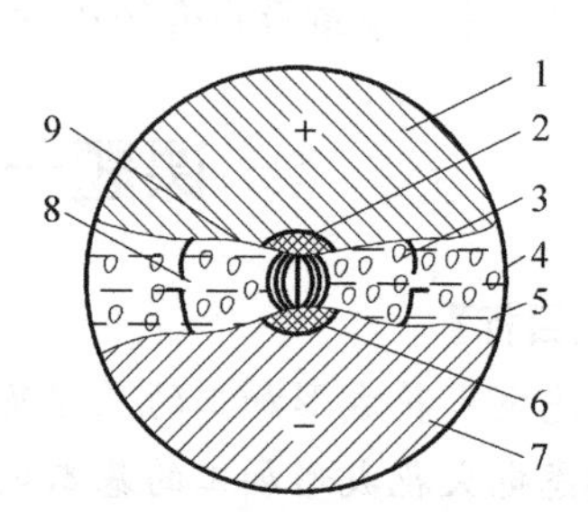

1—阳极；2—阳极气化、熔化区；3—熔化的金属微粒；4—工作介质；5—凝固的金属微粒；6—阴极气化、熔化区；7—阴极；8—气泡；9—放电通道

图 11-3 放电状况微观图

一次脉冲放电过程可以分为电离、放电、热膨胀、抛出金属和消电离等阶段。

(1) 电离。由于工件和电极表面存微观的凹凸不平，在两者相距最近的点上电场强度最大，因此会使附近的液体介质首先被电离为电子和离子。

(2) 放电。在电场的作用下，电子高速流向阳极，并产生火花放电，形成放电通道。电流强度可达 $10^5 \sim 10^6\,\mathrm{A/cm^2}$。

(3) 热膨胀。由于放电通道中的电子和离子在高速运动时会发生碰撞，从而产生大量的热能；阳极和阴极表面受高速电子和离子流的撞击，其动能也转化为热能。因此，在两极之间沿通道形成了一个温度高达 10 000～12 000℃的瞬时高温热源。

(4) 抛出金属。由于热膨胀具有爆炸的特性，爆炸力将已熔化和气化的金属抛入附近的液体介质中冷却，凝固成细小的圆球状颗粒，电极表面则形成一个周围凸起的微小圆形凹坑，如图 11-4 所示。

(5) 消电离。使放电区的带电粒子复合为中性粒子的过程即为消电离。在一次脉冲放电后应有一段间隔时间，使间隙内的介质及时进行消电离而恢复绝缘强度，以实现下一次脉冲击穿放电。

一次脉冲放电后，两极间的电压急剧下降到接近于零，间隙中的电介质立即恢复到绝缘状态。此后，两极间的电压再次升高，继续在另一处绝缘强度最小的位置重复上述放电过程。多次脉冲放电的结果，是整个被加工表面由无数小的放电凹坑构成，如图 11-5 所示。电极的轮廓形状便被复制在工件上，从而达到加工目的。

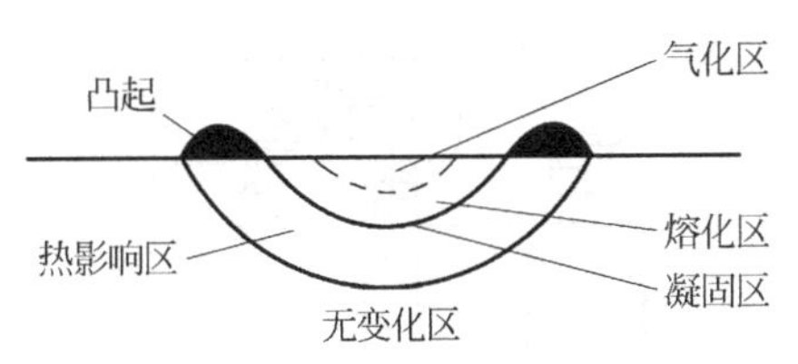

图 11-4　放电凹坑剖面示意图

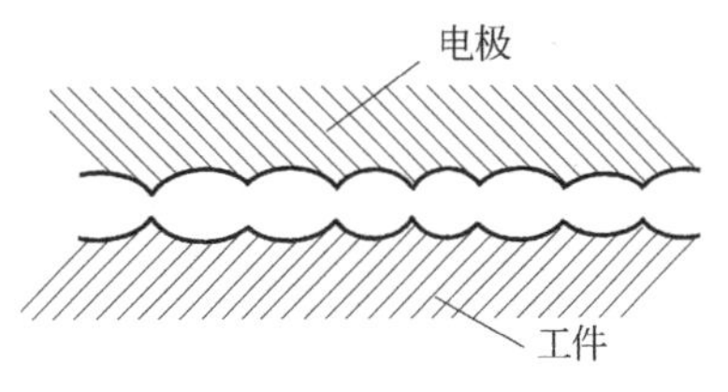

图 11-5　加工表面局部放大图

2. 电火花成形加工的特点

(1) 便于处理机械加工难以或无法加工的材料，如淬火钢、硬质合金及耐热合金等。

(2) 电极和工件在加工过程中不接触，两者间的宏观作用力很小，因而便于加工小孔、深孔及窄缝等，且不受电极和工件刚度的限制；对于各种型孔、立体曲面及复杂形状的工件，均可采用成形电极一次加工。

(3) 电极材料不需比工件材料硬。

(4) 直接利用电、热能进行加工，便于实现加工过程的自动控制。

二、电火花成形加工机床

电火花成形加工机床由脉冲电源、机床本体、自动调节系统和工作液循环过滤系统 4 部分组成，如图 11-6 所示。

1. 脉冲电源

脉冲电源的作用是将工频交流电转变为一定频率的单向脉冲电流，以提供电火花成形加工所需的能量。脉冲电源的性能直接影响电火花成形加工的生产效率、加工稳定性、电极损耗、加工精度和表面粗糙度。因此，对脉冲电源的基本要求是：

(1) 应有足够的脉冲放电能量，以保持一定的生产效率。否则，金属只能被加热而不能瞬时熔化和气化。

(2) 脉冲波形基本为单向，以便充分利用极性效应、减小电极损耗。

(3) 脉冲电源的主要参数应有较宽的调节范围，以满足粗加工、半精加工及精加工的需要。

(4) 工具电极损耗须小，如粗规准时相对损耗应低于 0.5%，中、精规准时则应更小。

(5) 性能稳定可靠，结构简单，且便于操作和维修。

2. 机床本体

机床本体的作用是保证工具电极与工件之间的相互位置尺寸要求。它主要包括床身、立柱、工作台和主轴头。图 11-7 所示为典型电火花成形加工机床本体和机械传动系统。

(1) 床身和立柱。床身和立柱作为机床的主要基础件，应有足够的刚度，床身工作台与立柱导轨之间也应有一定的垂直度要求。它们的刚度、精度和耐磨性对电火花成形加工质量具有直接影响。

(2) 工作台。工作台用于支承和安装工件，其上还有工作液槽。通过转动手轮带动丝杠使工作台移动，可以改变工具电极和工件的位置。

(3) 主轴头。主轴头是电火花成形加工机床的一个关键部件，也是自动调节系统的执行机构，用于控制工具电极与工件的间隙，其性能和质量对电火花成形加工工艺指标具有重大影响。普通电火花成形加工机床的主轴头多为液压式。

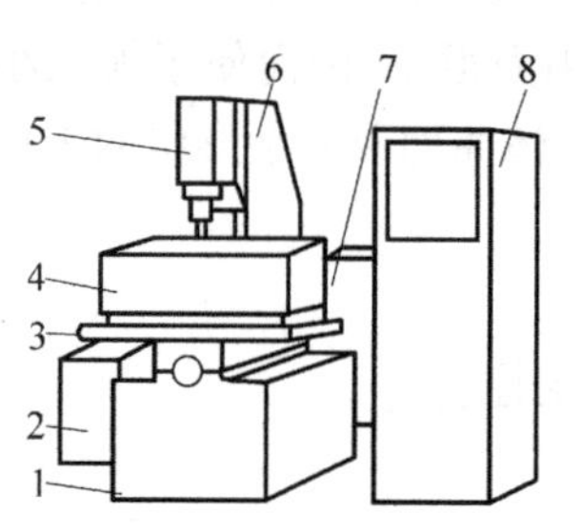

1—床身；2—液压油箱；3—工作台；4—工作液槽；5—主轴头；6—立柱；7—工作液箱；8—电源箱

图 11-6 电火花成形加工机床

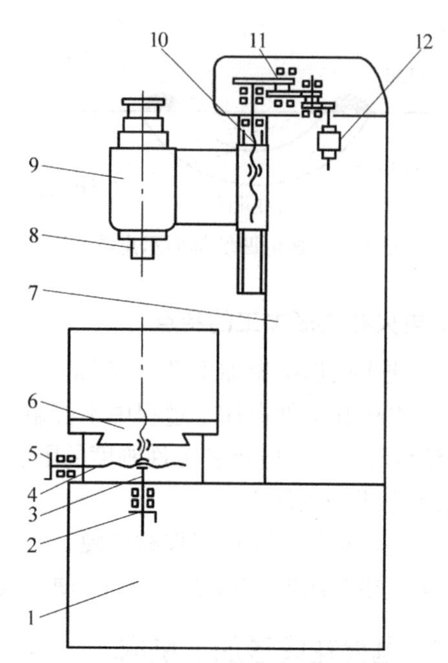

1—床身；2,5—手轮；3,4,10—丝杠；6—工作台；7—立柱；8—主轴头；9—主轴座；11—齿轮系统；12—电动机

图 11-7 典型电火花成形加工机床本体和机械传动系统

3. 自动调节系统

采用电火花加工，在工件与电极之间发生火花放电时须保持一定的距离，这个距离就是放电间隙。放电间隙随粗、精加工所选用的电参数不同而有所变化，以满足不同加工的需要。并且电火花加工是动态过程，工件和电极都有一定的损耗，导致放电间隙逐渐增大，当间隙大到不足以维持放电时，加工即告停止。为了使加工继续进行，电极必须不断地、及时地进给，以维持所需的放电间隙。当外来干扰使放电间隙发生变化（如排屑不良而造成短路）时，电极的进给也应随之调整，以保持最佳放电间隙。这一任务由电火花成形加工机床的自动调节系统承担，目前使用较多的有电液自动调节系统和电动自动调节系统两大类。

4. 工作液循环过滤系统

工作液循环过滤系统的作用是迫使一定压力的工作液流经放电间隙，并随电蚀产物一起排出，同时对使用过的工作液进行过滤和净化。工作液循环过滤系统的工作方式有冲油式和抽油式两种，如图 11-8 所示。冲油式（图 11-8(a)、(b)）是使具有一定压力的干净工作液流经加工表面，迫使工作液连同电蚀产物从电极四周间隙排出。其优点是排屑效果好，但是电蚀产物从已加工表面流出时易造成二次放电，导致型面四壁形成斜度，影响加工精度。抽油式（图 11-8(c)、(d)）是从待加工表面将已使用的工作液连同电蚀产物一起抽出，抽油压力略大于冲油式油压。其优点是可获得较高精度和较小数值的表面粗糙度。

电火花成形加工必须在具有一定绝缘性能的液体介质中进行，这种液体介质称为工作液，它须有较高的绝缘强度。工作液的作用是：①形成火花击穿放电通道，并在放电结束后迅速恢复间隙的绝缘状态；②对放电通道起压缩作用，使放电能量集中；③在强迫流动过程中将电蚀产物从放电间隙带出；④在加工过程中对电极和工件表面起冷却作用。常用的工作液有煤油、变压器油等，用煤油和变压器油的混合物效果最好。

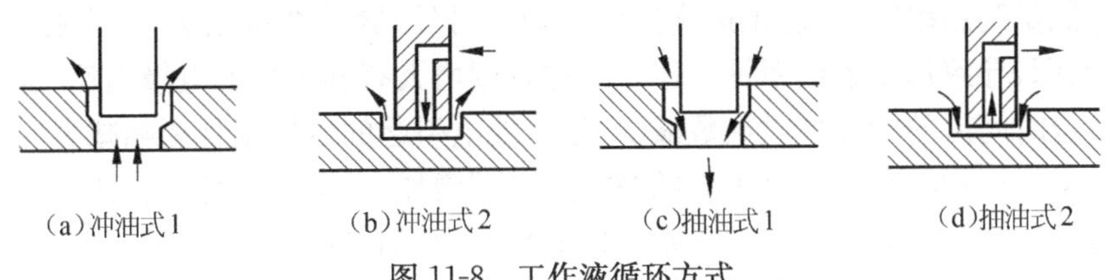

图 11-8　工作液循环方式

三、电火花成形加工的基本规律

电火花成形加工的工艺指标主要有加工速度、加工精度、加工表面质量和电极损耗等。影响加工工艺指标的因素称为电火花成形加工的基本规律。

加工速度指在一定电规准(脉冲电源的脉冲宽度、脉冲间隙和峰值电流等一组电参数)下单位时间内从工件上蚀除的金属体积或质量。

加工精度分为仿形精度和尺寸精度。仿形精度指加工后型孔、型腔与工具电极形状及间隙均匀的一致性程度。尺寸精度指型孔、型腔加工后的尺寸误差。

加工表面质量分为表面粗糙度和表面变质层的状况。

1. 极性效应

在脉冲放电过程中,工件和电极都会受到电腐蚀,实践证明,即使工件和电极的材料完全相同,也会因为所接电源的极性不同而有不同的蚀除速度,这种现象称为“极性效应”。

通常将工件接正极时的电火花加工称为“正极性加工”,将工件接负极时的加工称为“负极性加工”。在操作时须注意极性效应,正确选择极性,使工件的蚀除量大于电极的蚀除量。

采用短脉冲精加工时,应选用正极性加工;采用长脉冲粗加工时,应选用负极性加工。其原因是:电火花加工时,在电场的作用下,通道中的电子流向阳极,而正离子流向阴极。由于电子质量小,惯性小,短时间内容易获得较高的运动速度;而正离子质量大,惯性大,短时间内不易获得较高的运动速度。因此,当电源的脉冲宽度较短(小于 50μs)时,电子因易加速,其动能大,对阳极的冲击较强;而正离子因起动慢,速度来不及提高,对阴极的冲击较弱,致使电子传递给阳极的能量大于正离子传递给阴极的能量,进而导致阳极的蚀除量大于阴极的蚀除量。反之,当电源的脉冲宽度较长(大于 300μs)时,正离子足以获得较高的速度,其质量又大,冲击阴极的动能大,传递给阴极的能量显著增加,从而超过阳极获得的能量,使阴极的蚀除量大于阳极的蚀除量。由此可见,脉冲宽度是影响极性效应的一个重要因素。

对于电火花成形加工而言,极性效应越显著越好。因此,必须充分利用极性效应,根据不同的加工条件,合理选择加工极性,最大限度降低工具电极的损耗。在实际生产中,极性的选择主要靠经验或通过试验确定。

2. 电规准

脉冲电源为电火花成形加工所提供的脉冲宽度、峰值电流和脉冲间隙这一组电参数,称为电规准。

在其他条件一定时,脉冲宽度越大则脉冲能量越大,提高脉冲宽度可以提高加工速度。但是当脉冲宽度增大到一定值后,若其值继续增大,则加工速度会下降。这是由于脉冲宽度超过一定极限后,单个脉冲能量虽然在增大,但电能转换成热能的大部分都散失在工件和电极之中,而不起蚀除作用。同时随着电蚀产物的增多,排屑状态和间隙消电离状态变差,加工稳定性降低，脉冲能量利用率减小，加工速度反而下降。另外，脉冲宽度增大，单个脉冲能量增大，电蚀点坑大而深，导致加工表面粗糙。但是脉冲宽度增大有利于降低电极损耗，这是因为脉冲宽度增大，单位时间内的脉冲放电次数减少，致使放电引起的电极损耗影响减少。并且随着脉冲宽度增大，电蚀产物沉积在电极表面的“覆盖效应”增加，对电极损耗起补偿作用。

在其他条件一定时，峰值电流越大则脉冲能量越大，加工速度越快。但是当峰值电流过大时，再继续增大其值，加工速度反而下降。并且随着峰值电流增大，加工表面粗糙程度提高，电极损耗也增大。

在其他条件一定时，脉冲间隙越小，单位时间内的脉冲数目越多，加工速度提高。但是脉冲间隙过小将影响间隙消电离作用，引起加工稳定性变差，使加工速度下降，并会引发拉弧烧伤，甚至造成短路，进而影响加工的正常进行。脉冲间隙越小，电极损耗也越小。

通过以上分析，电规准在加工中的作用很大，必须根据具体加工要求和加工条件，正确选择电规准。

3. 电极损耗

电极损耗分为绝对损耗和相对损耗。绝对损耗指单位时间内工具电极损耗的长度、质量或体积，即长度绝对损耗、质量绝对损耗或体积绝对损耗。相对损耗指工具电极的绝对损耗与加工速度的百分比，即长度相对损耗、质量相对损耗或体积相对损耗。在实际生产中，经常采用相对损耗作为衡量工具电极损耗的指标。

影响工具电极损耗的因素除了上文提及的极性效应和电规准，还有电极材料、电极形状和尺寸等。

电极材料不同，工具电极的相对损耗不同。当用石墨电极加工钢材时，在脉冲宽度一定的条件下，随着峰值电流的增加，相对损耗在一定范围内减小。

在加工条件相同的情况下，电极的形状和部位不同，其损耗也不同，通常是角损耗>边损耗>端面损耗(图11-9)。工具电极损耗的不均匀是使加工精度降低的重要因素。

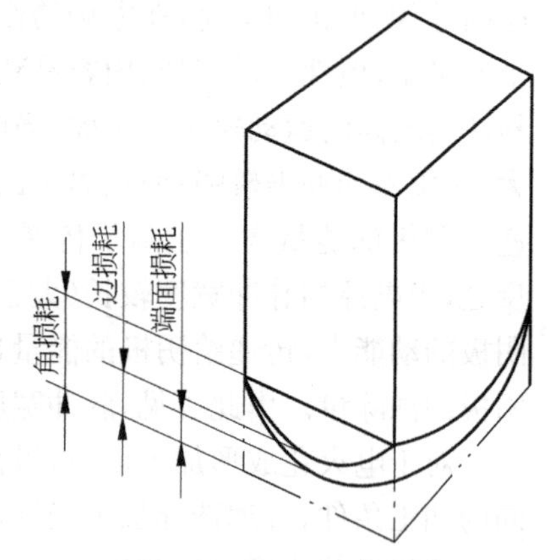

图11-9　电极各部位损耗

4. 放电间隙

对比已加工的工件型孔(或型腔)尺寸和电极尺寸，这两者沿加工轮廓应差一个放电间隙。显然，放电间隙是否稳定和均匀是影响加工精度的又一重要因素。

电参数对放电间隙的影响非常显著，精加工的放电间隙一般只有0.011mm(单边)，而粗加工时可高达0.5mm以上。为了减少加工误差，应采用较弱小的电规准，以减小放电间隙，这样不但能提高仿形精度，而且放电间隙越小，可能产生的间隙变化量也越小。此外，还须尽可能使加工过程稳定，保持正常的放电间隙。目前，采用稳定的脉冲电源和高精度的机床，在稳定加工的条件下，放电间隙δ的误差可控制在0.05δ范围内。

5.“二次放电”与加工斜度

用电火花成形加工型孔或型腔时，其侧壁均要产生斜度。从电火花加工的特点来看，由于电蚀作用，放电间隙中存在电蚀产物，这些电蚀产物在经放电间隙排出的过程中，会在电极和工件间产生额外的放电，引起间隙扩大，这种现象称为“二次放电”。二次放电的结果是使电极入口处的间隙扩大,形成加工斜度(图 11-10)。

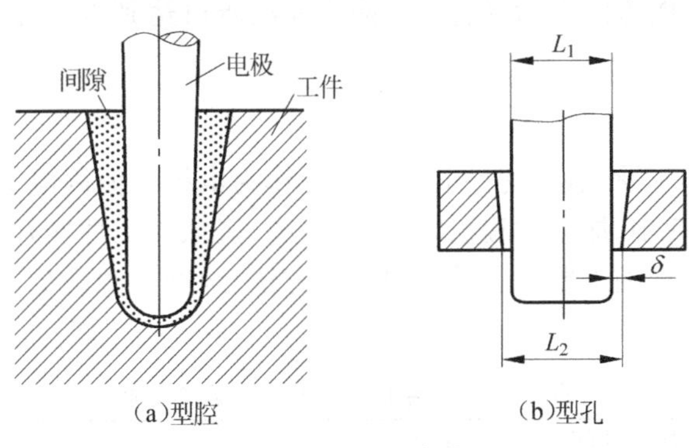

图 11-10　加工斜度

6. 电火花成形加工的表面质量

电火花成形加工和切削加工性质不同,加工后的表面质量存在不少差别。在模具的设计、制造及使用等方面,了解电火花成形加工的表面质量是十分有益的。

(1) 表面粗糙度。电火花成形加工的表面粗糙度与加工速度之间存在很大矛盾。例如从 $Ra=2.5\mu m$ 提高到 $Ra=1.25\mu m$,加工速度会下降很多。根据加工需要,选择电规准,控制单个脉冲能量,可获得不同的表面粗糙度。一般粗加工的 $Ra=20\sim10\mu m$;精加工的 $Ra=2.5\sim0.63\mu m$。

(2) 表面变质层。由于电火花放电的瞬时高温和液体介质的冷却作用,使工件加工表面产生一层与原来材料组织不同的变质层。变质层包括表面的熔融再凝固层(熔化层)和热影响层。熔化层的厚度随脉冲能量的增大而增加,一般不超过 0.1mm。

四、型孔的电火花成形加工

1. 型孔的常见加工方法

凹模型孔的尺寸精度主要靠工具电极保证,因此对工具电极有相应的要求。例如凹模孔口的尺寸为 L_2,工具电极相应尺寸为 L_1,单面火花放电间隙为 δ(图 11-10(b)),则有

$$L_2=L_1+2\delta$$

其中,放电间隙 δ 主要取决于电参数和机床精度,只要电规准选择恰当,并保证加工稳定性,δ 的误差就很小。因此只要工具电极的尺寸精确,用它加工的凹模型孔也是比较精确的。

对于冲裁模,其凹模和凸模的配合间隙 Z 是一个重要的技术参数,它与均匀性直接影响冲裁件的质量及模具的寿命,在加工中必须给予保证。达到配合间隙的电火花成形加工方法主要有以下 3 种:

(1) 凸模修配法。这种方法是将凸模和工具电极分别用机械加工方法制出,并使凸模保留一定的修配余量,在电极"打"出凹模后,以凹模为基准件修配凸模,从而保证凸模和凹模的间隙。

(2) 直接配合法。这种方法是用加长的钢凸模作电极加工凹模型孔,加工后将凸模上的损耗部分切除,凸、凹模的配合间隙靠控制脉冲放电间隙直接保证。通过直接配合法可以获得均匀的配合间隙,并能提高模具质量、减少钳工工作量。此法适用于形状复杂的凹模或多型腔凹模,使用高低压复合回路电源的机床。

（3）混合法。电极和凸模分别采用不同材料，通过焊锡或粘合剂连在一起进行加工成形，最后将电极与凸模分开的方法即为混合法。使用此法既可达到直接配合法的工艺效果，又可提高生产率。

2. 常用电极材料

根据电火花成形加工原理，任何导电材料都可作为电极。但因电极材料的来源和性能不同，选择的材料应是损耗小、加工过程稳定、生产率高、机械加工性能好且价格低廉的，在实际应用中，应根据加工对象、加工要求及采用的工艺方法、脉冲电源类型等因素综合考虑。常用电极材料的种类和性能见表11-1。

表11-1 常用电极材料的种类和性能

电极材料	电火花加工性能		机械加工性能	说明
	加工稳定性	电极损耗		
钢	较差	中等	好	在选择电参数时应注意加工的稳定性，可以凸模作电极
铸铁	一般	中等	好	
石墨	尚好	较小	尚好	机械强度较差，易崩角
黄铜	好	大	尚好	电极损耗过大
紫铜	好	较小	较差	磨削困难
铜钨合金	好	小	尚好	价格贵，多用于深孔、直壁孔及硬质合金孔
银钨合金	好	小	尚好	价格昂贵，用于精密及有特殊要求的加工

五、型腔的电火花成形加工

1. 型腔电火花成形加工特点

与冲模的电火花穿孔加工相比，型腔模在加工工艺方面具有以下特点：

（1）要求电极损耗低。由于型腔形状往往比较复杂，电极损耗引起电极的尺寸变化会直接影响型腔的精度，而加工型腔的电极向工件的进给因受到限制，其损耗也不能像电火花穿孔加工那样可以通过电极进给获得补偿，因此要求电极损耗越小越好。

（2）要求电加工蚀除量大。型腔的加工余量一般较大，尤其是在不预加工的情况下，更需要蚀除大量的金属。因此型腔加工时，对电源粗规准的首要要求就是高生产率和低损耗。

（3）型腔属盲孔类，底部凹凸不平，难以在加工过程中将电蚀产物排除。尤其对于深型腔加工，必须在工艺上采取冲抽油实现强迫排屑。

（4）在加工过程中，为了满足侧面修光、控制加工深度及更换或修整电极等需要，电火花成形加工机床应备有平动头、深度测量装置和电极重复定位装置等附件。型腔电火花成形加工所用的机床，有的是专门用于型腔加工的，有的则是型孔、型腔加工通用的，可根据需要选用。

2. 型腔电火花成形加工方法

型腔电火花成形加工方法主要有单电极平动法、多电极更换法和分解电极加工法等。

（1）单电极平动法。即采用一个电极完成形腔的粗加工、半精加工和精加工。首先采用低损耗、高生产率的粗规准进行加工，然后利用平动头做平面圆周运动，进行侧面仿形加工，按照粗、半精、精的顺序逐级改变电规准。这种方法的最大优点是只需要一个电极，一次安装便可达到±0.05mm的加工精度。其缺点是难以获得高精度的型腔，特别是难以加工出清棱、清角的型腔。

(2) 多电极更换法。即采用多个电极依次更换加工同一型腔，每个电极加工时必须把上一规准的放电痕迹去掉。一般用两个电极分别进行粗、精加工即可满足要求，只有型腔精度和表面粗糙度要求高时，才采用 3 个或多个电极进行加工。

这种方法的优点是型腔成形精度高，尤其适用于尖角、窄缝多的型腔加工。其缺点是需要制造多个电极，且要求多个电极的一致性好、制造精度高，更换电极需要保证较高的定位精度，多用于精密型腔的加工。

(3) 分解电极加工法。分解电极加工法是单电极平动法和多电极更换法的综合应用。根据型腔的几何形状，把电极分解成主型腔电极和副型腔电极分别制造。先加工主型腔，再用副型腔电极加工尖角、窄缝等部位。这种方法的优点是可以根据主、副型腔不同的加工条件，选择不同的加工规准，有利于提高加工速度和加工质量；同时可以简化电极制造，便于修整。其缺点是主型腔和副型腔电极的精确定位比较困难。

课题二　电火花线切割加工

【知识目标】

1. 熟悉电火花线切割加工的特点。
2. 了解数控电火花线切割加工机床的基本结构及工作原理。

【技能目标】

熟练操作数控电火花线切割加工机床。

【知识学习】

电火花成形加工可以实现“以柔克刚”——用较软的工具加工硬材料，使材料可加工的范围扩大。同时，由于电火花成形加工中，加工设备都不承受明显的机械力，对工具电极和加工机床的刚性要求都降低了，因而可以加工高硬度、高强度、低刚性及脆性材料。但电火花成形加工必须先制造一个与被加工表面尺寸相同、型面相反的成形电极，导致生产准备周期长，而且电极的损耗也会影响电火花成形加工精度的提高。

根据火花脉冲放电产生局部高压、高温可以 去除多余材料这一原理，结合带锯机用锯条切割材料的方式，出现了一种新型加工方法，即电火花线切割加工。

一、电火花线切割加工的原理和特点

电火花线切割加工的原理和电火花成形加工的原理相同。不同之处在于，线切割加工采用连续移动的金属丝(称为电极丝)代替电火花成形加工的成形电极。线切割加工利用工作台带动工件相对电极丝沿 X、Y 方向移动，完成平面形状的加工，如图 11-11 所示。为了获得高的加工精度、小的表面粗糙度值和高的生产效率，常采用脉冲宽度窄、电流峰值高的脉冲电源进行正极性加工。

按照电极丝和工件相对运动的控制方式不同线切割可分为靠模仿形控制、光电跟踪控制和数字程序控制 3 种类型。目前应用最多的是数控电火花线切割加工。

与电火花成形加工相比，电火花线切割加工具有以下优点：

(1) 采用金属丝作线电极，省去成形工具电极，从而可以大大降低成形工具电极的设计和制造费用，缩短生产准备时间及模具加工周期。

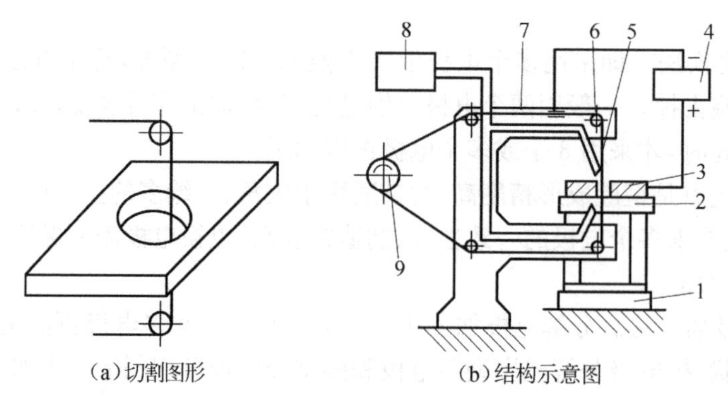

（a）切割图形　　（b）结构示意图

1—工作台；2—夹具；3—工件；4—脉冲电源；5—电极丝；6—导轮；7—丝架；8—工作液箱；9—储丝筒

图 11-11　电火花线切割加工示意图

（2）可用很细的电极丝（ϕ0.04～ϕ0.20）加工微细异形孔、窄缝和复杂形状的工件。

（3）采用移动的长金属丝进行加工，单位长度的金属丝损耗小，对加工精度的影响可以忽略不计，因而加工精度高。当重复使用的电极丝有显著损耗时，可以更换。

（4）以切缝的形式按轮廓加工，蚀除量小，不仅生产率高，材料利用率也高。

（5）自动化程度高，操作使用方便，易于实现微机控制。

（6）可直接采用精加工或半精加工规准一次成形，一般不需要中途更换电规准。

（7）一般采用水质工作液，可避免发生火灾，安全可靠。

电火花线切割加工的缺点是不能加工盲孔及纵向阶梯表面。国内外电火花线切割加工工艺水平见表 11-2。

表 11-2　国内外电火花线切割加工工艺水平

项　目	国　内	国　外	项　目	国　内	国　外
切割速度/(mm^2/min)	20～50 80～160	20～60 100	电极丝损耗/mm	加工 23×10^4～23×10^5 mm^2 时，电极丝损耗 0.01	
表面粗糙度/μm	Ra=2.5～5 Ra=1.25～2.5	Ra=1.25～5	最大切割厚度/mm	钢:500 铜:610	400
加工精度/mm	±0.005～±0.01	±0.002～±0.005	最小切割宽度/mm	0.04～0.09	0.0045～0.014
重复精度/mm	±0.01	±0.002	最小电极丝直径/mm	ϕ0.03～ϕ0.07	ϕ0.003～ϕ0.01

二、数控电火花线切割加工机床

数控电火花线切割加工机床由脉冲电源、机床本体、工作液循环系统和数字程序控制系统 4 部分组成，如图 11-12 所示。

1. 脉冲电源

电火花线切割加工和电火花成形加工一样，都是利用火花放电对金属工件进行电腐蚀加工的。在电火花线切割加工中，蚀除量较小，而且一般都用精规准一次切割成形，加工中不必考虑电极丝损耗，因此要求脉冲电源能保证较高的加工速度、较好的加工质量和电极丝允许的承载电流限制等条件。目前电火花线切割加工机床的脉冲电源采用功率较小、脉冲宽度窄、频率较高且峰值电流较大的高频脉冲电源。该种电源主要是晶体管脉冲电源，利用晶体管作开关元件控制 RC 电路进行精微加工，一般电源的电规准设有几个档，以调整脉冲宽度和脉冲间隙时间，满足不同加工需求。其脉冲宽度为 2～50μs，脉冲间隙为 10～20μs，峰值电流为 4～40A，加工电流为 0.2～7A，开路电压为 80～100V。

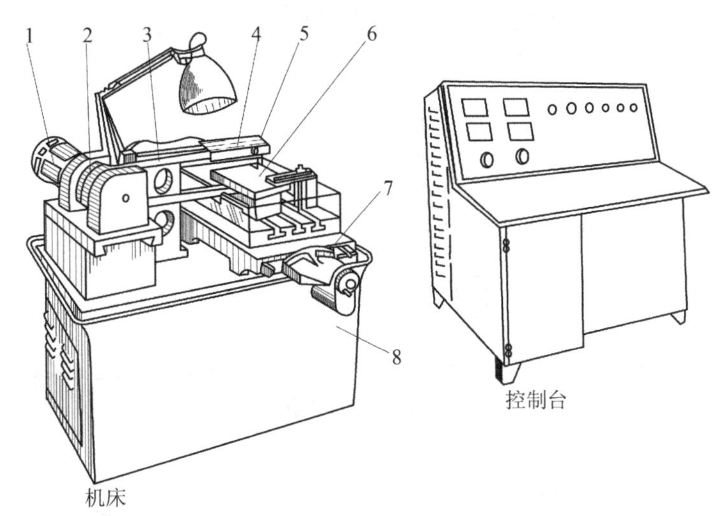

1—电动机；2—储丝筒；3—钼丝；4—丝架；5—导轮；6—工件；7—十字拖板；8—床身

图 11-12　数控电火花线切割加工机床

2. 机床本体

机床本体由床身、坐标工作台和走丝机构组成。

(1) 床身。床身是机床本体的基础，用于支承和安装坐标工作台、走丝机构及加工工件，要求具有足够的刚度和稳定性。一般电火花线切割加工机床的床身为铸造箱式结构或焊接箱式结构，精密电火花线切割加工机床有采用大理石结构的。

(2) 坐标工作台。坐标工作台如图 11-13 所示。下拖板 2 固定在床身 1 上，中拖板 3 可做横向(X 方向)移动，上拖板 4 可做纵向(Y 方向)移动，上拖板 4 与中拖板 3、中拖板 3 与下拖板 2 之间均采用滚动导轨。上拖板 4(工作台)的上面用于装夹工件，加工时通过拖板在 X、Y 方向的移动实现工件的进给运动，而拖板在互相垂直的两个方向的移动是由两个步进电动机 6 和 8 分别驱动的。步进电动机是一种特殊的电动机，它可以随时控制正转或反转，控制台每发出一个进给信号，步进电动机就能精确地运行一步。若一般电火花线切割加工机床的控制器每发一个进给脉冲信号，工作台就能移动 1μm，则称该机床的脉冲当量为 1μm/脉冲。由于工作台的移动精度直接影响工件的加工质量，故对工作台的丝杆、螺母及导轨等都有较高的精度要求。工作台采用滚动导轨，运动灵活、轻巧。

坐标工作台上、中拖板移动的控制方式有开环式、闭环式和半闭环式 3 种，如图 11-14 所示。一般电火花线切割加工机床采用开环式控制，机床没有反馈系统，结构简单，成本低，但移动误差不能消除，加工精度低。闭环式控制通过检测器检测误差并反馈至控制系统，再由系统发出反馈指令给步进电动机进行补偿，提高了加工精度。目前精密电火花线切割加工机床多采用闭环式控制。半闭环式是闭环式的简化方式，对于步进电动机以外的误差无法检测补偿。

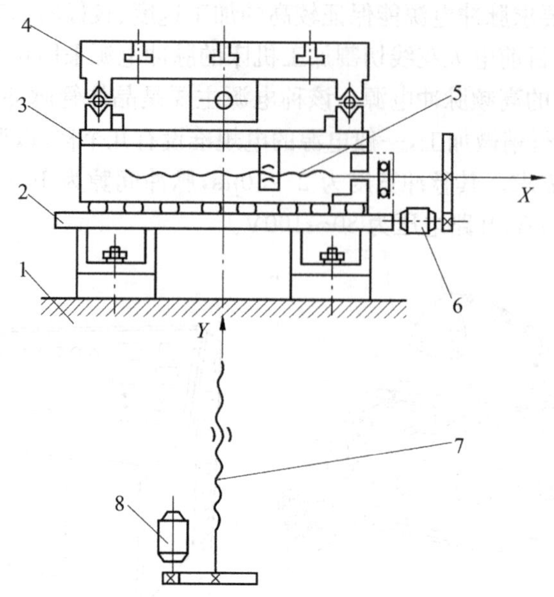

1—床身；2—下拖板；3—中拖板；4—上拖板；5、7—丝杠；6、8—步进电动机

图 11-13　坐标工作台

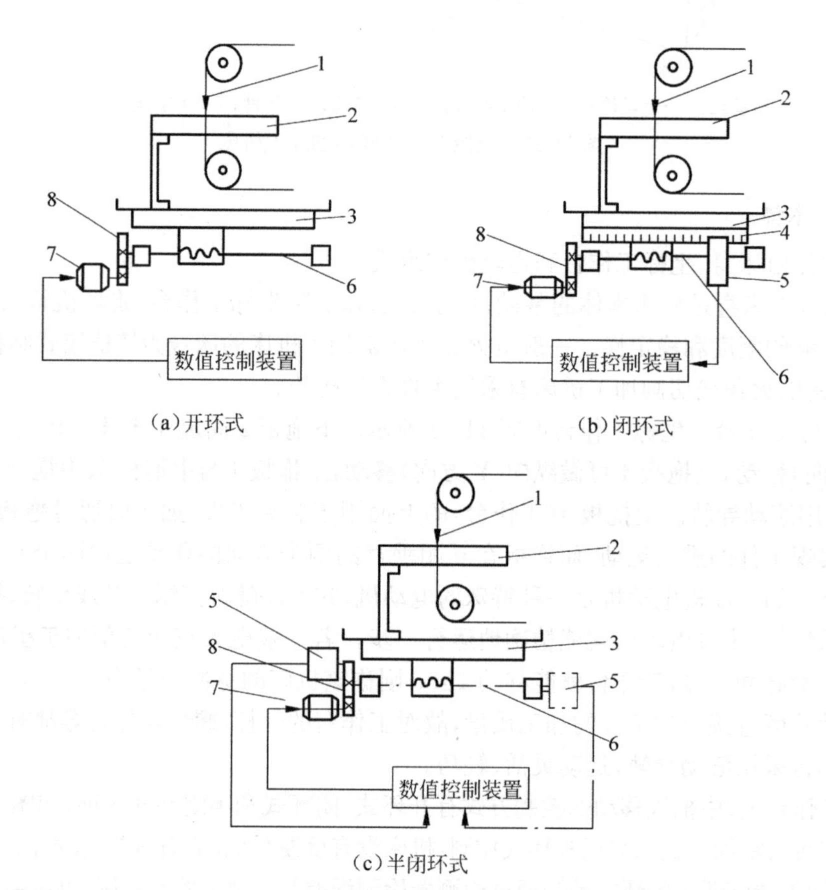

1—电极丝；2—工件；3—工作台；4—检测标尺；5—检测器；6—丝杠；7—步进电动机；8—齿轮

图 11-14　坐标工作台移动控制方式

(3) 走丝机构。走丝机构的作用是使电极丝以一定速度连续不断地通过工件放电加工区。图 11-15 所示为常见的两种走丝机构，分别是快速走丝机构(图 11-15(a))和是慢速走丝机构(图 11-15(b))。

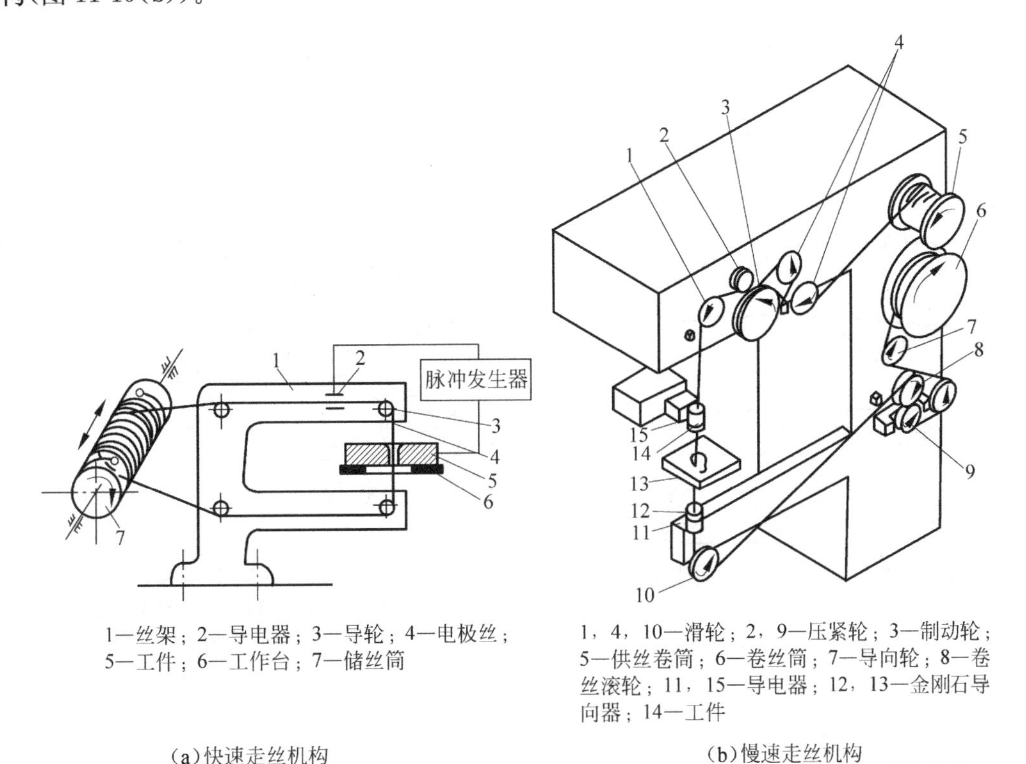

1—丝架；2—导电器；3—导轮；4—电极丝；5—工件；6—工作台；7—储丝筒

(a)快速走丝机构

1，4，10—滑轮；2，9—压紧轮；3—制动轮；5—供丝卷筒；6—卷丝筒；7—导向轮；8—卷丝滚轮；11，15—导电器；12，13—金刚石导向器；14—工件

(b)慢速走丝机构

图 11-15　常见的两种走丝机构

快速走丝机构由电动机通过弹性联轴器与储丝筒主轴连接，带动储丝筒往复旋转运动。为了使电极丝整齐排列，储丝筒在旋转的同时还做轴向移动，且轴向移距应大于电极丝直径。当储丝筒转动供丝端到达电极丝终端时，储丝筒立即反向转动，使供丝端成为收丝端，电极丝反向移动。快速走丝机构的走丝速度一般为 10m/s 左右。快速走丝能较好地将电蚀屑排出加工区，并使工作液较充分进入加工区，对改善加工质量和提高加工速度有利。但快速走丝容易造成电极丝抖动和反向停顿。发生反向停顿时，放电和进给必须停止，待电极丝的走丝速度恢复正常后方可继续，否则会造成电极丝与工件短路，严重时会出现断丝现象。这种周期性变化，使加工表面出现凹凸不平的斑马形条纹，导致加工表面质量下降，如图 11-16 所示。快速走丝机构的电极丝一般采用耐电蚀性较好的钼丝。

慢速走丝机构的走丝速度为 1～4m/s。其电极丝多采用成卷黄铜丝或镀锌黄铜丝，工作时单向运行，经放电加工后不再使用，电极丝的张力可以调节。电极丝工作平稳、均匀、抖动小，加工质量较好，但加工速度低。

对于能够加工带有斜度工件的电火花线切割加工机床，其走丝机构有多种形式，图 11-17 所示即为常见的一种形式。走丝机构的上、下丝架臂固定不动，通过电极丝上、下导轮在纵、横两个方向的偏移，使电极丝倾斜，可以切割各个方向的斜度。电极丝的偏移通过 U 轴、V 轴步进电动机驱动，其运动轨迹(U,V)和加工轨迹(X,Y)由计算机同时控制，从而实现 X、Y、U、V 四轴联动。

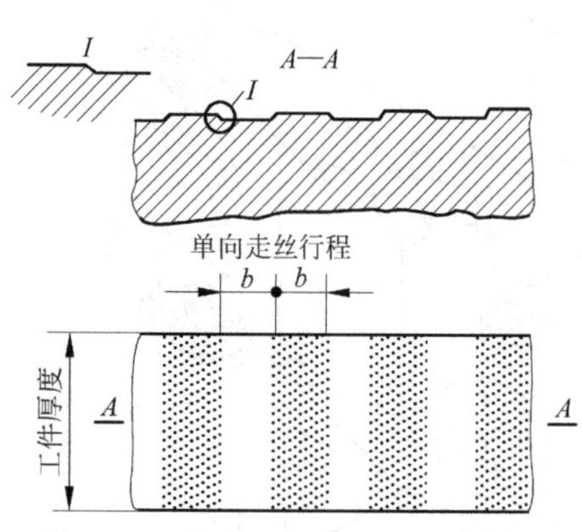

图 11-16　快速走丝线切割的表面质量

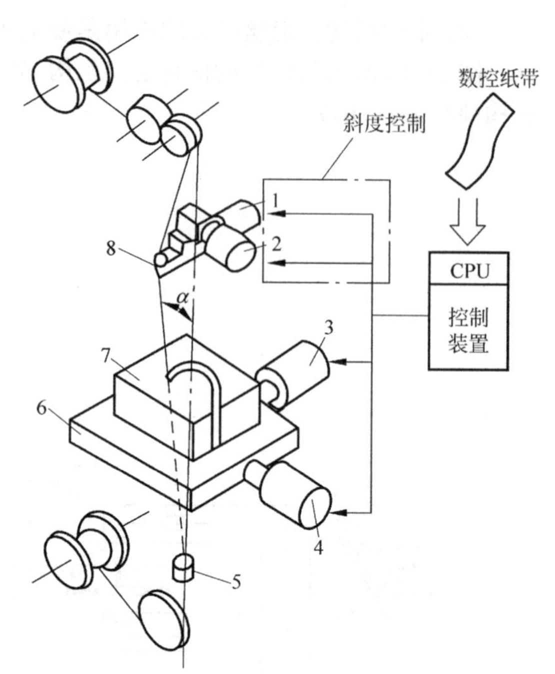

1—V 轴步进电动机；2—U 轴步进电动机；
3—Y 轴驱动电动机；4—X 轴驱动电动机；
5—下金属丝导向器；6—工作台；
7—工件；8—上金属丝导向器

图 11-17　平动式切割斜度示意图

3. 工作液循环系统

电火花线切割加工时，其工作液循环系统的作用与电火花成形加工的相同。

快速走丝使用的工作液是乳化液（质量分数为 5%～15%的油酸钾皂乳化液），由于快速走丝，能自动排除短路现象，因此可用介电强度较低的乳化油水溶液。慢速走丝常用去离子水，即通过离子交换树脂净化器去除水中的离子。采用去离子水作工作液，冷却速度快、流动容易、不易燃，但去离子水的电阻率对加工性能（加工速度、表面粗糙度及放电间隙）有一定影响。一般去离子水的电阻率应在（1～10）MΩ 范围内，工作时可根据工件的材料和厚度调整至最佳状态。去离子水的电阻率大小可通过测量去离子水的微弱电流测定。

电火花线切割加工中，由于切缝很窄，需要充分、连续地向加工区域提供足够的工作液，以顺利、及时地排除电蚀产物，并对电极丝和工件进行冷却，如图 11-18 所示。

4. 数字程序控制系统

电火花线切割加工中，数字程序控制系统的作用是按照加工要求，自动控制电极丝和工件之间的相对运动轨迹和进给速度，完成对工件形状和尺寸的加工。电极丝和工件之间相对运动轨迹的控制，是根据工件的形状和尺寸进行分解，得到 X、Y 平面上的由直线和圆弧组成的平面几何图形。在进行运动轨迹自动控制的同时，根据放电间隙和放电状态，使进给速度和工件材料的蚀除速度相平衡，以维持正常的稳定加工，实现进给速度的自动控制。

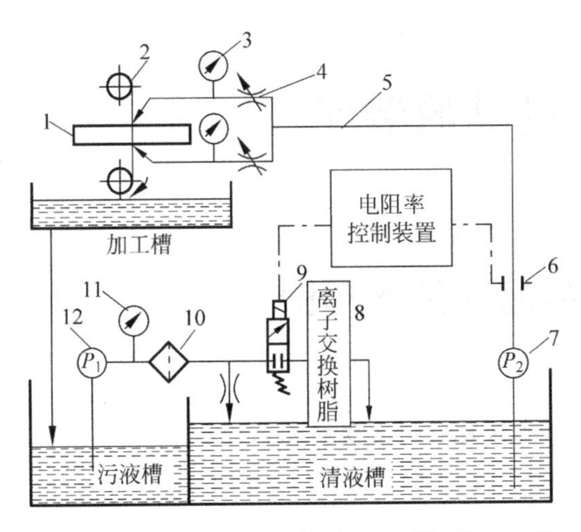

1—工件；2—金属丝；3—压力表；4—节流阀；5—供液管；6—电阻率检测电极；7，12—泵；8—纯水器；9—电磁阀；10—过滤器；11—压力表

（a）慢速走丝

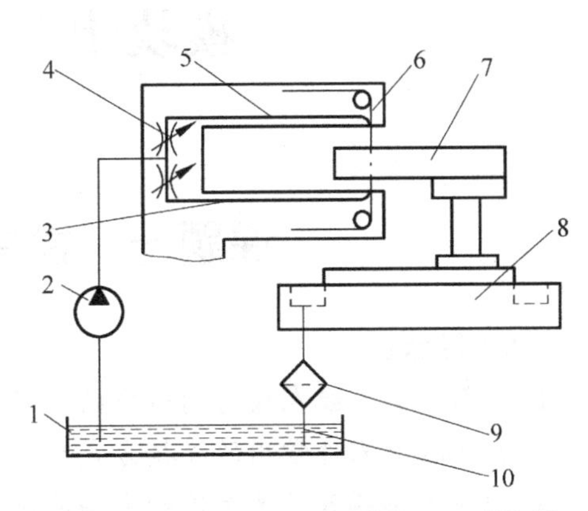

1—储液箱；2—泵；3—上供液管；4—节流阀；5—下供液管；6—电极丝；7—工件；8—工作台；9—滤清器；10—回油管

（b）快速走丝

图 11-18　工作液循环系统

练习与思考

1. 分析电火花脉冲放电的过程。
2. 电火花成形加工具有哪些突出的特点？
3. 什么是极性效应？试分析产生极性效应的原因。
4. 什么是正极性加工？什么是负极性加工？脉冲宽度与极性选择有何关系？
5. 电火花型孔加工常见的方法有哪些？电火花型腔加工常见的方法有哪些？
6. 与电火花成形加工相比，电火花线切割加工具有哪些特点？

模块十二　模具的装配

课题一　模具装配的基本知识

【知识目标】

1. 了解模具装配在模具制造中的作用；熟悉模具装配的主要内容。
2. 熟悉模具零件常用的连接方式及应用。
3. 熟悉控制模具间隙常用的方法及应用。

【知识学习】

一、模具装配概念

将模具的零件按照一定工艺顺序进行配合、定位、连接与紧固，使之成为符合技术要求的整体，称为模具装配。

模具装配是模具制造过程中非常重要的环节，装配质量直接影响模具的精度、寿命及使用功能。模具零件(包括模具标准件、自制件)符合设计要求是保证模具装配质量的基础，但并非全部零件合格就可以装配出符合设计要求的模具。合理的装配工艺及丰富的装配经验，对于模具装配而言，也是十分重要的。例如冲裁凸模、凹模的尺寸及形状精度符合设计要求，但装配时由于调整不当产生偏移，也会造成冲裁间隙不均匀，影响模具的使用功能及整体寿命。

模具装配不是模具零件的简单组合，而是要在装配过程中调整零件相互间的位置关系，保证相互的配合精度。有时，还要对个别零件进行必要的修整。

模具装配的主要内容包括：选择装配基准，组件装配，研磨抛光，调整，修配总装，检验和试模鉴定等环节。装配模具时应正确选择装配基准，合理制定装配工艺，调整凸模与凹模(塑料模中型芯与型腔)的间隙合理均匀，保证模具导向机构及其他活动机构(卸料、脱模、顶出、侧向抽芯及复合机构)运动的精确性，从而保证模具的正常使用，提高其使用寿命。

二、模具零件常见连接方法

模具零件的连接方法因模具零件结构及加工方法不同、工作时承受压力的大小不等而有多种。下面介绍常见的 5 种。

1. 紧固件法

紧固件法如图 12-1 所示。其中图 12-1(a)所示为大型模具零件的连接，即采用销钉定位，螺钉一般为 2～4 个；图 12-1(b)所示为螺钉吊紧固定方式，凸模与固定板按 H7/m6 配合，螺钉视凸模大小可采用 1～4 个；图 12-1(c)和图 12-1(d)适用于截面形状复杂、几何尺寸较小的凸模连接，圆柱销孔可采用线切割方法加工，凸模与固定板按 H7/m6 或 H7/n6 配合。

2. 压入法

压入法如图 12-2 所示。凸模利用端部台阶轴向固定，与固定板按 H7/m6 或 H7/n6 配合。

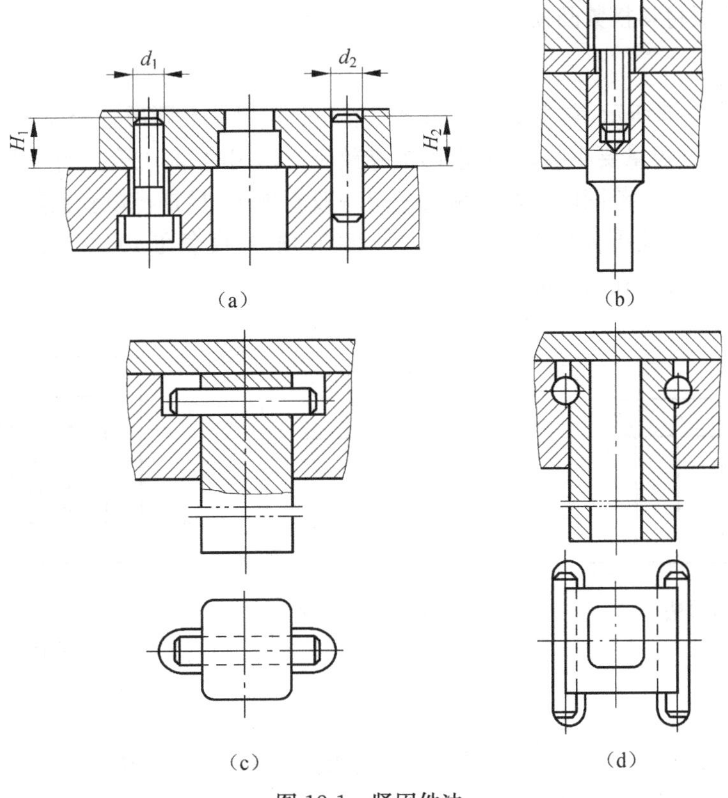

图 12-1　紧固件法

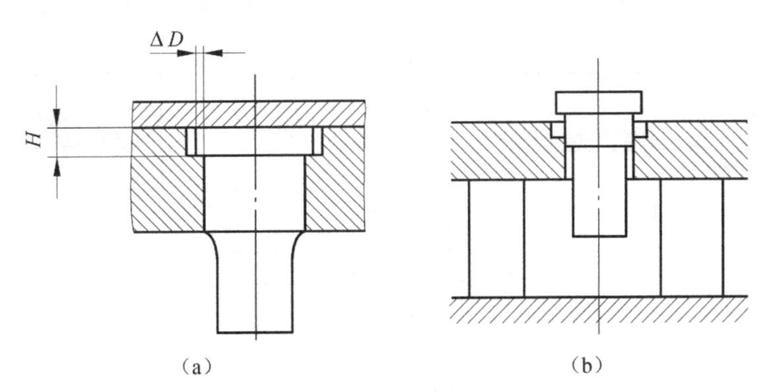

图 12-2　压入法

压入法经常用于截面形状较规则(如圆形、方形)的凸模连接,台阶尺寸一般为 $\Delta D=1.5\sim2.5$mm,$H=3\sim8$mm,且 $H>\Delta D$。

压入法连接方便、可靠,且连接精度较高,其装配过程如图 12-2(b)所示。将凸模固定板架在两等高块上,用压力机将凸模压入,压入时要随时检查凸模的垂直度,压入后应将凸模尾端与固定板配磨平。

3. 铆接法

铆接法如图 12-3 所示,它主要用于连接强度要求不高的场合。由于工艺过程比较复杂,此类方法应用越来越少,生产中已被反铆法(挤紧法)代替,如图 12-4 所示。其操作过程如下:

首先在凸模上沿外轮廓开一个槽，槽深可视模具工作情况确定，然后将模具装入固定板，最后环绕凸模使固定板材料挤紧凸模。

4. 热套法

热套法如图12-5所示，它主要用于固定凹模和凸模拼块及硬质合金模块。当连接只起固定作用时，其配合过盈量要小些；当要求连接有预应力作用时，其配合过盈量要大些，过盈量控制在(0.001～0.002)D范围内。对于钢质拼块一般不预热，只是将模套预热到300～400℃保持1h即可热套；对于硬质合金模块应在200～250℃预热，模套在400～450℃预热后热套。一般在热套后继续进行型孔的精加工。

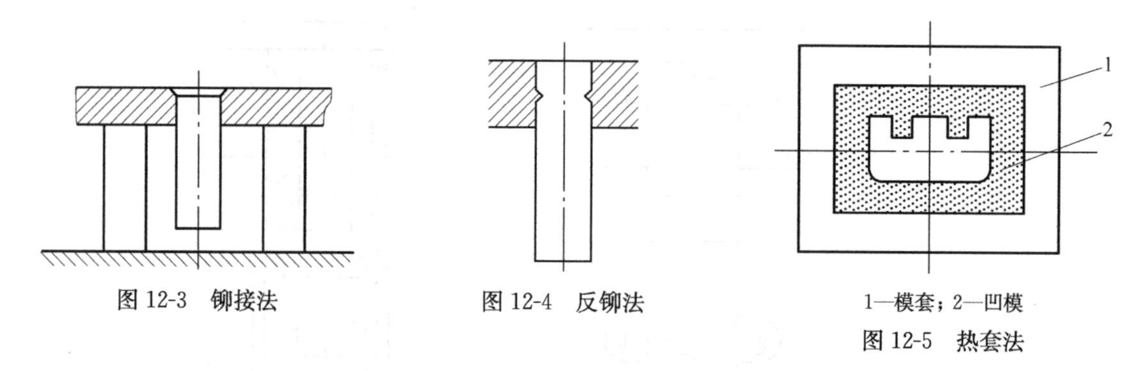

图12-3　铆接法

图12-4　反铆法

1—模套；2—凹模

图12-5　热套法

5. 焊接法

焊接法如图12-6所示，它主要用于硬质合金模。焊接前应在700～800℃进行预热，并清理焊接面，再用火焰钎焊或高频钎焊在1000℃左右焊接，焊缝为0.2～0.3mn，焊料为黄铜，并加入脱水硼砂。焊接后放入木炭中缓冷，并在200～300℃保温4～6h去应力。

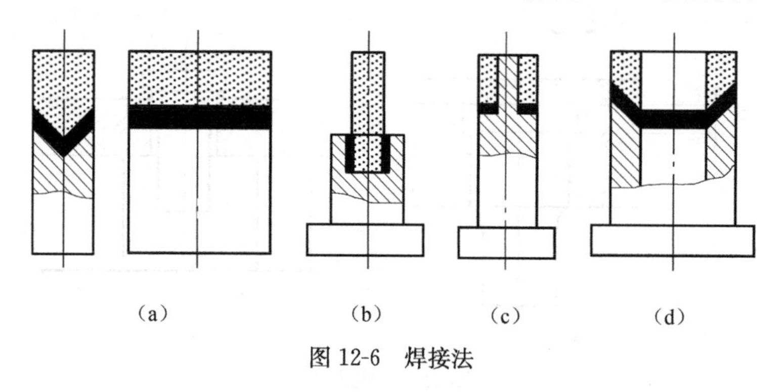

图12-6　焊接法

三、模具间隙控制方法

与一般机械产品不同，间隙是模具特有的结构参数，间隙的大小及均匀度直接影响模具的工作质量，因而如何控制模具间隙是模具装配过程中一个非常重要的环节，控制方法有以下8种。

1. 垫片法

垫片法如图12-7所示。将厚薄均匀、其值等于间隙值的纸片、金属片或成形工件，放在凹模刃口四周的位置，再慢慢合模，放好等高垫块，使凸模进入凹模刃口内，观察凸、凹模的间隙状况。如果间隙不均匀，则用敲击凸模固定板的方法调整间隙，直至均匀为止，再拧紧上模固定螺钉，并放纸片试冲，观察纸片冲裁状况，直至间隙调整合适为止。最后将上模座与固定板夹紧后同钻、同铰定位销孔，并打入圆柱销。这种方法广泛用于中小冲裁模，也适用于拉深模、弯曲模等，同样适用于塑料模等壁厚的控制。

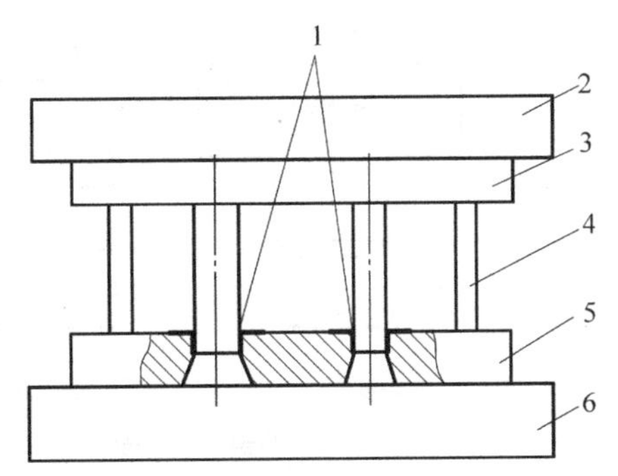

1—垫片；2—上模座；3—凸模固定板；4—等高垫块；5—凹模；6—下模座

图 12-7　垫片法

2. 镀铜法

对于形状复杂、凸模数量多的冲裁模，用垫片法控制间隙比较困难，可以在凸模表面镀一层软金属（如镀铜等），镀层厚度等于单边冲裁间隙，然后按上述方式调整、固定及定位。镀层在装配后不必去除，冲裁时会自然脱落。

3. 透光法

透光法是将上、下模合模后，用灯光从底面照射，观察凸、凹模刃口四周的光隙大小，以判断冲裁间隙是否均匀，如果间隙不均匀，再进行调整、固定及定位。这种方法适用于薄料冲裁模，对装配钳工的要求较高。如用模具间隙测量仪表检测和调整更好。

4. 涂层法

涂层法是在凸模表面涂覆一层诸如磁漆或氨基醇酸漆之类的薄膜，涂覆时应根据间隙大小选择不同黏度，或通过多次涂覆控制其厚度。涂覆后将凸模组件置于烘箱内以 100～120℃ 烘烤 0.5～1h，直到漆层厚度等于冲裁间隙，并使其均匀一致，然后按上述方法调整、固定及定位。

5. 工艺尺寸法

工艺尺寸法如图 12-8 所示。在制造冲裁凸模时，将凸模长度适当增加，其截面尺寸增大到与凹模型孔呈滑动配合状态。装配时，凸模前端进入凹模型孔，自然形成冲裁间隙，再进行固定、定位，并将凸模前端加长部分磨除。

6. 工艺定位器法

图 12-9 所示为工艺定位器法。装配前，先制作一个二级装配工具即工艺定位器（图 12-9(a)）。其中 d_1 与冲孔凸模滑配，d_2 与冲孔凹模滑配，d_3 与落料凹模滑配，d_1、d_2 和 d_3 尺寸应在一次装夹中加工成形，以保证 3 个直径的同心度。装配时利用工艺定位器保证各部分的冲裁间隙，如图 12-9(b)所示。工艺定位器法同样适用于塑料模等壁厚的控制。

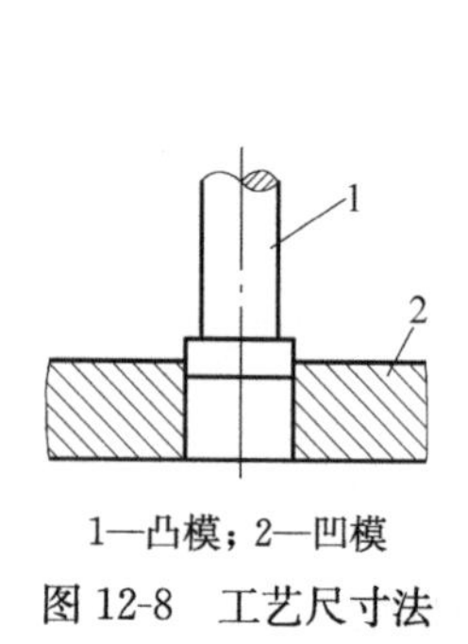

1—凸模；2—凹模

图 12-8　工艺尺寸法

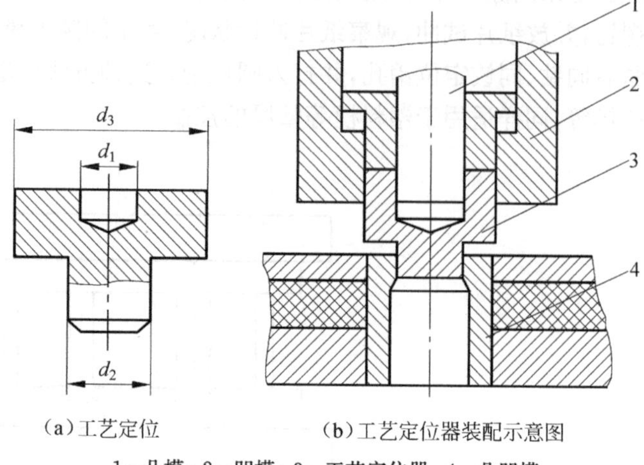

（a）工艺定位　　（b）工艺定位器装配示意图

1—凸模；2—凹模；3—工艺定位器；4—凸凹模

图 12-9　工艺定位器法

7. 工艺定位孔法

在凹模和固定凸模的固定板的相同位置加工两个工艺孔，装配时，在定位孔内插入定位销以保证间隙的方法即为工艺定位孔法，如图 12-10 所示。该方法简单方便，间隙容易控制，适用于较大间隙的模具，特别是间隙不对称的模具（如单侧弯曲模）。加工时可将工艺孔与型腔一次制出。

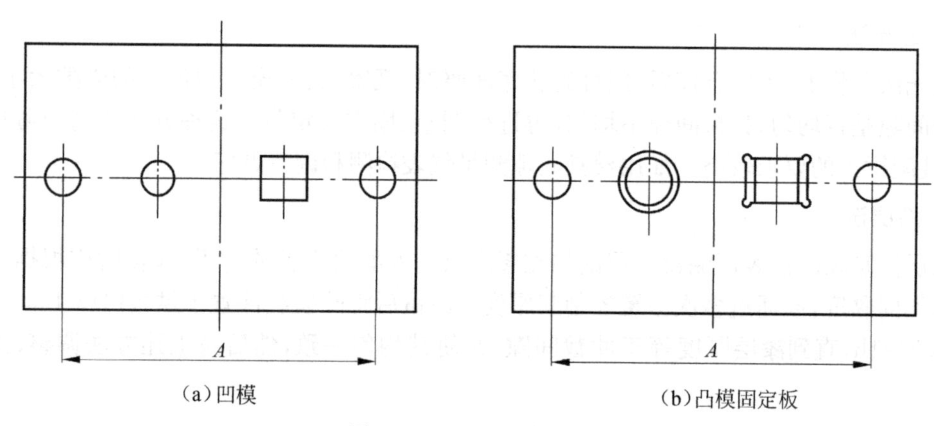

（a）凹模　　（b）凸模固定板

图 12-10　工艺定位孔法

8. 试切法

试切法常用于冲裁凸、凹模的间隙调整。在凹模平面上放置平整纸片，用压力机或铜棒敲击模柄，使凸模进入凹模刃口，并将纸片切断分离。打开模具，观察试切纸片断面情况，毛刺大、断面不齐说明该处冲裁间隙偏大，断面整齐、无明显毛刺说明冲裁间隙偏小。调整凸、凹模的相互位置，直至断面状况相同、毛刺均匀为止。采用试切法调整间隙，应先试厚纸、硬纸，再试薄纸、软纸，一般纸片厚度越小，灵敏度越高。试切法适用于一切形状、中小料厚冲裁模间隙的调整，其可操作性强、可靠性高，但需要丰富的经验。试切法是冲裁模最常见的间隙控制方法之一。

课题二　冲压模具的装配

【知识目标】

熟练掌握冲压模具的装配过程。

【技能目标】

熟练掌握冲裁模具、拉伸模具的装配过程及装配精度调整方法。

【知识学习】

冲压模具的装配包括组件装配和总装，即在完成模架、凸模和凹模部分组件装配后，进行模具总装。

一、组件装配

1. 模架装配

模架包括上、下模座及导柱、导套和模柄等零件。由于冲压模模架已实现标准化，上、下模座及导柱、导套由专业生产厂完成生产，因而模架的装配工作只需装配模柄。

压入式模柄的装配过程如图12-11所示。装配前须检查模柄和上模座配合部分的尺寸精度和表面粗糙度，并检验模座安装面与平面的垂直度。装配时将上模座放平，用压力机将模柄慢慢压入（或用铜棒打入）模座，要边压边检查模柄垂直度，直至模柄台阶面与安装孔台阶面接触为止，检查模柄相对上模座上平面的垂直度，合格后加工骑缝销孔，并安装骑缝销，最后磨平端面。

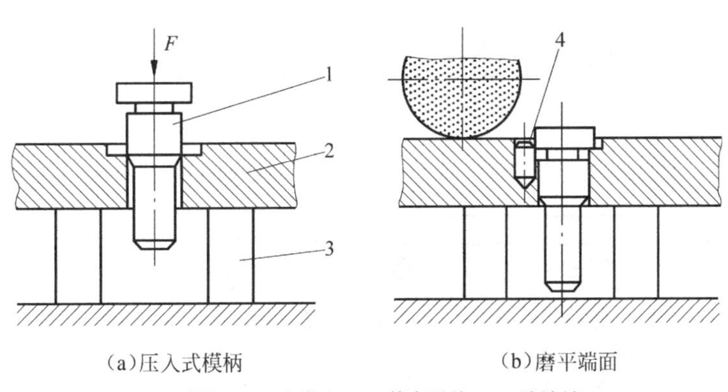

（a）压入式模柄　（b）磨平端面

1—模柄；2—上模座；3—等高垫块；4—骑缝销

图12-11　压入式模柄的装配过程

2. 凸模、凹模组件装配

凸模、凹模组件装配主要指凸模、凹模与固定板的装配，具体装配方法见模具零件的连接方法。

二、总装

总装时，首先应根据主要零件的相互关系，以及装配方便和易于保证装配精度要求来确定装配基准件，如复合模一般以凸凹模作为装配基准件，级进模以凹模作为装配基准件。然后应确定装配顺序，即根据各个零件与装配基准件的关系和远近程度确定装配顺序。装配结束后，需要进行试冲，通过试冲可发现问题并及时调整和修理直至模具冲出合格零件。

三、冲压模装配过程示例

冲压模的种类有很多，其中冲裁模装配难度较大，特别是复合冲裁模，由于其零件数量多、结构复杂及间隙小等特点，对装配精度的要求较高。下面以图12-12所示的落料冲孔复合模为例说明冲压模的装配过程。

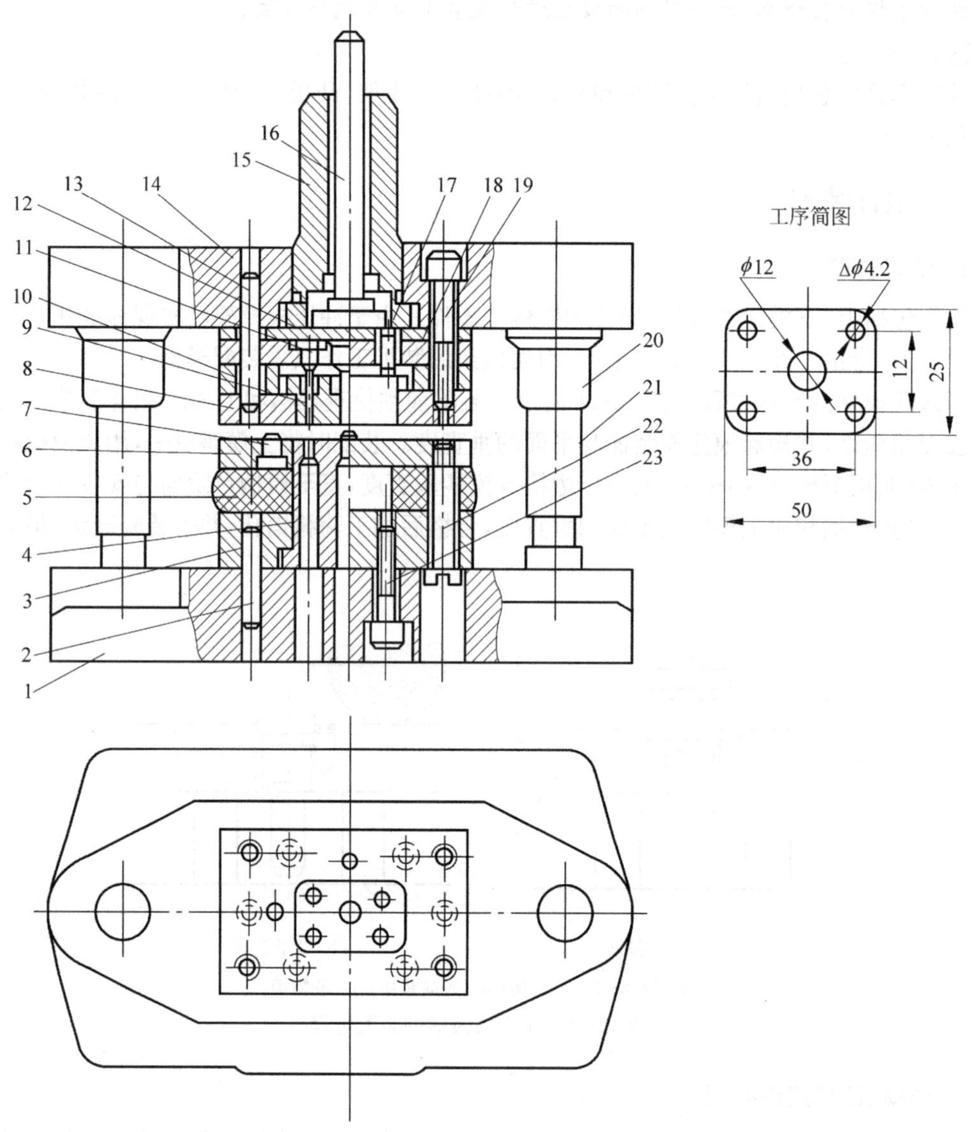

1—下模座；2、13—定位销；3—凸凹模固定板；4—凸凹模；5—橡皮弹性件；6—卸料板；7—定位螺钉；8—凹模；9—推板；10—空心垫板；11—凸模；12—垫板；14—上模座；15—模柄；16—打杆；17—推杆；18—凸模固定板；19、23—螺钉；20—导套；21—导柱；22—卸料螺钉

图12-12 落料冲孔复合模

1. 组件装配

(1) 将模柄15装配于上模座14内，并磨平端面。

(2) 将凸模 11 装入凸模固定板 18 内，组成凸模组件。

(3) 将凸凹模 4 装入凸凹模固定板 3 内，组成凸凹模组件。

2. 总装

(1) 确定装配基准件。落料冲孔复合模应以凸凹模为装配基准件，先行确定凸凹模在模架中的位置。

(2) 安装凸凹模组件。

① 确定凸凹模组件在下模座上的位置，再用平行夹板将凸凹模组件与下模座夹紧，并在下模座上划出漏料孔线。

② 加工下模座漏料孔，其尺寸应比凸凹模漏料孔尺寸单边大 0.5～1mm。

③ 安装并固定凸凹模组件，将凸凹模组件在下模座上重新找正定位，并用平行夹板夹紧。钻、铰销孔和螺孔，并装入定位销 2 和螺钉 23。

(3) 安装上模。

① 检查上模各个零件尺寸是否满足装配技术要求，如推板 9 推出端面是否高出落料凹模端面，以及打料系统各零件尺寸是否合适、动作是否灵活等。

② 安装上模，调整冲裁间隙。在将上模系统各零件分别装于上模座 14 和模柄 15 的孔内，再用平行夹板将凹模 8、空心垫板 10、凸模组件、垫板 12 和上模座 14 轻轻夹紧，并调整凸模组件、凹模 8 和凸凹模 4 的冲裁间隙。这里可以采用垫片法调整，并用纸片进行手动试冲，直至内、外形冲裁间隙均匀，再通过平行夹板将上模各板夹紧。

③ 钻铰上模各销孔和螺纹孔。用平行夹板将上模部分夹紧，在钻床上以凹模 8 的销孔和螺钉作为引钻孔，钻铰销钉孔和螺纹通孔，再安装定位销 13 和螺钉 19，拆除平行夹板。

(4) 安装弹压卸料部分。

① 将弹压卸料板套在凸凹模 4 上，在弹压卸料板和凸凹模组件端面垫入平行垫块，保证弹压卸料板上端面与凸凹模上平面的装配位置尺寸，并用平行夹板夹紧弹压卸料板和下模。然后在钻床上钻卸料螺孔，拆掉平行夹板。最后将下模各板卸料螺孔加工到规定尺寸。

② 安装卸料橡皮弹性件和定位螺钉。在凸凹模组件和弹压卸料板上分别安装卸料橡皮弹性件 5 和定位螺钉 7，拧紧卸料螺钉 22。

(5) 检验。

(6) 试冲。

课题三　塑料模具的装配

【知识目标】

熟练掌握塑料模具的装配过程。

【技能学习】

1. 熟练掌握塑料模具的装配过程及装配精度调整方法。

2. 熟悉热塑性塑料注射模的装配过程。

【知识学习】

与冲压模具装配过程相同，塑料模具的装配也包括组件装配和总装。

一、组件装配

塑料模组件装配包括型腔和型芯与固定板的装配，以及推出机构的装配和抽芯机构的装配等。其中型腔和型芯与固定板的装配与冲压模具相似。下面介绍其他组件的装配。

1. 推出机构装配

塑料模常用的推出机构是推杆推出机构，如图12-13所示。其装配技术要求是：装配后运动灵活、无卡阻现象；推杆在固定板孔内内单边应有0.5mm的间隙，推杆工作端面应高出型面0.05～0.10mm；完成塑件推出后，应能在合模时自动退回原位。

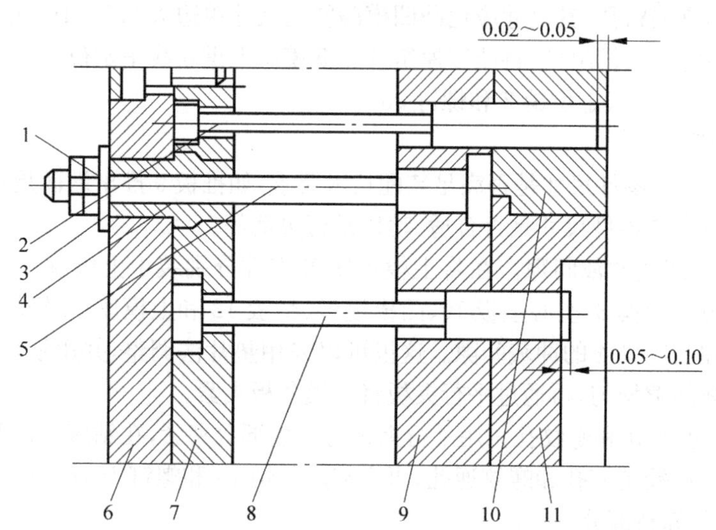

1—螺母；2—复位杆；3—垫圈；4—导套；5—导柱；6—推板；7—推杆固定板；8—推杆；9—动模垫板；10—动模板；11—型腔镶块

图12-13 推杆推出机构装配

推杆推出机构的装配顺序如下：

(1) 先将导柱5垂直压入动模垫板9并将端面与支承板一起磨平。

(2) 将装有导套4的推杆固定板7套装在导柱5上，再将推杆8、复位杆2装入推杆固定板7、动模垫板9和型腔镶块11的配合孔中，盖上推板6并用螺钉拧紧，调整使其运动灵活。

(3) 修磨推杆和复位杆的长度。如果推板6与垫圈3接触时，复位杆、推杆均低于型面，则修磨导柱的台肩；如果推杆、复位杆均高于型面，则修磨推板6的底面。一般在加工时将推杆和复位杆留长一些，装配后再将多余部分磨除。修磨后的复位杆应低于型面0.02～0.05mm，推杆则应高于型面0.05～0.10mm。

2. 抽芯机构装配

塑料模常用的抽芯机构是斜导柱抽芯机构，如图12-14所示。其装配技术要求是：闭模后，滑块的上平面与定模底面留有x=0.2～0.8mm的间隙，斜导柱外侧与滑块斜导柱孔留有y=0.2～0.5mm的间隙。具体装配过程如下：

(1) 型芯装入型芯固定板组成形芯组件。

(2) 按设计要求在固定板上调整滑块和导滑槽的位置，待位置确定后，用平行夹板将其夹紧。钻导滑槽安装孔和动模板上的螺孔，安装导滑槽。

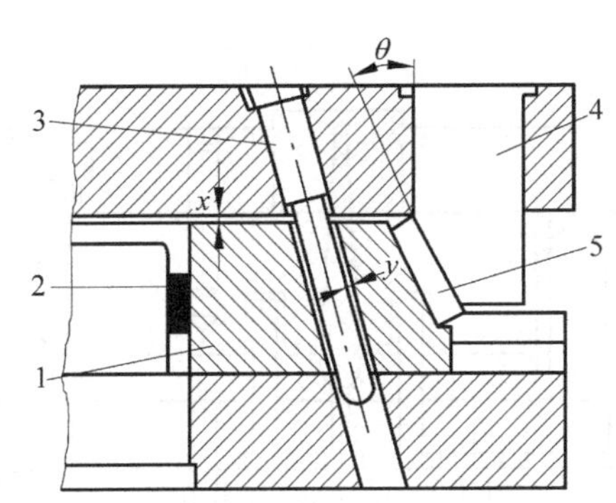

1—滑块；2—壁厚垫片；3—斜导柱；4—锁紧楔块；5—垫片

图 12-14　斜导柱抽芯机构

(3) 安装定模板锁紧楔块，保证锁紧楔块斜面与滑块斜面有 70%以上的面积贴合。若侧型芯不是整体式，则在侧型芯位置垫以相当制件壁厚的铝片或钢片。

(4) 闭模，检查间隙 x 值是否合格(通过修磨和更换滑块尾部垫片保证 x 值)。

(5) 将定模板、滑块和型芯组合在一起并用平行夹板夹紧，在卧式镗床上镗斜导柱孔。

(6) 松开模具，安装斜导柱。

(7) 修正滑块上的斜导柱孔口为圆环状。

(8) 调整导滑槽，使之与滑块松紧合适；钻导滑槽销孔，安装销钉。

(9) 镶侧型芯。

二、总装

由于塑料模结构比较复杂、种类多，故在装配前应根据其结构特点拟订具体装配工艺。一般塑料模的装配过程如下：

(1) 确定装配基准件。

(2) 装配前对零件进行测量，合格零件必须去磁并将擦拭干净。

(3) 调整各零件组合后的累积尺寸误差，如各模板的平行度要校验修整，以保证模板装配密合，分型面处吻合面积不得小于 80%，防止产生飞边。

(4) 装配中尽量保持原加工尺寸的基准面，以便总装合模调整时检查。

(5) 组装导向机构，并保证开模、合模动作灵活，无松动和卡滞现象。

(6) 组装调整推出机构，并调好复位及推出位置等。

(7) 组装调整型芯、镶件，保证配合间隙达到要求。

(8) 组装冷却或加热系统，保证管路畅通，不漏水、不漏电、阀门动作灵活。

(9) 组装液压或气动系统，保证运行正常。

(10) 紧固所有连接螺钉，装配定位销。

(11) 试模，合格后打上模具标记，如模具编号、合模标记及组装基面等。

(12) 检查各种配件、附件及起重吊环等零件，保证模具装备齐全。

三、塑料模装配过程示例

下面以图 12-15 所示的热塑性塑料注射模为例说明塑料模的装配过程。

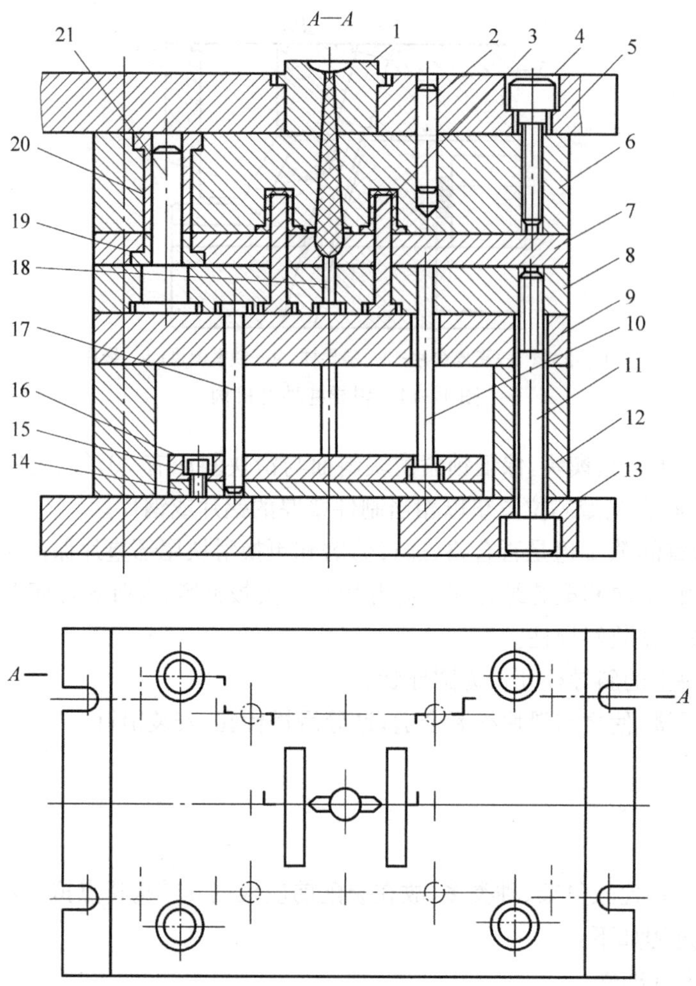

1—浇口套；2—定位销；3—型芯；4、11—螺栓；5—定模座板；6—定模板；7—推件板；
8—型芯固定板；9—动模垫板；10—推杆；12—支承板；13—动模座板；14—推板；15—螺钉；
16—推杆固定板；17、21—导柱；18—拉料杆；19、20—导套

图 12-15　热塑性塑料注射模

1. 动模部分装配

(1) 装配型芯固定板、动模垫板、支承板和动模固定板。装配前，型芯 3、导柱 17 和 21 及拉料杆 18 已压入型芯固定板 8 和动模垫板 9 并检验合格。装配时，将型芯固定板 8、动模垫板 9、支承板 12 和动模座板 13 按其工作位置合拢、找正并用平行夹板夹紧。以型芯固定板 8 上的螺纹孔、推杆孔定位，在动模垫板 9、支承板 12、和动模座板 13 上钻出螺孔、推杆孔的锥窝，然后拆下型芯固定板 8，并以锥窝为定位基准钻出螺钉过孔、推杆过孔及锪出螺钉沉孔，最后用螺钉拧紧固定。

(2) 装配推件板。推件板 7 在总装前已压入导套 19 并检验合格。总装前应对推件板 7 的型孔进行修光，并与型芯配合检查，要求滑动灵活、间隙均匀且符合配合要求。将推件板 7 套装在导柱和型芯上，以推件板平面为基准测量型芯高度尺寸，如果型芯高度尺寸大于设计要求，则进行修磨或调整，使其达到要求；如果型芯高度尺寸小于设计要求，则将推件板平面用磨床磨除相应厚度，以保证型芯高度尺寸。

(3) 装配推出机构。将推杆 10 装入在推杆固定板的推杆孔内并穿入型芯固定板 8 的推杆孔内，再套装到推板导柱上，使推板和推杆固定板重合。在推杆固定板螺纹孔内涂红粉，将螺钉孔位复印到推板上。取下推杆固定板，在推板上钻孔并攻螺纹，再重新合拢并拧紧螺钉固定。装配后，进行滑动配合检查，经调整使其滑动灵活、无卡阻现象。将推件板拆下，把推板放到最大极限位置，检查推杆超出型芯固定板上平面的长度，将其修磨到与型芯固定板上平面平齐或低 0.02mm。

2. 定模部分装配

总装前浇口套 1、导套都应装配结束并检验合格。装配时，将定模板 6 套装在导柱上并与已装浇口套的定模座板 5 合拢，找正位置，用平行夹板夹紧。以定模座板 5 上的螺孔定位，对定模板 6 钻锥窝，然后拆开，在定模板 6 上钻孔、攻螺纹，再重新合拢，用螺钉拧紧固定，最后钻、铰定位销孔并装入定位销。

装配后，应检查定模板 6 和浇口套 1 的浇道锥孔是否对正，如果接缝处有错位，则需进行铰削修整，使其光滑一致。

四、试模鉴定

模具在交付使用前，应进行试模鉴定，必要时还应做小批量生产鉴定。试模鉴定的内容包括：产品成形工艺是否合理，模具结构设计是否合理，模具制造质量的高低，模具能否顺利成形产品，成形产品的质量是否符合要求，以及模具采用的标准是否合理等。试模工作应由模具设计、工艺编制、设备操作及模具使用等有关人员一同进行。

模具验收技术要求见表 12-1。

表 12-1　模具验收技术要求

<table>
<tr><th>序号</th><th colspan="2">验收项目</th><th>说明(验收方法及要求等)</th></tr>
<tr><td rowspan="4">1</td><td rowspan="4">制件技术要求</td><td>几何形状、尺寸与尺寸精度、形状公差</td><td rowspan="4">① 主要根据产品图上标注的尺寸与尺寸公差、形状位置偏差，以及其他技术要求
② 根据有关冲压件、塑料件等行业或国家模具技术标准</td></tr>
<tr><td>表面粗糙度</td></tr>
<tr><td>表面装饰性</td></tr>
<tr><td>冲压件毛刺与断面的质量</td></tr>
<tr><td>2</td><td>模具零部件技术要求</td><td>凸模与凹模质量标准，零、部件质量，其他辅助零件质量</td><td>① 冲模零件及技术条件；冲模模架；冲模模架精度检查
② 塑料注射模零件及技术条件；塑料注射模模架</td></tr>
<tr><td rowspan="6">3</td><td rowspan="6">模具装配与试模技术要求</td><td>模具整体尺寸和形状位置精度</td><td rowspan="6">① 冲模技术条件
② 塑料注射模技术条件
③ 检查制件是对模具质量的综合检验，即制件须符合用户产品零件图样上的所有要求
④ 外观须符合用户和标准规定</td></tr>
<tr><td>模具导向精度</td></tr>
<tr><td>间隙及其均匀性</td></tr>
<tr><td>使用性能和寿命</td></tr>
<tr><td>制件检查</td></tr>
<tr><td>模具外观检查</td></tr>
<tr><td>4</td><td colspan="2">标记、包装、运输</td><td>按相关标准规定的内容验收</td></tr>
</table>

练习与思考

1. 什么是模具装配？模具装配一般应包括哪些内容？

2. 举例说明紧固件法、压入法和垫套法在模具制造中的应用。

3. 模具间隙常用哪些方法控制？落料冲孔复合模、级进冲裁模及多型腔注塑模装配时，应分别选择哪个零件作为装配基准？其原因是什么？

模块十三　现代模具制造技术

课题一　模具的快速成形技术

【知识目标】

1. 了解快速成形技术。

2. 了解快速成形工艺方法的种类;熟悉不同快速成形工艺的加工机理。

3. 掌握快速成形制造技术在模具制造中的应用。

【知识学习】

随着现代制造技术的不断发展,以及市场的迫切需求,模具制造技术得到了迅猛发展,并已成为现代制造技术的重要组成部分。例如模具的CAD/CAM技术、快速成形技术、精密成形技术、超精密加工技术、CIMS技术及数控技术等,都是模具制造发展的新型技术。现代模具制造技术正向着加快信息驱动、提高制造柔性、敏捷化制造及系统化集成的方向发展。本章主要介绍模具的快速成形技术和模具的CAD/CAM技术。

一、快速成形技术概述

快速成形(Rapid Prototyping,RP)技术又称为快速原型制造(Rapid Prototyping Manufacturing,RPM)技术,它是20世纪80年代后期兴起并迅速发展的一种基于材料堆积法加工的高新制造技术,也是制造技术领域的重大发展之一。

RP技术利用计算机及CAD软件对产品进行三维实体造型设计或利用工业CT照射实体模型,以得到STL数据文件,并利用分层软件对零件进行切片处理,以得到一组平行的环切数据,然后利用激光器产生的激光扫描形成一层极薄的固化层,如此反复,最终形成固态的产品原型。

RP技术综合机械工程、CAD、数控技术、激光技术及材料科学等多个领域,在没有任何刀具、模具及工装夹具的情况下,自动、直接、快速、精确地将设计思想转变为具有一定结构和功能的零件或原型,并及时对产品设计进行快速反应,通过不断评估、现场修改及功能试验,极大缩短了产品研发周期,实现以最快的速度响应市场,从而提高企业的竞争能力。

二、快速成形工艺方法简介

当前国内外较为成熟的的快速成形工艺已超过30种,按照采用的材料及处理方式不同,可归纳为以下6类方法。

1. 分层实体制造法(Laminated Object Manufacturing,LOM)

LOM是根据零件分层几何信息切割箔材、纸片、塑料薄膜或复合材料等片材,并将得到的连续层片材料粘接构成三维实体的模型图,如图13-1所示。首先铺上一层箔材,然后利用CO_2激光束在计算机控制下切出本层轮廓,非零件部分需要切碎以便去除;当一层完成后,再铺上一层箔材,并用滚子碾压、加热,以固化黏结剂,使新一层牢固粘接在已成形体上,然后切割该层轮廓，如此反复，直至整个零件加工完毕。

LOM的关键是控制激光的光强和切割速度，使其达到最佳配合，以便保证良好的切口质量和切割深度。

当采用LOM制造实体时，激光只需要扫描每个切片的轮廓而非整个切片的面积，因而具有生产效率高、使用材料广泛及成本较低的优势。

2. 选择性激光烧结法(Selective Laser Sintering，SLS)

SLS以多种粉末(含热熔性结合剂)为原材料，利用计算机控制的高效率的CO_2激光器下进行逐层加热，以使其熔化堆积成形，如图13-2所示。预先在工作台上铺一层粉末，在计算机控制下利用激光束选择性地进行烧结(零件的空心部分不烧结，仍为粉末材料)，被烧结的部分即固化在一起构成零件的实心部分。完成一层后再进行下一层，从而使新一层与上一层牢牢烧结为一体。全部烧结完成后，去除多余粉末，便可得到烧结而成的零件。目前SLS的制造精度可达到±0.1mm。

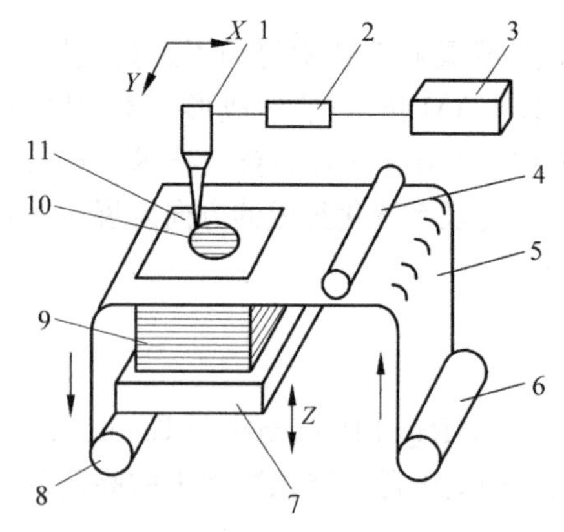

1—X-Y扫描系统；2—光路系统；3—激光器；
4—加热棍；5—薄层材料；6—供料滚筒；7—工作台；
8—回收滚筒；9—制成件；10—制成层；11—边角料

图13-1 分层实体制造法(LOM)示意图

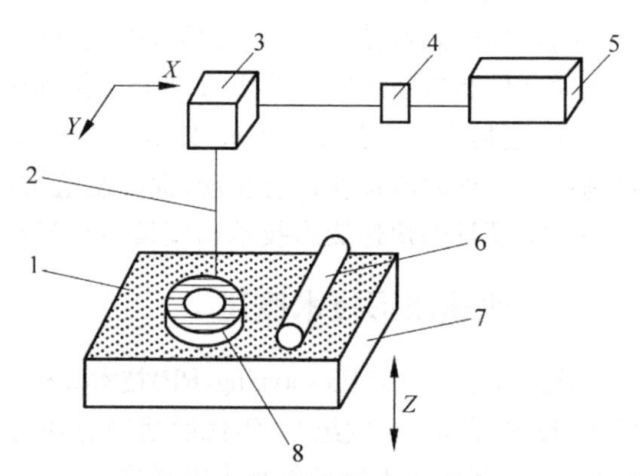

1—粉末材料；2—激光束；3—X-Y扫描系统；
4—透镜；5—激光器；6—刮平器；7—工作台；8—制成件

图13-2 选择性激光烧结法(SLS)示意图

SLS的优点是粉末具有自支撑作用，因而不需要另外支撑，并且材料广泛，不仅能生产塑料制件，还能直接生产金属和陶瓷制件。

3. 融化堆积造型法(Fused Deposit Manufacturing，FDM)

FDM是在熔丝材料加热后将半熔状态的熔丝材料通过计算机控制喷涂到预定位置，实现逐点逐层喷涂成形，如图13-3所示。喷头在计算机控制下做$X-Y$联动扫描及Z向运动，熔丝材料在喷头中被加热并略高于其熔点。喷头在扫描运动中喷出熔融材料，经快速冷却形成一个加工层并与上一层牢固连接在一起。这样层层扫描叠加便可形成一个空间实体。FDM的关键是保持半流动成形材料刚好处于凝固温度点，通常控制在比凝固温度高1℃左右的水平。

FDM的最大优点是速度快。此外，由于整个成形过程是在60～300℃下进行的，并且没有粉尘，也没有有毒化学气体、激光或液态聚合物的泄漏，故适宜办公室环境使用。采用FDM制造生成的原型适合工业领域不同的应用，如概念成形、原型开发、精铸蜡模和喷镀制模等。

4. 立体平板印刷法(Stereo Lithography Apparatus，SLA)

SLA又称为立体光刻、光造型，如图13-4所示。先通过计算机软件对立体模型进行平面分层，以得到每层截面的形状数据，再由计算机控制的激光发生器1发出激光束2，按照获得的形状数据从零件基层形状开始逐点进行扫描。当激光束照射到液态树脂6后，被照射的液态树脂因发生聚合反应而固化。Z轴升降台3下降一个分层厚度（一般为0.01～0.02mm），开始进行第二层的形状扫描，新固化层粘接在前一层上。如此逐层进行照射、固化、粘接和下沉，直到堆积形成三维模型实体，最终得到预定的零件。目前SLA的制造精度可达±0.1mm，经常用来为产品和模型的CAD设计提供样件和试验模型。

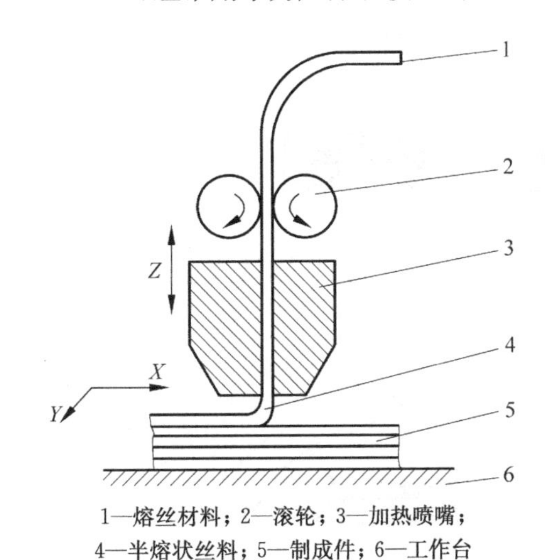

1—熔丝材料；2—滚轮；3—加热喷嘴；
4—半熔状丝料；5—制成件；6—工作台

图13-3　融化堆积造型法（FDM）示意图

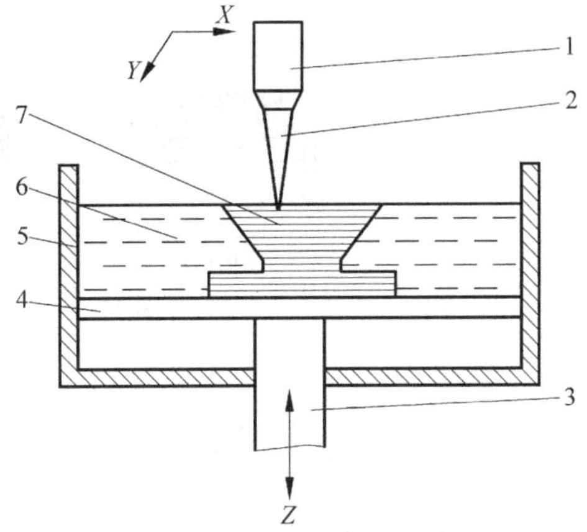

1—激光发生器；2—激光束；3—Z轴升降台；
4—托盘；5—树脂槽；6—液态树脂；7—制成件

图13-4　立体平板印刷法（SLA）示意图

SLA是最早出现的一种RP工艺方法，也是当前RP技术领域中研究最多、技术最成熟的一种方法。但这种方法有其自身的局限性，如需要支撑、树脂收缩导致精度下降，以及光固化树脂有一定毒性而不符合绿色制造发展趋势等。

5. 三维打印法（Three-Dimensional Printing，3D-P）

3D-P又称为粉末材料选择性粘接，如图13-5所示。喷头在计算机控制下，按照截面轮廓的信息，在铺好的一层粉末材料上有选择地喷射黏结剂，以使部分粉末粘接而形成截面层。当一层完成后，工作台下降一个厚度，再铺粉、喷黏结剂，以完成下一层的粘接，如此循环，直至形成三维产品。粘接得到的制件需要置于加热炉中做进一步固化或烧结，以提高粘接强度。

6. 固基光敏液相法（Solid Ground Curing，SGC）

如图13-6所示，SGC的一层成形过程包括五步：添料、掩膜紫外光曝光、清除未固化的原料、填蜡及磨平。掩膜的制造采用离子成像技术，因此同一底片可以重复使用。由于过程复杂，SGC成型机是现有成型机中最庞大的一种。

SGC每层的曝光时间和原料量是恒定的，因此应尽量排满零件。由于多余的原料不能重复使用，若一次只加工一个零件则会造成大量的浪费。由于蜡的添加可省去支撑结构，逐层曝光比逐点曝光快得多，但因多步骤的影响，加工速度提高并不明显，只有在加工大型零件时才能体现其优越性。

由于RP技术发展迅速，其新技术层出不穷，故而也出现了与CNC相结合、与模具成形相结合的快速成形工艺。

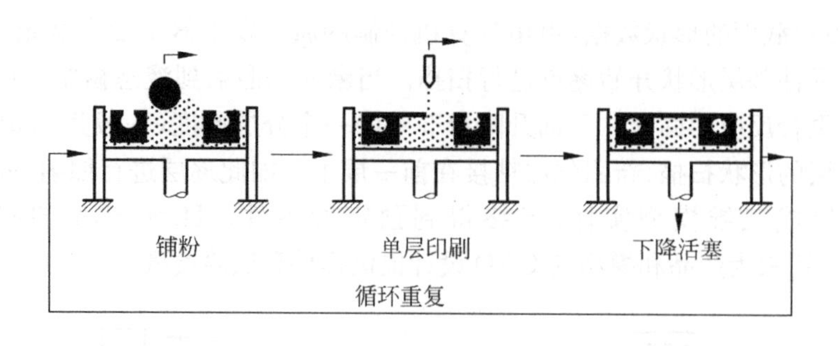

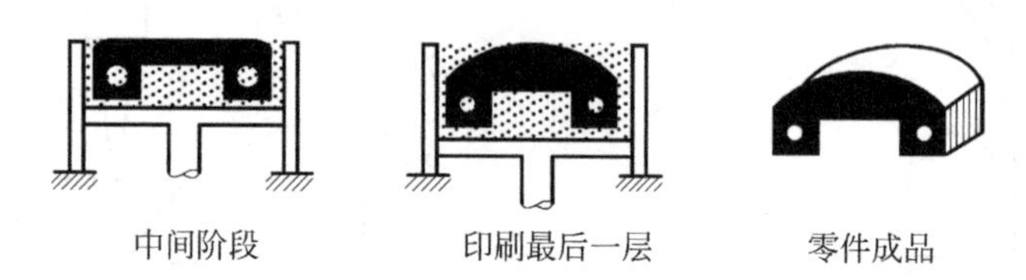

图 13-5　三维打印法(3D-P)示意图

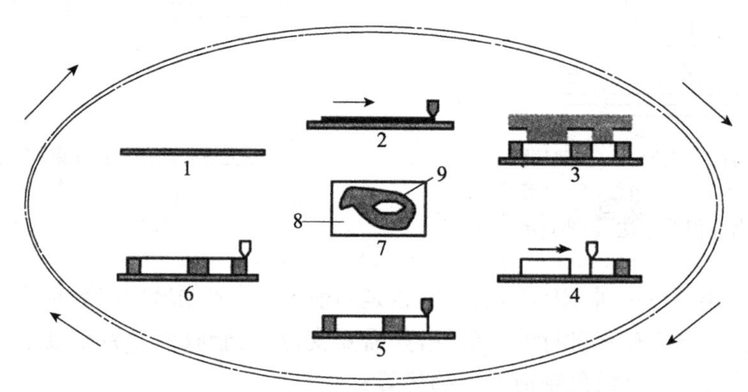

1—加工面；2—添料；3—掩膜紫外光曝光；4—清除未固化原料；
5—填蜡；6—磨平；7—成形件；8—蜡；9—零件

图 13-6　固基光敏液相法(SGC)示意图

三、基于 RP 的快速模具制造技术

1. 快速模具制造技术的概念

应用快速成形方法制造模具的技术称为快速模具制造技术(RT)。快速成形技术发展至今，其发展重心已从快速原型制造(RPM)向快速模具及金属零部件快速制造方向转移，目前 RT 已经成为快速成形技术领域一个新的研究热点。当采用快速模具制造技术时，对复杂型腔曲面无须数控切削加工即可进行制造，从模具的概念设计到制造完成所用的时间和成本仅为传统加工方法的 1/3 和 1/4 左右。因此工业发达国家已将 RT 作为缩短模具制作周期和产品开发时间的重要研究课题和制造业的核心技术之一。

在传统制造业中一般采用对锻件或型材进行机械加工的方法来获得模具，由于它具有加工精度高、模具寿命长的优点，故而一直是广泛应用的模具制造方法。图 13-7 所示为传统模具制造工艺流程。由该流程可知，传统的模具制造过程基本以机械加工为主，从模具下料、整修到装配是一个需要技术和技能的工艺过程，往往存在加工周期长、成本高，以及对操作技能

依赖性高等问题。当模具的形状较为复杂时，尤其对于复杂曲面的加工，模具的生产效率更低，很难适应市场激烈竞争条件下产品小批量、多品种生产的发展趋势。

例如，汽车寿命周期在过去是 8～10 年，而现在日本的主要汽车制造商每 4 年就要更换一次车型；美国克莱斯勒汽车公司过去开发一种新的汽车约需要 5 年，但在 1995 年已缩短至 38 个月。至于家电和轻工产品，其寿命周期缩短更快，一般市场寿命仅为 2 年左右。而这类产品的绝大部分零部件都是用模具制造的，因此模具的快速制造已成为众多商家抢占市场的主要手段之一。

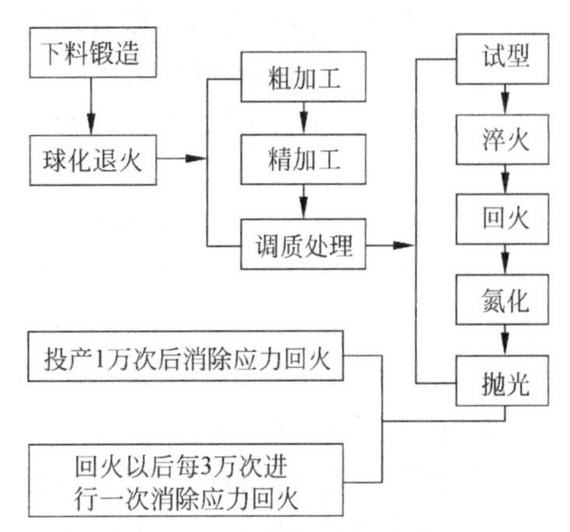

图 13-7　传统模具制造工艺流程

快速成形技术不仅能适应各种生产类型（特别是单件、小批量）的模具生产，而且能适应各种复杂程度高的模具制造。它既能制造塑料模具，也能制造压铸模等金属模具。因此快速成形技术一经问世，便迅速应用于模具制造中。快速模具制造技术的工艺路线如图 13-8 所示。

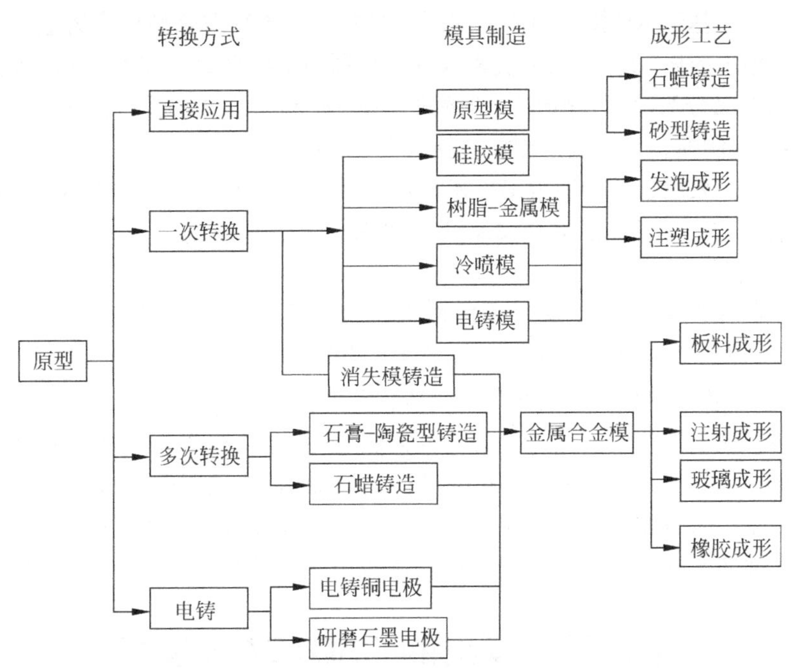

图 13-8　快速模具制造技术的工艺路线

2. 快速模具制造技术的分类

目前，快速模具制造技术主要聚焦两大研究方向：一是间接快速制模，即用快速成形件作母模或过渡模具，通过传统模具制造方法制造模具；二是直接快速制模，即用 SLS、FDM 及 LOM 等快速成形工艺方法直接制造树脂模、陶瓷模或金属模。

(1) 间接快速制模。采用快速成形技术，结合精密铸造、金属喷涂、硅橡胶、电极研磨及粉末烧结等技术可间接制造模具。也就是利用快速原型制造技术先制作模芯，再用此模芯复制硬模具（如铸造模具或采用喷涂金属法获得轮廓形状）或制作母模复制软模具等。例如，对由快速成形技术得到的原型表面进行特殊处理并代替母模，直接制造石膏型或陶瓷型，或由原型经硅橡胶过渡转换得到石膏型或陶瓷型，再由石膏型或陶瓷型浇注出金属模具。

随着原型制造精度的提高，各种间接快速制模工艺已基本成熟，可根据零件生产批量的大小进行区分。常用的有硅胶模（50件以下）、环氧树脂模（数百件以下）、金属冷喷涂模（3000件以下）及快速制作EDM电极加工钢模（5000件以上）等。

根据模具材料和生产成本一般可分为简易模具和钢制模具两大类。

① 简易模具。对于零件批量较小（几十到几千件）或者用于产品试产，可以用非钢铁材料制作成本相对较低的简易模具。一般将依据RP技术制作的零件原型，翻制成硅胶模、树脂-金属模和石膏模，或对原型进行表面处理，用金属喷镀法或物理蒸发沉积法镀一层熔点较低的合金（如Kirksite锌合金）或镍（Ni）来制作模具。TEKSL高温硅胶的抗压强度可达12.4～62.1MPa，工作温度可达150～500℃，模具寿命可达200～500件，而在铝基材料制成的模具表面涂覆陶瓷合成材料，可使其寿命达数千件。

通过化学粘接陶瓷工艺方法（Chemical Bonded Ceramic，CBC），依据RP（SL或LOM）原型制作母模（零件的反型）→浇硅胶或聚氨酯软模→移去母模→利用软模浇注CBC陶瓷型腔→在250℃下固化型腔→抛光，可制成小批量生产用注塑模。

② 钢制模具。基于RP技术制作钢制模具的方法主要有陶瓷型精密铸造法、失蜡精密铸造法和电极快速制造法。其中，电极快速制造法是利用RP原型制作EDM电极，并用电火花加工制成钢模，它又分为喷镀、涂覆法、研磨法、浇注法、粉末冶金法及电铸法等方法。

(2) 直接快速制模。直接快速制模包括以下3种技术。

① 软模技术。采用各种快速成形技术（SLA、SLS及LOM），可直接将CAD模型（虚拟模型）转换为具有一定力学性能的非金属原型（物理模型），在许多场合可作为软模具用于小批量塑料零件的生产。

② 准直接快速制模技术。通过RP技术将含有黏结剂的金属粉（SLS）、金属悬浮液（SLA）及带有金属离子的塑料丝（FDM）成形为半成品，再经过黏结剂的去除和渗金属等后续工艺产生模具。该模具可用于中批量的塑料零件和蜡模的生产。

③ 真直接快速制模技术。它又分为两种方法：一是金属粉末大功率激光烧结成形法，即利用大功率激光（1000W以上）对金属粉末进行扫描烧结，并逐层叠加成形，待成形件经表面处理（打磨、精加工）即完成模具的制造，该模具可作为压铸模、锻模使用；二是混合金属粉末激光烧结成形法，即混合两种金属粉末进行模具制造，其中一种熔点较低，具有黏结剂的作用。

课题二　模具的CAD/CAM技术

【知识目标】

1. 了解CAD/CAM技术的基本内容及其在模具行业中的应用。
2. 熟悉模具CAD/CAM系统的组成，并掌握系统的作用及特点。

【知识学习】

一、CAD/CAM技术概述

随着工业生产和科学技术的发展、市场需求的增加，以及产品更新换代速度的加快，产品生产正向着复杂、精密、多品种、高质量和交货周期短的方向发展，这就要求模具生产具有更短的周期、更低的成本和更高的质量。依赖经验和手工技能的传统模具设计与制造方式已不能满足这种要求，而应用计算机进行模具的计算机辅助设计(Computer Aided Design，CAD)和计算机辅助制造(Computer Aided Manufacturing，CAM)是解决这一矛盾的有效途径。应用模具 CAD/CAM 技术可缩短模具生产周期、减少设计中的主管错误，并能利用计算机容量大、运算速度快的优点，借助数据库存储的大量数据优化设计方案，从而保证方案的可行性。同时，CAD 系统产生的数据可直接经 CAM 软件处理生成数控(Numerical Control，NC)机床可识别的代码，进而控制加工设备加工模具，使模具生产实现高精度、高效率和高度自动化。模具 CAD/CAM 技术使模具生产发生根本性变化，它的应用给模具行业带来可观的经济效益，其发展和推广将是模具技术新的变革。

1. CAD/CAM 技术的定义

CAD 指工程技术人员在人和计算机组成的系统中以计算机为辅助工具，完成产品的数值计算、产品性能分析、试验数据处理、计算机辅助绘图、仿真及动态模拟等工作，从而提高产品的设计质量、缩短产品的开发周期及降低产品的成本。

CAM 有广义和狭义两种定义。广义 CAM 指利用计算机辅助完成制造信息处理的全过程。它包括工艺过程设计、工装设计、数控编程、生产作业计划、生产过程控制和质量监控等。狭义 CAM 指 NC 程序编制，包括刀具路径规划、刀位文件生成、刀具轨迹仿真及数控代码生成。

2. CAD/CAM 技术的基本内容

产品是市场竞争的核心，它的产生需要经历需求分析、设计及制造等过程。

如图 13-9(a)所示，传统的生产流程采用了顺序法。即根据用户的要求，以经验、试验数据及有关产品的标准规范为基础进行产品设计、编制技术文件，以及绘制产品图样；根据产品图样和技术文件进行生产准备工作、编制工艺规程、设计工具和夹具等、制订计划，以及安排生产；在生产过程中对产品进行质量控制，待产品出厂后根据用户的要求进行改进。在设计过程中，计算机可以大量存储、快速检索和处理数据，并且具有很强的构造模型和图形处理能力，以及高速运算和逻辑分析能力，可完成复杂工程分析计算；在制造过程中，计算机不但可以有效辅助设计人员进行产品构思和模型构造(概念设计)、对设计的产品性能进行模拟仿真，以及绘制工程图样和编辑文档，还可辅助工艺和管理人员编制工艺规程、制订生产计划和作业调度计划，以及控制专业设备(机床、机器人等)工作，并在加工过程中进行质量控制等。

随着 CAD/CAM 技术的发展，提出了一种新的系统工程方法，称为并行法，如图 13-9(b)所示。其思路就是并行的、集成的产品设计及开发过程。并行法要求产品开发人员在设计阶段就考虑产品在整个生命周期的所有要求，包括质量、成本、进度及用户要求等，以便最大限度地提高产品开发效率及一次成功率。由图可见，顺序法中的信息流是单向的，而并行法中的信息流是双向的。

二、CAD/CAM 技术在模具行业中的应用

随着工业技术的发展，产品对模具的要求越来越高，传统的模具设计与制造方法已不能适应工业及时更新换代和提高质量的要求。因此发达国家从 20 世纪 50 年代末就开始研究模具的 CAD/CAM 技术，如美国通用汽车公司将 CAD/CAM 技术应用于汽车覆盖件的设计与制造。20 世纪 60 年代末，模具的 CAD/CAM 技术趋于完善。20 世纪 70 年代，许多专用模具

CAD/CAM系统问世，用于各种类型的模具设计与制造，并取得显著的应用效果。20世纪80年代，CAD/CAM技术已广泛用于冲模、锻模、挤压模、塑料模和压铸模的设计与制造。据统计，在美国，1970年CAD/CAM作为一项产业的产值为零，而到1991年其年产值已达数百亿美元，其中机械行业占51%，电子、电器行业占23%。

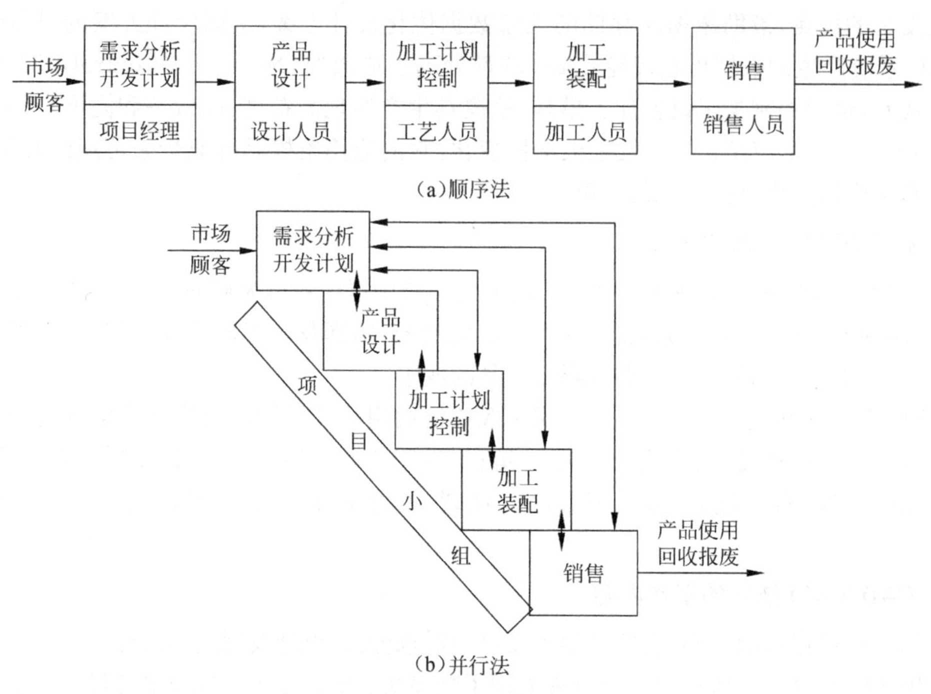

图13-9　两种开发示意图

三、模具CAD/CAM系统的组成

模具CAD/CAM系统包含的内容没有统一定义。狭义地说，它可以是计算机辅助某种类型模具的设计、计算、分析和绘图，以及数控加工自动编程等的有机集成。广义地说，它可以是成组技术(GT)、计算机辅助设计(CAD)、计算机辅助工程(CAE)、计算机辅助工艺过程设计(CAPP)、计算机辅助检测(CAT)、数控技术(NC、CNC、DNC)、柔性制造技术(FMS)、物料资源规划(MRP)、管理信息系统(MIS)、企业管理(MKT)、办公室自动化(OA)及自动化工厂(FA)等多种技术在模具生产过程中的综合。模具CAD/CAM系统的组成如图13-10所示。

四、模具CAD/CAM系统的作用及特点

1. 模具CAD/CAM系统的作用

新产品的开发过程分为设计与制造两部分，模具生产也不例外。在产品设计制造过程中引入模具CAD/CAM系统的作用如下：

(1) 缩短模具设计与制造周期。模具属于单件、小批量生产的产品，传统的模具设计采用手工设计方法，其工作烦琐，占用工时约为模具总工时的20%，即工作量大、周期长、任务急。借助模具CAD，模具设计可通过计算机完成传统手工设计中的各个环节，并自动绘制模具装配图和零件图，从而缩短了模具设计与制造周期。

(2) 提高模具精度和设计质量。模具CAM可完成复杂形状模具型腔的自动加工、计算

机辅助编程、工艺准备和生产准备等工作，减少了人为主观因素的影响，提高了模具精度和设计质量。

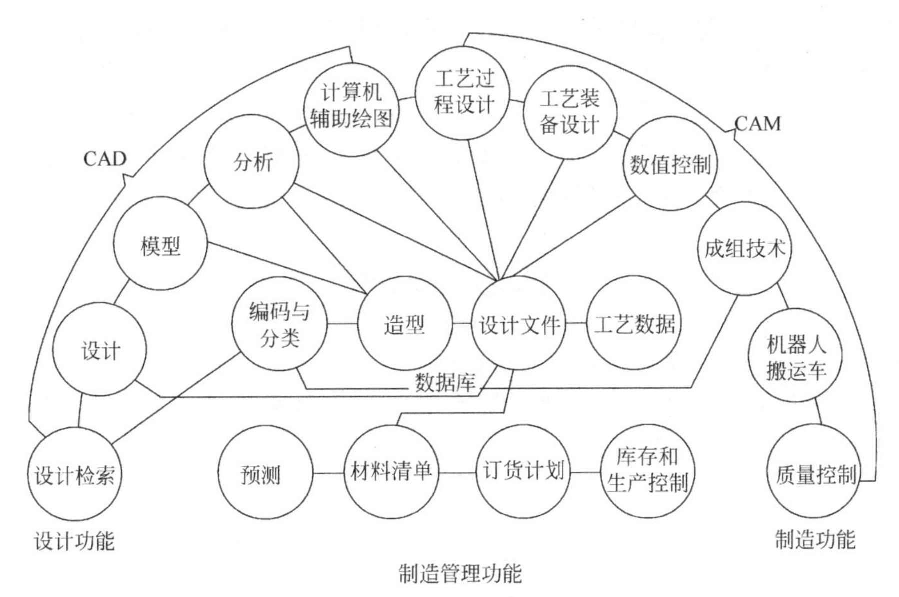

图 13-10　模具 CAD/CAM 系统组成

(3) 可以积累模具设计与制造的经验以便于检索资料。引入模具 CAD/CAM 系统后，可将每种设计的图样、NC 数控及设计数据等资料自动存储，以便再次进行类似模具设计时使用。

(4) 大幅降低模具成本。引入模具 CAD/CAM 系统可降低人力、物力的投入，从而降低模具成本，并且增强企业竞争力及应变能力。

2. 模具 CAD/CAM 系统的特点

(1) 模具 CAD/CAM 系统必须具备描述物体几何形状的能力。模具工作部分(凸模、凹模、型芯及型腔等)是根据产品零件的形状设计的，因而无论设计何种类型的模具，初始阶段都必须提供产品零件的几何形状。这就要求模具 CAD/CAM 系统具备描述物体几何形状的能力，即几何造型能力。否则，就无法输入关于产品零件的几何信息，设计程序也无法运行。另外，为了编制 NC 加工程序、计算刀具轨迹等，也需要建立模具零件的几何模型。因此，几何造型是模具 CAD/CAM 系统使用中的一个重要问题。

(2) 标准化是实现模具 CAD/CAM 的必要条件。模具设计一般不具有唯一性，即对于同一产品零件，不同设计者设计的模具不尽相同。为了实现模具 CAD/CAM，减少数据的存储量，在建立模具 CAD/CAM 系统时首先要解决的问题就是标准化问题，它包括数据准则的标准化、模具零件和模具结构的标准化。有了标准化的模具结构，在设计模具时就可以选用典型的模具组合、调用标准模具零件，需要设计的只是少数工作零件。

(3) 设计准则的处理是实现模具 CAD 的一个重要问题。人工设计模具所依据的设计准则大都以数表和线图形式给出。在编制设计程序时，必须对这些数表和线图进行恰当处理，将其变为计算机能够处理的表达形式。程序化和公式化是处理数表或线图形式设计准则的基本方法。对于某些定性的设计准则，计算机程序无法采用，需要通过深入研究，总结得到便于使用的、定量的设计准则。有些经验准则难以程序化和公式化，这就需要通过人机交互方式发挥经验的作用。

（4）模具 CAD/CAM 系统应具有充分的柔性。模具的结构因产品的不同而变化，模具型面的几何形状复杂。当前模具的设计方式基本属于经验设计，设计质量在很大程度上取决于设计者的技巧。模具的生产方式为单件、小批量，大量生产模具的情况极为少见。这要求模具 CAD/CAM 系统应具有充分的柔性，即可以根据不同产品的特点和生产条件，灵活作出选择，以便于修改设计。因此，在模具 CAD/CAM 系统开发中，不仅要考虑全面的功能、较高的效率，还应提供充分的柔性。这是实用化的模具 CAD/CAM 系统所应具备的基本条件之一。

练习与思考

1. 什么是快速成形技术？快速成形工艺种类有哪些？
2. 什么是模具的 CAD/CAM 技术？试述模具 CAD/CAM 系统的组成。
3. 模具 CAD/CAM 技术有何作用及特点？

参 考 文 献

[1] 丁松聚．冷冲模设计[M]. 北京:机械工业出版社,2005.
[2] 屈华昌．塑料成型工艺与模具设计[M]. 北京:高等教育出版社,2008.
[3] 张荣清．模具设计与制造[M]. 北京:高等教育出版社,2003.
[4] 冯炳尧．模具与制造设计简明手册[M]. 上海:上海科技出版社,1985.
[5]《冲模设计手册》编写组．冲模设计手册[M]. 北京:机械工业出版社,2003.
[6]《塑料模设计手册》编写组．塑料模设计手册[M]. 北京:机械工业出版社,2002.
[7]《模具制造手册》编写组．模具制造手册[M]. 北京:机械工业出版社,2003.
[8] 王孝培．冲压手册[M]. 北京:机械工业出版社,1990.
[9] 彭建生．模具设计与加工速查手册[M]. 北京:机械工业出版社,2005.
[10] 陈锡栋,周小玉．实用模具技术手册[M]. 北京:机械工业出版社,2002.
[11] 李俊松．塑料模具设计[M]. 北京:人民邮电出版社,2007.
[12] 刘洁．现代模具设计[M]. 北京:化学工业出版社,2005.
[13] 郝滨海．冲压模具简明设计手册[M]. 北京:化学工业出版社,2005.
[14] 王树勋．模具实用技术设计综合手册[M]. 广州:华南理工大学出版社,1995.
[15] 孙凤勤．模具制造工艺与设备[M]. 北京:机械工业出版社,2004.
[16] 李云程．模具制造工艺学[M]. 北京:机械工业出版社,2002.
[17] 郭铁良．模具制造工艺学[M]. 北京:高等教育出版社,2002.
[18] 高汉华,廖月莹．塑料成型工艺与模具设计[M]. 大连:大连理工大学出版社,2007.

反侵权盗版声明